新型光纤化学传感技术与系统

沈 涛 著

科学出版社

北京

内 容 简 介

本书在详细分析光纤化学传感技术的基础上,介绍几种新型的光纤化学传感器,包括光纤纳米磁流体材料磁传感器、光纤磁致伸缩材料电流传感器、光纤量子点气体传感器、光纤纳米 ZnO 材料紫外传感器、光纤氧化石墨烯温湿度传感器、光纤金属薄膜的液体折射率传感器等。本书详细叙述纳米传感材料的合成方法、光纤传感器的制作工艺、传感系统的工艺设计,以及光纤化学传感器的测试方法与信号处理,并结合建模的方法对光纤化学传感器件的特性与机理进行分析等。

本书可供从事智能感知与光电检测技术的设计与管理人员、高等院校测控技术与仪器专业的师生和相关领域的科研人员阅读参考。

图书在版编目(CIP)数据

新型光纤化学传感技术与系统 / 沈涛著. —北京:科学出版社,2025.3
ISBN 978-7-03-073874-5

Ⅰ.①新… Ⅱ.①沈… Ⅲ.①光纤传感器-研究 Ⅳ.①TP212.4

中国版本图书馆 CIP 数据核字(2022)第 220454 号

责任编辑:王喜军 霍明亮 / 责任校对:崔向琳
责任印制:徐晓晨 / 封面设计:无极书装

科学出版社 出版
北京东黄城根北街 16 号
邮政编码:100717
http://www.sciencep.com

北京九州迅驰传媒文化有限公司印刷
科学出版社发行 各地新华书店经销

*

2025 年 3 月第 一 版 开本:720 × 1000 1/16
2025 年 3 月第一次印刷 印张:24 3/4
字数:524 000
定价:228.00 元
(如有印装质量问题,我社负责调换)

前　　言

采用新原理、新材料、新工艺、新结构，具有高稳定性、高可靠性、高精度、智能化的新型传感技术是现代信息技术的三大支柱之一。近年来，非传统电测的新型传感技术研究发展迅速，在光学传感、新型敏感材料及结构、微观超快过程及生物传感、多参量传感等方面也取得了较大的进展。在特殊应用等高端方面，业界开展了对新原理、新器件和新材料传感技术的研发与产业化推进。随着光纤传感技术的发展，目前在新型传感技术原理的溯源、新型传感材料的开发、传感器稳定性及可靠性等方面，业界开展了多维度、多参量、高精度的智能传感技术的研究与探索。

本书就光纤化学传感技术与系统的原理、规律和发展现状进行归纳。第 1 章为绪论，第 2 章为微结构光纤化学传感技术，第 3 章为光纤纳米磁流体材料磁传感技术与系统，第 4 章为光纤磁致伸缩材料电流传感技术与系统，第 5 章为光纤量子点气体传感技术与系统，第 6 章为光纤纳米 ZnO 材料紫外传感技术与系统，第 7 章为光纤氧化石墨烯温湿度传感技术与系统，第 8 章为光纤金属薄膜的液体折射率传感技术与系统。

本书的出版得到国家自然科学基金面上项目"基于 ZnO 薄膜与 FBG 定位的倏逝场型电力设备局部放电在线检测关键技术研究"（51677044）和青年科学基金项目"基于 YIG 薄膜与 FBG/DFB 补偿的全光纤电流互感器研究"（51307036）的支持。

本书得到了课题组教师和研究生的大力支持，撰写过程中还参考了国内外有关专著、论文、研究报告等，在此深表谢意。

由于作者水平有限，书中不足之处在所难免，敬请各位读者提出宝贵意见。

沈　涛

2024 年 9 月 1 日

目　　录

第1章 绪 论

1.1 光纤化学传感技术简介

1.1.1 研究背景

光纤传感是20世纪70年代发展起来的传感技术。该技术利用外界物理量引起的光纤中传播的光的特性参数（如相位、偏振、散射、强度等）变化，对外界物理量进行测量和数据传输。经过多年的发展，研究人员提出了许多不同的想法，并且为各种测量和应用开发了各种技术，一些成熟的光纤传感技术也已经被商业化。光纤传感器（optical fiber sensor，OFS）因具有抗电磁干扰能力强、带宽宽、灵敏度高、使用灵活方便、制备简单、传输信号容易、稳定性高等优点，目前已被广泛地应用于分子生物技术、医疗和化学分析、海洋和环境分析、工业生产监测和生物过程控制，以及汽车行业等领域。

化学传感器是利用化学敏感层结合物理转换器件而成的，能直接提供待测物化学组成信息的传感器件[1]。传统的化学传感器[2]多采用化学与电子学结合的方式，把气体或液体中的化学量转变为电信号（电压/电流等）输出，形成电化学式传感器，具体可以分为电位型传感器、电导型传感器和电流型传感器三类。传统的电化学传感器制备复杂，操作烦琐，一些设备携带不方便，且需要电力驱动，容易受电磁干扰。

光化学传感器是一类具有光学响应的化学传感器。在化学分析中，基于分立光学系统的光学技术和光谱学方法已被广泛应用。20世纪70年代，由于通信技术和计算机技术的飞速发展，其与光谱技术相结合形成一种新型分析测试技术——光导纤维化学传感器，在分析化学领域开辟了一片新天地。利用化学发光、生物发光及光敏器件与光导纤维技术制作传感器，特别是光导纤维化学传感器及以光导纤维为基础的各种探针技术，具有响应速度快、灵敏度高、抗电磁干扰能力强、体积小及可应用于其他传感器无法工作的恶劣环境等特点，在过程分析中具有很大的应用潜力，得到了突飞猛进的发展。

近年来，光纤化学传感技术逐渐成为国际热门的研究课题，并被应用于生物医药学研究、环保和生态监控、工业生产测控、医学临床等方面，并且研发出了许多新型的应用技术和仪器装置。光纤化学传感器（optical fiber chemical sensor，OFCS）[3, 4]通过利用特殊的化学涂层修饰光纤表面或端面，利用待测物与涂层之间的相互作用来改变传感膜的特性，最终使得光纤的结构或光纤中的传输光特性发生变化，最后通过对光纤中传输光的波长或强度来进行解调，实现对样品参数的测量。与化学、生物医药学领域中广泛使用的化学传感器及传统的分光光度计、比色计等经典的检测、分析仪器相比，用光纤作为基础开发的 OFCS 具有许多显著的特性和优点。如光纤材料无毒、生物兼容性好、细小灵敏的光纤生物化学传感器可以插入生物体内进行实时监测，不需要电位分析法的参考电位，简便，可靠，使用方便，适当选择化学涂层的指示剂及对应的结合方法就可构成多种类型的 OFCS，能够检测多种不同的物质，使其应用范围变得更加广泛。

1.1.2 OFCS 的特点

OFCS 具有以下特点[5]：①OFCS 与一般的 OFS 都具有微型化的特点，而且传感部分柔韧安全、轻便、空间适应性和生物兼容性都很好，适合临床医学和生物体的实时、在体检测。②OFCS 能够进行非常多的物质的检测工作，应用范围广。尤其是传感膜技术如高分子膜、溶胶-凝胶（sol-gel）膜及分子交联等相关膜技术的发展，为光纤传感膜的制备提供了更多可行的方法。除此之外，指示剂的种类多，化学吸收型试剂、荧光试剂、量子点（quantum dots，QDs）和生物敏感试剂等都可以应用于 OFCS。③OFCS 具有抗电磁干扰、传输的信息量大、光能传输损耗小和环境适应能力强等多个特点。因此，OFCS 适用于在远距离监测和强辐射场、腐蚀性环境等某些特殊环境中使用。④OFCS 能够实现自身参比，不像电化学传感器需要额外的参比电极。利用自身参比可以使 OFCS 获得比较稳定的光学信息，提升了传感头的稳定性。

OFCS 与传统的化学传感器相比，用光纤作为化学传感器有以下几方面的突出优点：①尺寸小、易于加工成高灵敏度的探头。②由于光纤中光的全反射能量损失较小的特征，与待测物质的有效光程可以根据需要而改变，且具有很强的抗电磁干扰能力，在大温差、强腐蚀、强辐射场等恶劣环境中均能使用。③OFCS 所用的检测器可以是多波长测定，把其中的某些波段光强作为参比，不需要另外的参比装置，可排除外界环境如温度、指示剂浓度及光源波动的影响，大幅度地提高传感器测量的稳定性。④OFCS 中单根光纤传输信号即可实现多种待测信息的搭载，可搭载的信息包括波长、相位、衰减曲线、偏振或者强度调制，便于实行多通道分析，同时进行多组分析检测，因为不同的分析物和指示剂可对不同的波长进行响应。

1.1.3 OFCS 的分类

OFCS 主要可以分为光导型和化学型两个基本类型。光导型 OFCS 利用光纤作为光信号的传输材料,而待测物的相关信息主要通过光纤表面涂覆的荧光材料来检测,最后利用传统的光谱分析方法进行分析处理。其中,荧光光谱(fluorescence spectrum,FS)法最为常见,通过在光纤外侧或端面镀上荧光敏感膜,当待测物和光纤上的荧光物质相互接触后,引起光谱波长的漂移或光强度的改变,最终由光纤将这些光参数输送给探测器进行解调分析。在此类传感器中,光纤只是用来传输信号,实际的样品检测由荧光等化学材料完成。化学型 OFCS 可以实现对某些非荧光、非吸光物质的测量。在此类传感器中,光纤不仅作为导光材料,同时也作为传感部分,与化学传感膜一起合作,共同检测因待测物而造成的膜的参数变化,最后由光纤将信号传输给探测器分析[6]。

随后,越来越多的光纤 pH 化学传感器被研究并报道出来。基于吸光度或荧光原理的光纤 pH 传感器已被大量报道。吸光度或荧光指示器通常集成到与光纤结合的感光膜上,并在不同的 pH 下改变其特性。近年来,基于 pH 敏感的聚合物膜被研究并报道出来。pH 的变化使聚合物膜膨胀或收缩,从而改变膜的折射率、表面积、厚度等。Li 等[7]提出了一种基于菲涅耳反射技术和传感涂层结合的生物相容性光纤 pH 传感器,并测得在 pH 为 5.87~10.55 内该传感器的灵敏度是 0.018 RIU/pH,折光指数单位(refractive index unit,RIU)与输出电压(OUT)的关系如下:$RIU_{OUT} = \Delta n \times (2Volts/RIU_{FS})$,其中,$\Delta n$ 表示折射率差,Volts 表示参考的电压值,FS 表示满量程电压。Mishra 等[8]提出了一种基于表面等离子体共振(surface plasmon resonance,SPR)的 pH 传感器。Goicoechea 等[9]利用逐层静电自组装技术制备了基于中性红染料(neutral red,NR)的光纤 pH 传感器。通过在聚烯丙基胺盐酸盐(poly allylamine hydrochloride,PAH)和聚丙烯酸(polyacrylic acid,PAA)中掺入 NR,构成 PAH + NR/PAA 多膜结构,实现了 pH 为 3~9 内的 pH 测量,动态响应范围可达 2.5dB。

近年来,工业废水中的重金属离子超标问题引起了人们的关注,本书提出一种重金属离子传感器是有必要的。光纤离子传感器具备制备工艺简单、灵敏度高、成本低及适用性广泛的优点,被学者广泛地研究。Chen 等[10]利用光纤 SPR 实现了对污染水中重金属离子的检测,利用聚吡咯/壳聚糖/过渡金属氧化物 (transition metal oxides,TMO)/Ag 聚合物多膜,制备了高灵敏度的镉离子传感器。Rithesh 等[11]同样用光纤 SPR 的方法,采用金纳米颗粒和聚乙烯醇(polyvinyl alcohol,PVA)混合物作为传感材料,实现对 0~25μmol/L 内的 Hg^{2+} 的检测。基于 $SPR^{[12]}$技术的 OFS 也有被报道用来测量 $Mn^{2+[13]}$,也有报道基于表面增强拉曼散射（surface-enhanced Raman scattering，SERS）的光纤重金属离子传感器用于测量 Cd^{2+}[14]和 Cu^{2+}[15]。

光纤气体传感器主要集中于对二氧化碳、氧气、水蒸气和有机气体的检测上。其中，挥发性有机物（volatile organic compound，VOC）[16]是很普遍的空气污染物。大多数的 VOC 在常温下容易挥发成气体，一旦这些气体被人体吸收，就可能会对人体造成伤害，所以对 VOC 的检测是非常重要的。Zhu 等[17]利用 $ZnO\text{-}TiO_2$ 薄膜制备了高灵敏度的 VOC 传感器，研究了不同 TiO_2 浓度对传感器灵敏度的影响。Kaushik 等[18]利用铁离子金属有机架构功能化长周期光纤光栅（long period fiber grating，LPFG）表面来实现对异丙醇（isopropanol）气体浓度的测量。气体浓度的变化导致光纤表面折射率（refractive index，RI）发生变化，最后引起 LPFG 谐振波长的漂移。Manivannan 等[19]利用浸涂法在光纤外层镀上单壁碳纳米管（single-walled carbon nanotube，SWCNT）涂层，实现了对 $0\sim500mg/m^3$ 内的甲醇（methanol）、乙醇（ethanol）和氨气（ammonia）的测量。Bariáin 等[20]利用 sol-gel 法在微纳光纤（micro nano fiber，MNF）表面镀上色相材料，实现对二氯甲烷和丙酮气体的检测。

1.2 光纤化学传感基本原理

OFCS 的基本工作原理是将一定的光源经光纤传给固定在光纤上或光纤端部的化学识别器，识别器因与分析物作用而引起诸如光强、波长或相位的变化，再由光纤传给光电探测器转换成电信号后得到相应分析物的离子浓度。根据光信号的不同，OFCS 将化学制膜、光纤技术及化学分析中的分光光度法、FS 法、拉曼光谱等方法相融合。通过在光纤上镀上特定的化学传感膜，当传感膜与环境中的分析物相互作用时，会产生吸光度、反射率、光偏振等光学特性的变化，通过测量这些光纤特性的变化，就可以实现对分析物参数的测量。OFCS 具有可微型化、可在线应用、抗电磁干扰、成本低、响应速度快、灵敏度好等特点。

光纤传感技术跟传统光谱技术比较起来，有一个显著优点就是光纤探头可以微型化，这主要由探头的几何结构来决定。典型的光纤结构可以分为三类，如图 1-1 所示。图 1-1（a）为双光波导型结构。在这个结构中，光纤只是用来作为光的传播介质，其中连接光源的光纤将光源的光波传至待测区域，连接探测器的光纤则将反射回的光传到探测器，探测器可以按照实际测量的要求进行不同的设计以满足不同使用者的需求。图 1-1（b）为表面波导型结构。剥除光纤的涂敷层使纤芯外露，使得光纤纤芯中的传输光激发出倏逝波，与包围在光纤纤芯外面的化学涂层相互作用，利用光波的特性来探测光纤外围环境或光纤表层介质的参数变化。图 1-1（c）为单光纤 Y 型耦合结构。在待测区域和光源、探测器之间只使用一根光纤，光源和探测器通过耦合器分隔开，通过检测传感器反射光的参数实现对待测物的测量。

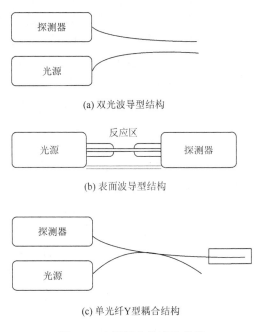

(a) 双光波导型结构

(b) 表面波导型结构

(c) 单光纤 Y 型耦合结构

图 1-1　光纤混合传感头类型

　　按照检测物种的类别分类，OFCS 可以分为光纤 pH 传感器、光纤离子传感器、光纤气体传感器、光纤紫外传感器和光纤生物传感器（fiber optic biosensor，FOBS）等。

1.2.1　光纤 pH 传感器

　　关于光纤 pH 传感器的研究越来越多。pH 传感器一般可以分为光吸收式和荧光式。光吸收式光纤 pH 传感器制作方法简单，但其灵敏度偏低，而且需要较高浓度的 pH 指示剂和相对较厚的传感层，入射光和返回光信号要位于传感层的两端，所以传感器不易微型化。荧光式光纤 pH 传感器具有灵敏度较高、选择性好、检测限低等优点，所以荧光式光纤 pH 传感器的发展更加迅速。因为 pH 传感器应用于液体的测量，所以指示剂在使用过程中很容易造成泄漏现象。因此，不管是光吸收式光纤 pH 传感器还是荧光式光纤 pH 传感器，指示剂的固定程度直接决定了传感器的稳定性。通常，指示剂的固定主要有化学键合法和包埋法[21]。

　　化学键合法是将 pH 指示剂通过化学反应键合到光纤表面或膜材料上，这种方法结合牢固，不易造成指示剂流失。Li 等[22]合成了两种荧光试剂，将这两种荧光试剂共聚到传感膜中，再通过共价键制备到光纤表面上，制成 OFCS。这两种荧光试剂中，第一种荧光试剂对 pH 的变化有响应，而第二种荧光试剂的荧光强度不受 pH 变化的影响。这样，第一种荧光试剂产生的荧光将展现 pH 信息，将第二种荧光试剂产生的荧光充当参比，将两种光信号强度进行比对，可以得到更为准确的 pH 信息。该方法在一定程度上减少了因为指示剂泄漏等原因产生的误差。Ganesh 等[23]采用偶联方法，将中性红和刚果红两种指示剂都固定到纤维素传感膜中，发现中性红适合 pH 为 3.8~8.0 的测量，刚果红适合 pH 为 4.2~6.3 的测量。在自然的水环境下，他们采用此传感器研究了不锈钢表面模拟生物膜的 pH 信息。

　　sol-gel 法是包埋法指示剂的最常用方法之一，主要有 SiO_2 溶胶-凝胶法和 TiO_2 溶胶-凝胶法。sol-gel 法制备的膜具有高透明性，以及高的化学、光学和热学稳定性。sol-gel 法制备工艺简单，可低温下制备，易于掺杂，孔洞大小可控，因此 sol-gel 薄膜材料被广泛地应用于敏感膜的制备。sol-gel 法能够形成立体多孔的传感膜，将荧光物质或其他染料固定在这种多孔环境中，通过控制孔洞大小，使待测物通过孔洞并与指示剂接触实现检测。也可以通过控制孔洞大小将一些大分子截留在传感膜外面。Dong 等[24]根据倏逝波原理，采用 sol-gel 法将三种指示剂固定于传感膜中对样品进行测定，可测定的 pH 为 4.5~13.0。Li 等[25]采用 sol-gel 法固定了一种氨基修饰的荧光染料，这种荧光物质具有质子化和非质子化特点，因此制备了一种响应范围很宽的传感器，该传感器可以响应的 pH 为 1~11。可是，对于强酸性（pH<1）或强碱性（pH>13）液体，并不在现有 OFCS 的检测范围内。除了 sol-gel 法，纤维素也是 pH 指示剂的理想载体，纤维素对水和离子都具有很好的渗透性，在碱性和酸性环境中都可以使用。纤维素既可以用来直接包埋，也可以用于化学键合[26]。对比化学键合法和包埋法，包埋法操作简单易行，但容易造成指示剂的泄漏，从而影响传感器的稳定性；化学键合法的指示剂固定程度高，但是固定方法复杂。

　　pH 传感器得到了广泛应用，但传统 pH 检测只能获取待测物单一的 pH 信息，不能得到待测物的形貌或相关图像信息。有时，人们很想测定某一很小范围内的 pH，或是想测定 pH 时再观察测定点的外表变化，此时得到待测物的形貌就变得尤为重要。Wang 等[27]在传输光纤束的一端修饰了 pH 或其他离子的荧光指示剂，设计并改进了一种荧光显微摄像装置，该装置使光源发出的激发光和传感膜产生的荧光及待测物的图像均通过传像光纤进行传输，使该装置具有了传像和化学传感的功能，通过选取不同的荧光试剂，能够使该装置实现传像与 pH 或更多物质的多重传感，具有一定的应用于人体内部器官检测的潜力。金属的腐蚀行为一直受到人们的重视，Wang 等[27]采用这种能传像的 pH 型 OFCS 研究了铝的腐蚀行为，测定腐蚀过程中铝的表面 pH 信息，同时观察了铝表面的形貌变化。该装置的 pH 敏感试剂在激发光的作用下可以产生 560nm 和 660nm 的荧光。通过测定两种荧光强度的比值来计算出溶液的 pH，进而测定铝的腐蚀情况。Wang 等[27]将自聚焦透镜与传像光纤连接，再将醋酸纤维素包埋曙红形成的敏感膜修饰于自聚焦透镜的另一端面，制备了能够测定 pH 的传像光纤。再将它与激光光源、调整的显微镜、光谱分析仪（optical spectrum analyzer，OSA）等器件相结合，形成了一套既可传像，又可监测 pH 的光学系统。

1.2.2 光纤离子传感器

光纤对离子的测定包括阳离子测定和阴离子测定。阳离子测定一般是对碱金属、碱土金属和一些重金属离子等进行检测，阴离子测定主要是对卤素离子和硝酸根离子进行检测。碱金属与碱土金属的化学性质活泼，在自然 pH 和室温条件下，如果不额外添加反应物，那么利用普通的指示剂难以制备出传感器对它们进行检测。研究发现，冠醚作为配体，可与碱金属或碱土金属形成配合物，实现对这两类物质的测定。可是一般的冠醚亲水性较差，而碱金属或碱土金属一般存在于水溶性环境中，这就限制了传感器制备和应用。文献[28]采用荧光和离子对萃取相结合的方法，实现了钠离子的检测。

重金属的染料指示剂或可猝灭的荧光探针比较多，检测相对容易。光纤传感器在重金属检测中有良好的发展前景。在光纤端面的离子交换树脂中修饰荧光指示剂（喹啉磺酸盐），当指示剂与重金属镉和锌的离子形成配合物后，荧光信号出现显著变化，经检测器对其进行信号处理。近年来对重金属的研究报道逐渐增加。Oter 等[29]在聚氯乙烯膜中将荧光物质香豆酮的衍生物作为传感膜，采用荧光猝灭方法，对 Fe^{3+} 进行了检测，并且对反应时间、限制性、可逆性和动力学范围都进行了研究。Wolfbeis[4]将绿色荧光蛋白作为指示剂固定于光纤上，通过绿色荧光蛋白与金属离子结合而产生的荧光变化来测定金属离子的浓度。Wolfbeis 制备了 Cu^{2+} 传感器，在 0.5～50mmol/L 内可以实现 Cu^{2+} 的检测。
阴离子的测定相对比较困难[30]。重金属离子检测一般都集中于硝酸根离子和卤素离子的测定。硝酸根离子在紫外光波段有一定的吸收，以此为基础与光纤化学传感技术相结合，可实现纯水中硝酸根离子的测定。但是，检测过程会受到其他物质的影响因此不能直接利用光谱法对阴离子进行测定。一般情况下，先用离子对的方法将硝酸根或氯离子等阴离子萃取出来后再进行测定。在光纤传感技术对阴离子的检测研究中，一方面采用极性敏感染料进行响应分析，另一方面则致力于开发能与阴离子发生荧光猝灭效应的特异性荧光试剂以实现检测。

1.2.3　光纤气体传感器

测量气体的 OFCS 可分为以下几类：①渐逝场型光纤气体传感器。利用倏逝波原理设计的传感器，当光纤界面附近的渐逝场或光纤表面修饰层中的光能被气体吸收或由于气体间接作用离开光纤时，接收器收到的光强发生变化，从而实现气体浓度的测量。②光吸收型 OFCS。不管气体在可见光波段透明与否，它都存在自己的光学吸收谱。将气体加入一检测波段透明的样品室，光源发出的光通过光纤后再经过样品室，与待测气体相互作用，被气体吸收后再被检测器获得，根据剩余信号强度的变化实现气体的测量。③染料型 OFCS。通过测定与气体相应的荧光辐射的变化来检测气体的浓度，或是将待测气体与染料发生化学反应，根据染料的光学性质变化对气体进行测定。

气体型 OFCS 主要集中于 O_2、CO_2 和水蒸气等气体的检测上。人们已经对染料在 CO_2 浓度的测定方面展开了广泛的研究，传统方法中都需要碳酸盐作为缓冲溶液，但液体易挥发，影响传感器的稳定性和重复性。后来人们发明了塑料传感膜。首先将染料同季铵碱形成亲脂的离子对。一般采用 8-羟基芘-1, 3, 6-三磺酸三钠盐这一荧光染料，再将离子对固定在 CO_2 容易出入的亲脂性传感膜中。其中，水是以结晶水的形式存在的，可以长时间保存。Chu 等[31]采用 sol-gel 法，将四辛基氢氧化铵作为相转移剂，将四辛基铵阳离子同 8-羟基芘-1, 3, 6-三磺酸三钠盐制备成离子对，成功制备了 CO_2 的 OFCS。CO_2 的 OFCS 可以对 CO_2 浓度（0%～30%）进行检测，且这一传感器具有较好的可逆性。

O_2 的测量也是非常重要的，人们主要基于荧光猝灭方法开展了 O_2 的 OFCS 的研究工作。Rigo 等[32]采用共价键将传感膜修饰于光纤外部，在膜中固定钌的络合物。基于荧光猝灭原理实现 O_2 的测量，检出限达到 0.0008‰。Guo 等[33]以钌的络合物为指示剂，采用偶联和共聚的方法制备了 O_2 的传感器。由于该传感器具有较好的疏水特点，适合于测定水中的 O_2 含量，而且解决了染料的泄漏问题。他们利用该传感器实现了海水中 O_2 含量的测量，又利用有机改性的硅酸盐作为 O_2 的传感膜，制成了高灵敏的 O_2 传感器，而且在 O_2 浓度为 0%～100%内都有较好的线性关系。Akita 等[34]通过层层累积的方法，在异芯结构的光纤表面形成聚谷氨酸/聚赖氨酸敏感层，这一敏感层具有很强的吸湿性，在周围环境的湿度发生变化后，敏感层受湿度变化的影响，其 RI 随即发生改变，从而影响到光能量在光纤中的传输，实现湿度的检测。在检测波长为 1310nm 的情况下，湿度由 50%变化到 92.9%时，光强度变化了 0.26dB。Aneesh 等[35]利用 sol-gel 法将氧化锌纳米粒子固定于传感膜中，再修饰在光纤的表面。外界湿度的改变会造成传感膜对纤芯中光吸收的变化，从而改变光纤的传光性能，检测器将获得光信号与湿度之间的关系。这种传感器的湿度为 4%～96%，响应时间小于 0.06s。

1.2.4　光纤紫外传感器

紫外光辐射在工业生产、光化反应、老化试验和医疗工作中的应用十分广泛。人体过量遭受紫外光辐射可能会引发皮肤癌。控制和测量紫外光辐射量是工业生产与医疗部门极感兴趣的课题。

紫外光辐射作用于敏感材料，敏感材料高效率地把紫外光辐射转换为可见光辐射，并在光纤中进行低损耗传输，可见光辐射可以高效能地被终端接收器接收。这就是紫外 OFS 的基本原理。

能把紫外光辐射转换为可见光辐射的材料很多，而带有共轭双键的有机化合物对紫外光辐射的转换效率很高，这些物质通常称为染料。

染料分子由一定数量的原子组成，因此在它的能级结构中便存在非常复杂的振动方式和转动方式。溶液中染料分子之间、染料分子与溶剂分子之间的碰撞和静电微扰，振动与转动能级都会增宽，使有机染料振动能级组成的能带具有连续分布的性质。因此染料分子的电子态从基态跃迁到激发态的吸收谱是连续的谱带，其带宽可达几十纳米。

当作为活性媒介的有机染料溶液被光照射时，染料分子吸收了光，电子从基态 G 跃迁到激发态 $S_i (i = 1, 2)$ 的振动能级上，无辐射跃迁是由于周围溶剂分子和染料分子有着极其频繁的碰撞，电子在 S_i 的各个振转子能级之间很快达到局部的平衡。电子在 S_i 的各个振转子能级的集居数，可以近似地用玻尔兹曼分布来描写，最低子能级的电子数很多。将电子从 S_i 跃迁到 G 时所产生的自发辐射称为荧光。

由于基态和三重态的总自旋不同，属于自旋禁阻跃迁，因而它们之间不可能发生直接的光跃迁。

罗丹明 6G、B 类染料就是具有较高量子效率的染料，可以当作激光染料使用，因而将其选作 OFS 的敏感材料是非常合适的。

罗丹明 B 乙醇溶液发出强烈的红光，其峰值波长约为 620nm，与目前 He-Ne 激光波长（632.8nm）相接近，也是光纤传输、光电接收的常用波长之一。

1.2.5　光纤生物传感器

传感器是能感受某种被测量信号并将其转换成声、光、电等信号的元件，传感器的组成有很多，包括敏感元件、转换元件及相应线路等，其中以抗原抗体、酶、核酸、细胞等生物材料作为敏感元件组成的传感器称为生物传感器，而以光纤传导和收集光信号进行生物检测的传感器称为 FOBS，这种传感器通过检测生物反应所产生的光，进一步检测光的强度、振幅、相位等参数来确定被检物质的量。与其他传感器相比，这种传感器具有抗电磁干扰能力强、不用参考电极、可以实现探头微型化、用于遥测和实时检测等优点。

FOBS 可以分为以下几类：①反应池光吸收型传感器；②敏感膜光反射与散射型传感器；③荧光型传感器；④磷光型传感器。

反应池光吸收型传感器：在 OFS 系统中，可以利用一系列光纤现象来传感化学量，其中最简单的方法莫过于在特定波长处检测光吸收效应，光吸收效应主要用于检测池分离型 OFS，即一根光纤或光纤束将光引入化学反应池，由化学反应池返回的光用另一根光纤或光纤束收集。光吸收的强弱取决于待测分子的吸收率、光程及光波长。在一个 OFS 系统中化学反应物的种类及其浓度通常需要满足下面两个条件：①在被测参数变化范围内（如某种被测化学物的浓度最小值和最大值），受该参数制约的传输光强变化必须足够大以获得相当的灵敏度。一般而言，在测量范围内，传输光强变化值为信号强度的一个至两个数量级比较合适。当然，这只是一个度。在这种情况下，在被测参数的变化范围内，当信号强度有最大的变化量时可得到最高的精度。②在最大吸收时，化学反应物中的光传输量仍需维持足够大，因为在有噪声的情况下，信号必须有足够大的相对值。实际上，这意味着传感元件的光损耗（其大小由待测反应物及传感器构造共同决定）不能太大，否则将难以从干扰（如周围泄漏光等）中分离信号分量。这一要求并不是指传输的光信号必须比周围光信号大。如果采用光源调制及窄带检测方法，只要总光量大致使探测器或信号处理电路出现饱和，则比环境光小得多的信号光仍是允许的。一般来讲，为了保证传感器精确地吸收测量，需要同时监测至少两个波长。这两个波长的选择原则是其中一个波长上对测量环境变化敏感而在另一个波长上对测量环境变化不敏感。这种双通道系统能补偿如光纤耦合效率波动、光源功率波动及光纤、探测器或其他光器件的老化而引起的共模效应。

敏感膜光反射与散射型传感器：单端光纤系统具有较多的优越性，可以利用一面镜子（或其他反射面），或利用某一附加材料的光散射特性，将部分吸收光反向散射到接收光纤中，即可构成一类更具优越性的 OFS。试剂附着于无色膜材料的表面，膜紧贴于光纤端面。膜的漫反射要足够大，并且漫反射不仅发生在膜表面还发生于膜内。待测物的加入能改变反向散射光的强度。这种光强度的变化可以通过一种单向方式监测，即在入射光纤相同的方向上放置一根接收光纤。在实际应用中可以利用分叉光纤提供多根入射光纤和出射光纤。一般来说，选择具备下述特点的反应物支撑材料是相当重要的。①膜能实现反应物的化学耦合或结合反应物的同时又不影响反应物的光学传感检测能力。一般来说，耦合于膜上的反应物与自由溶液状态的反应物发生反应的方式不同,在有些场合,反应物耦合能提高它的稳定性。②膜上的孔状结构要有足够的渗透性,以保证化学样品在规定的响应时间内有充分的扩散,这样才能在该响应时间内进行测量。对于孔隙很小的膜,其内部溶液往往要 30min 才能与外界环境达到平衡,这对需要在数分钟内得到被测参数信息的应用是不适宜的。③膜的浸润特性应与被测环境相适应,如测量水溶性物质时使用的疏水膜是不合适的,同样地,当测量在油或脂类环境中进行时,就要使用油浸润膜。④来自膜的漫反射光应尽可能地有固定不变的光谱响应,这意味着膜不含有光谱吸收物质,即使是非常好的散射材料也常常会使波长有些改变,但通常这些改变并不严重。在实际应用中,普通膜材料都能满足这一要求。

荧光型传感器:荧光现象直接与吸收有关,因为能量较低的辐射在再次发光之前必须要吸收光能量。产生荧光的效率取决于荧光物质的浓度、吸收截面和量子效率及光程。在实际应用中,荧光物质水溶液的量子效率可接近于 1.0(如荧光素),当它的量子效率降到 0.05 时仍然是可用的。在实验系统中可以调整其他一些参数,以确保最大限度地利用激发光能量。荧光分子具有特定的激发光波长范围,在该范围内分子可以被激发,一旦受激,分子在短时间内迅速衰减,其发射光谱也能确定。荧光现象的优点是它允许测量环境中待测物与其他待测物同时并存。另外,散射光及表面粗糙度的不利影响可以通过频移减少到最低限度。在实际的 OFS 结构中,荧光现象有两个应用:一个作为标记方法,另一个作为化学探测器。

磷光型传感器:由于分子的受激态能维持数纳秒,因此具有荧光现象的有机化合物的寿命通常非常短,另外,即使分子的受激态能维持较长时间,附近环境中的其他物质也会使这些受激态分子返回基态。而对于固态物质,其寿命则长得多,特别是可以利用其磷光现象。荧光和磷光的根本区别:荧光是由激发单重态最低振动能级向基态振动能级的跃迁产生的。正如荧光现象一样,磷光现象也有两个基本的应用。①作为标记方法:它作为标记物优于荧光现象的地方在于,当激发光散去之后仍存在磷光辐射,这样就能消除激发光的散射影响,而激发光的散射影响正是荧光系统中限制系统性能的因素。②作为化学探测器:磷光可以猝灭,这一现象可以用于传感。例如,在商品化的光纤湿度测量系统中,就利用了高温下稀土磷光体的猝灭现象。磷光现象的主要缺点是瞬时输出光的能量低,为了解决这一问题,通常采取输出信号的累加。

1.3 OFCS 发展历程

20 世纪 60 年代,随着单模和多模式波导的研制与发展,业内开始讨论和研究波导中倏逝波，1966 年，Koester[36]采用纤芯为被动式玻璃、包层为掺钕玻璃的波导构造波导激光器结构，观察到倏逝波引起的激光放大和振荡现象。20 世纪 70 年代，Hill 等[37, 38]对波导界面的倏逝波性质和应用的研究进行报道。同一时期，OFS 开始得到研究和发展，Porter 等[39]和 Hocker[40]将 OFS 应用于测量压力、温度、位移等。黄杰等[41, 42]采用化学腐蚀法对本征型光纤倏逝波化学传感器的灵敏度特性进行了研究。他们采用 50μm/125μm 阶跃型多模光纤（multi-mode optical fiber，MMF），制作单根直形倏逝波传感器，数值模拟和实验结果表明，传感器的灵敏度与传感长度和传感区纤芯直径有关。

OFCS 是 20 世纪 70 年代末发展起来的一项重大技术。由光纤一端入射的光线基于纤芯与包层界面的全内反射作用而传导至光纤的另一端射出，光的传播不受光纤宏观弯曲的影响，理论上光能量的传递损耗取决于纤芯和包层光合材料本身的光合特性。OFCS 的基本原理是待测物与光纤倏逝场的光相互作用后传输光的能量衰减，通过光接收装置来探测衰减量大小，进一步测出待测物的浓度或者 RI 等，属于强度调制型 OFS。光纤具有抗干扰、耐高温与腐蚀、反应灵敏和功耗小等特点，这使得 OFCS 得到迅速的发展，成为 OFCS 研究的新方向。

20 世纪 80 年代初期，随着 OFS 的研究和发展，倏逝波逐渐被重视并开始应用于光纤传感领域。1982 年，Beasley[43]申请了倏逝波压力传感器装置的专利，当压力作用于隔板时，随着压力的变化，通过测量隔板下两根光纤倏逝波耦合量的变化来测量压力。1986 年，Paul 等[44]研究了基于倏逝波原理的 OFCS 传感特性，实验得出了传感器测量的基本方法。他们的工作为基于倏逝波原理的 OFCS 的发展奠定了研究基础。20 世纪中后期至今，是倏逝波型 OFS 的快速发展时期，出现了不同结构、不同光学系统的倏逝波型 OFS，可以应用于生物探测、化学成分分析、气体浓度分析、环境监测等各个领域[45-47]。

本征型探头的制作去掉光纤包层可以直接采用化学腐蚀法，使用灵活性较好，但缺点就是灵敏度有限，不能满足实际需要，因此很多研究人员以高灵敏度的探测为目标展开研究。为了提高本征型传感器的灵敏度，解决传感结构中的去掉包层的光纤容易折断等问题，研究人员设计出了一种新型的 D 形传感结构。这种传感结构由于具有较粗的直径，所以传感头的部分不易折断，在与待测物结合时，由于对外界环境敏感的区域只在一个侧面，因此灵敏度不会很高。D 形传感结构的获得主要有两种方法：第一种是单侧抛光法，选择一段光纤，将纤芯与包层的一侧抛磨掉一部分，这是比较常见的技术方法，但是光纤抛光的深度测量是一个比较难实现的问题，需要借助其他精密的光学仪器进行测量，同时此方法获得的传感区域段通常只有几微米，灵敏度有限；第二种是化学腐蚀法，用稀释后的氢氟酸（hydrofluoric acid，HF）将光纤的一侧进行腐蚀，可以获得较长的传感区域，以此来增加待测物与传感区域作用的长度，最终提高了传感器的灵敏度，但是 HF

是极易挥发的有毒物质，而且 HF 对光纤的腐蚀速度容易受外界因素（温度和腐蚀时间等）的影响。

由倏逝波穿透深度公式可知，穿透深度由入射波长、纤芯-包层折射率、入射角共同决定，其中入射角越小，倏逝波穿透深度越大，与外界物质作用越强，灵敏度也越高，因此研究人员设计了通过减小入射角来提高灵敏度的一种 U 形传感结构。这种传感结构首先用火焰慢慢加热弯曲，然后加工成 U 形，纤芯直径大小决定了加热的温度，纤芯直径为 200μm 的加热温度一般为 400～500℃，最后将作为敏感区域段的光纤去掉包层。Gupta 等[48]应用溶胶-凝胶技术在光纤无包层纤芯区固定不同染料，通过检测光在光纤中传输的损耗来测量 pH，其用酚红染料测量的 pH 为 7～12，其响应时间约为 5s。用甲酚红测量的 pH 为 6.5～11。用溴酚蓝测量的 pH 为 4～7.5，这种方法对于 pH 的测量比较精确。Lee 等[49]利用倏逝波吸收原理对水中 Fe^{3+}进行了检测，他们将无包层多模石英光纤和微弯的多模塑料光纤作为传感区，制作的两种传感器最低检出限为 1μg/L，检测范围为 1～50μg/L。Choudhury 等[50]基于倏逝波被吸收的原理制成 U 形本征倏逝波型 OFS 来测量水中氯的浓度，通过有机化合物与氯反应颜色的变化来测量氯的浓度。王真真等[51]利用倏逝波的吸收原理，将单模光纤（single-mode fiber，SMF）局部通过化学腐蚀法腐蚀到纤芯进而对磷酸根离子进行了检测。Xiong 等[52]通过测量微通道中含氮物质的吸收来实现对亚硝酸盐的检测，传感部分是将光纤去掉包层后插入石英毛细血管，形成水流微通道来进行相应的测量。Chandani 等[53]在 2005 年提出了一种基于倏逝波原理的新的 D 形光纤温度传感器，传感区域是采用稀释后的 HF 进行腐蚀的，与一层热光系数很大的物质材料结合，浸入油中，D 形平面上有效介质的 RI 随着温度的变化而发生变化，从而改变倏逝场光强的大小。倏逝场能量分布是由光纤中波导模式的数量变化引起的，而光纤中波导模式的数量会随着温度的变化而改变，影响了激发的调整倏逝场能量与待测物作用大小，最终测量温度为 10～90℃，分辨率可以达到 10^{-5}。Khijwania 等[54]在 2005 年利用了镀膜的思想提出了一种传感器，该传感器的结构是在 U 形光纤裸芯敏感区域镀上了一层氯化钻，该传感器对湿度敏感，实用性和可重复性较好。U 形传感光纤的纤芯直径为 100μm，弯曲直径为 5mm，测量相对湿度为 10%～90%，反应时间可以达到 1s。Mathew 等[55]利用光子晶体光纤（photonic crystal fiber，PCF）做成湿度传感器，传感器分辨率在 40%～90%相对湿度下为 0.07%，最快反应时间为 75ms。U 形传感光纤有两个很大的缺点是占用空间较大和加热过程中光纤容易折断。Sai 等[56]在 2010 年提出了一种提高传感器灵敏度的新型 U 形 OFCS，其主要思想是在 U 形部分形成局域 SPR，新型 U 形传感器的灵敏度与传统的 U 形 OFCS 相比有了较大提高。

在其后的发展中，一种小体积、高灵敏度的锥形光纤逐渐成为研究的热点。

2009 年，Gravina 等[57]因其塑料包层的 RI 与待测液体的 RI 很接近，所以制作了一种塑料包层的锥形光纤传感器，该传感器经热拉锥后的光纤在锥形敏感区域的倏逝波能量增强，从而提高与待测物质作用的灵敏度。实验研究了不同直径的锥形塑料光纤在锥比率 $R = 0.5$ 和 $R = 0.75$ 的情况下对亚甲基蓝浓度的测量，实验结果表明锥比率越小灵敏度越高。锥形光纤传感器灵敏度高并且体积较小，其中，锥比率越小、锥长越长，灵敏度越高，但是他们也发现光纤拉制后包层有剩余厚度，同时锥长太长容易折断，因而影响了它的灵敏度。

为了提高传感器的灵敏度，研究人员提出了一种双锥结构 OFS，它是将一段光纤去除涂覆层和包层，通过高温加热，并以一定的速度去拉涂覆层光纤两端，直到光纤均匀段直径小于纤芯直径即可形成双锥形倏逝波型 OFS，或者通过化学腐蚀法，借助液体的毛细原理形成光纤腐蚀液的浓度差导致腐蚀速度不同，从而形成双锥形 OFS。为了满足不同样品的测量精度，Wang 等[58]在 2011 年利用锥形区域的倏逝波及多模干涉的原理进行 RI 测量，提出了一种新型的锥形结构，一根锥形 MMF 夹在两根 SMF 之间，形成了单模-拉锥多模-单模（single-mode-taper multi-mode-single-mode，STMS）的传感结构，实验得到了当 RI 为 1.33～1.44、MMF 腰锥直径为 30μm 时，灵敏度高达 1900nm/RIU。文献[57]中还指出，可以优化锥形敏感结构来进一步提高灵敏度。Lin 等[59]在 2012 年利用焰火加热将 SMF 拉锥，制作了锥形溶液 RI 传感器，将厚度为(24±3)nm 金纳米粒子层涂敷在其锥形传感区域中，这种利用局部 SPR 体原理的锥形 OFS 结构简单并且灵敏度高，可测量的 RI 分辨率高于 3.2×10^{-5}RIU。2014 年，Feng 等[60]设计了锥形 RI 传感器，他们利用熔融拉锥的方法，制作腰锥直径为 200μm、腰长为 6mm 的传感头并在此基础上研究了增加锥形区的数量对传感器性能的影响，实验结果表明两个锥的传感器灵敏度高达 950pW/RIU，是一个锥的传感器灵敏度的 4 倍。

近年来，光纤布拉格光栅（fiber Bragg grating，FBG）传感器被广泛地应用于各种物理参数的测量及化学物质的传感。外界的环境变化，如压力、应变、弯曲、温度、磁场等变化导致传感器中心波长的漂移，进一步进行相关参量的测量。然而在化学传感应用中，由于包层的存在，一般的 FBG 只产生芯模和芯模之间的耦合，因此它的谐振反射波长对外界 RI 的变化不敏感，所以普通的 FBG 不能直接应用于化学物质的传感，需要改变 FBG 的这种耦合模式。为了解决这个问题，使 FBG 的有效 RI 容易受外界 RI 的影响，研究者使用化学腐蚀法减小包层厚度，产生光纤倏逝波场，这样 FBG 反射中心波长会产生漂移，通过漂移量的大小来直接检测外部环境的变化，从而达到了化学传感目的。2009 年，Schroeder 等[61]制作了氢气传感器，他们利用单侧抛光法将 FBG 一侧磨掉然后与其他材料结合，这种材料为不同厚度的金属钯。实验得出，当金属钯膜厚度为 50nm 时，测量反应速度最快，灵敏度高于氢气爆炸极限 4%。2011 年，Li 等[62]报道了一种锥形光纤与布拉格光栅组成的湿度传感器，该传感器的制作是在锥形敏感区域涂上聚乙烯醇，腰锥直径为 50.2μm，最大灵敏度为 1.99μW/%RH，反应时间在 2s 以内，可以实现在较短时间内进行高灵敏度测量的目的。

PCF 倏逝波传感器是当今 OFS 研究的热门领域之一。因为与普通 SMF 不同，PCF 是由周期性排列空气孔的单一石英材料构成的，由于气孔的尺度与波长数量级相同，所以 PCF 又称为多孔光纤（holey fiber）或者空芯光纤（hollow core optical fiber）。利用倏逝波原理进行传感一般分为三种类型，分别为吸收型、荧光型与 SPR 型。上述的几种类型的倏逝波传感头都是通过对光纤进行处理，如化学腐蚀、熔融拉制或者精密磨削，在加工处理过程中会使实验测量具有不稳定性，这个不稳定性是由于光纤本身比较细容易折断，而光子晶体倏逝波传感直接将待测物质压缩进光纤包层的气孔里，增加了有效作用长度，而不用对光纤本身处理，从另外一个方面来说，也就是减小了光路的损耗，提高了 PCF 的灵敏度。

PCF 就结构而言分为实芯和空芯两种类型。因为实芯 PCF 空气孔体积占总体积的比例较小，与待测物质接触的有效面积小，因此，只能通过增加光纤的长度来提高待测物质探测的灵敏度。相比之下，空芯 PCF 传感器具有更高的检测灵敏度，是因为空芯 PCF 在空气中倏逝场功率最高能达到传输总功率的 95%。因此，提高传感器灵敏度的方法：一是增加倏逝场与待测物质作用距离；二是通过优化设计 PCF 结构来提高相对灵敏度；三是可以将 PCF 传感与其他传感技术相结合起来，如在 PCF 写入布拉格光栅或者长周期光栅构成 PCF 光栅、SERS、SPR 等。2000 年，Russell 等[63]根据光子晶体传光原理首次提出 PCF。Yang 等[64]在 2013 年报道了一种高灵敏度的 SERS-PCF 气体浓度传感器，空芯 PCF 长度为 30cm、空芯直径为 7.5μm、孔距为 2.3μm、输入波长为 735～915nm 时测得甲苯、丙酮、1-1-1 三氯乙烷气体浓度分别为 0.04%、0.01%、1.2%，是普通吸收型的 3 倍。

1.4　OFCS 存在的主要问题

衡量传感器性能的一个重要指标就是灵敏度。光纤倏逝波传感器的敏感区域吸收倏逝波的能力直接决定着光纤倏逝波传感器的灵敏度。在子午光线的叙述中就指出了提高倏逝波能量，可以采用从入射光线的角度入手的方法[65]。

大量研究表明：直接影响光纤倏逝波灵敏度的主要因素有倏逝波的透射深度、均匀感应区域的感应纤芯直径和感应长度等。为了设计出稳定性好，传感性能优良的光纤倏逝波传感器，必须从这三个方面来提高其灵敏度。选择合适的初始光波入射角，可以使光纤倏逝波的透射深度增大近 3 倍，当锥度比为 0.4 时，光纤倏逝波的透射深度最深，适当地减小感应区域纤芯的直径和延长感应区域的敏感长度也可以增加倏逝波的透射深度[66]。这种灵敏度分析是针对锥形探头的光纤倏逝波传感器，同时溶液的 RI 也会影响到传感器的灵敏度，RI 越大，灵敏度越高。

此外，作为光纤生化传感器的技术关键的传感头的制备仍存在许多关键技术问题亟待解决。首先，传统 OFS 探头的指示剂负载量比较少，灵敏度较低；其次，传感头不具备在线监测的能力，很大程度上限制了传感头的应用领域；最后，传感器性能容易受温度、湿度和其他外界环境的影响。上述问题制约了光纤生化传感器的集成化、微型化及系统化发展。

本书就 OFCS、制备及其在传感领域的应用进行了总结概述，介绍了 PCF、FBG、光纤纳米磁流体（magnetic fluid，MF）材料、磁致伸缩功能材料、光纤纳米 ZnO 材料等的特性，以及传感原理及其传感结构的设计和性能分析。本书的结构安排如下：

第 1 章介绍光纤化学传感技术，并介绍 OFCS 的传感基本原理、发展历程及存在的主要问题。

第 2 章介绍微结构光纤（microstructure optical fiber，MOF）化学传感技术，介绍制备 MNF 的方法，研究 PCF 和 FBG 及其化学传感应用。

第 3 章介绍光纤纳米 MF 材料磁传感技术与系统、光纤磁场传感器，并进行理论和实验研究。

第 4 章介绍光纤磁致伸缩材料电流传感技术与系统，差动式超磁致伸缩材料-光纤布拉格光栅（giant magnetostrictive material-fiber Bragg grating，GMM-FBG）交流电流传感系统、超磁致伸缩材料-非本征型光纤法布里-珀罗干涉仪（giant magnetostrictive material-extrinsic Fabry-Perot interferometer，EFPI-GMM）高分辨率电流传感器的设计与性能分析。

第 5 章介绍光纤 QDs 纳米材料重金属离子传感技术与系统，并基于 QDs 纳米材料的特性设计一种高灵敏度、微型化的 QDs 基纳米材料的光纤气体传感器。

第 6 章介绍光纤纳米 ZnO 材料紫外传感技术与系统，并介绍基于 ZnO 纳米材料的 MNF 倏逝场理论紫外传感特性研究。

第 7 章介绍光纤氧化石墨烯温湿度传感技术与系统。

第 8 章介绍光纤金属薄膜的液体 RI 传感技术与系统，并基于 SPR 效应进行光纤液体 RI 传感器的研究。

参 考 文 献

[1] JANATA J. Principles of chemical sensors[M]. 2nd ed. New York：Springer，2009.

[2] ALBERT K J，LEWIS N S，SCHAUER C L，et al. Cross-reactive chemical sensor arrays[J]. Chemical reviews，2000，100（7）：2595-2626.

[3] MCDONAGH C，BURKE C S，MACCRAITH B D. Optical chemical sensors[J]. Chemical reviews，2008，

108 （2）: 400-422.

[4] WOLFBEIS O S. Fiber-optic chemical sensors and biosensors[J]. Analytical chemistry, 2006, 78（12）: 3859-3874.

[5] MADER H S, WOLFBEIS O S. Optical ammonia sensor based on upconverting luminescent nanoparticles[J]. Analytical chemistry, 2010, 82 （12）: 5002-5004.

[6] PETERSON J I, VUREK G G. Fiber-optic sensors for biomedical applications[J]. Science, 1984, 224 （4645）: 123-127.

[7] LI J Y, HUANG X G, XU W, et al. A fiber-optic pH sensor based on relative Fresnel reflection technique and biocompatible coating[J]. Optical fiber technology, 2014, 20 （1）: 28-31.

[8] MISHRA S K, GUPTA B D. Surface plasmon resonance based fiber optic pH sensor utilizing Ag/ITO/Al/hydrogel layers[J]. Analyst, 2013, 138 （9）: 2640-2646.

[9] GOICOECHEA J, ZAMARRENO C R, MATIAS I R, et al. Optical fiber pH sensors based on layer-by-layer electrostatic self-assembled Neutral Red[J]. Sensors and actuators B: Chemical, 2008, 132 （1）: 305-311.

[10] CHEN Y, HE F, REN Y, et al. Fabrication of chitosan/PAA multilayer onto magnetic microspheres by LbL method for removal of dyes[J]. Chemical engineering journal, 2014, 249 （1）: 79-92.

[11] RITHESH R D, PRASANTH S, VINEESHKUMAR T V, et al. Surface plasmon resonance based fiber optic sensor for mercury detection using gold nanoparticles PVA hybrid[J]. Optics communications, 2016, 367: 102-107.

[12] XOLALPA W, RODRIGUEZ M S, ENGLAND P. Real-time surface plasmon resonance （SPR） for the analysis of interactions between SUMO traps and mono-or polySUMO moieties[M]. New York: Humana Press, 2016: 99-107.

[13] TABASSUM R, GUPTA B D. Fiber optic manganese ions sensor using SPR and nanocomposite of ZnO-polypyrrole[J]. Sensors and actuators B: Chemical, 2015, 220: 903-909.

[14] CHENG F, XU H, WANG C, et al. Surface enhanced Raman scattering fiber optic sensor as an ion selective optrode: The example of Cd^{2+} detection[J]. RSC advances, 2014, 4 （110）: 64683-64687.

[15] SUNG T W, LO Y L. Highly sensitive and selective sensor based on silica-coated CdSe/ZnS nanoparticles for Cu^{2+} ion detection[J]. Sensors and actuators B: Chemical, 2012, 165 （1）: 119-125.

[16] SAWYER S C. Volatile organic compounds （VOCs） [J]. The manufacturing confectioner, 1997, 77 （11）: 65-70.

[17] ZHU B L, XIE C S, WANG W Y, et al. Improvement in gas sensitivity of ZnO thick film to volatile organic compounds （VOCs） by adding TiO_2[J]. Materials letters, 2004, 58 （5）: 624-629.

[18] KAUSHIK S, TIWARI U K, SAINI T S, et al. Long period grating modified with Fe-metal organic frameworks for detection of isopropanol[C]. International conference on fibre optics and photonics, New York, 2016: Th3A-59.

[19] MANIVANNAN S, SARANYA A M, RENGANATHAN B, et al. Single-walled carbon nanotubes wrapped poly-methyl methacrylate fiber optic sensor for ammonia, ethanol and methanol vapors at room temperature[J]. Sensors and actuators B: Chemical, 2012, 171-172: 634-638.

[20] BARIÁIN C, MATÍAS I R, ROMEO I, et al. Detection of volatile organic compound vapors by using a vapochromic material on a tapered optical fiber[J]. Applied physics letters, 2000, 77 （5）: 2274-2276.

[21] PETERSON J I, GOLDSTEIN S R, FITZGERALD R V, et al. Fiber optic pH probe for physiological use[J]. Analytical chemistry, 1980, 52 （6）: 864-869.

[22] LI Z Z, NIU C G, ZENG G M, et al. A novel fluorescence ratiometric pH sensor based on covalently immobilized piperazinyl-1, 8-napthalimide and benzothioxanthene[J]. Sensors and actuators B: Chemical, 2006, 114 （1）: 308-315.

[23] GANESH A B, RADHAKRISHNAN T K. Fiber-optic sensors for the estimation of pH within natural biofilms on

metals[J]. Sensors and actuators B: Chemical, 2007, 123 (2): 1107-1112.

[24] DONG S Y, LUO M, PENG G D, et al. Broad range pH sensor based on sol-gel entrapped indicators on fibre optic[J]. Sensors and actuators B: Chemical, 2008, 129 (1): 94-98.

[25] LI C Y, ZHANG X B, HAN Z X, et al. A wide pH range optical sensing system based on a sol-gel encapsulated amino-functionalised corrole[J]. Analyst, 2006, 131 (3): 388-393.

[26] WANG X D, WOLFBEIS O S. Fiber-optic chemical sensors and biosensors（2008-2012）[J]. Analytical chemistry, 2013, 85 (2): 487-508.

[27] WANG J, WANG L L. An optical fiber sensor for remote pH sensing and imaging[J]. Applied spectroscopy, 2012, 66 (3): 300-303.

[28] AHMED M A, SALMAN F E, MORSI M M, et al. Electrical properties of some copper-containing phosphate glasses[J]. Journal of materials science, 2006, 41 (5): 1667-1669.

[29] OTER O, ERTEKIN K, KIRILMIS C, et al. Characterization of a newly synthesized fluorescent benzofuran derivative and usage as a selective fiber optic sensor for Fe（III）[J]. Sensors and actuators B: Chemical, 2007, 122 (2): 450-456.

[30] ISARANKURA-NA-AYUDHYA C, TANTIMONGCOLWAT T, GALLA H J, et al. Fluorescent protein-based optical biosensor for copper ion quantitation[J]. Biological trace element research, 2010, 134 (3): 352-363.

[31] CHU C S, LO Y L. Fiber-optic carbon dioxide sensor based on fluorinated xerogels doped with HPTS[J]. Sensors and actuators B: Chemical, 2008, 129 (1): 120-125.

[32] RIGO M V, GEISSINGER P. Crossed optical fiber sensor arrays for high-spatial-resolution sensing: Application to dissolved oxygen concentration measurements[J]. Journal of sensors, 2012, 2012: 276-283.

[33] GUO L Q, NI Q Y, LI J Q, et al. A novel sensor based on the porous plastic probe for determination of dissolved oxygen in seawater[J]. Talanta, 2008, 74 (4): 1032-1037.

[34] AKITA S, SASAKI H, WATANABE K, et al. A humidity sensor based on a hetero-core optical fiber[J]. Sensors and actuators B: Chemical, 2010, 147 (2): 385-391.

[35] ANEESH R, KHIJWANIA S K. Zinc oxide nanoparticle based optical fiber humidity sensor having linear response throughout a large dynamic range[J]. Applied optics, 2011, 50 (27): 5310-5314.

[36] KOESTER C J. 9A4-Laser action by enhanced total internal reflection[J]. IEEE journal of quantum electronics, 1966, 2 (9): 580-584.

[37] HILL K O, WATANABE A, CHAMBERS J G. Evanescent-wave interactions in an optical wave-guiding structure[J]. Applied optics, 1972, 11 (9): 1952-1959.

[38] HILL K O, MACDONALD R I, WATANABE A. Evanescent-wave amplification in asymmetric-slab waveguides[J]. Journal of the optical society of America, 1974, 64 (3): 263-273.

[39] PORTER J H, MURRAY D B. Fiber optic pressure detector: US3686958[P]. 1972-08-29.

[40] HOCKER G B. Fiber-optic sensing of pressure and temperature[J]. Applied optics, 1979, 18 (9): 1445-1448.

[41] 黄杰, 沈为民, 徐贲, 等. 本征型光纤倏逝波化学传感器的研究[J]. 量子电子学报, 2010, 27 (4): 508-512.

[42] 许宏志, 楼俊, 黄杰, 等. 光纤倏逝波化学传感器灵敏度特性研究[J]. 激光与红外, 2014, 44 (6): 654-658.

[43] BEASLEY J D. Evanescent fiber optic pressure sensor apparatus: US4360247[P]. 1982-11-23.

[44] PAUL H, KYCHAKOFF G. A fiber-optic evanescent field absorption sensor[C]. International congress on applications of lasers and electro-optics, Toledo, 1986: 27-32.

[45] STEWART G, JIN W, CULSHAW B. Prospects for fibre-optic evanescent-field gas sensors using absorption in the near-infrared[J]. Sensors and actuators B: Chemical, 1997, 38 (1-3): 42-47.

[46] MIZAIKOFF B. Mid-infrared evanescent wave sensors-a novel approach for subsea monitoring[J]. Measurement science and technology，1999，10（12）：1185-1194.

[47] LONG F，SHI H C，HE M，et al. Sensitive and rapid detection of 2, 4-dicholorophenoxyacetic acid in water samples by using evanescent wave all-fiber immunosensor[J]. Biosensors and bioelectronics，2008，23（9）：1361-1366.

[48] GUPTA B D，SHARMA D K. Evanescent wave absorption based fiber optic pH sensor prepared by dye doped sol-gel immobilization technique[J]. Optics communications，1997，140（1-3）：32-35.

[49] LEE S T，KUMAR P S，UNNIKRISHNAN K P，et al. Evanescent wave fibre optic sensors for trace analysis of Fe^{3+} in water[J]. Measurement science and technology，2003，14（6）：858-861.

[50] CHOUDHURY P K，YOSHINO T. On the fiber-optic chlorine sensor with enhanced sensitivity based on the study of evanescent field absorption spectroscopy[J]. Optik-international journal for light and electron optics，2004，115（7）：329-333.

[51] 王真真，周静涛，王春霞，等. 基于光纤倏逝波传感器的磷酸根离子检测[J]. 光电子·激光，2011，22（11）：1683-1687.

[52] XIONG Y，ZHU D Q，DUAN C F，et al. Small-volume fiber-optic evanescent-wave absorption sensor for nitrite determination[J]. Analytical and bioanalytical chemistry，2010，396（2）：943-948.

[53] CHANDANI S M，JAEGER N A F. Fiber-optic temperature sensor using evanescent fields in D fibers[J]. IEEE photonics technology letters，2005，17（12）：2706-2708.

[54] KHIJWANIA S K，SRINIVASAN K L，SINGH J P. An evanescent-wave optical fiber relative humidity sensor with enhanced sensitivity[J]. Sensors and actuators B：Chemical，2005，111/112（2）：217-222.

[55] MATHEW J，SEMENOVA Y，FARRELL G. Effect of coating thickness on the sensitivity of a humidity sensor based on an Agarose coated photonic crystal fiber interferometer[J]. Optics express，2013，21（5）：6313-6320.

[56] SAI V V R，KUNDU T，DESHMUKH C，et al. Label-free fiber optic biosensor based on evanescent wave absorbance at 280 nm[J]. Sensors and actuators B：Chemical，2010，143（2）：724-730.

[57] GRAVINA R，TESTA G，BERNINI R. Perfluorinated plastic optical fiber tapers for evanescent wave sensing[J]. Sensors，2009，9（12）：10423-10433.

[58] WANG P F，BRAMBILLA G，DING M，et al. High-sensitivity，evanescent field refractometric sensor based on a tapered，multimode fiber interference[J]. Optics letters，2011，36（12）：2233-2235.

[59] LIN H Y，HUANG C H，CHENG G L，et al. Tapered optical fiber sensor based on localized surface plasmon resonance[J]. Optics express，2012，20（19）：21693-21701.

[60] FENG D J，LIU G X，LIU X L，et al. Refractive index sensor based on plastic optical fiber with tapered structure[J]. Applied optics，2014，53（10）：2007-2011.

[61] SCHROEDER K，ECKE W，WILLSCH R. Optical fiber Bragg grating hydrogen sensor based on evanescent-field interaction with palladium thin-film transducer[J]. Optics and lasers in engineering，2009，47（10）：1018-1022.

[62] LI T，DONG X，CHAN C C，et al. Humidity sensor based on a multimode-fiber taper coated with polyvinyl alcohol interacting with a fiber Bragg grating[J]. IEEE sensors journal，2011，12（6）：2205-2208.

[63] RUSSELL P S J，KNIGHT J C，BIRKS T A，et al. Recent progress in photonic crystal fibres[C]. Optical fiber communication conference，Baltimore，2000.

[64] YANG X，CHANG A S P，CHEN B，et al. High sensitivity gas sensing by Raman spectroscopy in photonic crystal fiber[J]. Sensors and actuators B：Chemical，2013，176：64-68.

[65]　RABAEY K，BOON N，SICILIANO S D，et al. Biofuel cells select for microbial consortia that self-mediate electron transfer[J]. Applied and environmental microbiology，2004，70（9）：5373-5382.

[66]　LOGAN B E. Exoelectrogenic bacteria that power microbial fuel cells[J]. Nature reviews microbiology，2009，7（5）：375-381.

第2章 微结构光纤化学传感技术

2.1 MNF 的研究及化学传感应用

2.1.1 MNF 化学传感技术的应用

MOF 传感器是指对光纤进行微纳操作的传感单元，或者指微米级光纤。一般而言，MOF 传感器可以分为两类：光纤干涉仪和光纤光栅。其中马赫-曾德尔干涉仪（Mach-Zehnder interferometer，MZI）和迈克耳孙干涉仪（Michelson interferometer，MI）是主要的两个分支，它们的芯层与包层的不同模式之间发生干涉，这是源于它们不同的有效模式 RI 导致的相位差。其中，被激发和耦合回光纤内的高阶模式是受微结构调制的。而 MNF 是一种典型的 MOF。2003 年，Tong 等[1]在 *Nature* 上发表了制作微纳光纤的方法，表明它在微型光子元件、光子集成等层面的机遇与挑战。作为众所周知的微纳光波导之一，MNF 除了可发挥传统光波导优势，还兼具倏逝场较强、约束能力强、工艺简单、色散可调、损耗极低等优良特性。近几年，在微纳数量级导波传输、光学传感通信、光学近场作用、微纳光源、非线性光学、表面等离激元等领域得到了深入的研究[2]。

MNF 是一种直径为微纳米级的圆柱形纤维波导。普通光纤与 MNF 的主要区别在于，其包层波导部分是空气，并且这种结构比普通 MOF 更加多样化。MNF 还具有达到波长/亚波长级的直径、高 RI 差等特征，因此在微尺度上具有波导的独特性：

（1）质量轻，可以用于在很小的空间环境中检测外部因素。由于微纳米纤维的量级，使用该材料制备的光电子器件的体积很小，有着广阔的应用空间。

（2）随着芯层直径的减小，束光能力增加，非线性效应增强，因此也在某种程度上降低了所需作业的功率。

（3）当波导尺寸达到亚波长范围时，波导的有效模场面积明显增大。波导能量由纤芯转移到外部包层区，进而在外界介质环境与倏逝场共同作用下，高度敏感和高度集成的光纤系统（optical fiber system，OFS）的制备呈现了多元化。

（4）MNF 的波导色散高于其他光波导结构。对 MNF 直径进行调节，可以获得不同的群速度色散和零色散波长。

（5）功能材料可以掺杂在 MNF 中，或者可以用特殊材料修饰 MNF 的表面。

MNF 出色的倏逝场和束光能力开阔了与光电材料集成的视野。通过各优势的结合，MNF 在各领域的应用将更具有功能性与广泛性。

因此，MNF 的诞生不单为光传感及波导器件的前进提供了一个崭新的平台，还为实现新型微纳光波导元件铺垫了深远的研究道路[3]。当光纤尺寸达到微纳量级时，具有大的倏逝场、强光场约束能力、高机械强度、大的波导色散、好的柔韧性等特点[4, 5]。MNF 的大部分能量以倏逝波的形式在包层中传播，这就使得 MNF 传感器对外界物理量的变化更敏感，具备更高的灵敏度[6, 7]。

由于传统传感器具有操作烦琐、制备复杂、一些设备携带不方便、容易受到电磁干扰、性能不佳等缺点，所以 MNF 传感器受到国际国内研究者的极大青睐，并被广泛地应用于生物化学研究、农业工业测控、环保和生态监控、医疗卫生、医学临床等方面。近几年来，大量基于 MNF 的传感技术被提出，包括单根 MNF 传感、基于谐振腔结构的 MNF 传感、MNF 光栅传感、基于干涉结构的 MNF 传感及基于耦合结构的 MNF 传感，下面将介绍其研究现状。

（1）单根 MNF 传感。MNF 传感包括绝热锥形光纤和非绝热锥形光纤。其中单根 MNF 在拉伸绝热锥型 MNF 时，精确地控制拉伸速度和加热温度，使得锥形区域过渡为缓锥形结构。MNF 表面存在大量的倏逝波，因此通过检测单根绝热MNF 的强度变化，就可以探测到 MNF 周围环境的参数变化。然而 MNF 机械强度较差和稳定性不好，目前还只是在实验室等特定场合展开研究。而非绝热锥形光纤是指锥形过渡区域长度较短、维度非常大的光纤。外界环境的变化将会导致非绝热锥形光纤波长频移，这一特点使得非绝热锥形光纤具有更好的机械强度，适合更大范围的传感应用，特别是在恶劣环境中。

（2）基于谐振腔结构的 MNF 传感。由于 MNF 很柔软，通过外部修饰，可以将 MNF 制成环状、线圈状等结构，也可以分为环形谐振腔及线圈谐振腔等。当外界环境变化时，谐振条件随之发生变化，从而导致谐振峰频移，通过检测频移量，即可判断环境的变化量。

（3）MNF 光栅传感。MNF 光栅通过沿轴向周期性地调制光纤 RI 而形成。通过在 MNF 中写入 FBG，具有以下优势：结构尺寸小、响应速度快及灵敏度高，被广泛地应用于 RI 检测、温度检测和应力检测中。

（4）基于干涉结构的 MNF 传感。MZI 和 MI 因其对环境 RI 的相位敏感特性成为经典的传感器，基于上述结构的 MNF 传感器具有较高的灵敏度。MZI 由两根 MNF 通过耦合器构成，当其中一端的周围环境发生变化时，光经过第一个耦合器分束后得到的两束光就会产生一定的相位差，当经过第二个耦合器合波后，两束具有一定相位差的光发生干涉，通过在输出端检测干涉光谱变化，就可以得到环境变化的相关信息。

（5）基于耦合结构的 MNF 传感。通过两根 SMF 熔融拉伸至微米级直径即可形成微纳光纤耦合器（micro-nano fiber coupler，MFC）。当外界环境发生变化时，两根光纤中倏逝波耦合发生变化，耦合曲线将会平移。而且该结构发生的频移变化更精确且灵敏度更高。MFC 传感可以用于 RI 传感、蛋白质检测等。

目前，传感技术正朝着微型化、集成化、高速化和多功能化的方向发展，而MNF 是目前较为合适的载体。

OFCS 是根据光纤探头所固定的指示剂与分析物作用时光学性质所产生的变化。通过光纤传输光信号，检测器将光信号转化为电信号，可测量待测物含量。光纤探测化学参数变化时，通常依据所使用的特定装置，恰当选择检测某一光学特性的变化。根据检测物可以分为多种类型的 OFCS。

（1）气体的测量。OFS 检测气体主要采用吸收光谱（absorption spectrum，AS）、反射光谱（reflection spectrum，RS）和 FS 的方法。光纤传输光谱是限制测量光谱范围的主要因素。由于标准指纹（特征）的吸收谱线大多数都是出现在中红外区（$2 \sim 10 \mu m$）的振动谱，因此，当需要采用光纤耦合系统时，常运用的是谐波谱，即监测以上基本吸收谱线的高次谐波（$1.2 \sim 1.7 \mu m$）。拉曼光谱学技术是一种可与AS 学相替换的技术，它是用强激光泵浦源来激励待测物的分子，然后收集和分析由拉曼过程产生的散射光进行检测。

（2）液体泄漏和液位的测量。液体的 RI 若低于玻璃，则可以通过对玻璃与液体交界面上的折射临界角的测量来确定。按输入光纤与输出光纤之间的光学排布的性质，可行的探头几何结构有以下几种：棱镜型传感器、局部去包覆层的直光纤、未加包覆层的弯曲光纤。涉及 RI 测量的难题，是探头的污染和对光发送系统的数值孔径的敏感性。

（3）浊度的测量。利用比浊原理，将液体浊度变化造成光的散射作为测量对象。

（4）pH 的测量。基于吸收原理的光纤 pH 传感器将比色分析技术与光纤技术相结合，测量光吸收后的变化。基于荧光原理的光纤反向散射检测仪采用双波长测量，一个波长用于测量荧光试剂与待测物作用后形成的光吸收或光反射信号，而另一个波长选在对 pH 不灵敏处，因而为测量提供了归一化信号。

（5）化合物测量。不同化合物采用不同检测机理。如采用不可逆化学反应系统在可见光区产生吸收产物的 OFS 现场检测水中可挥发有机氧化物。

（6）化学离子的测量。采用光纤荧光检测技术可以用于遥测相当数量的化学物质。OFS 具有激励光耦合效率较高的远程测量优势（光学仪器可以放置在离无源的光学探头 1km 以外的地方），即使收集荧光的效率很低，仍然可以通过使用高功率激光源来达到测量的高灵敏度。

因此，将 MNF 的性质与 OFCS 结合起来，制造更优表现的传感器有着极大的发展前景。按照待测物的类别分类，MNF 化学传感器可以分为 MNF 离子传感器、MNF 气体传感器和 MNF pH 传感器等。

利用光纤对离子进行检测主要分为对阳离子的检测和对阴离子的检测。对阳离子的检测主要包括对一些碱金属、碱土金属和过渡金属离子等的测定。对阴离子的检测主要包括对硝酸根离子和卤素离子等的测定。2016 年，Ji 等[8]提出了一种带有螯合剂的光学微纤维传感器，用于检测低浓度特定重金属离子的存在。相比于传统的定量检测重金属污染水平的常规方法，包括原子吸收/发射光谱法、电感耦合等离子体质谱法和冷蒸气原子 FS 法，此 OFS 有效地降低了实验成品和操作要求。重金属检测化学传感器的关键特征是一种称为螯合剂的独特化合物，它与特定的金属离子结合，用于识别和量化其浓度。螯合剂是有机化合物（即分子中含有碳的化合物），通常用于金属中毒医治，因为它们能够形成稳定的金属螯合物（即由金属离子和螯合剂组成的化合物），很容易从靶部位排出。所以应明智地选择这些化合物来检测目标分析物。此外，在成功检测到分析物后，它们应能够转化为可测量的物理变化，并用于分析。这些螯合剂黏附在传感表面上，将其附着到表面的技术在传感器开发和优化中起着关键作用。用于检测特定重金属离子的螯合剂被涂覆在直径小于 4μm 的超细纤维表面成功检测出了重金属离子铅的浓度。

pH 传感器在工业生产、环境监测、医疗卫生、农业生产等诸多领域里都有着比较广泛的实际应用[9, 10]。光纤 pH 化学传感器一般是在光纤表面镀上一层或多层对 pH 敏感的化学聚合物膜，涂敷方式主要有化学键合法和溶胶-凝胶法。当 pH 敏感膜与待测物质接触后，待测物的酸碱性会影响 pH 敏感膜中化学物质的相关性质，通过分析研究 pH 敏感膜的特性变化，从而得到待测物的 pH 参数。2021 年，Wang 等[9]提出了一种基于脱氧核糖核酸（deoxyribonucleic acid，DNA）功能化微纤维辅助 MZI 的生物相容性 pH 生物传感器。通过使用 i-motif 作为 pH 敏感核酸及其互补序列，可以利用互补 DNA 增强机制来提高 pH 敏感性及对抗由 pH 样品的体积 RI 影响引起的基质效应液体。pH/i-motif 混合物与互补 DNA 合作使用，以实现基于询问 DNA 杂交诱导的干涉波长偏移的 pH 传感。透射光谱均在去离子水中监测，以提供稳定的 RI，而不影响杂交状态。实验结果表明，所提出的 OFS可以用于 4.98~7.4 的 pH，最大灵敏度为 480pm/pH，当以 pH 为单位时，pH 的分辨率低至 0.042。由于其良好的生物相容性、无标记操作、紧凑性和少量样品消耗等优点，所提出的超灵敏 pH 生物传感器为生理应用提供了理想的平台。此外，本书设计的互补 DNA 增强机制还揭示了在 DNA 辅助光纤生物传感器的开发中采用基于 DNA 的探针（如适体或脱氧核酶）的潜力。

光纤气体传感器主要集中于对常见的有机气体与无机气体的检测上。2010 年，Brambilla[11]提出了一种 MNF 传感器用于检测 NH_3 气体的浓度。MNF 的制造是通过同时加热和拉动一段光纤到微米级直径来进行的[12]。MNF 由一个直径均匀且减小的区域（腰部）组成，以锥形部分为界，光纤直径变化与光纤锥形部分合并。

对渐逝波的访问有助于与周围介质的相互作用。为了测量化学实体，对要检测的参数敏感的材料必须沉积在光纤的锥形区域上。当暴露于被测化学物质时，倏逝波会随着传感材料 RI 的变化而变化[13, 14]。该传感器使用氧化石墨烯（graphene oxide，GO）涂层，GO 的 RI 对不同波长区域内不同浓度的 NH_3 敏感。该传感器通过在可见光和近红外波长区域分别实现 26.99AU/%[①]和 61.78AU/% 的灵敏度来响应 NH_3 浓度的变化。可以在工业、卫生和农业领域找到应用，如在化肥、纺织品、塑料的制造和环境监测中。2015 年，电子科技大学的张安琪[15]提出了一种石墨烯（graphene，Gr）-MNF 光栅的混合波导结构用于气体传感，包裹 MNF 光栅的单层 Gr，会使沿 MNF 光栅表面传输的倏逝场得到大幅增强；同时吸附在 Gr 表面的气体分子，会改变 Gr 的载流子浓度进而改变其光学 RI，复合波导的 RI 也将被改变，从而引起相应的波长漂移和衰减，通过检测输出光信号的变化完成气体浓度和光谱之间的映射，可以实现对外界微量分子的浓度传感。

2.1.2　MNF 的波导特性

虽然 MNF 的光纤直径小于传输光的波长，但光在 MNF 的传输与普通光纤并无二样，同样要受到波导效应、衍射等作用，进而形成稳定的模场并沿着光纤的轴向传播。因而我们可以使用常规光纤的分析方法来分析 MNF 的波导特性，包括 MNF 光场分布特征、MNF 能流密度、MNF 的有效模场面积等。

1. MNF 光场分布特征

由于 MNF 是单模工作，我们只需分析基模的电磁场分布。光纤基模的电磁场分布可以写成以下形式：

$$E(r,\phi,z) = (e_r r + e_\phi \phi + e_z z) \mathrm{e}^{\mathrm{i}\beta z} \mathrm{e}^{-\mathrm{i}\omega t} \tag{2-1}$$

$$H(r,\phi,z) = (h_r r + h_\phi \phi + h_z z) \mathrm{e}^{\mathrm{i}\beta z} \mathrm{e}^{-\mathrm{i}\omega t} \tag{2-2}$$

其中，β 代表相对速度；ω 代表角频率；z 代表沿光纤轴向的空间坐标；t 代表时间；基模电场的各个分量具体表示如下。

纤芯中：

$$e_r = -\frac{a_1 \mathrm{J}_0(UR) + a_2 \mathrm{J}_2(UR)}{\mathrm{J}_1(U)} f_1(\phi) \tag{2-3}$$

$$e_\phi = -\frac{a_1 \mathrm{J}_0(UR) - a_2 \mathrm{J}_2(UR)}{\mathrm{J}_1(U)} g_1(\phi) \tag{2-4}$$

---

① AU/%是气体灵敏度单位，指混合气体的浓度体积比。

$$e_z = -\frac{\mathrm{i}U}{a\beta}\frac{\mathrm{J}_1(UR)}{\mathrm{J}_1(U)}f_1(\phi)\tag{2-5}$$

包层中：

$$e_r = -\frac{U}{W}\frac{a_1\mathrm{K}_0(WR)-a_2\mathrm{K}_2(WR)}{\mathrm{K}_1(W)}f_1(\phi)\tag{2-6}$$

$$e_\phi = -\frac{U}{W}\frac{a_1\mathrm{K}_0(WR)+a_2\mathrm{K}_2(WR)}{\mathrm{K}_1(W)}g_1(\phi)\tag{2-7}$$

$$e_z = -\frac{\mathrm{i}U}{a\beta}\frac{\mathrm{K}_1(WR)}{\mathrm{K}_1(W)}f_1(\phi)\tag{2-8}$$

式中，

$$f_1(\phi)=\sin\phi;\ \ g_1(\phi)=\cos\phi\tag{2-9}$$

$$a_1=\frac{F_2-1}{2};\ \ a_2=\frac{F_2+1}{2}\tag{2-10}$$

$$F_1=\left(\frac{UW}{V}\right)^2[b_1+(1-2\varDelta)b_2],\ F_2=\left(\frac{UW}{V}\right)^2\frac{1}{b_1+b_2}\tag{2-11}$$

$$b_1=\frac{1}{2U}\left[\frac{\mathrm{J}_0(U)}{\mathrm{J}_1(U)}-\frac{\mathrm{J}_2(U)}{\mathrm{J}_1(U)}\right],\ b_2=-\frac{1}{2W}\left[\frac{\mathrm{K}_0(U)}{\mathrm{K}_1(U)}-\frac{\mathrm{K}_2(U)}{\mathrm{K}_1(U)}\right]\tag{2-12}$$

$\varDelta$ 代表相对折射率；U 代表归一化频率参数；V 代表归一化频率；W 代表衰减常数；R 代表径向坐标；J_0、J_1、J_2 分表代表零阶、一阶、二阶的第一类贝塞尔函数；K_0、K_1、K_2 分别代表零阶、一阶、二阶的第二类修正贝塞尔函数。

图 2-1 显示不同直径 MNF 表面硅的透射电子显微镜图像。对于非吸收性光学微纳米波导，低表面粗糙度、高几何形状和材料的均匀性是实现低波导损耗的关键。相比许多其他微纳米导管制作技术如电子束光刻和化学生长，光学 MNF 制造锥形玻璃纤维在高温提供更低的表面粗糙度。

(a) 直径为200nm的MNF　　　　(b) 直径为20nm的MNF

图 2-1　表面硅的透射电子显微镜图像[16]

对于从玻璃纤维中提取的 MNF，当锥度的几何形状得到很好的控制（通常有一个小的锥度过渡）时，玻璃纤维中的基本波导模式几乎可以绝热地转换为 MNF 的基本波导模式。如图 2-2 所示，对于相对较大的锥度过渡［（图 2-2（a）］，当纤维被拉成亚波长直径的单模 MNF［（图 2-2（b）］时，其中，1550nm 波长光的单模截止直径约为 1.2μm。MNF 在绘制过程中观察到的多模干扰[图 2-2(b)与(c)]，同时它对指数变化也很敏感，已被用于基于 MNF 的光学传感。

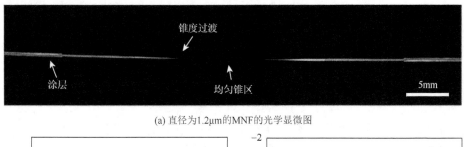

(a) 直径为1.2μm的MNF的光学显微图

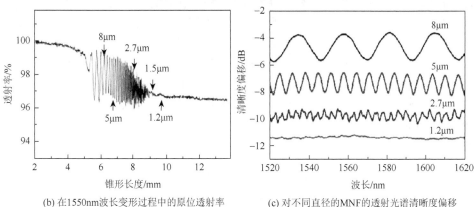

(b) 在1550nm波长变形过程中的原位透射率　　　(c) 对不同直径的MNF的透射光谱清晰度偏移

图 2-2　标准电信号下单模 MNF 的光学表征

图 2-2（c）是不同光纤直径的电场角向分量的分布。为了便于比较，我们将不同直径光纤进行归一化计算。当直径减小至一极值时曲线不再单调下降，当上升至区间极大值时又开始下降。直径越小时上升速度越快，在达到区间极大值时下降速度减缓，这说明电场角向分量在小直径时的弥散程度大于径向分量。

2. MNF 能流密度

定义一个参数 η 表示纤芯内能流密度的比值：

$$\eta = \frac{\int_0^a S_{z1} \mathrm{d}A}{\int_0^a S_{z1} \mathrm{d}A + \int_a^\infty S_{z2} \mathrm{d}A} \tag{2-13}$$

式中，$dA = a^2 R dR d\phi = r dr d\phi$。式（2-13）平均能流密度在径向和方向角方向为零，只考虑 Z 方向上能流密度。则在光纤纤芯和包层中坡印亭矢量的 Z 向分量分电场角向分量分别表示为

$$S_{z1} = \frac{1}{2}\left(\frac{\varepsilon_0}{\mu_0}\right)^{\frac{1}{2}} \frac{kn_1^2}{\beta J_1^2(U)}\left[a_1 a_3 J_0^2(UR) + a_2 a_4 J_2^2(UR) + \frac{1 - F_1 F_2}{2} J_0(UR)J_2(UR)\cos(2\phi)\right]$$

（2-14）

$$S_{z2} = \frac{1}{2}\left(\frac{\varepsilon_0}{\mu_0}\right)^{\frac{1}{2}} \frac{kn_1^2}{\beta K_1^2(W)}\left[a_1 a_5 K_0^2(WR) + a_2 a_6 K_2^2(WR)\right.$$
$$\left. + \frac{1 - 2\Delta - F_1 F_2}{2} K_0(WR)K_2(WR)\cos(2\phi)\right]$$

（2-15）

ε_0 代表介电常数；μ_0 代表磁导率；k 代表波数；n_1 代表光纤芯的折射率。

图 2-3 为一种 MNF 光学传感器的实验设置方案。钨丝灯的白光通过直径为 500nm 的 MNF 传输，以高灵敏度测量沉积在纤维表面的分子的吸光度。该传感器通过测量 500nm 波长左右的光谱吸收，可以检测 3, 4, 9, 10-苝四甲酸二酐（3, 4, 9, 10-perylenetetracarboxylic dianhydride），这是 MNF 化学传感器的一个应用，同时基于这个传感装置，可以对其中 MNF 的能流密度进行测量。这样可以进一步了解 MNF 的特性[17]。

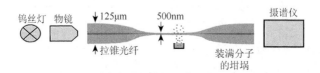

钨丝灯　物镜　↓125μm　500nm　　　摄谱仪
↑拉锥光纤　　装满分子的坩埚

图 2-3　一种 MNF 光学传感器的实验设置方案[18]

首先可以从数学上假定 MNF 具有如图 2-4（a）所示的特性。图 2-4（b）显示了波形引导 660nm 波长光的三种最低阶模式（HE_{11}、TE_{01}、TM_{01}）的功率分布。结果表明，在真空或空气中的单模，其芯直径必须小于 410nm。表面强度可以很容易地通过波长与直径的比值来改变。作为参考，图 2-4（c）给出了直径 200nm 的 MNF 在 660nm 波长下，倏逝场变化明显，满足纤维表面附近的高灵敏度光学传感的要求。

3. MNF 的有效模场面积

光纤基模的有效模场面积 A_{eff} 是光纤里的一个重要物理量，在光纤中其他参

数不变的情况下，较大的有效模场面积能够很好地抑制光纤中的非线性效应。光纤基模的 A_{eff} 定义为

$$A_{\mathrm{eff}} = 2\pi \frac{\int_0^\infty \psi_0^2(r,\phi_0)r\mathrm{d}r}{\left(\int_0^\infty \psi_0(r,\phi_0)r\mathrm{d}r\right)^4} \tag{2-16}$$

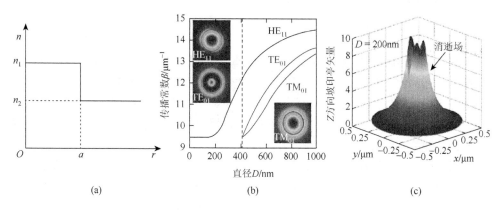

图 2-4　MNF 光学建模[19]

由图 2-5 可以看出，当光纤芯径逐渐减小时，光纤的有效模场面积会急剧增加。当芯径小于 $1\mu\mathrm{m}$ 时，光纤的有效模场面积约为 $1000\mu\mathrm{m}^2$，相当于芯径为 $30\mu\mathrm{m}$ 的普通光纤。这种有效的大模场倏逝波的特性有利于探索一种大模场 MNF，我们既可以通过纤芯引导模场，保证单模工作的作用又可以获得有效大模场面积的效果。

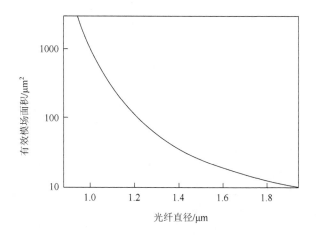

图 2-5　MNF 芯径与有效模场面积的关系

2.1.3 MNF 的工艺制备

MNF 制备技术主要有火焰烘烤拉伸法、自调制拉锥法、改进的火焰烘烤拉伸法等。随着不断地对 MNF 的研究和探索，更多 MNF 的制备方法得以研究成功，如静电纺丝法、化学腐蚀法、提拉法等。

1. 火焰烘烤拉伸法

通常，火焰烘烤拉伸法可以分为手持式火焰烘烤拉伸法和火焰加热机械扫描拉伸法。手持式火焰烘烤拉伸法更简洁，适合对 MNF 几何参数要求不高的情况。手持式火焰烘烤拉伸法主要包括两步拉伸法和块状材料局域熔融拉纤法。两步拉伸法示意图如图 2-6 所示，其一般步骤为首先使用火焰烘烤将玻璃光纤拉伸成微米直径的光纤，并将其缠绕在一根直径为几百微米的蓝宝石光纤尖端，使用火焰烘烤蓝宝石光纤尖端，使其温度达到玻璃拉伸温度（约为 1700℃），利用蓝宝石光纤的热惯性稳定拉伸温度，然后以 1~10mm/s 的速度拉伸光纤，获得 MNF。使用手持式火焰烘烤拉伸法，手持式拉伸制备的 MNF 直径可低至 50nm 左右。此外，还可以使用拉力自调节拉伸的方式[20]，使用手持式火焰加热拉伸制备直径低至 20nm 的 MNF。

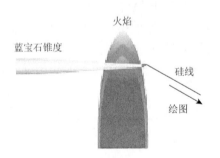

图 2-6　两步拉伸法示意图[20]

在块状玻璃中直接拉制 MNF 的流程图如图 2-7 所示。首先，用 CO_2 激光或火焰加热一根直径为数百微米的蓝宝石光纤，在其末端温度达到块状玻璃材料的熔点时与玻璃接触，局域熔融块状玻璃。其次，移开玻璃，在蓝宝石光纤末端形成一小团熔融玻璃。然后，将第二根蓝宝石光纤与第一根蓝宝石光纤末端附着的熔融玻璃接触，当玻璃温度降低到适合拉伸的程度时，以 0.1~1m/s 的速度拉开两根蓝宝石光纤，即可在其一端获得相应玻璃的 MNF。该方法的优点是免去制备光纤预制件的复杂过程，可以直接对各种掺杂、低熔点及红外玻璃进行区熔拉纤，制备有源、非线性及红外 MNF。

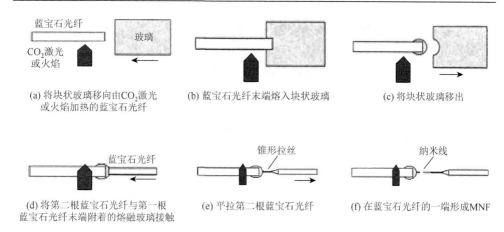

(a) 将块状玻璃移向由CO₂激光　　　(b) 蓝宝石光纤末端熔入块状玻璃　　　(c) 将块状玻璃移出
或火焰加热的蓝宝石光纤

(d) 将第二根蓝宝石光纤与第一根　　　(e) 平拉第二根蓝宝石光纤　　　(f) 在蓝宝石光纤的一端形成MNF
蓝宝石光纤末端附着的熔融玻璃接触

图 2-7　在块状玻璃中直接拉制 MNF 的流程图

火焰加热机械扫描拉伸法利用机械平移台来精确地控制拉伸参数，降低了操作难度的同时有效地提升了良品率。操作方法是光纤两端用夹具固定在可电动移动的夹具台上，计算机控制这三个移动夹具台，火焰在光纤下面来回移动烘烤。若光纤的加热区域拉伸，则光纤直径减小。加热源和光纤两端都被固定在由计算机控制的移动平台上。通过控制光纤和火焰的移动，可以精确地控制光纤锥形状。这种技术制作的纳米光纤直径可达 30nm，并且可以制备低损耗的长纳米线。火焰加热机械扫描拉伸法装置图如图 2-8 所示。

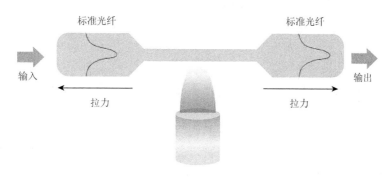

图 2-8　火焰加热机械扫描拉伸法装置图[20]

2. 自调制拉锥法

自调制拉锥法包括两个步骤：首先，使用常规的火焰烘烤拉伸法把光纤拉锥成直径到几微米的状态；其次，光纤断裂成两部分，将其中一段光纤的尾部缠绕到一个热蓝宝石棒的尖端，继续拉伸直至亚微米直径。用一个火焰给蓝宝石棒的尖端加热，火焰要与光纤保持一定的距离，这样保证了小的加热区域和温度分布的稳定性。尽管自调制拉锥法制作过程很复杂，并且损耗相对较高（至少比其他的制作方法高一个数量级），但是这种方法却可以制作出更细直径的光纤。通过精细控制制作参数，纳米线的直径甚至可以达到 10nm。

3. 改进的火焰烘烤拉伸法

将火焰换成微加热器或者换成 CO_2 激光器。微加热器是电阻式的，可以通过改变电流来调节温度。这种加热源的温度控制是通过改变激光束在蓝宝石毛细管上的聚焦程度来改变的。改进的火焰烘烤拉伸法可以改变加热过程的温度，提高了火焰加热方法的灵活控制能力，使用这种方法可以由受热软化的玻璃制备微纳米线。如果使用材料为 SiO_2 光纤，那么采用改进的火焰烘烤拉伸法时会有极低的 OH^{-1} 含量（由燃烧产生的水蒸气带入的，大概比火焰烘烤拉伸法低三个数量级）。

4. 静电纺丝法

静电纺丝法制备 MNF 的原理是给聚合物溶液或熔体通上静电，使之极化而带上正负电荷，在强电场的作用下，带电的聚合物液滴将会克服液体表面张力沿着电场的方向喷射到收集装置上，在液滴喷射的过程中，液滴快速挥发或者固化形成纳米光纤。通过改良收集装置或者改变电场分布情况使得制备出来的纳米光纤呈一定的规律分布，此外，相比于传统方法所制备的 MNF，静电纺丝法制备的 MNF 具有较大的孔隙率，因此可以更好地用于传感器、生物应用材料、过滤等方面。静电纺丝法制备出来的 MNF 表面光滑、直径均匀，然而该方法的设备成本高，制作工艺复杂，且生产效率较低，因此不太适合实际应用。

5. 化学腐蚀法

化学腐蚀法的具体步骤是：①SMF 剥除一部分的涂覆层，用酒精清洗表面，作为预制件；②将预制件固定在培养皿上方，滴入 HF，由于表面张力作用，HF 在培养皿中形成了 HF 液滴；③静待 HF 腐蚀一段时间，然后用吸管吸去 HF 液滴，用离子水清洗，便得到了 MNF。化学腐蚀法制备的是一种直径渐变的表面相对光滑的 MNF，并且相对于其他制备方法，其设备简单、操作方便、造价便宜。然而这种方法制备的 MNF 直径均匀性不是很理想，且制备出的 MNF 表面粗糙度不如火焰烘烤拉伸法。

6. 提拉法

提拉法制备 MNF 的原理是把直径非常细的（约为 $1\mu m$）金属丝（如钨丝等）从聚合物溶液中快速拉出，在把金属丝拉出的过程中，便拉出了一段聚合物 MNF，而附着的聚合物溶液则会快速挥发。在拉制 MNF 之前，我们还可以在聚合物溶液中掺杂染料、石墨烯、纳米金棒等物质，从而拉制出功能各异的 MNF。不过，提拉法制备的 MNF 直径不够均匀，表面也不光滑，且操作起来比较困难，实际应用不便。

2.2　PCF 的研究及化学传感应用

1987 年，Yablonovitch[21]和 John[22]提出了光子晶体的概念，他们通过研究周期性电介质材料对光传输特性的影响，把介电常数不同的材料在空间上进行周期性的排列，介电常数会在空间上产生周期性调制，形成一个限制能量传输的带状结构，由此衍生出了光子晶体的概念。对于频率在带隙内的光子，在材料的某些方向或者所有方向上其传输都是被禁止的，从而对光子的传输行为进行了限制和控制。虽然光子晶体的概念提出的时间很短，在大自然中普遍存在具有这种属性的物质。如由 SiO_2 沉积形成的色彩斑斓的蛋白石、表面布满了磷粉的蝴蝶翅膀等[23]，都是存在着周期性排列的微结构形成了光子带隙使得某些波长的光被反射，从而其表面呈现出色彩不同的颜色，如图 2-9 所示。

(a) 色彩斑斓的蛋白石　　　　　　　　　　(b) 蝴蝶翅膀

图 2-9　自然界中存在的光子晶体

PCF 又被称为 MOF，其实现机理为人为调控具有复杂 RI 分布的光纤横截面，通过在石英材料中引入周期排布的气孔，造成石英和空气的 RI 差值形成光子带隙。PCF 通常含有不同排列形式的气孔，而这些气孔的尺寸与光波波长大致在同一量级且贯穿器件的整个长度，光波可以被限制在低 RI 的光纤纤芯区传播。

1992 年，Russell[24]首次提出 PCF 的概念。PCF 是指在垂直于光纤纵轴的横截平面内具有二维周期性的 RI 结构，PCF 最显著的特点是在光纤横截面上的周期性结构[25]。

　　1996 年，英国南安普敦大学光电子学研究中心的 Knight 等[26]在 *Optics Letters* 发表了所研制的实芯 PCF 样品，其结构如图 2-10（a）所示。该 PCF 具有三角形周期性排布的气孔，纤芯通过缺陷形成高 RI 芯区。其导光机理类似于传统光纤的全内反射机制。Knight 等[26]将四个不同波长的光源注入 1m 长的光纤中，测试其近场与远场特性，证实了光在 PCF 中的传导。1998 年，Knight 等[27]在 *Science* 首次发表"光纤中的光子带隙导波效应"，发现类似电子能带的光子带隙效应，并制备出光子带隙型 PCF，结构如图 2-10（b）所示。由于纤芯具有低的 RI，其导光机理不同于全内反射机制，而是基于带隙导光机理。

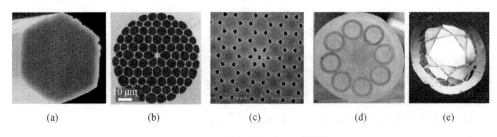

（a）　　　　　　（b）　　　　　　（c）　　　　　　（d）　　　　　　（e）

图 2-10　不同种类的 PCF[28-33]

　　1999 年，Cregan 等[28]在 *Science* 首次发表了"空气芯单模光子带隙光纤"。此后科研工作者对多种具备独特性能的 PCF 进行了研究，并提出了相应的制备方法和 PCF 所具有的独特性能，如改变包层六重对称性、改变空气孔结构、改变纤芯形状等。PCF 包层结构的多变性使得其色散特性易于调节，能定制传统光纤无法实现的色散特性，包括反常色散、平坦色散、大负色散、近零平坦色散等。2003 年，Russell[29]在 *Science* 发表了 PCF 的论文，阐述了 PCF 的新颖特性与应用前景。通过调节 PCF 的包层气孔的占空比、孔间距、孔尺寸等参数，能够实现在单模传输条件下的有效大模场面积 PCF，降低纤芯中光功率密度和减小非线性现象。通过调节 PCF 的模场面积和采用新型光纤材料，可以设计出精度极高的非线性 PCF，使得非线性 PCF 具有更加广阔的应用前景。

　　随着科技的进步，PCF 的发展呈现出多元化趋势。光波在其中传输时并不仅限于 RI 导光和带隙导光，限制耦合导光和混合模式导光的发展使得 PCF 的色散、双折射、非线性及传输损耗等特性得到进一步提升。在制作 PCF 时，制作材料也并不仅仅局限于二氧化硅，现如今发展出了多样性的掺杂 PCF、软玻璃材料和多种聚合物所制作的 PCF 一一涌现，其波长传输范围也从紫外光扩展到红外、近红外，并延展到太赫兹波段。图 2-10（c）为 2015 年 Jiang 等[30]采用氟化物玻璃（fluoride glass）制作高空气填充率、小芯径的 PCF，用于近紫外、中红外波段超连续谱的产生。图 2-10（d）为 2015 年 Lu 等[31]采用 Zeonex 材料制作的低损耗、太赫兹空芯 PCF。图 2-10（e）为 2018 年 Talataisong 等[32]采用聚合物材料制作的用于中红外导光的空芯 PCF。通过对 PCF 的不断研究和探索，制作出了应用于不同领域和具有不同种类功能的 PCF。这极大地促进了 PCF 在非线性光纤光学领域、高功率光纤通信领域和高分子生物化学等领域的应用与发展。

最近，通过对 PCF 进行处理与进一步修饰来实现不同光学特性和功能的技术逐渐被越来越多的科研工作者所广泛关注。2019 年，López-Torres 等[33]将金属氧化物涂层沉积在 PCF 的气孔中，实现高灵敏度 NH$_3$ 传感。2019 年，Wang 等[34]在裸芯 PCF 上涂覆三层聚合物涂层构造有损模式共振传感器，用于测量压力。2020 年，Wang 等[35]设计了在 PCF 空气孔中填充金属金制作基于 SPR 效应的偏振滤波器。PCF 在结构和性能等方面的不断进步与创新极大地推动了基于 PCF 的新型光学器件如光纤滤波器、耦合器、传感器、激光器及新型模式转换器的飞速发展。

2.2.1　PCF 概述

1. PCF 的分类

PCF 是一种二维或者三维结构的光子晶体。按照其导光机制不同可以分为光子带隙导光型 PCF 和 RI 引导型 PCF[36]，如图 2-11 所示。

(a) 光子带隙导光型PCF　　　　　　　　(b) RI引导型PCF

图 2-11　两种典型 PCF 扫描电子显微镜（scanning electron microscope，SEM）图[36]

LO 表示低放大倍率

光子带隙导光型 PCF 又可以分为全固带隙型和空芯带隙型。传统的空芯带隙型 PCF 在制备上比较困难，理论研究发现，当其纤芯周围的一圈石英壁是负曲率结构时，可以有效地降低纤芯模与包层模的重叠因子，降低了纤芯模与包层模的耦合从而大大地减小其传输损耗。对于光子带隙导光型 PCF，其纤芯是空气孔，包层是周期性排列的空气孔，要产生带隙效应，需要严格地控制其包层的周期性结构[37]。当纤芯的引入使周期性被破坏时，形成了具有一定频宽的缺陷态或者局域态。只有特定频率的光波才会在此缺陷区域中传播，其余频率的光波不能传播，即光子带隙效应。由此原理可以制作出多种基于 PCF 的滤波器。

对于 RI 引导型 PCF，其纤芯是纯石英，包层是周期性排列的空气孔，由于空气孔的存在，包层与纤芯相比具有较小的有效模式 RI，包层的有效 RI 降低，所以这种 PCF 的导光原理是基于全内反射。此种结构的 PCF 与普通光纤类似，通过全内反射机制导光。纤芯处被设计成纯实芯，包层引入周期性排列的空气孔没有形成有效的光子禁带。基于全内反射导光原理，RI 分别为 n_1 和 n_2 且 $n_1 > n_2$ 的两种材料组成的光波导中，只有传播常数 β 满足 $k_0 n_2 < \beta < k_0 n_1$（$k_0$ 为真空当中的波数）的光波才可以在 RI 为 n_1 的高 RI 材料中传输。而一旦泄漏到 RI 为 n_2 的低 RI 材料中，光波能量就会迅速衰减[38]。

2. PCF 的特殊性质

由于 PCF 是由单一介质无掺杂的石英材料制成的，并且其内部空气孔的尺寸设计性灵活，故具备许多传统光纤所没有的特殊性质。在 PCF 中较为突出的性质主要有无尽单模、双芯或多芯传光、色散可调节、可改变控制的较大或较小的模场面积、低损耗、高非线性系数和高双折射系数等。通过对这些独特属性的研究使得 PCF 的应用场景和范围远远超过了传统的普通光纤。下面就其中的几个显著属性进行详细描述。

1）高抗弯曲性

PCF 采用石英空气复合材料结构，使得纤芯包层 RI 差异较大。该结构可以更好地将电磁场更加紧密严格地限制在光纤纤芯中。这种空气和石英结合的新型光纤具有超强的抗弯曲特性。其抗弯曲能力相较于普通光纤 G.657.B3 提高了超过 100 倍，此 PCF 的弯曲半径可降低至 2mm 以下，在高端有线制导领域及多种极端环境下均有广泛的应用前景[39]。

2）无尽单模

无尽单模特性为 PCF 的一个显著特性。传统光纤有着单模和多模光纤的区别，其根本区别在于光纤是否只能传输一种光波模式。只能传输一种光波模式的光纤称为 SMF，能够传输两种及以上光波模式的光纤称为多模光纤。传播模式数量与光纤的归一化频率有关。

在 PCF 中，当光波波长减小时，模场分布更加集中于纤芯处，模场均集中于纤芯中，扩散至包层的模场很少。提高包层的有效模式 RI，其归一化频率不会随着一起升高，从而维持了基模传输[40]。另外，有研究表明空气孔直径与气孔间距的比值小于 0.41 时，PCF 的单模传输波长可以从紫外波段覆盖至红外以外的很大范围[41]。此传输波长仅仅与比值有关，和气孔的大小无关。这使得 PCF 的光纤端面按等比例放大或缩小，光波传输过程中在光纤内部仍然维持单模传输的性质。光纤的传输波段向短波长进行了进一步的延伸，在光纤通信领域具有深远的影响，在光通信波分复用领域中提供了更加广阔、更加充足的信道资源，而这也是 PCF 逐渐取代传统光纤的主要原因之一[42]。

3）色散可调节

可调节的色散也是 PCF 的一个重要性质。在长距离的光波通信过程中，由于光纤具有色散，会使得信号产生展宽效应，并产生信号串扰，严重影响通信性能。光纤的色散作为一项重要指标，用来衡量光纤是否具有良好性能。传统光纤的纤芯和包层尺寸基本固定，要作较大调整变得十分困难。因此传统光纤的色散基本取决于材料本身的色散系数 D，通过在石英中掺杂锗元素可以改变界面 RI 分布，但过高的浓度掺杂会使得损耗变大。

在 PCF 中，色散系数 D 包含了光纤本身的材料色散和波导色散，两者的和为 PCF 的总色散。石英材料本身的色散系数无法改变，但在设计制作 PCF 时通过设计不同端面的空气孔尺寸和分布可以改变 PCF 的波导色散，通过增大波导色散系数的影响可以实现对光纤色散的调控作用。而且 PCF 均为单一石英材料制得，不存在掺杂元素，故不存在材料无法匹配的影响。

Knight 等[43]报道过 PCF 的灵活的色散调节能力，通过调整光纤结构，使色散零点移至短波可见光波段，从而在通信波段获得超大的负色散值，其色散补偿能力可见一斑[44]。传统光纤的色散零点大多出现在 1310nm 以上的波段，这就大大限制了非线性效应的出现，PCF 中色散零点移至短波可见光令短波段出现显著的反常色散，也有利于光孤子、超连续谱等非线性效应的实现，这些都是传统光纤所不能实现的。甚至，通过合理的结构设计可以实现超宽带超平坦的色散、两个或更多的色散零点[44]。

4）高非线性系数

在传统光纤中，要想获得非常高的非线性系数，通常需要对光纤的纤芯进行掺杂，是因为传统光纤的非线性效应来自石英材料的三阶电极转化率。然而对于 PCF 来说，可以通过不进行元素掺杂来提高非线性系数，减小有效模场面积是一种有效提升 PCF 非线性系数的方法。较小的模场面积会将能量集中于更小的区域内，当输入光的功率很小时也能产生非常强的非线性效应。

通过对 PCF 进行合理化的设计，可以实现很多传统光纤不易实现的非线性效应。Sharping 等[45]在 PCF 中首次观察到了四波混频现象。PCF 作为传播介质，可以实现如自相位调制、交叉相位调制、孤子自频移等非线性效应。其中最为显著的现象即超连续谱现象，自 2000 年 Ranka 等[46]首次报道了 PCF 中产生的 400~1600nm 的超连续谱后，越来越多的关于利用 PCF 获得超连续谱的实验和应用被广泛研究[47]。在高精度频率测量领域及生物医学领域，PCF 显示出了无与伦比的优势，吸引了越来越多的科研工作者对其进行研究。

通过改变有效模场面积可以调节光纤的非线性效应，反而言之，也可以设计出具有较大模场面积的 PCF 结构来有效地降低功率密度，这样可以避免非线性效应的发生。对于普通 PCF 来说，其有效模场面积可在 $1\sim800\mu m^2$ 内进行变化。

5）高双折射系数

传统 SMF 的基膜是由两正交的偏振模式组成的。理想圆对称结构使得两种偏振模式完全简并。当外加应力或内部残余应力使得光纤的对称结构被破坏时，两种偏振态不能简并，两种传播模式的 RI 也出现差异，这种现象称为双折射现象。此外在光纤的生产和日常的使用过程中，也会出现随机双折射。通过对传统光纤进行掺杂或其他内部制造残余应力的方式实现偏振模式传播常数的差异，人们生产出了保偏光纤，此种光纤具有较高的双折射系数，可以避免随机双折射对于信号传输时的扰动，如领结型光纤、熊猫型光纤等。

要想获得较高的双折射系数，在对 PCF 进行设计和制造时，仅需设计不对称的空气孔结构来使得端面具有不对称性即可。关于具有高双折射系数的 PCF 的报道有很多，如图 2-12 所示，其双折射系数甚至可以达到 10^{-2} 量级，这几乎达到了传统双折射光纤的双折射系数的百余倍[48,49]。并且，通过合理的结构设计还可以实现真正的单模单偏振的传输，即两正交基模分量中只有一个可以传输。文献[50]～[52]将某些对温度、电场敏感的介质填充到 PCF 的空气孔中，然后通过调节温度、电场实现介质 RI 的连续变化，由此来连续调节光纤的双折射系数。

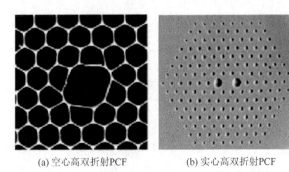

(a) 空心高双折射PCF　　　　　　　(b) 实心高双折射PCF

图 2-12　两种不同类型的高双折射 PCF 结构的 SEM 图[48,49]

在设计和制造 PCF 时，仍然会产生随机双折射现象。若要降低此现象的发生概率，可以将空气孔的尺寸适当减小或者增大空气孔之间的间距，并尽可能地保持结构的对称性。此时可以有效地降低结构扰动对双折射系数的影响。

PCF 的各种优良且独特的性能归因于其端面合理的结构设计。故对于 PCF 的研究有很大一部分的工作是对其进行结构设计，通过仿真等方法模拟所设计的结构带来的特有性质，为今后 PCF 实际制造提供更可靠的方案。还可以将敏感金属材料同 PCF 相结合，制作出多种性能优良的传感器、滤波器和干涉仪等精密光学器件。

3. PCF 的应用和发展

1）基于 PCF 的滤波器

在光纤传感和光纤通信的过程中，光纤滤波器是不可或缺的关键器件。基于传统光纤滤波器如光栅滤波器、保偏光纤滤波器和萨尼亚克（Sagnac）干涉仪等温度稳定性较低，通过拉锥得到的模式干涉仪型滤波器对于机械稳定性的要求较高，此种滤波器的传输频谱稳定性和消光比不高，难以满足光纤通信和传感系统的飞速发展要求。基于 PCF 制造出的滤波器自由度高、可控维度多，能够实现多种传统光纤滤波器所不具备的特殊性质，其呈现出高带宽、高热稳定性、高消光比、高紧凑结构等优势使得 PCF 滤波器逐渐代替传统滤波器发挥着越来越重要的作用[53]。

基于 PCF 的滤波器主要分为基于保偏 PCF 的萨尼亚克环滤波器、基于 PCF 的模式干涉仪、基于 PCF 的法布里-珀罗干涉仪（Fabry-Perot interferometer，FPI）和基于多芯 PCF 的滤波器几种大类。保偏 PCF 的萨尼亚克环滤波器相对于传统滤波器具有更高的热稳定性、消光比和更短的器件长度，使得在高稳定性、高边模抑制比、宽可调谐特性的激光器及高灵敏度、高稳定性传感器方面具备独特优势。PCF 的灵活多变特性为提升滤波器的带宽带来显著的影响。此外，PCF 滤波器可以采用传统毫米波滤波器（millimeter wave filter，MMWF）所不具备的填充、镀膜等方式实现高性能的物理化学传感应用。基于 PCF 的法布里-珀罗（Fabry-Perot，FP）滤波器在实现高灵敏度、高精度、短器件长度的传感器方面优势显著，但是干涉仪的腔长通常在微米量级，制备误差对腔长影响很大，因此传感器的制备可重复性差，使得其商业化应用受限。

2）基于 PCF 的多波长光纤激光器

1986 年，Mears 等[54]利用高反射镜、全息衍射光栅和掺铒光纤等光学元件，实现了第一台光纤激光器，打开了光纤激光器研究的大门。光纤激光器由泵浦源、增益介质和谐振腔三部分构成。相对其他类型的激光器，具有结构紧凑、光束质量高、热效应小、阈值低、增益高、线宽窄、兼容性好等优势，因而在光通信、光传感等领域应用广泛。根据其功能不同，可以分为锁模、脉冲、调 Q、多波长、可调谐、单纵模等多种类型；根据增益介质掺杂元素不同，光纤激光器可以分为掺铒、掺镱、掺铥、掺钬等类型。

双折射系数高、耐腐蚀、耐高温、稳定性高、能在多种极端环境工作的 PCF

吸引了广大科研工作者的关注。随着光纤通信系统的发展和光纤制作工艺的日渐成熟，各种新型的 PCF 不断被制造出来。2008 年，Liu 等[55]首次采用基于保偏 PCF 的萨尼亚克滤波器实现多波长光纤激光器。该激光器获得波长间隔固定的 60 个激光同时激射，尽管边模抑制比小于 10dB，但激光输出具有高的稳定性，在室温下的功率波动小于 0.2dB。2017 年，Khaleel 和 Al-Janabi[56]利用高非线性 PCF 制作 MI 滤波器，采用该滤波器实现边模抑制比高于 48dB 的可切换多波长激光输出。

基于 PCF 滤波器的激光器稳定性研究只考虑室温条件，而实际应用中激光器稳定性与外界应力、温度改变密切相关。因此，探索多波长间隔切换方式简单、损耗低、环境稳定性高的多波长光纤激光器，具有非常重要的现实意义。双包层掺镱 PCF 的诞生，可以解决大有效模场面积与单模传输的矛盾，它可以根据激光器件的要求。它可以根据激光器件的要求，设计制造纤芯，并具有掺杂浓度高、模场面积大、内包层数值孔径大的优点。同时，它具有维持单模传输的高要求，大大提高了该光纤激光器的散热性能和耐热性能。

3）基于光子光纤的 SPR 传感器

研究发现表面等离子体对周围环境介质 RI 的变化异常灵敏，这使得基于光子晶体光纤-表面等离子体共振（photonic crystal fibers-surface plasmon resonance，PCF-SPR）传感器的检测范围更大且稳定，显著地提高了测量灵敏度。PCF-SPR 传感的重要性不言而喻，且随着金属镀膜技术和金属丝填充技术的不断发展，使得基于 PCF-SPR 传感器的制备变得更加容易，极大地促进了传感器的发展和应用。

目前大部分 PCF-SPR 传感器都采用空气孔内壁镀膜，将空气孔内表面镀金属膜并填充合适的材料，在金属膜表面激发表面等离子体波（surface plasmon wave，SPW），并与基模发生耦合，在耦合波长处实现高损耗从而进行传感，因此，PCF-SPR 传感器有两种主要用途：一是检测待测介质的 RI，二是通过填充敏感材料检测如温度、湿度、磁场和应力等外界环境的变化。

2006 年，Hassani 和 Skorobogatiy[57]利用六角 PCF 结构设计出 SPR 传感器，选择最外层空气孔填充液体并镀上金属膜，通过在中心设计一个小孔来减小基模的有效 RI 以实现相位匹配。如图 2-13 所示。

2014 年，Gao 等[58]在待测介质和金属膜之间加入一层氧化铟锡（indium tin oxide，ITO）来提高传感性能，分析表明该结构（图 2-14）的损耗谱会随着金属膜和 ITO 厚度的改变而改变，且其具有较低的峰值损耗，分辨率为 2.7×10^{-5}RIU。2017 年，Li 等[59]在六角结构垂直方向设计两个大的空气孔填充待测介质，并镀上 Au 和 Ta_2O_5 来激发 SPW，实现对介质 RI 的传感检测（图 2-15）。

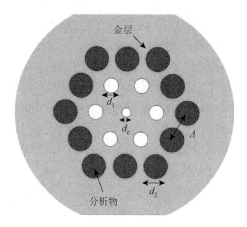

图 2-13　Hassani 和 Skorobogatiy[57]等设计的 PCF 结构图

d_1、d_2、d_c 分别代表三种气孔的直径；Λ 代表气孔间距

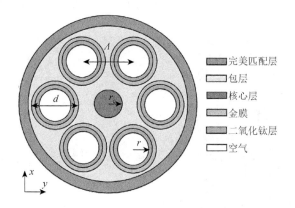

图 2-14　Gao 等[58]设计的 ITO-PCF 传感器结构图（彩图扫封底二维码）

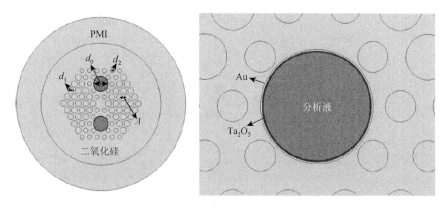

图 2-15　Li 等[59]设计的 Au-Ta$_2$O$_5$-PCF 传感器结构图

　　在微米级的气孔内镀膜并向其中填充待测液是一项复杂的工艺，由此 PCF-SPR 传感器的实际制造变得更具有挑战性。为了解决内壁镀膜造成的高工艺复杂等问题，可向其中填充金属纳米线来实现 SPR 传感。

　　2015 年，Lu 等[60]将空芯 PCF 填充待测介质并嵌入银纳米线 [图 2-16 (a)]，实现了对 RI 检测 14240nm/RIU 的高灵敏度。同年，Xin 等[61]进一步简化制作工艺，选择关于纤芯对称的两个空气孔全部填充金属金[图 2-16 (b)]，在 1.45～1.49 内实现 -4.5×10^{-4}RIU 的高分辨率。除了使用传统的圆形空气孔，通过在靠近纤芯一侧加入银纳米线实现 SPR 传感 [图 2-16 (c)]，灵敏度可达 2400nm/RIU[62]，由于六边形空气孔相对圆形来说面积要大，所以该结构在拼接与实际应用中操作复杂度更低。2018 年，Liu 等[63]将待测介质通道放到整个纤芯区域之外，并在通道靠近纤芯一侧嵌入金纳米线作为激发等离子体的材料 [图 2-16 (d)]，仿真结果表明，该结构可以实现在低 RI 范围（1.27～1.36）内对待测介质进行 RI 检测，波长和振幅灵敏度分别为 6000nm/RIU 和 600RIU^{-1}，分辨率可达 2.8×10^{-5}RIU。

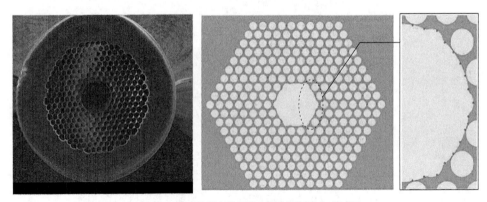

(a) 空芯PCF填充待测介质并嵌入银纳米线型SPR传感器

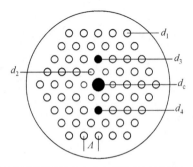

(b) 关于纤芯对称的两个空气孔全部填充金属金型SPR传感器

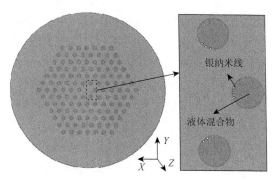

(c) 在靠近纤芯一侧加入银纳米线型SPR传感器

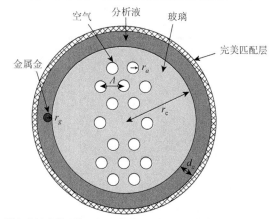

(d) 嵌入金纳米线且待测介质通道位于纤芯区域外型SPR传感器

图 2-16　不同种类填充金属纳米线型 PCF 传感器结构图[60-63]

　　总而言之，通过空气孔内镀膜、待测液体注入和填充金属纳米线都对 PCF 的制造工艺要求很高。而且以上几种激发 SPR 结构中金属材料距离纤芯区域近，SPR效应强烈，故传输损耗很高。因此，实际应用中，输入光很快就会在光纤中消失，此时无法得到准确的传输输出光谱。较高的传输损耗也限制了光纤的长度。当损耗很大时就应该减短光纤长度来满足实际的工作条件。这也是此类 PCF 的缺点，短的光纤长度会使得 PCF 的整体强度降低。为了克服这类缺点，科研工作者提出了一种剖面 PCF-SPR 传感器，此类传感器为将敏感的金属材料涂覆在整个纤芯结构的外层，此时待测液通道在敏感金属材料涂覆层之上，被放置在最外层。这种构造使得剖面结构的 PCF 传感器的制作和实际检测过程中的操作复杂度都大大降低。被应用最多的为 D 形 PCF 传感器。以测量 RI 的传感器来举例，此类传感器制作完成后可直接放置到待测液体中，测量过程变得十分简便。尽管 D 形 PCF-SPR克服了均匀镀膜问题，但去掉了上半部分空气孔，导致对传输光的限制作用减弱，传输损耗变大；为了控制传输损耗，D 形结构的常用制作方法就是在已有 PCF 的基础上，通过腐蚀或打磨去掉上半部分以形成 D 形，但要确保形成的上半平面光滑，需要较为复杂的工艺技术。因此，在不改变原有 PCF 结构的基础上，基于包层外表面镀膜成为研究的热点。

Tian 等[64]设计了 D 形 PCF-SPR 传感器（图 2-17）。PCF 包层的顶部被抛光成 D 形，金属层和样品放置在平坦的顶部。在 D 形 PCF-SPR 传感器结构设计过程中，金属层可以距离纤芯非常近，这样可以提高基模与 SP 模式的耦合强度，提高传感性能。经仿真分析，该传感器最高灵敏度可达 7300nm/RIU。不足之处是 D 形 PCF-SPR 传感器基模共振波长与待测介质 RI 的线性相关度很低，这在一定程度上增大了传感器的检测误差。

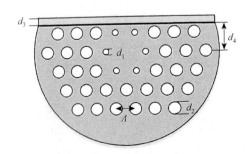

图 2-17　D 形 PCF-SPR 传感器结构图[64]

d_3 代表金属层厚度；d_4 代表光纤半径与抛磨深度的差

综上所述，PCF-SPR 传感器自最初建造以来，越来越多的学者对其在敏感材料的选择和传感器结构的设计方面进行不断地创新与优化。与传统传感器相比大大提升了传感器的性能和灵敏度、线性相关系数、RI 探测范围等重要参数。但科研永无止境，探索 PCF 的新特性和新应用是未来十分重要的科研方向。

2.2.2　PCF-SPR 传感机理

SPR 是发生在金属和介质界面上的电荷密度波共振现象，它对与金属相邻分析物的 RI、温度、浓度及生物分子类型等参数的微小变化极其敏感。同时，金、银、铜等重金属激发 SPR 的材料表现出优异的光学性质。由于这种独特的电子密度振荡现象，使其具有广阔的应用前景。

在生物医学方面，SPR 效应可以用于检测样品的成分浓度和分子类型，观察细胞的相互作用和演变过程。在生物化学方面，SPR 效应可以用于增强光热催化和纳米催化的有机转换。在食品安全方面，SPR 效应可以用于观察营养物质的氨基酸结构变化，快速检测真菌毒素损坏食品的严重程度。在环境监测方面，SPR

效应可以用于监测天然有机物是否与有机污染物结合，降解环境污染物并产生可再生能源。在材料科学方面，SPR 效应可以用于增强材料的光吸收和吸热反应，开发合成新型纳米材料。

1. 衰减全反射与倏逝波理论

根据电磁场理论，完全反射的光波不会立即消失在界面的另一侧，而会渗透到具有一定深度的透光介质中。它的振幅沿垂直于界面的方向呈指数衰减，这样的电磁波称为倏逝波（有效穿透深度通常为 100～200nm）。图 2-18 为倏逝波场示意图[65]。

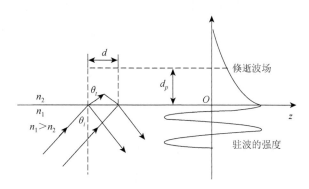

图 2-18　倏逝波场示意图[65]

当入射光在光纤中传播时，光纤中传播的电磁波电场表示为

$$E_m(x,y,z) = E_m(x,y)\exp[\mathrm{j}(\beta z - \omega t)], \quad m = 1,2 \tag{2-17}$$

式中，x、y 是光纤的横向参数；z 是光纤的轴向参数。当 $m = 1$ 时，E_1 表示光纤纤芯中的电场强度；当 $m = 2$ 时，E_2 表示激发表面等离子体的金属层中的电场强度。

设光全反射点在局部范围内为平面，则可以将在该局部范围内的光波看作平面波，在低 RI 介质一侧沿 x 轴正方向的电场强度为

$$E_2(x) = E_{20}\exp(\mathrm{j}k_0 n_2 x\cos\theta_i)\exp[\mathrm{j}(\beta z - \omega t)] \tag{2-18}$$

由斯涅尔定律及全反射条件可得

$$\cos\theta_i = \pm\mathrm{j}\sqrt{\frac{n_1^2}{n_2^2}\sin^2\theta_i - 1} \tag{2-19}$$

当发生全反射时，磁场强度在低 RI 的一侧衰减，故式（2-19）应取正号。若低 RI 介质有吸收特性，则该介质的 RI 为 n_2 时可以表示为

$$n_2 = n_{2r} + \mathrm{j}n_{2i}, \quad n_{2r} \gg n_{2i} \tag{2-20}$$

式中，n_{2r} 为 RI 的实部；n_{2i} 为 RI 的虚部。光波的传播常数为

$$\beta = \beta_r + j\beta_i, \quad \beta_i = k_0 n_{2i} \tag{2-21}$$

式中，k_0 为自由空间波数。将式（2-19）～式（2-21）代入式（2-18）中，可得

$$E_2(x) = E_{20} \exp\left(-k_0 n_{2r} x \sqrt{\frac{n_1^2}{n_2^2}\sin^2\theta_i - 1}\right) \exp(-\beta_i z)$$

$$\times \exp\left(-j k_0 n_{2i} x \sqrt{\frac{n_1^2}{n_2^2}\sin^2\theta_i - 1}\right) \exp[j(\beta_r z - \omega t)] \tag{2-22}$$

从式（2-22）可以看出，倏逝波沿 z 轴方向传播，其振幅沿 x 轴方向呈指数衰减。通常定义倏逝波的振幅衰减到界面处的 $1/e$ 时的深度为穿透深度，则穿透深度可以表示为

$$d_p = \frac{\lambda}{2\pi n_1 \dfrac{n_{2r}}{|n_2|}\sqrt{\sin^2\theta_i - \dfrac{n_2^2}{n_1^2}}} \tag{2-23}$$

2. SPW 的理论分析

具体来说，金属材料是由自由电子和带正电的金属晶格两部分组成的。若在两层电介质之间加入厚度为几十纳米的金属薄膜，则入射光将会发生全反射，并在金属表面激发出自由电子。表面等离子体就是由金属表面振荡电荷与在金属表面传播的光波相互作用形成的。表面等离子体模式的动量大于自由空间电子的动量。这些激发出的自由电子以纵向波的形式在薄金属层表面振荡和传播，这种波称为 SPW。

SPW 在电介质-金属层上沿 z 轴方向传播，其振幅在 x 轴方向上呈指数衰减，基于麦克斯韦（Maxwell）方程组：

$$\begin{cases} \nabla \times E = -\dfrac{\partial B}{\partial t} \\ \nabla \times H = -\dfrac{\partial D}{\partial t} \end{cases}, \quad B\text{为磁感应强度} \tag{2-24}$$

则

$$\nabla \times (\nabla \times E) + \mu_0 \frac{\partial^2 D}{\partial^2 t} = 0 \tag{2-25}$$

式中，μ_0 为真空磁导率；$D = \varepsilon_0 \varepsilon(\omega) E$，$\varepsilon(\omega)$ 为介电常数，ε_0 为真空介电常数。设式（2-25）的解为

$$\begin{cases} E_d(r,t) = E_d^0 \exp(-\alpha_d x) \exp[j(\beta z - \omega t)], & x \geqslant 0 \\ E_m(r,t) = E_m^0 \exp(-\alpha_m x) \exp[j(\beta z - \omega t)], & x < 0 \end{cases} \tag{2-26}$$

因为 $\nabla \cdot E = 0$，所以根据式（2-21）、式（2-22）可得电场表达式：

$$\begin{cases} E_d(r,t) = \left(\dfrac{\mathrm{j}\beta}{\alpha_d} E_{dx}^0, E_{dy}^0, E_{dz}^0 \right) \exp(-\alpha_d x) \exp[\mathrm{j}(\beta z - \omega t)], & x > 0 \\ E_m(r,t) = \left(-\dfrac{\mathrm{j}\beta}{\alpha_m} E_{mx}^0, E_{my}^0, E_{mz}^0 \right) \exp(\alpha_m x) \exp[\mathrm{j}(\beta z - \omega t)], & x < 0 \end{cases} \tag{2-27}$$

式中，电介质与金属的衰减系数分别满足

$$\begin{cases} \alpha_d^2 = \beta^2 - k_0^2 \varepsilon_d \\ \alpha_m^2 = \beta^2 - k_0^2 \varepsilon_m \end{cases} \tag{2-28}$$

同理，可得磁场表达式为

$$\begin{cases} H_d(x) = \left(\dfrac{\mathrm{j}}{\omega \mu_d} \mathrm{j}\beta E_{dy}^0, \dfrac{k_0^2 \varepsilon_d}{\alpha_d} E_{dz}^0, \alpha_d E_{dy}^0 \right) \exp(-\alpha_d x) \exp[\mathrm{j}(\beta z - \omega t)], & x > 0 \\ H_m(x) = \left(\dfrac{\mathrm{j}}{\omega \mu_d} \mathrm{j}\beta E_{my}^0, \dfrac{k_0^2 \varepsilon_m}{\alpha_m} E_{mz}^0, -\alpha_m E_{my}^0 \right) \exp(\alpha_m x) \exp[\mathrm{j}(\beta z - \omega t)], & x < 0 \end{cases} \tag{2-29}$$

由边界条件，可得

$$\begin{cases} E_{dy}^0 = E_{my}^0 \\ E_{dz}^0 = E_{mz}^0 \\ \alpha_d E_{dy}^0 = -\alpha_m E_{my}^0 \\ \dfrac{\varepsilon_d}{\alpha_d} E_{dz}^0 = -\dfrac{\varepsilon_m}{\alpha_m} E_{mz}^0 \end{cases} \tag{2-30}$$

当 α_d 和 α_m 为正整数时，有 $E_{dy}^0 = E_{my}^0 = 0$，此时 SPW 为横磁波。通过对式（2-30）求解可得出，当 α_d 和 α_m 符号相反时才能激发 SPW，由于金属的介电常数为负数，因此满足 SPW 的产生条件[66]。

3. PCF-SPR 的激发原理

典型的棱镜耦合型 PCF-SPR 生物传感器主要由棱镜、金属膜等组成，其结构示意图如图 2-19 所示[66]。当入射角大于临界角时，入射光会在敏感材料表面发生全反射，产生倏逝波入射至金属约一个波长的深度，并平行于分界面传播约半个波长的长度后再返回棱镜。当金属内部受到倏逝波的电磁干扰时，导致金属内部电子密度分布不均匀。由于库仑力的存在，会引发金属表面的自由电子气团集体振荡以波的形式表现出来，即 SPW。通过调整入射光波的波长或者入射角度，能够使倏逝波与表面等离子体发生共振，此时倏逝波大部分能量转移至表面等离子体基元中，可以通过 OSA 检测反射缺陷或损耗，即此时产生 SPR 现象[67]。待测介质的 RI 变化会引起共振波长和角度发生较大变化，损耗峰随即发生偏移，通过此原理可以检测待测物。

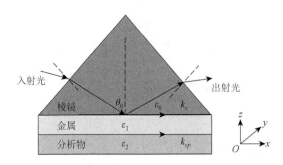

图 2-19　典型的棱镜耦合型 PCF-SPR 生物传感器结构示意图[66]

倏逝波的波矢为

$$k_x = \frac{\omega}{c} \sqrt{\varepsilon_0} \sin \theta_0 \qquad (2\text{-}31)$$

式中，ω 为入射光角频率；c 为真空中的光速；ε_0 为棱镜的介电常数；θ_0 为光在棱镜-金属界面的入射角。金属-介质的 SPW 的波矢为

$$k_{sp} = \frac{\omega}{c} \sqrt{\frac{\varepsilon_1 \varepsilon_2}{\varepsilon_1 + \varepsilon_2}} \qquad (2\text{-}32)$$

式中，ε_1 为金属的介电常数；ε_2 为待测介质的介电常数。激发 SPW 的敏感材料一般选择金属金、银等。金属的复介电常数可以表示为 $\varepsilon_1 = \varepsilon_{1r} + \mathrm{j}\varepsilon_{1i}$，其中 ε_{1r}、ε_{1i} 分别为介电常数的实部和虚部。从可见光到近红外波段，贵金属的介电常数实虚部比值较大，故 SPW 的波矢可以表示为

$$\overline{k_{sp}} = \mathrm{Re}(k_{sp}) \approx \frac{\omega}{c} \sqrt{\frac{\varepsilon_{1r} \varepsilon_2}{\varepsilon_{1r} + \varepsilon_2}} \qquad (2\text{-}33)$$

由相位匹配条件：

$$k_x = \mathrm{Re}(k_{sp}) \qquad (2\text{-}34)$$

可以推导出

$$\sqrt{\varepsilon_0} \sin \theta_0 = \sqrt{\frac{\varepsilon_{1r} \varepsilon_2}{\varepsilon_{1r} + \varepsilon_2}} \qquad (2\text{-}35)$$

通过式（2-35）可知，待测介质、入射角度、金属、棱镜材料介电常数的变化均会使相位匹配条件发生变化。故通过 SPR 技术制作的传感器具有高灵敏度的特性，可以实现对待测介质 RI 变化的精确测量，由此 SPR 传感器得到了广泛的应用[68]。

2.2.3　PCF 传感单元的制备及镀膜技术

PCF 的制备工艺极为复杂，是大多数 PCF-SPR 传感器应用过程中的难题。在制作之前要完成预制件的制作，随后进行拉制。此种拉制方法和普通光纤的拉制方法相类似，在该过程中温度控制可以达到十分精准的地步，通过调整预制件内部的压力和拉制的进程来保持空气孔结构不被破坏。

典型的镀膜方法有电泳法、旋涂法、喷雾法、高压微流控化学气相沉积法等，均可以在光纤表面形成纳米层。其中 PCF 预制件的制作具有多种方法，如毛细管的堆叠法、钻孔法、sol-gel 浇铸法和挤压法。

（1）堆叠法被广泛地应用于 PCF 的制作[26]，预制件主要是由毛细管和棒状物堆叠而成。该方法操作简单，使用压力来保持光纤中的空气孔尺寸，已经制造了各种不同的结构，对 PCF 空气孔结构和使用的 PCF 材料具有一定的局限性。

（2）钻孔法可以应用于加工各种复杂的 PCF。一方面，二氧化硅之间的摩擦和压力在超声波振动下变得更弱，因此可以在预制件中形成更深的孔，借助机械车床可以精确地控制预制件上孔的位置、大小和角度。另一方面，旋转超声波运动在冷却剂流的帮助下产生自清洁作用，减少金刚石工具的黏结。因此，钻孔法适用于加工硬脆材料，如玻璃、陶瓷、铁氧体等类似材料，是制造复杂多孔结构的直接方法[69]。

（3）sol-gel 浇铸法可以制造任何结构并组装到模具中[70]。模具组件可以重复使用来铸造多个预制件，并且该过程可以容易地按比例扩大到更大的预制件尺寸，从而生产长度均匀的 MOF。空气孔的大小、形状和间距都可以独立调整，具有设计结构灵活、起始材料成本低、尺寸精度高、材料污染小等优点。

（4）挤压法已被证明是一种多功能、可重复的方法，可用于制造有多个空气孔的软玻璃和聚合物预制件，生产具有大量横向特征的预制件。挤压模具的设计具有灵活性，这也有利于生产不同结构的预制件，如非六边形网格、非圆形孔等，可以通过调整模具内的材料流量来减小结构变形。

2.3　光纤光栅的研究及化学传感应用

光纤光栅是光纤纤芯内介质 RI 呈周期性变化的一种衍射光栅，从本质上讲，它是利用光的衍射作用实现色散等分光效果的无源光学元件。光纤光栅主要有 FBG、LPFG、啁啾光栅（chirp fiber grating，CFG）等。其中，FBG 相当于窄带的反射镜，只反射某一波长附近的光，其他光基本无损耗地透过，是结构简单、应用较为广泛的一种光纤光栅。光纤光栅独特的光学性质使其广泛地应用于光学传感及通信领域。

下面主要介绍 FBG 的发展、分类、传感原理和波长解调技术等，并对已报道的 FBG 在化学传感领域的应用进行介绍。该研究对了解 FBG 及后续设计与应用等具有重要的参考价值。

2.3.1 FBG 的应用发展及分类

FBG 又称短周期光纤光栅（周期长度小于 1μm）或者反射光栅，是常见且应用较为广泛的一种光纤光栅，具有较窄的反射带宽与较高的反射率，其反射带宽呈均匀分布。LPFG 是指栅格周期很大的光纤光栅，它具有损耗小、高传输效率等优点，在光纤通信中应用广泛。CFG 反射带宽远大于普通的光纤光栅，因此 CFG 在光纤放大器增益平坦与光纤激光器性能优化方面应用较多。相移光纤布拉格光栅（phase-shifted fiber Bragg grating，PSFBG）是在普通周期性光纤光栅的某一部分引入一定的相移，PSFBG 可以对某一波长或者多个波长进行选择，因此被广泛地应用于滤波、波分复用、增益平坦等研究领域。

光纤光栅传感器不仅具有体积小、质量轻、耐腐蚀、抗电磁干扰能力强、全融于光纤等优点，而且光纤光栅传感器是对波长编码进行测量，因此受光强波动及光的偏振态影响较小，具有极强的抗干扰能力。光纤光栅可以通过波分复用、时分复用、空分复用等技术扩大复用范围，使其形成多点准分布式传感网络[71]。

光纤光栅具备的优良特性使光纤光栅传感器可以对大型结构进行分布式实时监测分析、阈值报警等，为大型建筑、精密仪器的检测提供新的解决方案[72-75]。光纤光栅 3S（smart material、smart structure、smart skin）系统可以成为科学家研究的热点问题。3S 系统是一种将光纤光栅传感技术、光纤神经网络、光纤智能解调仪结合在一起，将光纤光栅传感器应用到航天飞机、智能火炮等高精尖设备中去，或者与复合材料有机地结合，制作成具有灵敏结构的可穿戴智能传感系统，对人体的各项指标进行监测[76-79]。

我国在 20 世纪 70 年代末开始对光纤传感技术进行研究，起步时间与国际上其他国家相差不远。目前，光纤光栅解调系统在我国的部分行业得到了广泛的应用，尤其是在石油、化工、煤矿井下等易燃易爆的高危行业。光纤光栅温度传感器可被放置在设备内部进行在线温度监测，实时报警。在桥梁、隧道等工程领域，可以采用光纤光栅应变传感器对大型建筑物进行长期健康监测，如孙胜臣[80]在北京国贸地铁站建立结构健康监测系统，埋入 64 个光纤光栅传感器，对结构的应变、温度等参数进行监测。在轨道交通、岩土与采矿工程中，将光纤光栅传感器与锚杆等设备相结合，开发出用于工程应用的应力计、水平测斜仪等装备，胡志新等[81]基于光纤光栅传感技术建立了一套可同时监测管道应变、滑坡体表面位移及深埋管道位移的监测预警系统。

自从第一条光纤光栅被研制以来，其制作方法、理论研究及应用都有了飞速的发展。根据光纤光栅的优良特性，将光纤光栅传感器埋入检测物体内部，可以有效地实现多点传感检测，使其形成分布式的传感检测网络，并形成智能传感系统。光纤光栅可以对待测物进行实时综合的监测、分析判断、阈值报警等，因此，国外大多将光纤光栅传感器应用于大型设备及精密仪器，应用最多的领域为应变检测领域。

随着科研人员对光纤光栅的研究越来越深入的同时，发现了很多种类的光纤光栅，但由于分类方法的不同，种类便随之不一样。若按照光纤光栅的周期来划分，可以分为两大类，一种是短周期光纤光栅（即周期长度小于 $1\mu m$）即 FBG，另一种是长周期光纤光栅（几十微米以上）即 LPFG。从功能上可以分为滤波型和色散补偿型两大类；若按照 RI 的变化来划分，则可以分为两大基本类型[82]：一种是均匀光纤光栅（uniform fiber grating，UFG），UFG 指的是此光栅的周期及 RI 调制深度都是固定不变的，另一种是非均匀光纤光栅（nonuniform fiber grating，NUFG），顾名思义，NUFG 的周期变化率不是固定不变的，并且 NUFG 的种类相对于 UFG 更复杂，包括 PSFBG、CFG 及螺旋光纤光栅（spiral fiber grating，SFG）等。

1. UFG

UFG 有很多种，如 FBG、LPFG 及闪耀光纤光栅（blazed fiber grating，BFG），它们共同的特点是光栅的栅格周期在纤芯的轴方向呈现均匀分布且 RI 调制深度是一个恒定不变的常数，在传感领域应用最广泛的是 FBG。FBG 示意图如图 2-20 所示。

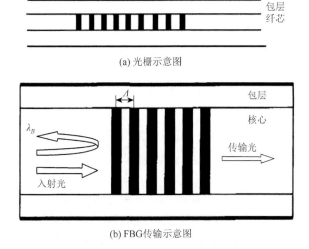

(a) 光栅示意图

(b) FBG传输示意图

图 2-20　FBG 示意图[83]

1）FBG

均匀周期 FBG 是世界上最先发展起来的一类光纤光栅，目前生产的都是周期呈正弦型的光纤光栅[84]。FBG 属于反射型器件，FBG 具有较窄的反射带宽（小于 110nm）和反射率（约等于 100%），因此相当于一个窄带反射镜。当光在 FBG 通过时，如果穿过 FBG 的光满足布拉格相位条件会被反射回去，如果不满足布拉格相位条件，那么不可以被反射或者反射性很弱。光纤光栅在传感领域拥有非常广泛的应用，特别是制作应变和温度等传感器。

FBG 对光波的反射作用实际上是由布拉格衍射引起的，其反射的窄带光波的中心波长称为布拉格波长。布拉格波长与光栅的周期、光纤纤芯的有效 RI、光栅的调制深度和光栅的栅区长度有关。FBG 的布拉格波长能够随外界应变和温度的变化而发生变化，因此可以用于应变与温度传感。

2）LPFG

2000 年，世界上首个 LPFG[85]由美国 Bell 实验室的 Vengsarkar 和 Lemaire[86]制成。相比于 FBG，LPFG 具有更长的光栅周期，其周期通常为 1～100mm。与FBG 反射窄带光波的光学特性不同，LPFG 的纤芯模和与之同向传输的包层模之间发生耦合。因此，LPFG 中的一部分光波将由纤芯进入包层传播，而进入包层的光波携带的能量因为空气与包层的界面损耗而很快地衰减，导致 LPFG 的传输光谱包含了许多透射峰。

LPFG 和 FBG 不同，LPFG 并不是对特定波长的光信号进行反射。它的主要特点是 SMF 中的前向传输包层模与前向传输基模之间存在耦合，当纤芯模被耦合到包层模时，由于包层与环境之间存在不规则性，因此损耗掉一些波长的光信号后，使得透射谱中满足条件的模的强度大大削弱。LPFG 对外界环境的改变十分敏感，并且对 RI、温度、液体浓度、横向负载和应变有非常高的灵敏度，因此可以将其运用到传感领域。

LPFG 对外界环境参量的敏感性还与参与耦合的包层模的阶数相关，对于某一个物理参量，同一个 LPFG 的各个不同的透射峰具有不同的灵敏度，因此利用多个透射峰可以实现对不同物理量的同时测量。

3）BFG

BFG 与 FBG 的不同之处在于栅面法线取向与光纤轴线方向有一定的倾斜角，故又称为倾斜光纤光栅（tilted fiber grating，TFG）。根据倾斜角不同，BFG 可以制作成反射型和透射型两种形式。2002 年，Guy 等[87]在关于掺铒光纤放大器如何实现增益平坦的研究中，成功地在掺铒光纤中写入了 BFG，该 BFG 的光学特性使掺铒光纤放大器在 1550nm 波长处 35nm 的带宽范围内获得了平坦的增益。

BFG 光波的耦合情况是比较复杂的，总的来说入射光主要与两种光波传输模式发生耦合：一种是与纤芯中反向传输的光波模式的耦合，另一种是与包层中的光波模式的耦合。在此过程中,对其光谱传输特性影响最大的因素是光栅平面的倾斜角度。当倾斜角度较小时,入射光的纤芯基模和反向传输的纤芯基模耦合,BFG 表现为反射型光栅,其光谱特性与 FBG 类似。随着倾斜角度的增大,入射光的纤芯模与反向传输的包层模之间的耦合增强。当倾斜角度非常大时,入射光的纤芯模和与其传输方向相同的包层模发生耦合,BFG 表现为透射型光栅,出现类似于 LPFG 的透射光谱。

BFG 的纤芯模与 FBG 的纤芯模相似,因此其传感特性也与 FBG 十分相似,具有对应变和温度敏感的特点。此外,由于 BFG 中还存在着大量的包层模,包层模的传输特性将会受到其有效 RI 的影响,因此 BFG 也可以用于 RI 方面的测量。

与此同时,BFG 拥有非常丰富的特性,在传感方面能够给予很多参量,特别是基于 BFG 的传感器对较低温度的敏感性非常强,并且已经被应用到 RI 传感器和扭力传感器中等。

2. NUFG

NUFG 指的是光栅在纤芯轴向上栅格周期不均匀或者 RI 调制深度不是恒定不变的常数,其中有代表性的有 CFG 和 PSFBG。

1) CFG

CFG 的周期不是固定不变的常数而是沿着轴向变化,并且其 RI 调制幅度不变[88, 89]。CFG 主要包括线性 CFG、非线性 CFG 及分段 CFG 三大类。其中,线性 CFG 的周期沿纤芯轴向的整个区域呈单调、连续线性变化并且有一定周期性。若只在分段区域内呈单调、连续变化的称为分段 CFG。在 CFG 中,它轴向的不同位置能够反射不同波长的输入光信号,因此其反射谱带宽有几十纳米,远远大于均匀周期光栅的反射谱带宽。

在 CFG 的反射带宽中存在渐进变化的群时延,并且群时延曲线的斜率称为光栅的色散值,因此能够使用 CFG 制作光栅型色散补偿器。CFG 示意图如图 2-21 所示。写制 CFG 的方式有许多种,基本原理和制作 FBG 一样,只是需要对其周期和 RI 单独处理即可。

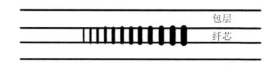

图 2-21　CFG 示意图[90]

2) PSFBG

PSFBG[91-93]是指在 FBG 中,通过在某些点位破坏周期连续性,使每个破坏点产生相移的结构。换句话说，PSFBG 是在均匀的 RI 余弦调制光栅中，相位在光栅的某个地方发生了跃变，也就是说，RI 的变化是不连续的（这只是数学上的抽象，物理上是连续的，或者说是一个突变），将 RI 不连续的点称作相移点，也可以在不同位置有多个相移点。

3）切趾光纤光栅

切趾光纤光栅（apodized fiber grating，AFG）[94]的 RI 调制不是等幅的，而是按照某一函数来变化的，RI 调制的开始和结束都有一个过渡过程，会使光栅的频谱图变得更加完美，如旁瓣较低等。

2.3.2　FBG 的传感原理

FBG 是一种光无源器件，其作用相当于在光纤纤芯内形成一种窄带滤波器，当输入信号中的某一特定波长满足布拉格条件时发生反射，其余波长进行透射。FBG 传感原理如图 2-22 所示，其反射信号即 FBG 光谱信号，通过测量反射信号可以得出 FBG 中心波长值。

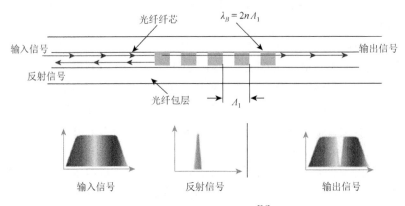

图 2-22　FBG 传感原理[94]

根据耦合模型理论[95, 96]，FBG 的中心波长可以表示为

$$\lambda_B = 2n\Lambda_1 \tag{2-36}$$

式中，n 为 FBG 的有效 RI；Λ_1 为栅格周期。由式（2-32）可知，当 FBG 的有效 RI 与栅格周期发生变化时，其中心波长也会发生相应变化。外界温度与应变的变化会导致 FBG 中心波长发生偏移。解调出 FBG 中心波长的偏移量，就可以推测出外界温度与应变的变化量，其他物理量如压力、位移、RI 等都可以通过解调中心波长的偏移量推算出来。FBG 中心波长受到温度与应变的影响时，其偏移量可以表示为

$$\Delta\lambda_B = 2n_{\mathrm{eff}}\Delta\varLambda + 2\Delta n_{\mathrm{eff}}\varLambda \tag{2-37}$$

式中，$\Delta\lambda_B$ 为 FBG 中心波长的偏移量；$\Delta\varLambda$ 为栅格周期的变化量；Δn_{eff} 为有效 RI 的变化量。

在 FBG 的应用中，温度与应变的测量是最常见的应用方式。针对这两种参量的测量，我们提供了具体的传感原理。

当外界温度发生变化时，FBG 会产生热光效应与热膨胀效应，热光效应导致光纤纤芯的有效 RI 发生变化，热膨胀效应导致栅格周期发生变化。在不考虑应变对光纤产生影响的前提下，由热光效应引起的光纤纤芯有效 RI 变化可以表示为

$$\Delta n_{\mathrm{eff}} = \xi n_{\mathrm{eff}}\Delta T \tag{2-38}$$

式中，ξ 为热光系数；ΔT 为温度变化量。由热膨胀系数所引起的栅格周期变化可以表示为

$$\Delta\varLambda = \alpha\varLambda\Delta T \tag{2-39}$$

式中，α 为热膨胀系数。将式（2-37）、式（2-38）代入式（2-33）中计算可得 FBG 的温度灵敏系数：

$$S_T = \xi + \alpha \tag{2-40}$$

由于 FBG 的热光系数与热膨胀系数仅与制作 FBG 的材料有关，且热光系数要比热膨胀系数大很多，因此可以忽略热膨胀系数对 FBG 温度灵敏系数造成的影响，FBG 温度灵敏度可以确定为一个常数，其中心波长与温度之间可以视为一种良好的线性关系。

外界的拉伸与压缩会使得 FBG 产生轴向应变与弹光效应，轴向应变导致 FBG 的栅格周期发生变化，弹光效应会引起有效 RI 的变化。在不考虑温度对 FBG 产生影响的前提下，轴向应变引起的 FBG 栅格周期变化可以表示为

$$\Delta\varLambda = \varLambda \cdot \Delta\epsilon \tag{2-41}$$

式中，$\Delta\epsilon$ 为 FBG 的轴向应变。弹光效应引起的 FBG 有效 RI 变化可以表示为

$$\frac{\Delta n_{\mathrm{eff}}}{n_{\mathrm{eff}}} = -P_e \cdot \Delta\epsilon \tag{2-42}$$

将式（2-41）、式（2-42）代入式（2-37）中计算可得 FBG 的轴向灵敏度系数为

$$\frac{\Delta\lambda_B}{\lambda_B} = (1 - P_e) \cdot \Delta\epsilon \tag{2-43}$$

在实际应用中 $\Delta\epsilon$ 一般认定为常数，因此 FBG 的中心波长与应变也近似呈线性关系。

在实际的应用中，外界温度与应变会共同作用于 FBG，使其中心波长发生偏移。FBG 中温度-应变交叉敏感是影响 FBG 传感器实用化的一个关键问题，如果想要单独测量其中一个物理量，则需解决 FBG 在实际测量中存在的温度-应变交

叉敏感问题。根据耦合模型理论，当 FBG 同时受到温度与应变的作用时，其中心波长的偏移量可以表示为

$$\Delta\lambda_B = S_T\Delta T + S_\xi\Delta\epsilon + S_{T\xi}\Delta T\Delta\epsilon \qquad (2\text{-}44)$$

式中，S_T、S_ξ、$S_{T\xi}$ 分别为 FBG 的温度灵敏系数、应变灵敏系数与温度-应变交叉敏感系数。由于在实际测量中温度-应变交叉敏感问题会引起一定的误差，因此应该尽量地避免交叉敏感问题所带来的误差影响。在实际工程应用中，可以通过引入参考光栅进行标定，从而减小交叉敏感所带来的误差。如测量应变时，可单独放置一个不受应变作用的 FBG 传感器，其他 FBG 应变传感器可以减去参考光栅受到温度影响所产生的中心波长偏移量，从而消除温度-应变交叉敏感所带来的误差。

2.3.3　FBG 的制备方法及波长解调技术

1. 制备方法

1978 年，Hill 等[95]首次在纤芯掺入了二氧化锗（GeO_2）的石英光纤中实现了 FBG 的刻写，他们使用的方法被称为直接写入法。在他们的实验中，氩离子激光器产生波长为 488nm 或者 514.5nm 的激光光束，令光束在光纤中相向传播并形成稳定的干涉图样。在该干涉图样的作用下，光纤的纤芯中出现了周期性的 RI 扰动，也就是形成了 FBG，这种方法也称为驻波干涉法。这是人们第一次发觉光纤的光敏效应，而这正是制作 FBG 的关键一步。

1981 年，Lam 和 Garside[96]指出，用于记录光纤光栅的激光束强度是光纤 RI 的主要因素。此外，Lam 和 Garside 认为光纤的光敏效应可能是双光子过程的结果，因此光栅的光谱强度和 RI 应与记录光强度的平方成正比。由此得出的结论是，如果用于分裂格栅的激光束波长是光栅中激光波长的 1/2，那么它就被使用了。244nm 长激光也可以在光栅上雕刻。根据这个想法，Meltz 等[97]在 1989 年成功地用 244nm 波长紫外光激光蚀刻了光纤光栅。在实验中，激光器被分成两束强度相同的激光束，重组后在光纤轴上形成垂直的干涉模式，紫外光照射导致光纤格栅形成。这种使用紫外光照射的方法称为紫外光照射法，在一些文件中也称为全息干涉定律，使光纤光栅生产有了新的突破。

对 FBG 来说，独特的结构使其写入方法有别于其他光纤光栅，目前最完善的技术是相位掩模板法。1997 年，Hill 和 Meltz[88]提出相位掩模板法。相位掩模板实际上是一种相位掩模光栅，通过全息曝光或者电子束刻蚀与反应离子束刻蚀相结合的方法刻制在纯度很高的石英基片上。这种石英基片能够承受较高功率的激光光束的照射而不发生损坏，且对后续刻写光纤光栅时将要使用的激光光束

具有较好的光学透明性。刻制完成的相位掩模板，其表面的周期性图案近似为方波，并被设计为以 π 弧度调制激光光束的相位，这样的设计可以使入射激光的零级衍射光被抑制，而能够增强一级衍射光。相位掩模技术也称相位光栅衍射相干技术，将紫外光照射到相位掩模板后，在近场形成明暗相间的干涉条纹，使纤芯的 RI 形成沿着光纤的轴向呈现一定的周期性分布，因此相位掩模板其实是一种衍射光栅。在进行光纤光栅刻写时，相位掩模板被放置在与光敏光纤接触或者近乎接触的位置，并使其光栅条纹垂直于光纤的轴线。使用垂直入射的紫外光激光光束照射相位掩模板，当激光光束穿过掩模板后，其 +1 级衍射光和 −1 级衍射光产生干涉，在光纤侧面形成干涉条纹图样，干涉条纹处紫外光的光强作用使得光敏光纤纤芯的 RI 受到调制而发生变化，从而在光纤内形成光纤光栅。该技术的优势是对光源相干性的要求不高、稳定性良好及重复性较好，最主要是其非常适合大规模制作光纤光栅。但其最大弊端是每块掩模板仅仅能够写制周期固定不变或周期稍微有点偏差的光纤光栅，并且掩模板的占空比及刻蚀深度必须受到严格的操控，为了满足以上要求，对模板的质量要求较高，但是高质量模板的成本很高。

随着激光技术的发展，目前有了一种辅助写入方法：飞秒激光制备法。秒脉冲激光能够在超短时间下产生非常高的能量，这种极短脉冲的能量可以聚焦于纤芯上引起 RI 变化来制备 FBG。而飞秒激光制备 FBG 是与标准紫外连续曝光制备 FBG 不同的物理机制，该机制允许使用更高的操作温度，因为它们具有更强的退火弹性。飞秒光纤光栅可以通过丙烯酸酯（acrylic ester，结构通式为 $CH_2CHCOOR$）、高温丙烯酸酯、硅树脂（silicone resin）和聚酰亚胺（polyimide，PI）涂层来刻写。因为在刻写光纤光栅时不需要去除涂层，这使得 FBG 可以保持较高的机械强度。Mihailov[98]的研究表明，当极高能量的脉冲激光照射至传播介质时，导致材料 RI 发生变化的原因是二者相互作用时产生强烈的光致电离，使得材料晶格熔融形成缺陷产生 RI 变化。普通单模硅锗光纤导带与价带之间的间隙大约为 7.1eV，而中心波长为 800nm 的飞秒激光产生一个光子能量是 1.55eV，多光子电离指的就是在光纤材料中导带电子激发到价带，因此需要至少 5 个飞秒激光产生光子提供的能量，多光子电离也适用于其他材料的光纤。正是激光与材料相互作用的不断进行导致材料结构产生微小变化，进而改变 RI。这种由高强能量激光引起的 RI 改变较大，因此温度稳定性很好。

2. 解调技术

FBG 解调技术是目前国内外研究的热点问题，解调技术的优劣直接影响解调仪的整体性能。常见的光纤光栅解调方法有 OSA 检测法、边缘滤波法、匹配光栅检测法、可调谐激光器检测法、可调谐 FP 滤波器检测法等[99]。

1）OSA 检测法

OSA 检测法是一种简单、直接的测量方法，其解调原理是直接使用 OSA 检测 FBG 中心波长的偏移量。

OSA 检测法解调原理如图 2-23 所示，光经过隔离器、1×2 耦合器后进入 FBG 中，当入射光满足布拉格反射条件后进行反射，其反射信号在 OSA 中显示。其余不满足布拉格反射条件的光谱经过 FBG 向后继续输出成为透射信号，反射回来的光谱为反射信号，其反射信号即所测量的 FBG 中心波长值。

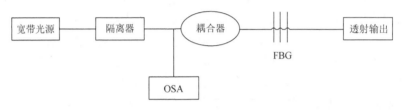

图 2-23　OSA 检测法解调原理

OSA 检测法具有结构简单、解调范围广、直观性强等优点，但是其解调精度与 OSA 分辨率有关，分辨率高的 OSA 价格昂贵，且 OSA 检测法不能将光信号转换为电信号，不利于后续的数据处理。因此，OSA 检测法一般只用于实验室研究。

2）边缘滤波法

边缘滤波法是通过某些线性滤波器将 FBG 中心波长偏移量转换为光功率的变化，通过检测光功率的变化来实现中心波长的解调。

边缘滤波法解调原理如图 2-24 所示，光进入 FBG，FBG 中的反射信号经过 1×2 耦合器后分为两路，一路进入光电探测器中，另一路经过边缘滤波器滤波后进入光电探测器，将两路光信号进行信号处理后即可得到 FBG 中心波长的偏移量。边缘滤波法具有系统响应快、成本较低等优点，具有良好的线性输出，

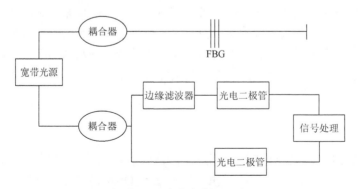

图 2-24　边缘滤波法解调原理

适用于静态物理量的测量，但是存在准确性较差、分辨率低，而且不利于携带等缺点。

3）匹配光栅检测法

匹配光栅检测法是通过两个特性相同的 FBG 进行匹配后得出其中一个 FBG 中心波长的偏移量，两个光栅分别为传感光栅 FBG1 与参考光栅 FBG2。匹配光栅检测法原理如图 2-25 所示。

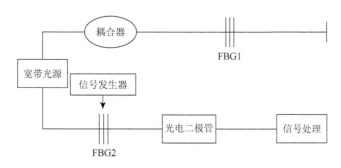

图 2-25　匹配光栅检测法原理

光经过传感光栅 FBG1 后反射到参考光栅 FBG2 中，参考光栅 FBG2 透射后的信号由光电探测器接收后进行信号处理。当传感光栅 FBG1 受到外界环境影响后中心波长产生偏移，参考光栅 FBG2 在信号发生器所产生的驱动电压下也会相应地调整其中心波长。当两个光栅重合时，光电探测器接收到的信号最弱，此时信号发生器的驱动电压即 FBG 中心波长值。

匹配光栅检测法具有结构简单、成本低等优点，但是该方法受外界参数影响较大，检测性能不稳定，仅适合于静态测量，且不可组网使用。

4）可调谐激光器检测法

可调谐激光器检测法是通过发出可调谐窄带激光进行解调的，其解调原理如图 2-26 所示。可调谐激光器发出窄带激光进入 FBG 中，当窄带激光与 FBG 中心波长重合时，光电探测器所接收到的光强信号最强，此时可调谐激光器所发出的窄带光的波长就是 FBG 中心波长。

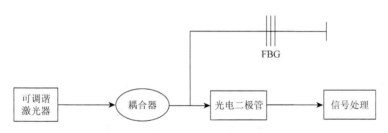

图 2-26　可调谐激光器检测法解调原理

可调谐激光器检测法具有扫描频率高、解调范围广、结构简单等优点，但是其价格昂贵。

5）可调谐 FP 滤波器检测法

可调谐 FP 滤波器检测法是目前最成熟的一种解调方法，其解调原理如图 2-27 所示。

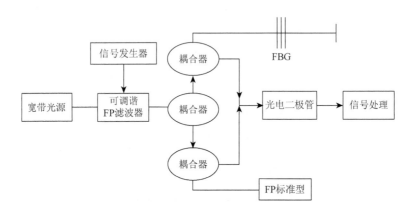

图 2-27　可调谐 FP 滤波器检测法解调原理

光进入到可调谐 FP 滤波器中，可调谐 FP 滤波器在信号发生器所发出的锯齿波信号控制下进行滤波处理，不同的电压可以解调出中心波长不同的窄带光。当经过滤波后的窄带光与 FBG 中心波长重合后，光电探测器所接收到的光强信号最大，根据电压-中心波长的关系即可推出 FBG 中心波长。可调谐 FP 滤波器检测法具有检测范围广、精度高、易于组网、成本适中等优点，广泛地应用于光纤光栅解调系统中。

2.4　本章小结

本章主要分三大部分来介绍 MOF 及化学传感技术，其中包含 MNF 的研究及其在化学传感当中的应用、PCF 的研究及其在化学传感当中的应用、光纤光栅的研究及其在化学传感当中的应用。

2.1 节首先系统性地给出了 MNF 的定义和 MNF 化学传感技术机理及其研究现状。微结构 OFS 是指对光纤进行微纳操作的传感单元或指制备微米级光纤。与普通光纤相比，其包层波导部分为空气，且此种结构比普通 MOF 更加多样化，具有质量轻、体积小、非线性效应强等多种优点，在微纳数量级导波传输、光学传感通信、光学近场作用、微纳光源、非线性光学、表面等离激元等领域具有广泛的应用前景。然后对 MNF 的波导特性进行了理论分析与说明，在光场分布特征、能流密度和有效模场面积三个方面进行了详细说明。最后介绍了 MNF 的制备工艺，详细介绍了火焰烘烤拉伸法、自调制拉锥法、改进的火焰烘烤拉伸法、静电纺丝法、化学腐蚀法和提拉法，为不同情况下制备 MNF 提供了多种不同的选择。

2.2 节首先详细介绍了 PCF 的研究及化学传感的应用，PCF 又称为 MOF，其实现机理为光纤横截面具有较为复杂的 RI 分布，通过在石英材料中引入周期性排列的气孔，造成石英和空气的 RI 差值来形成光子带隙。PCF 通常含有不同排列形式的气孔，而这些气孔的尺寸与光波波长大致在同一量级且贯穿器件的整个长度，光波可以被限制在低 RI 的光纤纤芯区传播。然后介绍了 PCF 的历史发展及国内外研究现状，对 PCF 的分类、特殊性质进行了详细说明，同时介绍了基于 PCF 所制造的各类光学元器件。本节中还介绍了 SPR 现象的传感机理，通过对衰减全反射与倏逝波理论、SPW 和 SPR 激发原理进行了理论分析，阐明了基于 SPR 技术制作的传感器具有高灵敏度的特性，可以实现对待测介质 RI 变化的精确测量，由此基于 SPR 技术所制作出的传感器得到了广泛的应用。最后给出了 PCF 传感单元的制备工艺及镀膜技术，介绍了堆叠法、超声钻孔加工技术、sol-gel 浇铸法和挤压技术。

2.3 节对光纤光栅的研究和其在化学传感当中的应用进行了详细论述。光纤光栅是光纤纤芯内介质 RI 呈周期性变化的一种衍射光栅，从本质上讲，它是利用光的衍射作用实现色散等分光效果的无源光学元件。首先介绍了 FBG 的应用发展及其分类，对 UFG 进行说明，对其所主要包含的均匀 FBG、均匀 LPFG 和 BFG 进行了说明，同时对 NUFG 和其包含的 CFG、PSFBG 和 AFG 进行了说明。其次介绍了 FBG 的传感机理和理论分析。最后介绍了 FBG 的制备方法及其波长解调技术，对相位掩模板法、飞秒激光制备法进行详细说明，通过详细介绍 OSA 检测法、边缘滤波法、匹配光栅检测法、可调谐激光器检测法和可调谐 FP 滤波器检测法对光纤光栅的解调技术进行了详细说明。

参 考 文 献

[1]　TONG L M, GATTASS R R, ASHCOM J B, et al. Subwavelength-diameter silica wires for low-loss optical wave guiding[J]. Nature, 2003, 426 (6968): 816-819.

[2]　MAO L M, SHEN G P, SU D L. Magnetic field sensor based on cascaded microfiber coupler with magnetic fluid[J]. Journal of applied physics, 2016, 120 (9): 3765-3768.

[3]　曲连杰, 杨跃德, 黄永箴. 光子晶体波导慢光特性研究[J]. 光学学报, 2011, 31 (1): 172-177.

[4]　BRAMBILLA G. Optical fibre nanowires and microwires: A review[J]. Journal of optics, 2010, 12 (4): 043001.

[5]　TONG L M, LOU J Y, MAZUR E. Single-mode guiding properties of subwavelength-diameter silica and silicon wire waveguides[J]. Optics express, 2004, 12 (6): 1025-1035.

[6]　VILLATORO J，LUNA-MORENO D，MONZÓN-HERNÁNDEZ D. Optical fiber hydrogen sensor for concentrations below the lower explosive limit[J]. Sensors and actuators B：Chemical，2005，110（1）：23-27.

[7]　DÍAZ-HERRERA N，NAVARRETE M C，ESTEBAN O，et al. A fibre-optic temperature sensor based on the deposition of a thermochromic material on an adiabatic taper[J]. Measurement science and technology，2004，15（2）：353.

[8]　JI W B，YAP S H K，PANWAR N，et al. Detection of low-concentration heavy metal ions using optical microfiber sensor[J]. Sensors and actuators B：Chemical，2016，237：142-149.

[9]　WANG Y，ZHANG H，CUI Y，et al. A complementary-DNA-enhanced fiber-optic sensor based on microfiber-assisted Mach-Zehnder interferometry for biocompatible pH sensing[J]. Sensors and actuators B：Chemical，2021，332：129516.

[10]　TREZZA T A，KROCHTA J M. Color stability of edible coatings during prolonged storage[J]. Journal of food science，2010，65（7）：1166-1169.

[11]　BRAMBILLA G. Optical fibre nanotaper sensors[J]. Optical fiber technology，2010，16（6）：331-342.

[12]　KORPOSH S，JAMES S W，LEE S W，et al. Tapered optical fibre sensors：Current trends and future perspectives[J]. Sensors，2019，19（10）：2294.

[13]　JIN W，HO H L，CAO Y C，et al. Gas detection with micro-and nano-engineered optical fibers[J]. Optical fiber technology，2013，19（6）：741-759.

[14]　ZHANG Z W，SHEN T，WU H B，et al. A temperature sensor based on D-shape photonic crystal fber coated with Au-TiO$_2$ and Ag-TiO$_2$[J]. Optical and quantum electronics，2021，53（12）：678.

[15]　张安琪. 基于石墨烯增敏的微纳光纤光栅气体传感器研究[D]. 成都：电子科技大学，2015.

[16]　LI W，CHEN B G，MENG C，et al. Ultrafast all-optical graphene modulator[J]. Nano letters，2014，14（2）：955-959.

[17]　WARKEN F，VETSCH E，MESCHEDE D，et al. Ultra-sensitive surface absorption sp-ectroscopy using sub-wavelength diameter optical fibers[J]. Optics express，2007，15（19）：11952-11958.

[18]　WANG P，WANG Y P，TONG L M. Functionalized polymer nanofibers：A versatile platform for manipulating light at the nanoscale[J]. Light：Science and applications，2013，2（10）：e102.

[19]　TONG L M，LOU J Y，YE Z Z，et al. Self-modulated taper drawing of silica nanowires[J]. Nano echnology，2005，16（9）：1445.

[20]　TONG L M. Micro/nanofibre optical sensors：Challenges and prospects[J]. Sensors，2018，18（3）：903.

[21]　YABLONOVITCH E. Inhibited spontaneous emission in solid-state physics and electronics[J]. Physical review letters，1987，58（20）：2059-2062.

[22]　JOHN S. Strong localization of photons in certain disordered dielectric superlattices[J]. Physical review letters，1987，58（23）：2486-2489.

[23]　BOWDEN C M. Development and application of materials exhibiting photonic band gaps[J]. Journal of the optical society of America B，1993，10（2）：280.

[24]　RUSSELL P S J. Photonic band gaps[J]. Physics world，1992，5（8）：37.

[25]　BROENG J，MOGILEVSTEV D，BARKOU S E，et al. Photonic crystal fibers：A new class of optical waveguides[J]. Optical fiber technology，1999，5（3）：305-330.

[26]　KNIGHT J C，BIRKS T A，RUSSELL P S J，et al. All-silica single-mode optical fiber with photonic crystal cladding[J]. Optics letters，1996，21（19）：1547-1549.

[27]　KNIGHT J C，BROENG J，BIRKS T A，et al. Photonic band gap guidance in optical fiber[J]. Science，1998，

282（5393）：1476-1478.

[28]　CREGAN R F，MANGAN B J，KNIGHT J C，et al. Single-mode photonic band gap guidance of light in air[J]. Science，1999，285（5433）：1537-1539.

[29]　RUSSELL P. Photonic crystal fibers[J]. Science，2003，299（5605）：358-362.

[30]　JIANG X，JOLY N Y，FINGER M A，et al. Deep-ultraviolet to mid-infrared supercontinuum generated in solid-core ZBLAN photonic crystal fibre[J]. Nature photonics，2015，9：133-139.

[31]　LU W L，LOU S Q，ARGYROS A. Investigation of flexible low-loss hollow-core fibres with tube-lattice cladding for terahertz radiation[J]. IEEE journal of selected topics in quantum electronics，2015，22（2）：214-220.

[32]　TALATAISONG W，ISMAEEL R，MARQUES T H R，et al. Mid-IR hollow-core microstructured fiber drawn from a 3D printed PETG preform[J]. Scientific reports，2018，8（1）：8113.

[33]　LÓPEZ-TORRES D，LOPEZ-ALDABA A，AGUADO C E，et al. Sensitivity optimization of a microstructured optical fiber ammonia gas sensor by means of tuning the thickness of a metal oxide nano-coating[J]. IEEE sensors journal，2019，19（13）：4982-4991.

[34]　WANG X Z，WANG Q，SONG Z W，et al. Simulation of a microstructure fiber pressure sensor based on lossy mode resonance[J]. AIP advances，2019，9（9）：095005.

[35]　WANG C，ZHANG Y Y，WU Z，et al. A broadband single polarization photonic crystal fiber filter around 1.55 μm based on gold-coated and pentagonal structure[J]. Plasmonics，2020，15（5）：1331-1338.

[36]　BROENG J，BARKOU S E，SØNDERGAARD T，et al. Analysis of air-guiding photonic bandgap fibers[J]. Optics letters，2000，25（2）：96-98.

[37]　胡雄伟. 新型光子晶体光纤的制备技术与传感特性研究[D]. 武汉：华中科技大学，2018.

[38]　李锦豪，姜海明，谢康. 光子晶体光纤制备工艺的发展与现状[J]. 科技创新与应用，2021，11（26）：105-110，114.

[39]　陈伟，袁健，严勇虎. 光子晶体光纤的特性及其应用发展趋势[C]. 中国通信学会 2017 年通信线路学术年会，苏州，2017：26-30.

[40]　BIRKS T A，KNIGHT J C，RUSSELL P S J. Endlessly single-mode photonic crystal fiber[J]. Optics letters，1997，22（13）：961-963.

[41]　MORTENSEN N A，FOLKENBERG J R，NIELSEN M D，et al. Modal cutoff and the V parameter in photonic crystal fibers[J]. Optics letters，2003，28（20）：1879-1881.

[42]　石飞飞. 光子晶体光纤设计与传感特性研究[D]. 哈尔滨：哈尔滨工业大学，2013.

[43]　KNIGHT J C，ARRIAGA J，BIRKS T A，et al. Anomalous dispersion in photonic crystal fiber[J]. IEEE photonics technology letters，2000，12（7）：807-809.

[44]　BIRKS T A，MOGILEVTSEV D，KNIGHT J C，et al. Dispersion compensation using single-material fibers[J]. IEEE photonics technology letters，1999，11（6）：674-676.

[45]　SHARPING J E，FIORENTINO M，KUMAR P，et al. Optical parametric oscillator based on four-wave mixing in microstructure fiber[J]. Optics letters，2002，27（19）：1675-1677.

[46]　RANKA J K，WINDELER R S，STENTZ A J. Visible continuum generation in air-silica microstructure optical fibers with anomalous dispersion at 800 nm[J]. Optics letters，2000，25（1）：25-27.

[47]　YAMAMOTO T，KUBOTA H，KAWANISHI S，et al. Supercontinuum generation at 1.55 μm in a dispersion-flattened polarization-maintaining photonic crystal fiber[J]. Optics express，2003，11（13）：1537-1540.

[48]　HANSEN T P，BROENG J，LIBORI S E B，et al. Highly birefringent index-guiding photonic crystal fibers[J]. IEEE photonics technology letters，2001，13（6）：588-590.

[49] JU J, JIN W, DEMOKAN M S. Properties of a highly birefringent photonic crystal fiber[J]. IEEE photonics technology letters, 2003, 15（10）: 1375-1377.

[50] KERBAGE C, STEINVURZEL P, REYES P, et al. Highly tunable birefringent microstructured optical fiber[J]. Optics letters, 2002, 27（10）: 842-844.

[51] KERBAGE C, EGGLETON B. Numerical analysis and experimental design of tunable birefringence in microstructured optical fiber[J]. Optics express, 2002, 10（5）: 246-255.

[52] KERBAGE C, STEINVURZEL P, HALE A, et al. Microstructured optical fibre with tunable birefringence[J]. Electronics letters, 2002, 38（7）: 310-312.

[53] 唐子娟. 基于光子晶体光纤的新型光纤激光器和传感器的研究[D]. 北京: 北京交通大学, 2021.

[54] MEARS R J, REEKIE L, POOLE S B, et al. Low-threshold tunable CW and Q-switched fibre laser operating at 1.55 μm[J]. Electronics letters, 1986, 22（3）: 159-160.

[55] LIU Z Y, LIU Y G, DU J B, et al. Tunable multiwavelength erbium-doped fiber laser with a polarization-maintaining photonic crystal fiber Sagnac loop filter[J]. Laser physics letters, 2008, 5（6）: 446.

[56] KHALEEL W A, AL-JANABI A H. Erbium-doped fiber ring laser with wavelength selective filter based on non-linear photonic crystal fiber Mach-Zehnder interferometer[J]. Laser physics, 2017, 27（10）: 105104.

[57] HASSANI A, SKOROBOGATIY M. Design of the microstructured optical fiber-based surface plasmon resonance sensors with enhanced microfluidics[J]. Optics express, 2006, 14（24）: 11616-11621.

[58] GAO D, GUAN C Y, WEN Y W, et al. Multi-hole fiber based surface plasmon resonance sensor operated at near-infrared wavelengths[J]. Optics communications, 2014, 313: 94-98.

[59] LI D M, ZHANG W, LIU H, et al. High sensitivity refractive index sensor based on multicoating photonic crystal fiber with surface plasmon resonance at near-infrared wavelength[J]. IEEE photonics journal, 2017, 9（2）: 1-8.

[60] LU Y, YANG X C, WANG M T, et al. Surface plasmon resonance sensor based on hollow-core PCFs filled with silver nanowires[J]. Electronics letters, 2015, 51（21）: 1675-1677.

[61] XIN X J, LI S G, CHENG T L, et al. Numerical simulation of surface plasmon resonance based on Au-metalized nanowires in the liquid-core photonic crystal fibers[J]. Optik, 2015, 126（15/16）: 1457-1461.

[62] YANG X C, LU Y, LIU B L, et al. Temperature sensor based on photonic crystal fiber filled with liquid and silver nanowires[J]. IEEE photonics journal, 2016, 8（3）: 1-9.

[63] LIU C, YANG L, LIU Q, et al. Analysis of a surface plasmon resonance probe based on photonic crystal fibers for low refractive index detection[J]. Plasmonics, 2018, 13（3）: 779-784.

[64] TIAN M, LU P, CHEN L, et al. All-solid D-shaped photonic fiber sensor based on surface plasmon resonance[J]. Optics communications, 2012, 285（6）: 1550-1554.

[65] 郁道银, 谈恒英. 工程光学[M]. 2 版. 北京: 机械工业出版社, 2006: 56-63.

[66] 党鹏. 光子晶体光纤表面等离子体共振生物传感器特性研究[D]. 秦皇岛: 燕山大学, 2019.

[67] RAETHER H. Surface plasmons on smooth surfaces[M]. Berlin: Springer, 1988: 4-39.

[68] PRASAD P N. Introduction to biophotonics[M]. New York: John Wiley and Sons, 2004: 32-36.

[69] FENG X, MAIRAJ A K, HEWAK D W, et al. Nonsilica glasses for holey fibers[J]. Journal of lightwave technology, 2005, 23（6）: 2046.

[70] MRÁZEK J, MATEJEC V, KASIK I, et al. Application of the sol-gel method at the fabrication of microstructure fibers[J]. Journal of sol-gel science and technology, 2004, 31（1）: 175-178.

[71] CAO Y, LIU H Y, TONG Z R, et al. Simultaneous measurement of temperature and refractive index based on a core-offset Mach-Zehnder interferometer cascaded with a long-period fiber grating[J]. Optoelectronics letters,

2015，11（1）：69-72.

[72] PENG F，YANG J，WU B，et al. Compact fiber optic accelerometer[J]. Chinese optics letters，2012，10（1）：3.

[73] ZHU H H，SHI B，ZHANG J，et al. Distributed fiber optic monitoring and stability analysis of a model slope under surcharge loading[J]. Journal of mountain science，2014，11（4）：979-989.

[74] TODD M D，JOHNSON G A，VOHRA S T. Deployment of a fiber Bragg grating-based measurement system in a structural health monitoring application[J]. Smart materials and structures，2001，10（3）：534-539.

[75] SONG H，KIM K，LEE J. Development of optical fiber Bragg grating force-reflection sensor system of medical application for safe minimally invasive robotic surgery[J]. Review of scientific instruments，2011，82（7）：155.

[76] LIU J X，CHAI J，ZHU L，et al. Theory of fiber Bragg grating multi-point sensing of rock deformation and its engineering application[J]. Acta optica sinica，2008，28（11）：2143-2147.

[77] MAJUMDER M，GANGOPADHYAY T K，CHAKRABORTY A K，et al. Fibre Bragg gratings in structural health monitoring：Present status and applications[J]. Sensors and actuators A：Physical，2008，147（1）：150-164.

[78] PANOPOULOU A，LOUTAS T，ROULIAS D，et al. Dynamic fiber Bragg gratings based health monitoring system of composite aerospace structures[J]. Acta astronautica，2011，69（7/8）：445-457.

[79] CAO Y，YANG Y F，YANG X F，et al. Simultaneous temperature and refractive index measurement of liquid using a local micro-structured fiber Bragg grating[J]. Chinese optics letters，2012，10（3）：030605.

[80] 孙胜臣. 地铁国贸站结构健康监测技术的应用[J]. 铁道建筑，2009（5）：65-68.

[81] 胡志新，马云宾，谭东杰，等. 基于光纤光栅传感的管道滑坡监测方法研究[J]. 光子学报，2010，39（1）：33-36.

[82] KINET D，MÉGRET P，GOOSSEN K W，et al. Fiber Bragg grating sensors toward structural health monitoring in composite materials：Challenges and solutions[J]. Sensors，2014，14（4）：7394-7419.

[83] AGRAWAL G P，RADIC S. Phase-shifted fiber Bragg gratings and their application for wavelength demultiplexing[J]. IEEE photonics technology letters，1994，6（8）：995-997.

[84] GILES C R. Lightwave applications of fiber Bragg gratings[J]. Journal of lightwave technology，1997，15（8）：1391-1404.

[85] MELLONI A，CHINELLO M，MARTINELLI M. All-optical switching in phase-shifted fiber Bragg grating[J]. IEEE photonics technology letters，2000，12（1）：42-44.

[86] VENGSARKAR A M，LEMAIRE P J. Long-period fiber gratings as band-rejection filters[J]. Journal of lightwave technology，1996，14（1）：58-65.

[87] GUY M J，TAYLOR J R，KASHYAP R. Single-frequency erbium fibre ring laser with intracavity phase-shifted fibre Bragg grating narrowband filter[J]. Electronics letters，2002，31（22）：1924-1925.

[88] HILL K O，MELTZ G. Fiber Bragg grating technology fundamentals and overview[J]. Journal of lightwave technology，1997，15（8）：1263-1276.

[89] KASHYAP R，WYATT R. Wideband gain flattened erbium fibre amplifier using a photosensitive fibre blazed grating[J]. Electronics letters，1993，29（2）：154-156.

[90] 吕明双，冯德军. 不同切趾比例下啁啾光纤光栅的特性研究[J]. 半导体光电，2009，30（4）：536-540.

[91] 徐新华，王青. 线性啁啾莫尔光纤光栅的理论研究[J]. 光子学报，2007，36（9）：53-62.

[92] 瞿荣辉，丁浩，赵浩，等. 紫外写入移相光纤光栅[J]. 中国激光，1999，26（6）：515-518.

[93] SAHIDAN N S，SALIM M A M，OSMAN S S，et al. The effect of FBG grating lengths for temperature sensing[J]. Journal of physics conference series，2020，1484（1）：012015.

[94] 陈艳，潘武，郭江峰. 切趾光纤光栅的切趾深度分析[J]. 光电子技术与信息，2005，18（4）：38-41.

[95]　HILL K O，FUJII Y，JOHNSON D C，et al. Photosensitivity in optical fiber waveguides：Application to reflection filter fabrication[J]. Applied physics letters，1978，32（10）：647-649.

[96]　LAM D K W，GARSIDE B K. Characterization of single-mode optical fiber filters[J]. Applied optics，1981，20（3）：440-445.

[97]　MELTZ G，MOREY W W，GLENN W H. Formation of Bragg gratings in optical fibers by a transverse holographic method[J]. Optics letters，1989，14（15）：823-825.

[98]　MIHAILOV S J. Fiber Bragg grating sensors for harsh environments[J]. Sensors，2012，12（2）：1898-1918.

[99]　李红，祝连庆，刘锋，等. 裸光纤光栅表贴结构应变传递分析与实验研究[J]. 仪器仪表学报，2014，35（8）：1744-1750.

第3章 光纤纳米磁流体材料磁传感技术与系统

磁场传感在电力系统放电监测、复合材料成型加工、医疗生化安全监控等领域有着广泛的应用。功能多样化和结构集成化的传感器是实现磁场测量的有效途径。和传统电信号解调的传感系统相比，OFS 以其更高灵敏度、更强稳定性及结构上更加轻巧紧凑的优势，在近些年得到了迅速发展。

3.1 光纤磁场传感器概述

科研人员对光纤磁场传感器的研究工作起源于 20 世纪 80 年代。起初，光纤磁场传感器在军事领域中应用广泛，民用化的普及程度并不高。经过随后的几十年，光纤磁场传感器历经多次发展与创新，如今的光纤磁场传感器在测量精度、传感灵敏度、集成化程度和应用范围等方面都有了显著的进步与提升。磁性敏感材料的发展为可控磁性光学器件的实用化提供了新思路和新方法。根据主流光纤磁场传感器应用的不同磁性敏感材料，可以将光纤磁场传感器分为磁致伸缩材料型、MF 型和磁凝胶型。本章通过应用磁凝胶、MNF、光纤环形腔衰荡（fiber loop ring-down，FLRD）传感器和 MZI 的全 OFS 的传感原理进行实验及仿真，为磁凝胶、MNF、FLRD 光路结构和 MZI 的全光纤光路结构在传感领域中的应用提供了理论借鉴，具有一定的指导作用。

3.1.1 光纤磁场传感器的发展及研究现状

1845 年，法拉第效应通过实验被发现[1]，在此之后，人们根据法拉第效应提出并制作了多种基于该效应的磁场传感系统。根据式（3-1），只要知道磁光玻璃的厚度和法拉第偏转角的大小就可得到外界的磁感应强度，且环境中磁感应强度 B 和法拉第偏转角 θ 之间存在很好的线性关系。磁场测量时，可以利用光纤作为传感头的敏感材料。在实际测量时，将传感头缠绕在通电介质上，通过测量由光纤构成的闭合光路中产生的法拉第偏转角 θ 的变化，间接地得到磁感应强度的大小。该传感器的特点是结构简单，但在设计制作时要注意使用韦尔代常数 V 较大且线性双折射系数小的保偏光纤。

1980 年，加利福尼亚大学的 Yariv 和 Winsor[2]首次提出了将磁致伸缩材料和光纤干涉仪结合测量磁场的方法，将这种方法与干涉型光纤磁场传感器结合，并在理论上得出了该传感器能够测量的最小磁感应强度为 $1.6×10^{-16}$T。该传感器结合了光干涉的相位敏感特性和磁致伸缩材料的磁光敏感特性，属于功能型或相位调制型 OFS。

MF 的研究起源于 20 世纪 60 年代，但与 MF 结合的 OFS 起源于 20 世纪末至 21 世纪初期。对基于 MF 的 OFS 的研究是国内外的热门课题。2008 年，Liu 等[3]对 MF 的磁场相关折射率特性开展了实验研究，实验中，他们发现随着磁感应强度的增加，MF 的折射率显著降低，在高磁感应强度范围内趋于饱和。通过施加 0～1661Oe（1Oe = 79.5775A/m）的可调磁场，发现 MF 在体中的折射率最大位移为 0.0231。

2009 年，胡涛等[4]提出了基于 MF 折射率可控特性的光纤磁场传感器。传感器基于 FPI 结构而设计，将 MF 填充在 FP 腔内，光路结构简单紧凑，测量光谱的波长漂移和外加磁场大小存在较好的线性程度，可以实现磁场测量的要求。

2012 年，邬林[5]提出了基于 MF 与长周期光纤光栅的磁场传感器。在其实验中，控制磁感应强度变化为 20～70mT，长周期光纤光栅的谐振波长的最大漂移量为 2.276nm。

2014 年，Layeghi 等[6]提出了一种锥形 MNF 和 MF 结合的光纤磁场传感器。采用四氧化三铁（ferroferric oxide，Fe_3O_4）纳米颗粒作为基质的 MF。实验中控制磁感应强度的变化为 0～44mT，获得的测量灵敏度为 0.0717nm/mT。

2016 年，Shen 等[7]设计并制作了基于 FLRD 的磁场传感器。实验将 MF 作为磁性敏感材料，将 MF 包氢覆于经 HF 腐蚀掉部分包层的光纤上形成传感头。传感器的灵敏度为 95.5ns/mT。

2017 年，Wang 等[8]提出了级联球型结构的 MMF 磁场传感器，该传感器的灵敏度为 0.077nm/mT。

2018 年，Ma 等[9]设计了一种基于锥形 MNF 的高灵敏度磁场传感器，并用熔接机给传感器熔融连接了一个火焰刷，让非绝热超细纤维具有一个良好的锥形和较小的腰径，从而使其具有强大的倏逝场和较长的敏感距离。在 0～200Oe 内，可以实现高达 309.3pm/Oe 的灵敏度。

2019 年，Rodriguez-Schwendtner 等[10]设计了一种用于高灵敏度磁场测量的先进等离子体传感器。它是由双沉积锥形光纤和 MF 组成的。该装置结构紧凑，性能稳定。2018 年，Zhang 等[11]提出了一种结合锥形双模光纤（tapered-two-mode fiber，TTMF）和 MF 的紧凑型光纤的矢量磁场传感器，并进行了实验验证。Zhang 等主要用到了飞秒激光技术在 TTMF 锥形侧面引入附加折射率调制（refractive index modulation，RIM）以增强干涉强度。在 20～40Oe 内，波长参考磁场灵敏度高达 71.98pm/Oe，强度参考灵敏度高达 0.11dB/Oe。同时，传感器在强度参考（0.11dB/deg）下具有很高的方向分辨率。

2020 年，Mitu 等[12]通过调整传感器结构和注入磁芯的 MF，提出了基于 PCF 的磁场传感器，计算了磁场强度在 100～160Oe 内，磁场传感器在不同磁场强度下的灵敏度和分辨率响应。研究结果表明，最高灵敏度响应为 5000pm/Oe，分辨率为 11.33Oe。这种结构在纳米流体技术中起着至关重要的作用。由于外磁场强度的可维持性、高灵敏度和高分辨率，这种结构为纳米流体研究提供了一种令人期待的技术。2020 年，Huang 等[13]基于 SPR，设计并研究了一种由 PCF 构成的新型磁场传感器。在仿真中该传感器对折射率的变化非常敏感，在折射率为 1.43～1.45 内具有良好的线性。当仿真中金层厚度为 50nm 时，在折射率为 1.43～1.45 内，折射率灵敏度为 4125nm/RIU。使用所设计的磁场传感器，损耗谱随着磁场的增加而红移，在 50～130Oe 内，最高磁场灵敏度可达 61.25pm/Oe。该传感器不仅具有较高的折射率灵敏度，而且可以实现磁场的精确测量。它在复杂环境、遥感、实时监测等领域具有巨大的应用潜力。

2021 年，Jin 等[14]设计了一种基于损失模式共振（lossy mode resonance，LMR）的光纤磁场传感器。为了提高性能，在该设计中采用了空芯偏置结构的光纤。当折射率从 1.358 变化到 1.390 时，该磁场传感器拥有 11483.12nm/RIU 的高灵敏度。他们还研究了结构参数对传感器的影响，从理论上获得了 893pm/Gs（1Gs = 10^{-4}T）和 754pm/Gs 的磁场灵敏度。他们论证了 LMR 用于磁场测量的可行性，为光纤磁场测量提供了参考。

2021 年，Zhan 等[15]提出了一种由两个 FBG 结构实现的温度不敏感磁场传感器。该传感器具有结构紧凑、温度无关等优点，在磁场方向不稳定的情况下具有潜在的应用前景。此外，传感器还可以通过监测其中一个中心波长来达到温度测量的目的。该传感器的磁场强度测量灵敏度为 8.77pm/mT。

2021 年，Floridia 等[16]提出了一种使用基于磁致伸缩材料的光学传感器同时测量电流和温度的替代方法。在 10～60℃的温度下 Floridia 等测量了 50～600A 的均方根（root mean square，RMS）电流。

2022 年，Gu 等[17]设计并实验验证了一种用于高灵敏度磁场测量的基于锥度的涂有 MF 的直列式 MZI。在该实验中，Gu 等提出了一种基于游标效应的级联 MZI，通过放大因子的作用，在 1500nm 附近发现该传感器具有 −5.148nm/mT 和 −5.782nm/mT 的平均灵敏度，是单模级联 MZI 的 4.77 倍和 4.83 倍。因此，该器件具有灵敏度高、成本低、体积小、制作简单等优点，在磁场测量中具有广泛的应用前景。

3.1.2　光纤磁场传感器的分类及介绍

光纤磁场传感器通常包含光源、磁场传感头和信号解调系统。光源发出的光信号经光纤传输至磁场传感头，传感头内的光信号在外加磁场的作用下一些参量（如振幅、相位等）发生变化。受磁场作用，变化的光信号传输至光信号解调系统（如 OSA 等）进行解调。对变化的光信号进行相应的处理和分析，得到待测磁场的信息。

经过不断地发展和演变，目前根据光纤磁场传感器的不同传感原理，可将其分为基于法拉第效应的光纤磁场传感器、基于磁致伸缩效应的光纤磁场传感器、基于 MF 的光纤磁场传感器等。下面详细介绍基于法拉第效应的光纤磁场传感器、基于磁致伸缩效应的光纤磁场传感器、基于 MF 的光纤磁场传感器的应用及原理。

1. 基于法拉第效应的光纤磁场传感器

法拉第效应是指在外加磁场的作用下，线偏振光通过磁光介质时，其线偏振光的偏转角度发生改变的现象，式（3-1）可以表示偏转角度和磁感应强度的关系：

$$\theta(\lambda, T) = V(\lambda, T) \int B dl \tag{3-1}$$

式中，θ 为线偏振光经过磁场作用的磁光材料的偏转角度；V 为韦尔代常数，其大小和波长及温度有关；B 为沿着光传播方向的磁感应强度；l 为偏振光传播的距离。根据式（3-1），法拉第偏转角与韦尔代常数成正比，在传感器所处环境温度不变且传感头内光波波长固定时，可以通过测量法拉第偏转角的变化间接地得到待测磁场的强弱。该传感器的特点是结构简单、响应速度较快。但只能测量在光传播方向的磁感应强度且在测量时周围环境温度不能发生变化，灵敏度较差且应用范围受限。

2. 基于磁致伸缩效应的光纤磁场传感器

该传感器利用磁致伸缩材料涂覆光纤制备而成，在外加磁场后其光纤的形状会随之发生改变，从而导致传感头内传输光的光程发生变化。通常，研究人员将磁致伸缩材料与基于干涉原理的 OFS 进行结合，利用透射光谱的波长漂移对磁场进行传感测量。虽然这类传感器具有较高的灵敏度，但测量精度受外界振动和温度的影响较大，因此相关传感器不适合在恶劣环境使用。基于磁致伸缩效应的光纤磁场传感器还没有大范围的普及和应用。

3. 基于 MF 的光纤磁场传感器

MF 的组成主要包括磁性纳米颗粒基质、载基液和表面活性剂。磁性纳米颗粒基质均匀分布在带有表面活性剂的基液中形成稳定的液体。该液体具有磁光效应，在外加磁场的作用下，磁性纳米颗粒基质发生凝聚，MF 的折射率受凝聚的纳米颗粒的电介质常数的变化而发生改变。该传感器的实现形式为将 MF 包覆在经过处理的光纤表面形成磁场传感头，在磁场作用下 MF 的折射率发生改变导致通过传感头处的光程发生变化，利用光程的改变实现磁场的传感。不同光纤磁场传感器对比如表 3-1 所示。

表 3-1　不同光纤磁场传感器对比

类型	基于法拉第效应的光纤磁场传感器	基于磁致伸缩效应的光纤磁场传感器	基于 MF 的光纤磁场传感器
原理	光信号经过磁光材料后受磁场作用法拉第偏转角发生改变，通过对法拉第偏转角的测量得到磁感应强度	受磁场作用时，磁致伸缩材料的体积或形状发生变化，该材料通常和光纤光栅结合，磁场变化导致光栅的栅距改变	MF 的折射率在磁感应强度变化时发生变化，导致其内传输光的光程变化并引起相位改变，透射谱发生漂移
光源	激光光源	放大自发辐射（amplified spontaneous emission，ASE）光源	ASE 光源
调制方式	法拉第偏转角	相位调制	相位调制
灵敏度	较低	较高	高
稳定性	较低	较高	较低
成本	较高	低	较高

3.1.3　磁性敏感材料的研究及发展

相比 MF 和磁致伸缩材料的研究，磁凝胶的文献报道较少。通常磁凝胶是由磁性纳米颗粒基质稳定均匀地分散在凝胶基液中形成的一种稳定的胶状体系。其中凝胶的微观结构形似连续的网状骨架，磁性纳米颗粒就均匀地分布在这些网络骨架中。磁凝胶具有一定的可逆性，在被加热或受到环境干扰时，其状态会由凝胶状变成溶液状，在撤销外界作用的干扰并在一段时间后，其状态又会恢复凝胶状。与磁性固体和 MF 类似的磁凝胶具有双重功效，可以利用磁凝胶的双重功效并开发其独有的特殊用途。对磁凝胶实用化的探寻和拓展应用范围的研究，会成为进一步研究的重要内容。

1. 磁凝胶的概述与制备

凝胶是介于固态和液态之间的一种特殊状态，兼顾两者共同的一些性质，并且具有重要的潜在应用价值。作为一种新型纳米功能材料，磁凝胶与普通凝胶具有相似的结构，其性能独特，应用范围广泛，是磁性敏感材料中具有极大发展空间和发展潜力的一种纳米功能材料。该材料是一种带有磁偶极子的化学凝胶，其中，磁凝胶中的载基液胶体颗粒或高分子聚合物相互连接，搭成架子，形成空间网络结构，磁性纳米颗粒均匀地分布在每个架子之间的空隙中，形成失去流动性的胶体体系。磁凝胶中每个磁偶极子带有一定的磁偶极矩，这些磁偶极矩在没有外加磁场的作用时是随机分布的。一旦外加磁场，每个磁偶极矩的方向会迅速发生改变并沿着磁场方向分布。磁凝胶是一种稳定的化学凝胶体系。

目前，虽然有关磁凝胶在光学应用领域应用的文献报道较少，但这种材料的应用前景广阔。当外加磁场大小达到某一阈值时，磁凝胶的折射率会随着磁性纳米颗粒基质的凝聚发生改变，折射率变化的大小与外加磁场的强弱存在一定的关系。可以利用此性质制备相关光子器件，如光开关、波分复用器、光调制器等[18]。在磁场作用下，磁凝胶中磁性纳米颗粒的分布发生变化会改变凝胶形状的膨胀和收缩，同时其折射率发生改变。将磁凝胶和 MNF 结合可以制备光纤磁场传感头。

磁凝胶由基质和载基液构成，其基质通常是铁磁性金属、亚铁磁性氧化物等强磁性纳米颗粒。这里所用的磁凝胶基质为 Fe_3O_4 纳米颗粒，其制备基于化学反应方程式 [式 (3-2)]。实验中载基液选取聚硅氧烷，表面活性剂选取硅酸盐稳定剂。

$$Fe^{2+} + 2Fe^{3+} + 8OH^- \rule[0.5ex]{2em}{0.4pt}\!\!\!\!= Fe_3O_4 + 4H_2O \tag{3-2}$$

随着制备方法的不断完善，Fe_3O_4 纳米颗粒的直径可以控制在 10nm 左右并且可以均匀地分布在载基液中。由于纳米粒子的表面自由能较高，通常采用在凝胶溶液中添加强酸或基于电荷排斥作用吸附离子的方法来防止其纳米颗粒凝聚成团[19]。

下面介绍一下磁凝胶的制备。磁凝胶是由单畴磁性粒子包裹表面活性剂并均匀地分布在载基液中形成的稳定胶体。磁凝胶同时具备胶体的性质和磁体的性质，当磁凝胶被填充到其他材料的缝隙中，便可以展现奇特的物理性质[20]。

常见的磁性纳米颗粒有铁（Fe）、钴（Co）、镍（Ni）、铬（Cr）等金属单质。它们的优势在于磁性好、热传导能力强，其不足之处是金属单质纳米颗粒在空气环境中极易被氧化，无法实现长时间保存。另外一类为如 Fe_3O_4、三氧化二铁（Fe_2O_3）、铁酸镍（$NiFe_2O_4$）、铁酸钴（$CoFe_2O_4$）之类的亚铁磁性铁氧体。它们具有化学性质稳定的优势，可以在空气中长期存放，对保存条件的要求没有金属单质纳米颗粒苛刻，但它们的铁磁性不及金属单质纳米颗粒。

磁凝胶的载基液种类繁多，不同种类的载基液对应于磁凝胶不同的适用环境。如二脂类载基液蒸气压低，具有较高的初始磁化率，可以利用其进行分离选矿、磁印刷等。该类载基液还具有价格低廉、适合长期存放的特点。除此之外，常见的载基液还有烷类基液、烃类基液和氟碳类基液等。实际应用中，需要首先考虑磁凝胶的使用范围，根据磁凝胶的实际使用情况选择合适的载基液才能更好地体现载基液的应用效果。

在载基液中适当添加表面活性剂可有效地防止磁性纳米颗粒因过大的表面自由能凝聚成团。表面活性剂同样种类繁多，大致可以分成四类，分别是阳离子型、阴离子型、非离子型和二性型表面活性剂。在选择表面活性剂时，首先要考虑载基液的类型。例如，对于烃类基液，通常选取油酸作为其表面活性剂。

具体制备过程如下所示[21]。

（1）磁性纳米颗粒的制备。磁性纳米颗粒的直径一般在十几纳米至 100nm，其常见的制备方法有机械研磨法、电沉积法、化学共沉淀法、真空蒸镀法、水溶液吸附法和气相液相反应法等[22]。在这些制备方法中，化学共沉淀法是应用范围最广也是操作最为简便的一种方法。该方法的实施过程如下：首先在特定溶液中将不同金属离子化合物按一定比例混合，然后在溶液中添加少量沉淀剂，控制溶液的温度及酸碱度（通常情况下为碱性溶液）并在氮气保护下进行强力搅拌，使溶液中金属离子化合物混合均匀。经过一段时间后，溶液中会析出金属氧化物纳米颗粒，这种金属氧化物纳米颗粒的直径一般在十几纳米至几十纳米，并且它们可以均匀地分布在溶液中。该方法的优势为操作简便、价格低廉、对仪器和实验环境的要求相对较低等。

（2）抗金属氧化物纳米颗粒凝聚成团。抗金属氧化物纳米颗粒凝聚成团的方法主要分为两类：在溶液中添加表面活性剂或离子型液体[23, 24]。工业生产中常用到的方法是在载基液中加入表面活性剂，目的是包裹金属氧化物纳米颗粒，表面活性剂之间的空间位形成的排斥作用达到抗金属氧化物纳米颗粒凝聚成团的目的。在溶液中加入离子型液体可以将金属氧化物纳米颗粒的表面带上同种电荷，同种电荷之间带有电荷排斥力，利用电荷排斥达到防止纳米颗粒凝聚成团的目的。其中，又可以根据带电荷的方法不同将其分为自形成法和马萨特（Massart）法。

（3）金属氧化物纳米颗粒和载基液混合。通常磁性纳米颗粒的抗凝聚成团处理是在载基液中完成的。所制备的磁性凝胶质量和性能受金属氧化物纳米颗粒、载基液及表面活性剂的选取和混合过程共同作用的影响。配制好所需溶液后，可以通过调整溶液的浓度来改变磁凝胶的黏度、挥发性及导热性等。磁性纳米颗粒的尺寸对磁凝胶的稳定性起着至关重要的作用，若使磁凝胶达到最佳工作状态，则需要同时兼顾磁性纳米颗粒浓度及尺寸。

（4）磁凝胶在制备时应满足如下要求[23]：①降低溶液的溶解度，使溶液中被分散的磁性纳米颗粒以胶体的分散状态析出；②被析出的磁性纳米颗粒能均匀分布在凝胶中，不会发生沉降同时在凝胶中自由流动，并且能够均匀分布在凝胶搭建的网孔中。

其中，对磁凝胶析出的磁性纳米颗粒不发生沉降的条件要求较高，如果达不到该条件，那么受外界条件因素改变的影响导致溶液的溶解度过低达到过饱和，极易发生沉淀[24]。

（5）以 Fe_3O_4 纳米颗粒制备为例，介绍磁凝胶制备。

制备所需原料为七水合硫酸亚铁（$FeSO_4·7H_2O$）、六水三氯化铁（$FeCl_3·6H_2O$）、浓氨水（$NH_3·H_2O$）、浓硝酸（HNO_3）、乙醇（C_2H_6O）、去离子水。

制备过程所需实验仪器：电子天平、超声波清洗器、磁力搅拌器、液氮发生器、真空烘干箱、pH 试剂、烧杯、胶头滴管和玻璃棒。

制备原理基于化学反应方程式［式（3-2）］。Fe_3O_4 纳米颗粒制备流程图如图 3-1 所示。

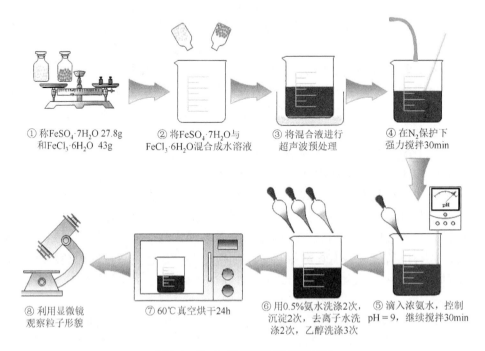

① 称 $FeSO_4 \cdot 7H_2O$ 27.8g 和 $FeCl_3 \cdot 6H_2O$ 43g　　② 将 $FeSO_4 \cdot 7H_2O$ 与 $FeCl_3 \cdot 6H_2O$ 混合成水溶液　　③ 将混合液进行超声波预处理　　④ 在 N_2 保护下强力搅拌30min

⑧ 利用显微镜观察粒子形貌　　⑦ 60℃真空烘干24h　　⑥ 用0.5%氨水洗涤2次，沉淀2次，去离子水洗涤2次，乙醇洗涤3次　　⑤ 滴入浓氨水，控制 pH = 9，继续搅拌30min

图 3-1　Fe_3O_4 纳米颗粒制备流程图

具体方法如下：

①基于化学反应方程式［式（3-2）］Fe^{2+} 和 Fe^{3+} 的摩尔比例，对 $FeSO_4 \cdot 7H_2O$ 和 $FeCl_3 \cdot 6H_2O$ 进行称重，实验中利用电子天平称取 $FeSO_4 \cdot 7H_2O$ 固体 27.8g，$FeCl_3 \cdot 6H_2O$ 固体 43g。

②在烧杯中加入适量的去离子水，在去离子水中加入已经称取的 $FeSO_4 \cdot 7H_2O$ 固体和 $FeCl_3 \cdot 6H_2O$ 固体，用玻璃棒充分搅拌，使其充分混合形成水溶液。

③将混合了 $FeSO_4 \cdot 7H_2O$ 和 $FeCl_3 \cdot 6H_2O$ 溶液的烧杯放入超声波清洗器中进行超声波预处理，其目的是对 $FeSO_4 \cdot 7H_2O$ 和 $FeCl_3 \cdot 6H_2O$ 固体颗粒的表面形貌进行修饰。

④将液氮发生器的发射口对准烧杯口处并使其产生 N_2，在 N_2 保护下，利用磁力搅拌器对混合了 $FeSO_4 \cdot 7H_2O$ 和 $FeCl_3 \cdot 6H_2O$ 的溶液进行充分搅拌，时间为 30min。加入 N_2 的目的是防止强力搅拌过程中进入空气使 Fe^{2+} 被氧化。

⑤经过 30min 的强力搅拌后，将溶液中逐渐滴入浓氨水，此过程需将 pH 试剂放入溶液中，实时观察溶液 pH，并在 N_2 保护下强力搅拌混合溶液，直到溶液 pH 达到 9，停止向溶液中滴加浓氨水，继续用磁力搅拌器对溶液强力搅拌 30min。

⑥搅拌完成后，用 0.5%的氨水对混合溶液洗涤 2 次，沉淀 2 次，用去离子水对混合溶液洗涤 2 次，再用乙醇对溶液洗涤 3 次，以洗去溶液中的杂质粒子。

⑦通过外加磁场的方法对混合溶液的杂质进行分离沉淀，将分离沉淀好的混合溶液放入真空干燥箱中进行真空干燥。设定真空干燥箱的加热温度为 60℃，烘干时间为 24h。

⑧对干燥好的 Fe_3O_4 纳米颗粒利用显微镜观察其表面形貌，测试是否满足实验要求。在 SEM 下观察到的 Fe_3O_4 纳米颗粒形貌图如图 3-2 所示。测得其纳米颗粒的直径为 18.2441nm。

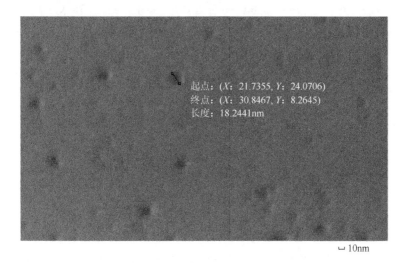

图 3-2　在 SEM 下观察到的 Fe_3O_4 纳米颗粒形貌图

2. 磁致伸缩材料的研究和发展

磁致伸缩材料是一种体积和形状受外加磁场作用时发生变化的材料，当外加磁场消失后材料又会恢复原来的尺寸和形状。磁致伸缩效应又称焦耳效应，是受到磁场作用时体积和形状变化的效应，该现象是焦耳（Joule）于 1842 年发现的。在此之后，磁致伸缩逆效应被维拉瑞（Villari）发现，因此该效应又称为维拉瑞效应。维拉瑞效应是指磁致伸缩材料随外界磁场的变化，其尺寸和形状发生改变的同时内部的磁化状态也会随之改变的现象。磁致伸缩材料在外加磁场变化时，会发生扭转变化现象，这种现象又称为维德曼效应。磁致伸缩材料沿轴向发生扭转，其磁化状态发生改变，这种现象称为维德曼逆效应。磁致伸缩材料在其周围磁场发生变化时，杨氏模量会发生明显改变，该材料具有制备可调谐振动控制装置和光纤磁场传感器的潜力。通常，人们通过饱和磁致伸缩值来表征磁致伸缩材料的伸缩能力。

磁致伸缩材料的发展情况如下[25-27]：1842 年，焦耳发现磁致伸缩现象，该现象是在外加磁场作用时，Ni 的长度发生变化而得到的。随后，利用该现象制备的传感器件得到广泛的应用，尤其在军事领域。但受磁致伸缩效应低的限制，该材料没有得到更多的应用。1972 年，克拉克（Clark）等发现铽（Tb）和镝（Dy）的磁致伸缩效应远远高于 Ni 的磁致伸缩效应，是 Ni 的近千倍。Tb 和 Dy 与 Fe 的合金可以在室温下达到较强的磁致伸缩效应，但这种合金需要在较强磁场的作用下才能实现磁致伸缩，其应用范围由此受到一定的限制。1975 年，英国海军水面武器中心科研人员发现具有超磁致伸缩效应的 Tb-Dy-Fe，并将该合金命名为 Terfenol-D。近些年被发现的新型超磁致伸缩材料（giant magnetostrictive material，GMM）中 Galfenol 相比 Terfenol-D 在机械性能方面优势明显，在较低磁感应强度下就可以实现该材料的磁致伸缩效应。Galfenol 的机械性能良好，可以承受更大的拉伸和冲击。

20 世纪 90 年代至今，材料制备技术工艺水平发展迅速，大大加快了新型磁致伸缩材料的研发速度，尤其在最近几年，磁致伸缩材料的相关器件已经超过一千余种，并且相关的美国专利已经授权超过一百余项。一些新型 GMM 一经发现便受到相关科研工作者、政府部门及军事专家的高度关注。Liu 等[28]重点研究了基于磁敏材料的光纤电流传感器和光纤磁场传感器，发现其具有较高的稳定性和更好的发展前景。目前，很多国家对于新型 GMM 的研究均已投入大量经费和技术力量。其中一些产品已经走向商用化的路线，每年的产值更是高达数十亿美元。

3. MF 的研究和发展

MF 有磁性流体、铁流体之称[29]。MF 是磁性纳米颗粒基质在表面活性剂和载基液中形成的一种化学状态稳定且带有磁性的液体。这种液体化学性质稳定，在外加作用力时不会发生凝聚和沉降。MF 属于功能型材料，当没有外界磁场作用时，材料不带有磁性，当有外加磁场时，其光学性质会发生相应改变。与传统磁性材料相比，MF 同时兼顾固体磁性材料的磁性和液体的流动性。正因如此，MF 具有其他固体和液体不具备的特殊性质，研究人员可以根据这些特殊性质对 MF 开展更加深入的研究和推广应用。

20 世纪 60 年代是科研工作者对 MF 研究工作的开始时期。关于 MF 的基础理论、物理性质、加工制造、性能工艺等内容都被进行了系统而深入的研究，相关研究的科技成果层出不穷。应用涉及领域多样，例如，航空航天、悬浮和润滑、真空密封、仪器仪表的设计与加工等。但对 MF 光学性质的研究起源于 21 世纪初，MF 光学传感的理论和实际应用在各国逐渐成为研究的热点领域。

　　MF 的光学特性丰富，很多传感器便是基于 MF 的双折射效应、透射率可调特性、折射率可调特性加工制备而成的。其中，MF 的折射率可调特性表现在外界磁场变化时 MF 的折射率随之改变。MF 的折射率除与外界磁场大小有关，还与其本身纳米颗粒直径、MF 的浓度及周围环境温度的高低有关。除磁感应强度会影响 MF 的透射率外，MF 的浓度及薄膜厚度等因素也会对此产生影响。当变化的磁场作用在 MF 中传输的光信号时，传输光会产生不同的双折射现象。利用这些 MF 在不同磁场作用下发生变化的各种性质，可为设计新型光纤磁场传感器提供理论依据和技术支持，是实现光纤磁场传感实用化的有效路径。

3.2　MNF 实现光纤传感的理论分析

　　MNF 传感器是以 MNF 作为敏感元件，其原理是基于倏逝场的传输特性，对外界变化参量进行传感测量的一类器件[30]。MNF 在光纤传感和光纤光学领域中发展迅速并已成为该领域的研究热点，和普通光纤相比，具有响应速度快、对光的束缚能力更强、响应范围大、结构紧凑、优良的机械性能和强倏逝场特性等优势[31]。

3.2.1　MNF 传感器概述

　　当 MNF 用于传感时，MNF 会激发倏逝场，外界参量的改变会导致光纤中传输光信号的倏逝场发生变化，在倏逝场的作用下，光纤中传输光信号的特征参量（如波长、相位、光功率等）发生变化[32]。其传感过程原理如下所示。

　　MNF 的直径通常在波长或亚波长量级，其光纤本身和外部环境共同构成了光导结构。当传感器所处的外界环境参量改变时，共同构成的导光结构的波动方程也会随之发生变化，该过程的具体表现形式为模场分布形式和传播常数随环境参量的变化而发生改变。光纤中传输的光信号在经过 MNF 时，纤芯中的光大部分能量以倏逝波的形式被激发到光纤之外的介质中，这样就大大增加了光与介质的相互作用。如果将 MNF 外部镀上相应环境参量的光学敏感材料，导致传输光的折射率改变从而影响倏逝波的穿透深度，MNF 中传输光的特征参量就会受敏感材料的影响而发生改变，那么基于 MNF 的结构就可以研发和制备多种 OFS。根据传感原理的不同，可以把 MNF 传感器分为强度型、干涉型、光栅型和谐振型。

　　强度型 MNF 传感器是在外界环境发生改变导致镀在 MNF 表面的环境光学敏感材料的介电常数发生改变并引起光强变化的 OFS，周围环境信息的变化由传感器内光信号特性参量的变化进行调制。强度型 MNF 传感器的特点是结构简单、成本低廉、测量灵敏度较高。但是受限于光强调制，在光纤中传输的光信号会受传输损耗、弯折损耗等因素的影响。因此其对光源的要求很高，同时强度调制的传感器易受环境因素的影响，稳定性较差。另外，光强度调制的传感难以在实际应用中大规模投入使用。

　　干涉型 MNF 传感器是外界环境参量发生变化导致其干涉光谱发生漂移而实现对环境参量进行传感测量的。当传感器所处的外界环境参量变化时，通过 MNF 外部倏逝场的折射率发生变化导致其光程发生变化，从而导致通过 MNF 后的光信号相位变化。基于 MNF 结构的传感器形式多样，根据不同的干涉形式可以分为马赫-曾德尔（Mach-Zehnder，MZ）干涉型、迈克耳孙（Michelson）干涉型、萨尼亚克干涉型和 FP 干涉型[33, 34]，其示意图如图 3-3 所示。干涉型 MNF 传感器的特点是具有高灵敏度和响应速度快，但受光路结构的影响，该传感器的稳定性较差。

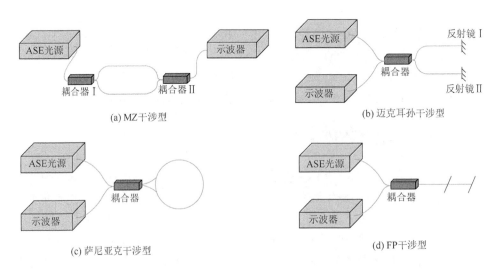

(a) MZ干涉型　　　　　　　　　　　　　　　　(b) 迈克耳孙干涉型

(c) 萨尼亚克干涉型　　　　　　　　　　　　　(d) FP干涉型

图 3-3　典型 MNF 干涉型传感器示意图

　　光栅型 MNF 传感器是在环境参量发生变化导致 MNF 光栅中传输波长发生变化的光纤传感装置。所用光纤以布拉格光栅最为常见，该光栅的制备是通过紫外光在纤芯处进行刻蚀形成带有周期结构的折射率调制单元。其调制机理为让光栅中向前传输的光与向后传输的光发生耦合，表现为透射光谱或反射光谱（reflection spectrum，RS）上很窄的吸收峰或反射峰。基于光纤光栅的微结构传感器可以实现对折射率、温度、应变等参量的测量。光栅型 MNF 传感器的特点是结构紧凑、稳定性较强，但是传感器的测量灵敏度普遍偏低[35]。

　　谐振型 MNF 传感器是将光纤绕成环形振荡器结构，传输光信号在经过环形振荡器时，由于 MNF 环形结构的接触部分和倏逝场的相互耦合作用形成谐振腔，光信号经过谐振腔时会形成一系列的谐振峰。谐振 MNF 结构的传感器可以广泛地应用于温度、浓度、折射率等参量的测量[36]。谐振型 MNF 传感器的结构示意图如图 3-4 所示。该结构的特点是测量灵敏度较高，但其结构比较复杂，稳定性较差，不适用于大范围推广使用。

图 3-4　谐振型 MNF 传感器的结构示意图

3.2.2　MNF 常用加工制备

1. 火焰扫描法

火焰扫描法利用氢氧焰对光纤进行加热处理，利用熔融拉锥的方式获得锥形 MNF。将待拉锥的光纤中间去掉涂覆层并用酒精擦净，光纤两端通过光纤固定夹固定在拉锥机位移控制平台上，拉锥过程火焰在光纤部分区域反复运动，该部分光纤受氢氧焰的作用被加热到熔融状态，在两侧位移控制平台的作用下，光纤被拉细拉长。通过控制火焰的移动范围、移动速度和两侧位移控制平台的移动速度，就可以精准地控制进行拉锥部分的 MNF 的腰锥直径和过渡区域长度等参数。MNF 拉锥结构示意图如图 3-5 所示。

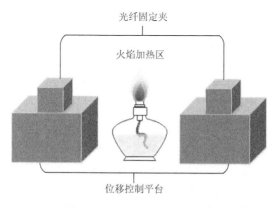

图 3-5　MNF 拉锥结构示意图

该方法在实施过程中容易受气流作用等因素的影响造成火焰漂移光纤受热不

均匀。科研人员提出利用激光代替氢氧焰作为热源的改进方案,改进后的 MNF 拉锥装置具有受热均匀、重复性高等优势。2004 年,Sumetsky 等[37]利用 CO₂ 激光代替氢氧焰加热光纤,他们采用一个内外径分别是 0.6mm 和 0.9mm 的蓝宝石套管来传递激光热量,温度固定的套管解决了光纤表面功率随光纤直径减小而急剧衰减的问题。同时该装置可在拉锥结束后将套管移开减少了光纤被扯断的风险。类似地,还有电弧加热等改进热源的光纤拉锥系统已被陆续投入使用。

2. HF 腐蚀法

利用 HF 对光纤腐蚀可以达到增加激发光纤倏逝场的目的,该方法相比火焰扫描法拉锥光纤的方案,成本低廉。经过火焰扫描法拉锥处理的光纤纤芯和包层直径的比例一般保持不变。经 HF 腐蚀处理的光纤,当腐蚀深度没有达到纤芯时,只有包层直径的减小。当 HF 的腐蚀深度到达纤芯时,纤芯直径才会随之减小。

HF 是具有腐蚀性的液体,同时具有强烈的刺激性气味,利用 HF 腐蚀光纤基于如下化学反应[38]:

$$SiO_2 + 4HF \rightleftharpoons SiF_4 + 2H_2O \qquad (3\text{-}3)$$

$$SiO_2 + 6HF \rightleftharpoons H_2SiF_6 + 2H_2O \qquad (3\text{-}4)$$

光纤的腐蚀速率和 HF 浓度有着很大的关系。在浓度为 2%~24%的 HF 溶液中,式(3-3)和式(3-4)两个化学反应同时进行,但在浓度过高的 HF 溶液中,只有化学反应式(3-3)。光纤的直径受 HF 的腐蚀作用而减小,在腐蚀的过程中,首先包层半径减小,当包层全部被腐蚀掉之后,然后在 HF 的作用下,纤芯也被逐渐腐蚀,其直径逐渐减小直至断掉。

3. 两步拉制法

两步拉制法是将普通 SMF 作为 MNF 的预制件,利用热源将其加热到熔融状态,在熔融状态下拉伸几微米。随即将被拉伸的光纤绕在蓝宝石棒的顶端,再用热源对蓝宝石棒进行加热,将已经拉细拉长的光纤继续拉伸至亚波长量级或波长量级。两步拉制法于 2003 年由 Tong 等[39]设计并提出,两步拉制法实现 MNF 的结构示意图如图 3-6 所示。

首先用热源对锥形蓝宝石顶端进行加热并一直保持加热状态,然后将锥形蓝宝石尖端一侧插入玻璃棒中,这时受蓝宝石热量的影响玻璃棒处于熔融状态。将熔融状态的玻璃棒移开,此时将光纤贴附在熔融状态的玻璃棒上然后移动光纤,受材料黏滞性的作用,该过程会有部分玻璃棒粘连在锥形蓝宝石的顶端一侧,即可拉制出与光纤相连的很细的玻璃纤维。这种方法拓宽了 MNF 的制备范围,但借助倏逝场和光路系统相连的方式增加了光路的损耗,因此实际使用中会受到一些制约。

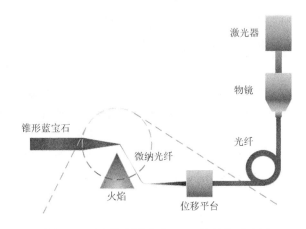

图 3-6　两步拉制法实现 MNF 的结构示意图

3.3　环形腔衰荡传感器

FLRD 传感器于 2003 年由 Whitenett 等[40]提出，他们将掺铒光纤放大器和透镜组成的光纤谐振腔代替传统环形衰荡结构的基于分光镜的谐振腔，并利用搭建的光路进行了压力和张力的传感测试。但实验中，掺铒光纤放大器对光路的增益很难补偿光路的损耗，因此该光路的测量灵敏度受到了限制，没有达到预期效果。尽管如此，FLRD 传感光路结构在过去十多年的时间里发展迅速，并且科研工作已经围绕该形式的光路设计开发了多种衍生光路结构。孙滨超和沈涛[41]根据法拉第效应，利用 OptiSystem 进行仿真，得到直通式、反射式全光纤电流传感器的线性灵敏度值分别为 0.24 和 0.37，能实现较高的灵敏度和较好的稳定性。与其他的 AS 传感技术相比，FLRD 光路具有如下优势。

（1）具有较高的测量灵敏度，可以用作测量微弱信号。因为在传感器中所用耦合器的耦合比较高，大部分光被耦合到光纤衰荡腔中并且光信号多次经过传感头区域。吸收光程和耦合器的反射率呈正比关系，所以该结构的光路对光的吸收光程很大。

（2）传感器不易受光源的干扰。该传感光路结构是基于衰荡时间对待测信号进行解调的。衰荡时间等同于光强的比值，因此只要光路传感系统的信噪比足够大，就能利用该光路结构进行传感，保证了测量精度。

（3）对光源的要求较低，脉冲激光器即可满足需求。搭建该光路结构的传感器不同于其他光谱解调技术需要连续激光器，利用的脉冲激光器增加了光源的应用范围，降低了对光源的限制，增加了选择空间[42]。

（4）传感器的测量范围更广，不仅可以对气体进行测量，还可以进行固体和液体的 AS 测量[43, 44]。

3.3.1　基于 FLRD 结构的时分复用原理

对基于 FLRD 结构的时分复用，可以通过串联方式或并联方式实现。

串联方式的原理是把 N 个基于环形衰荡结构的传感单元利用延迟光纤通过串联顺序的方式连接在一起。串联结构的时分复用环形衰荡示意图如图 3-7 所示。激光器发出的光脉冲依次经过各个传感单元，最终被探测器接收，通过在探测装置上对不同脉冲的解调来实现对不同传感单元测量信息的分析。

图 3-7　串联结构的时分复用环形衰荡示意图

光纤环形衰荡腔的结构示意图如图 3-8 所示。

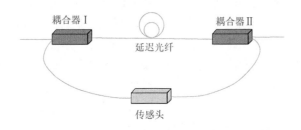

图 3-8　光纤环形衰荡腔的结构示意图

光路结构中利用分光比较高的耦合器代替高反射镜片，多数光信号在经过耦合器 II 后被反射回谐振腔内，少数光发生透射用于将待测信号传出该衰荡结构。实验人员通过控制延迟光纤的长度来控制谐振腔长度。传感头用于代替吸收介质并实现对外界参量传感的目的。

并联方式的原理是把 N 个基于环形衰荡结构的传感单元利用 $N\times1$ 的耦合器通过光纤以并联顺序的方式连接在一起。并联结构的时分复用环形衰荡示意图如图 3-9 所示。激光器发出的脉冲信号经过 $N\times1$ 的耦合器后被分成 N 束，分别经过不同的延迟光纤后进入相应的传感单元即不同的光纤衰荡腔内。不同路的光脉冲信号在后一个 $N\times1$ 的耦合器内相遇，并最终被探测器接收，通过在探测装置上对不同脉冲信号的解调分析来实现对不同传感单元相应参量的测量。

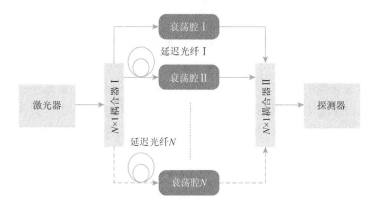

图 3-9　并联结构的时分复用环形衰荡示意图

需要注意的是：

（1）无论串联结构的时分复用环形衰荡系统还是并联结构的时分复用环形衰荡系统，它们的几路光脉冲信号的第一个峰值点不能同时到达，其脉冲峰值点的间隔也应该互不相同。尤其在多通道结构中，受多个环形衰荡腔的作用，会产生多个脉冲序列，容易造成探测器上观察到的脉冲信号产生混淆。因此在设计多通道结构时，应尽量地做到脉冲序列时间间隔相同，并最好采用基于并联形式的时分复用环形衰荡光路结构。

（2）在多路时分复用的光路结构中，每根延迟光纤的长度需经过精密的计算才能达到设计要求。否则在实际光路的搭建和测试中，会因为延迟光纤长度问题造成在延迟时间上光脉冲序列的串扰，对实验测量结果的精度造成干扰甚至无法对测试结果进行解调。对于串联结构：除了最后一个环形衰荡腔，光脉冲信号在经过其余几个环形衰荡腔后，都会再经过一段延迟光纤，在计算各峰值点的时间间隔时，需考虑光脉冲在环形衰荡腔内的衰荡时间和经过延迟光纤的时间之和。对于并联结构：延迟光纤放置在各环形衰荡腔之前，光脉冲在腔内循环一次后不再通过延迟光纤，因此对于时间间隔的计算不需要考虑延迟光纤内的时间，只考虑环形衰荡腔内的时间间隔即可。

（3）光脉冲在光纤中传输时，会因光纤色散引起脉冲展宽现象，并且光脉冲在光纤中传输的距离越长，脉冲展宽现象就越严重。为了避免该现象的发生，在设计光路时需要考虑系统中通道的数量，同时对光源发出的脉冲信号脉宽进行限制。

除此之外，在光路搭建的过程中，探测装置的灵敏度、精度和带宽都会对采集到的脉冲信号产生很大的影响。随着环形衰荡腔的增多和延迟光纤长度的增加，光信号的损耗也会增多，导致探测装置接收到的光信号很弱，这就需要灵敏度更高的探测装置，同时应结合传感光路结构、环形衰荡腔的数量及延迟光纤长度适当地增加激光器的输出功率。

3.3.2　基于时分复用原理的 FLRD 磁场与温度传感器

　　光纤环形衰荡技术是一种测量精度和灵敏度相对较高、稳定性好且不受光源干扰的光纤传感技术。因该结构的光路系统受环境因素影响小，该传感系统可以广泛地应用于温度、湿度、应力、电流测量等工程领域。将 FLRD 结构和时分复用技术结合，可以在同一集成化的传感系统中实现对不同参量的传感测量，提高传感系统的集成度，减少传感器的制作成本同时解决需要多套传感系统才能实现不同参量传感的问题。Sun 等[45]研制出基于时分复用原理的磁场与温度相结合的传感技术，以提高系统的稳定性和灵敏度，灵敏度在温度为 20.3～79.7℃呈现出明确的线性关系，为 3.53ns/℃。

　　基于时分复用光纤环形衰荡的理论，本节设计并搭建该理论下的磁场与温度测量传感器。本节叙述磁场传感头与温度传感头的制备过程，对传感器的性能进行测试，利用传感器分别进行磁场与温度的传感测量实验，并对实验结果进行分析。

1. 传感光路设计及实验装置介绍

　　为了解决现有 OFS 同一装置不能对磁场和温度测量、集成度低导致设备成本高昂及操作不便的问题。本节提出改进方案，从系统结构入手，设计基于 FLRD 结构的磁场与温度集成传感器，在解决上述问题的基础上，兼顾稳定性和灵敏度，设计的光路结构如图 3-10 所示。

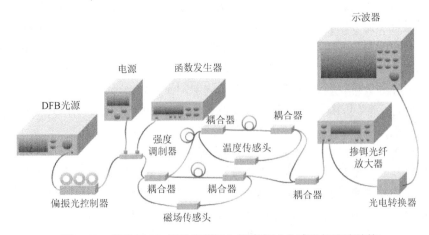

图 3-10　基于 FLRD 结构的磁场与温度集成传感器的光路结构

　　分布式反馈（distributed feed back，DFB）光源发出波长为 1550nm 的激光光束，经 SMF 的传输后到达偏振光控制器，经过调节后的偏振光控制器使得该激光光束光强最大，且偏振状态发生改变。光信号在强度调制器中受电源和函数发生器的共同作用变成脉冲光束。脉冲到达光路中的四端口耦合器，该耦合器各端口的分光比均为 50%∶50%，经过该耦合器后，脉冲光信号被分成两束，一束直接进入磁场传感系统，另一束经延迟光纤后进入温度传感系统。其中，在磁场传感系统的脉冲光束经一段延迟光纤后到达另一个耦合器，该耦合器为 2×1 端口的耦合器，双端口一侧的耦合比为 95%∶5%，95%的脉冲光束经过磁场传感头，返回到四端口耦合器，继续在磁场传感系统中传输，5%的脉冲光束分离该系统，此后的脉冲信号也是如此在系统中循环传输，并且每次出射该系统的脉冲光束能量都会有所减少，所以由该系统出射的脉冲光信号理论上为指数衰减形式，进入与掺铒光纤放大器相连的耦合器中，该耦合器为 2×1 端口的耦合器，双端口一侧的耦合比为 50%∶50%。在温度传感系统中传输的脉冲光信号通过与该系统相连的延迟光纤进入该传感系统，经过系统内的延迟光纤后到达 2×1 端口的耦合器，该耦合器双端口一侧的耦合比为 95%∶5%，95%的脉冲光束经温度传感头，返回到与该系统相连延迟光纤的耦合器，继续在磁场传感系统中传输，5%的脉冲光束分离该系统，同样地，剩余脉冲信号也是如此在系统中循环传输，并均进入与掺铒光纤放大器相连的耦合器中。经过两个传感系统后的脉冲光信号损耗很大，如果直接与光电探测装置相连，那么可能不会探测到衰荡信号。因此，在这里加入掺铒光纤放大器对脉冲光信号进行放大处理。通过适当地调节掺铒光纤放大器的对光信号的放大倍数，达到满足测量要求的理想情况。由掺铒光纤放大器出射的脉冲光信号到达光电转换器，通过光电转换器将光信号转换成电信号，该信号最终被示波器接收，通过对示波器信号的探测可以得到环境中磁场与温度的情况。

　　实验所用仪器如下：DFB 光源（波长为 1550nm）、偏振光控制器、强度调制器（PHOTLINE，MXAN-LN-20）、电源（GW PPE-3323）、函数发生器（Agilent 33250A）、电源、2×2 耦合器一个（插入损耗为 3dB，各端口耦合比为 50%∶50%）、1×2 耦合器两个（插入损耗为 3dB，双端口一侧耦合比为 50%∶50%）、1×2 耦合器两个（插入损耗为 3dB，双端口一侧耦合比为 95%∶5%）、掺铒光纤放大器（康冠光电 KG-FEDA-B）、光电转换器（CONQUER KG-AM-15）、示波器（Agilent MSO-X-4154A）、若干光纤跳线和法兰盘。

2. 传感单元的设计

1）磁场传感头设计及制作

　　磁场传感头的磁性敏感材料——磁凝胶具体制备过程已在前面进行了详细叙述。基于 FLRD 结构的磁场传感系统的传感头为经尼龙槽保护的 MNF 包覆磁凝胶结构。这里 MNF 的制备是通过 HF 腐蚀的方法得到的，其原理基于化学反应方程式（2-3）和式（2-4），具体制备方法如下所示。

（1）截取一定长度的普通 SMF（实验中截取的长度为 50cm），在被截取光纤的中间位置进行加工，使其成为 MNF。

（2）综合考虑光损耗及稳定性等因素的影响，在中间位置用光纤钳剥去 2cm 长的涂覆层，并将剥去涂覆层部分的光纤用酒精擦净。

（3）将去掉涂覆层部分的光纤放置在尼龙槽中，在尼龙槽两侧用石蜡对其进行封装固定。尼龙槽的材质为尼龙 66，该材料不与 HF 发生反应。

（4）将该光纤两侧分别连接光源和光功率计，光路连接好后将它们整体放置在通风橱中，并打开通风橱的开关。

（5）向尼龙槽内均匀滴加 HF，滴加 HF 时要保证 HF 能够完整且均匀地覆盖尼龙槽内去掉涂覆层的 SMF。通过控制反应时间可以控制被腐蚀的 MNF 的直径（实验中所用 MNF 的腐蚀时间为 75min）。

（6）腐蚀结束后，将尼龙槽拿起并用流水对其进行冲洗，冲洗时间约为 5min，冲洗结束后要保证尼龙槽内不含有 HF。再将其放置通风处晾干尼龙槽内残留的水分。SEM 下观察到的 MNF 如图 3-11 所示。

（7）在完成对光纤的腐蚀后，均匀地向尼龙槽内填充磁凝胶，填充磁凝胶时要保证磁凝胶能均匀地包覆经腐蚀后的 MNF，因腐蚀后形成的 MNF 极其脆弱，填充磁凝胶时应同时注意不要将 MNF 弄断。在填充完磁凝胶后，磁场传感头便制作完成。磁场传感头的结构示意图如图 3-12 所示。

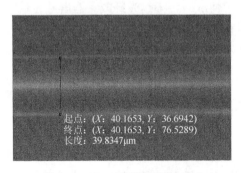

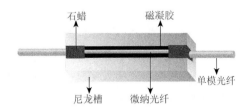

图 3-11　SEM 下观察到的 MNF　　　　图 3-12　磁场传感头的结构示意图

2）温度传感头设计及制作

本节设计并制作了温度应变转换装置，通过该装置可以将温度的变化转换为应力的变化，这里将总长度为 1.2m 的 SMF 绕成直径为 10cm 的 SMF 环并将其作为温度传感头，光纤环一侧与温度应变装置相连，另一侧与水浴加热箱的侧壁相连，温度应变转换装置示意图如图 3-13 所示。当温度升高时，温度应变转换装置受热发生膨胀并对光纤环产生挤压。受挤压的光纤环发生形变，导致在环内传输的光信号部分泄漏到包层中，产生弯折损耗。且随着温度的升高，温度应变转换装置发生形变越明显，在该装置的作用下，光纤环受到的挤压效果也就越明显，导致光纤中产生的弯折损耗越大。因此该装置能够将温度的变化最终转化为光纤内传输光损耗的变化。

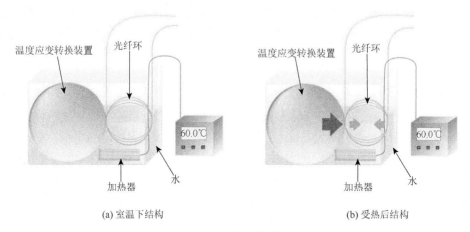

(a) 室温下结构　　　　　　　　　　　　　　(b) 受热后结构

图 3-13　温度应变转换装置示意图

3）传感光路搭建

基于 3.3 节设计的时分复用技术的环形衰荡光纤磁场与温度传感器及所介绍的实验仪器，我们搭建实验光路，并对实验光路进行测试，再进行磁场传感和温度传感的实验。在搭建实验光路时，将所有光学实验仪器均摆放在抗振光学平台上，以减少外界振动对实验结果的精度产生影响，并按照图 3-11 对光路系统进行连接。考虑到光路损耗问题和对数据解调的便利性，实验中磁场传感系统和温度传感系统所用延迟光纤长度为 70m，连接两系统的延迟光纤长度为 200m。实验系统实物图如图 3-14 所示。

图 3-14　实验系统实物图

对连接好的光路进行调试：首先打开光源，刚开启的光源输出功率不是很稳定，因此需等待一段时间后再进行实验测试。约 0.5h 后光源输出功率趋于稳定。

此时调节偏振光控制器，调节时偏振光控制器另一侧先与强度调制器断开，并连接一个光功率计，通过调节使经过偏振光控制器的光信号输出功率达到最大，断开功率计并将此端口接回光路。

接下来对与强度调制器相连的电源和函数发生器进行调节，因强度调制器能够承载的峰值电压为 20V，所以在调节时，要注意电源和函数发生器的偏置电压不应超过强度调制器的峰值电压。

具体调节过程是：先只开启电源，关闭函数发生器，调节电源电压并在调节过程中利用光功率计观察强度调制器另一侧输出光功率的变化。在该过程中可以观察到，随着电源电压的升高，输出光功率呈现先变大后变小的周期变化趋势。找到电压较小时输出光功率最大的值，此时电源电压为 2.7V。保持电源电压不变，对函数发生器进行调节，根据实际光路情况，要求函数发生器调制的脉冲周期要大于脉冲信号在各衰荡腔内循环一周的时间，所以设定函数发生器的脉冲宽度为 42ns，脉冲周期为 430μs。再对函数发生器的偏置电压进行调节，要求在调节后的偏置电压和电源电压作用下使强度调制器的输出光信号正好达到其最佳工作点，即电压函数曲线下降一半的位置，调节好后，函数发生器的偏置电压为 $4.3V_{pp}$。因为实验中所用光电转换器的额定功率为 22.5μW，所以在将光信号输入此装置前，应先用光功率计检测实际光功率的大小，通过调节掺铒光纤放大器对光信号的放大参数，控制其功率接近且不超 22.5μW。将光路连接完整，逐渐调低掺铒光纤放大器对光信号的放大参数，并在示波器上观察记录得到的波形。

4）传感光路测试

在光路搭建好后，本节分别进行磁场传感和温度传感的实验。磁场传感实验是在室温条件下进行的，所以对于温度传感系统中的水浴箱不进行加热操作。这里所用到的磁场发生装置是吸附在微位移控制器上的两块磁铁，通过控制微位移控制器的相对距离即两块磁铁的相对距离来达到控制磁场传感头磁场大小的目的。在实验中，通过此方法可以获得最大场强为 112mT 的磁场。在进行磁场测量时，将磁场传感头平行放置在两磁铁中间等距离位置并在磁场传感头上方放置特斯拉计的传感头，通过特斯拉计观测磁场传感头处磁场的大小。

在实验中，在室温下改变磁铁距离，每隔 5mT 对示波器上显示的波形作一组记录，磁场由 25mT 变化到 70mT，这样共记录了 10 组衰荡信号。磁感应强度为 25mT、温度为 20.3℃的衰荡信号如图 3-15 所示。

从图 3-15 可以看出，示波器同时探测到了两条衰荡信号曲线，根据光路结构可以判断，从左向右，图形中先出现的方块点线曲线是磁场传感衰荡信号，后出现的曲线是温度传感衰荡信号。分别取两衰荡信号的部分峰值点并进行指数拟合，它们都有着很好的拟合效果。接下来对探测到的 10 组磁场衰荡信号进行分离提取，得到的衰荡信号如图 3-16 所示。

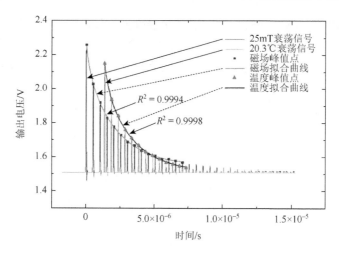

图 3-15　磁感应强度为 25mT、温度为 20.3℃的衰荡信号

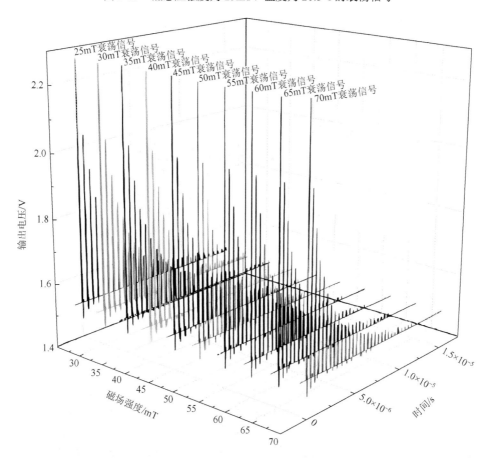

图 3-16　磁场传感衰荡信号

在进行温度传感实验时，控制磁感应强度为 25mT，对水浴箱内的水温进行加热，使温度由 20.3℃变化到 79.7℃并且每隔大约 10℃记录一组衰荡信号，这样共记录了 7 组衰荡信号。将其与磁场衰荡信号分离，得到的温度传感衰荡信号如图 3-17 所示。

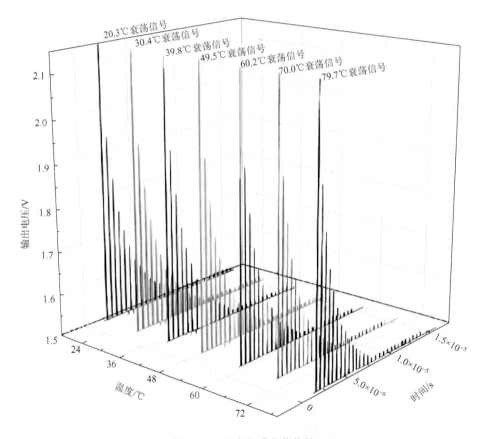

图 3-17　温度传感衰荡信号

5）测试结果及分析

分别将得到的磁场衰荡信号和温度衰荡信号的部分峰值点进行 ExpDecay2 指数拟合，得到的磁场拟合曲线与温度拟合曲线分别如图 3-18（a）和（b）所示。

衰荡时间定义为能量衰减至初始值 $1/e$ 所需的时间。设脉冲信号的初始能量为 I_0，其 $1/e$ 能量为 I_τ，即 $I_\tau = (1/e) \times I_0$。则根据拟合曲线方程可以近似计算得到衰荡时间。得到的磁场强度与温度和衰荡时间的关系如图 3-19 所示。

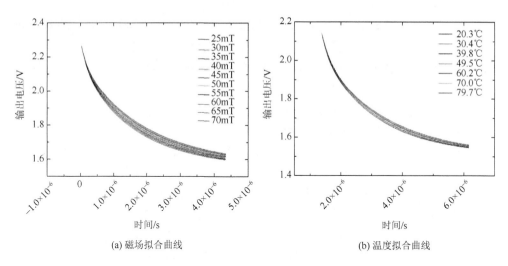

(a) 磁场拟合曲线　　　　　　　　　　　(b) 温度拟合曲线

图 3-18　磁场与温度拟合曲线（彩图扫封底二维码）

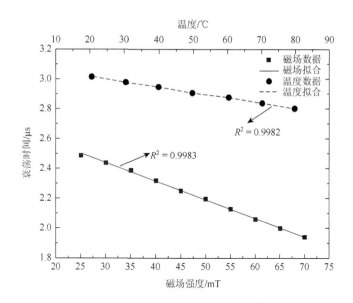

图 3-19　磁场强度与温度和衰荡时间的关系

　　由图 3-19 可以看出，对于磁场传感：当室温下磁场强度为 25～70mT 时，随着磁场强度的增加，衰荡时间减少，且衰荡时间和磁场强度之间存在很好的线性关系，线性度 R^2 为 0.9983，灵敏度为 12.70ns/mT。对于温度传感：当磁场强度为 25mT、温度为 20.3～79.7℃时，随着温度的升高，衰荡时间减少，且衰荡时间和温度变化之间存在很好的线性关系，线性度 R^2 为 0.9982，灵敏度为 3.53ns/℃。

　　基于 FLRD 结构结合时分复用技术理论，我们设计并搭建了集成化的磁场与温度测量传感系统，通过对磁场强度和温度变化衰荡时间的测量实现对磁场强度与温度的解调。在室温条件下，随着外加磁场强度的增加，磁凝胶发生形变，导致磁场传感头内 MNF 传输光信号的损耗增加，衰荡时间减少，且衰荡时间和外加磁场存在很好的线性关系，在磁场强度为 25～70mT 时，磁场传感系统的测量灵敏度为 12.70ns/mT。当磁场强度为 25mT 时，随着温度的升高，温度应变转化装置发生膨胀，对温度传感头处的光纤环造成挤压，导致光纤环内传输光的弯折损耗增加，衰荡时间减少，且衰荡时间和温度变化之间存在很好的线性关系，当温度为 20.3～79.7℃时，温度传感系统的测量灵敏度为 3.53ns/℃。FLRD 结构的传感器不受光源不稳定的干扰、光路结构稳定同时具有较高的测量灵敏度，具有很好的应用前景。本节将 FLRD 技术与时分复用技术相结合，搭建了集成化的磁场与温度测量系统，在保证获得较高灵敏度的前提下提高了传感系统的稳定性，为之后的光纤磁场传感与温度传感研究提供了借鉴思路。

3.3.3　环形腔衰荡传感的理论分析

作为光谱测量技术之一的环形衰荡光谱技术，实现原理是通过脉冲光束进入光学谐振腔，利用光信号在谐振腔不断反射的衰荡时间获得腔内物质的吸收系数。环形衰荡技术原理图如图 3-20 所示[44]。

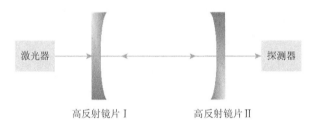

图 3-20　环形衰荡技术原理图

实验中所用光源为脉冲激光器，光学谐振腔一般由两个高反射镜片组成，其反射率可达 99%。当激光器发出的脉冲信号经过高反射镜片Ⅰ后，发生透射并进入衰荡腔内。光脉冲到达高反射镜片Ⅱ后大部分光被反射回腔内，小部分光透射出去到达谐振腔外并被探测器接收。光脉冲每在谐振腔内循环一次，光强度都会因损耗减小一些，直到光信号在谐振腔内逐渐减小到零。

当入射光为平行单色光且垂直入射到高反射镜片Ⅰ后透射到腔内，腔内物质一般是均匀的非色散物质，通常没有光化学现象发生。下面对环形衰荡腔的吸收公式进行推导。

　　设两个高反射镜片的反射率相等均是 R ，透射率相等均是 T ，谐振腔的长度为 L ，腔内的吸收介质系数为 α ，光进入谐振腔时的初始光强为 I_0' ，由探测器得到的第一个光脉冲强度为 I_0 ，则 I_0 可以表示为

$$I_0 = T^2 I_0' \tag{3-5}$$

　　在谐振腔内经过一次循环后被探测器接收的光脉冲信号强度为

$$I_1 = R^2 T^2 I_0' = R^2 I_0 \tag{3-6}$$

第二个光脉冲信号强度为

$$I_2 = R^4 T^2 I_0' = R^4 I_0 \tag{3-7}$$

以此类推，第 N 个光脉冲信号强度为

$$I_N = R^{2N} T^2 I_0' = R^{2N} I_0 \tag{3-8}$$

　　谐振腔的长度为 L ，每个脉冲信号在腔内往返一次的时间为

$$t_r = \frac{2nL}{c} \tag{3-9}$$

式中，n 为腔内介质的 RI；c 为真空中的光速。则

$$N = \frac{t}{t_r} = \frac{c}{2nL}t \tag{3-10}$$

　　将式（3-10）代入式（3-7）中，得到在 t 时刻的第 N 个光脉冲强度与时间 t 的关系：

$$I_t = I_0 \, e^{t/t_r\,(\ln R - \alpha L)} \tag{3-11}$$

式中，I_t 为 t 时刻的光强。

　　实现腔内谐振的前提是谐振腔两侧的反射镜片具有很高的反射率，即在理想情况下，R 无限大，因此对 $\ln R$ 进行泰勒（Taylor）展开为

$$\ln R = R - 1 \tag{3-12}$$

则光强和时间的关系可以表示为

$$I = I_0 \exp\left[\frac{c(R-1)}{nL}t\right] \tag{3-13}$$

　　由式（3-13）可以看出，随着时间的增加，脉冲光强呈指数形式衰减。衰荡时间 τ_0 是光强减为原强度 $1/e$ 时的时间，则当衰荡腔内没有吸收物质时，衰荡时间 τ_0 的表达式为

$$\tau_0 = \frac{nL}{c(R-1)} \tag{3-14}$$

　　由式（3-14）可知，光脉冲信号在谐振腔内的衰荡时间只与反射率 R 、谐振腔长度 L 、谐振腔内物质的 RI_n 、真空中的光速 c 有关，和光强 I 并无关系。式（3-14）解释了环形衰荡结构和光源光强无关的原因，所以环形衰荡式 OFS 具有较强的稳定性和精度。

若在谐振腔内装入吸收介质后，则由吸收介质引起的光脉冲损耗为

$$A = \alpha l \tag{3-15}$$

式中，A 为吸收介质引起的光脉冲损耗；l 为吸收介质的长度；α 为介质的吸收系数。

在加入吸收介质后，谐振腔内的衰荡时间为

$$\tau = \frac{nL}{c(1 - R + \alpha l)} \tag{3-16}$$

通过计算谐振腔内有无吸收介质的衰荡时间的变化，可以得到介质的吸收系数：

$$\frac{1}{\tau} - \frac{1}{\tau_0} = \frac{\alpha l}{nL} \tag{3-17}$$

式（3-17）解释了环形衰荡光谱技术进行传感的理论基础。实际上，该光路结构中还存在光脉冲在介质中的衍射损耗及不完全反射损耗等情况，因此环形衰荡时间的表达式会比理论上更复杂些。在衰荡腔内，光脉冲有时会循环成百上千次，具有很长的吸收长度，因此理论上环形衰荡结构的传感系统具有较强的灵敏度。传感器因不受光源稳定性的影响，系统还具有较高的稳定性。

3.4　MZ 干涉全光纤传感

OFS 根据不同的传感原理分为以下四种：Michelson 干涉 OFS、FP 干涉 OFS、Sagnac 干涉 OFS、MZ 干涉 OFS。下面分别对四种 OFS 的原理进行介绍。

1. Michelson 干涉 OFS

一束光从光源发出被分光器分成两束相干光，这两束相干光分别沿着两条路径传输，光到达光纤尾部的高反射膜后反射回去，分别返回分光器后进入 OSA 中，在 OSA 上可以看到对应光谱。Michelson 干涉传感原理图如图 3-21 所示。

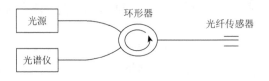

图 3-21　Michelson 干涉传感原理图

2013 年，Rong 等[46]制作了一种单模-多模-单模光纤（single-mode fiber-multimode optical fiber-single-mode fiber，SMF-MMF-SMF，SMS）结构的在线型光纤

Michelson 干涉仪，并通过在尾端 SMF 端面镀膜，将传感器用于液体液位测量，传感器的水液位灵敏度为–49.8pm/mm，液位的折射率灵敏度为–574.6(pm/mm)/RIU，温度灵敏度为–61.26pm/℃。

2015 年，Fu 等[47]研制了一种单模光纤-粗锥光纤-多模光纤（single-mode fiber-thick cone fiber-multi-mode optical fiber，SMF-TCF-MMF，STM）结构的光纤 Michelson 干涉仪用于折射率测量，折射率在 1.351~1.4027RIU 内传感器的折射率灵敏度为–178.424dB/RIU，在 30~90℃内传感器的温度响应灵敏度为–0.011nm/℃。

2017 年，Cao 和 Shu[48]设计了一种基于纤芯不匹配结构的在线型光纤 Michelson 干涉仪用于温度测量，传感器由一段 SMF 和一段尖端经过劈削的 SMF 熔接制成，在 50~600℃内，温度灵敏度最高为 115.34pm/℃。

2020 年，Zheng 等[49]设计出了一种基于三芯光纤反射结构端面镀银的 Michelson 液位传感器，用于测量连续或离散液位。该 Michelson 液位传感器的水位灵敏度高达 392.83pm/mm，且经过实验可知，随着传感长度的增加，液位传感器的灵敏度降低。

2. FP 干涉 OFS

一根光纤内部制造一个微型腔（FP 腔），光在腔的两个面反射，产生不同的光程差，两面分别反射的光再次相遇时便可实现 FPI。如图 3-22 所示，入射光纤和反射光纤之间为空气腔，光在进入该腔后形成 FPI，经过若干次反射形成干涉。

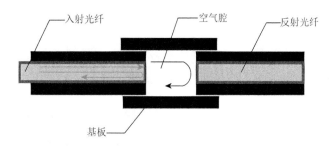

图 3-22　FPI 原理图

FP 干涉 OFS 的优点是灵敏度较高，但是，一般此类型传感器如果要实现精准制作，大多需要用到飞秒激光，制作成本较高，使其应用和使用范围受到一定的限制。

2009 年，一种利用反射镜与飞秒激光器组合使用后制成的 FP 干涉 OFS 被 Ran 等[50]提出，其结构如图 3-22 所示，该传感器对环境折射率变化十分敏感，实验结果获得了 1130.887nm/RIU 的灵敏度。

2015 年，Ding 等[51]制作了一种 PCF 腔的在线型 FPI 用于高温测量，该传感器最高能够实现 1200℃的温度测量，测量分辨率为 1℃。这种制作方法对工艺要求较高，而且对光纤 FP 腔的尺寸要求严格。

2019 年，Li 等[52]提出了一种新型外置式法布里-珀罗干涉（extrinsic Fabry-Perot interferometric，EFPI）超声传感器，它由一个低成本和高性能的硅膜片组成。试验结果表明，在 20～40kHz 内，超声检测的最小压力为 1.5～ 0.625mPa/$\sqrt{\text{Hz}}$ 。

3. Sagnac 干涉 OFS

当一束光沿 SMF 传播到 3dB 后，被分为两束光，分别沿同一根光纤两端相向传播，光纤形成环状，环状光纤发生水平转动时，光纤中两个不同方向传播的光的光程发生变化，在耦合器处重新汇合时产生干涉，如图 3-23 所示。

萨尼亚克光纤干涉仪（Sagnac optical fiber interferometer，SOFI）是一种基于萨尼亚克效应制作的光纤干涉仪。由于其独特机理，SOFI 多被制成光纤陀螺仪，光纤陀螺仪是能够精确地对运动物体进行定位的仪器，因此其多被应用于物体惯性、航海导航和大坝安全等测量领域，并且在现代航空航天和国防工业中发展成一种成熟的惯性导航仪器。

图 3-23　萨尼亚克干涉原理图

2013 年，Dong[53]提出一种基于萨尼亚克工作原理的花生结构 OFS，实验研究证明了该传感器对温度和应变能够同时传感，测量灵敏度分别为 781pm/℃和 30pm/με（1με = 1.2pm）。

2016 年，Liu 等[54]制作了一种基于液体填充光子晶体的光纤在线型 SOFI 用于测量温度，传感器的温度响应灵敏度为–7.54nm/℃。Yang 等[55]基于两段保偏 PCF 制作了一种在线型 SOFI，实现了温度不敏感的压力测量，传感器的压力测量灵敏度为 0.2877nm/N，温度引起的漂移小于 0.1pm/℃。

2016 年，Fu 等[56]报道了一种基于在线型 SOFI 的硫化铅光纤温度传感器，其传感结构由一段硫化铅光纤熔接在两段 SMF 中间组成。该传感器的温度响应灵敏度为 53.89pm/℃，同时该传感器对应变不敏感。

4. MZ 干涉 OFS

光纤中传播的光经过分束器后，一部分光由纤芯模激发到包层模，如图 3-24

所示。包层模中传播的光的倏逝场受外界环境的影响，一些光学参量发生变化，而依然在纤芯中传播的光不受影响，两束光汇合产生 MZI。

图 3-24　MZI 原理图

目前，该种干涉类型的 OFS 的研究结构有以下几种。

（1）单模光纤-细芯光纤-单模光纤（single-mode fiber-small core fiber-single-mode fiber，SMF-SCF-SMF，SSS）结构传感器被 Sun 等[57]首先提出，在 20~70℃ 内进行了温度灵敏度测试，灵敏度超过 72pm/℃；在 0~2000με 内进行了应变传感测试，灵敏度为 1.8pm/με。

（2）SMF-MMF-SMF 结构传感器即 SMS 结构传感器，SMF 的直径远小于 MMF 的直径，在 SMF 和 MMF 的接触点，也可以激发出两种不同模式传播的相干光，下一个耦合点处两种模式的光发生干涉。Wu 等[58]使用氢氟酸溶液腐蚀 MMF，使 MMF 直径缩小 25μm 变为 80μm，并对制作的传感器进行了 RI 传感测试，实验结果表明，灵敏度达到 1815nm/RIU，测试范围为 1.342~1.437。

（3）单模光纤-两芯光纤-单模光纤（single-mode fiber-two core fiber-single-mode fiber，SMF-TCF-SMF，STS）结构传感器，该传感器的结构为在一段两芯光纤（two core fiber，TCF）两端分别级联一根 SMF，同样可以在传播过程中形成干涉[59]。

在众多基于干涉的 OFS 中，基于 MZ 干涉的全 OFS 最为常见，MZ 干涉的全 OFS 与传统空间光外界双光路干涉结构具有集成化更高、稳定性更好、结构紧凑、对测量环境适应性更强等特点。因此，MZ 干涉的全 OFS 正逐渐得到科研人员的关注并在近些年发展迅速。Liu 等[60]针对各类 OFS 的研究进展进行了分析研究。沈涛等[61]基于 MZI 光纤温度与位移传感器的理论、方案和相关技术，利用光谱漂移直接测量的信号检测方法，实现了温度和位移的传感。沈涛等[62]设计并制作了 MZI 集成化的全光纤磁场与温度传感器，实验测得室温下磁场强度在 25~50mT 时，磁场传感的灵敏度为 0.301~14nm/mT；在磁场强度为 0、温度由 25℃升高到 30℃时，温度传感的灵敏度为 0.518~86nm/℃。Shen 等[63]提出一种基于 GO 涂层微纳纤维 MZ 干涉结构的温度传感器，当温度从 25℃增加到 75℃时，输出干扰信号的漂移为 1.15nm，传感器的温度灵敏度为 23.7pm/℃。很多基于 MZ 干涉结构的 OFS 均已投入不同领域的实际生产和应用中，并且在各领域均已取得比较理想的作用效果。

光纤中传输光信号的相位极易受外界参量变化的作用而发生改变。当外界环境发生改变时，其光信号的相位即发生变化。光纤受外界环境作用时光信号特征参量变化示意图如图 3-25 所示。在这种情况下，可以通过测量光纤中传输光的相位信息就可以间接地得到周围环境参量的变化。基于此原理，干涉型 OFS 通过光信号的干涉作用将相位的变化信息转化成透射光谱波长的漂移或光强的变化。相比其他结构的 OFS，干涉型 OFS 结构相对简单，同时灵敏度较高。

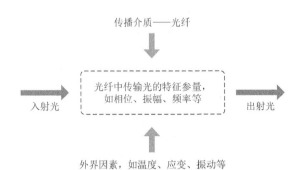

图 3-25　光纤受外界环境作用时光信号特征参量变化示意图

3.4.1　MZ 干涉的光纤传感理论分析

MZ 干涉的全 OFS 结构示意图如图 3-3（a）所示。该结构中光源为 ASE 光源，耦合器 I 和耦合器 II 的耦合比相等。光源发出的光信号到达耦合器 I 后被分成强度相同的两束光信号，分别到达参考臂和传感臂的两根 SMF 中。再由两根 SMF 将光信号传输到耦合器 II 中，并因光信号相位不同在耦合器 II 中发生干涉。最后在 OSA 中呈现干涉信号的透射光谱，可以通过对光谱特性参量的变化感知外界的变化。

当作为传感臂的 SMF 受环境作用发生变化时，导致其中传输光信号的特性参量发生改变。此时，相对传感臂的变化，参考臂内传输的光信号没有发生任何改变。因此，在两路光发生相遇时，会因相位的不同而在耦合器 II 中发生干涉。

设光源发出的光信号为

$$E_0 = A_0 \exp[\mathrm{j}(\omega t - k_0 n x)] \tag{3-18}$$

式中，A_0 为光信号的振幅；ω 为光信号的角频率；k_0 为传播常数；n 为光纤纤芯的有效 RI；x 为光程。则光强可以表示为

$$I_0 = E_0 E_0^* = A_0^2 \tag{3-19}$$

设耦合器 I 和耦合器 II 的耦合系数均为 ξ，当光信号经过耦合器 I 时，作为参考臂光纤的传输函数可以表示为

$$E_{r1} = A_0 \sqrt{\xi} \exp[\mathrm{j}(\omega t - k_0 n l_r)] \tag{3-20}$$

式中，l_r 为参考臂光纤的实际长度。由于存在交叉耦合，经耦合器 I 后在传感臂中传输的光会有 $\pi/2$ 的相位延迟。则传感臂中的传输函数可以表示为

$$E_{s1} = A_0 \sqrt{1-\xi} \exp\left[\mathrm{j}\left(\omega t - k_0 n l_s + \frac{\pi}{2}\right)\right] \tag{3-21}$$

式中，l_s 为传感臂光纤的实际长度。

两束光在耦合器 II 中相遇并发生干涉，参考臂中无相位延迟，当传感臂中存在相位延迟时，有

$$E_{r2} = A_0 \sqrt{\xi^2} \exp[\mathrm{j}(\omega t - k_0 n l_r)] \tag{3-22}$$

$$E_{s2} = A_0 \sqrt{(1-\xi)^2} \exp[\mathrm{j}(\omega t - k_0 n l_s + \pi)] \tag{3-23}$$

在耦合器 II 中两束光 E_{r2} 和 E_{s2} 发生相遇并产生干涉。由双光束干涉理论可知，该干涉光产生的光强为

$$I_1 = (E_{r2} + E_{s2})(E_{r2} + E_{s2})^* = I_0[\xi^2 + (1-\xi)^2 + 2\xi(1-\xi)\cos\Delta\phi] \tag{3-24}$$

式中，$\Delta\phi = k_0 n l_s - k_0 n l_r - \pi$，是传感臂的 SMF 和参考臂的 SMF 之间传输光信号的相位差。

当参考臂中出现第一次相位延迟且传感臂中无相位延迟时，有

$$E'_{r2} = A_0 \sqrt{\xi(1-\xi)} \exp\left[\mathrm{j}\left(\omega t - k_0 n l_r + \frac{\pi}{2}\right)\right] \tag{3-25}$$

$$E'_{s2} = A_0 \sqrt{\xi(1-\xi)} \exp\left[\mathrm{j}\left(\omega t - k_0 n l_s + \frac{\pi}{2}\right)\right] \tag{3-26}$$

同样地，干涉光强可以表示为

$$I_2 = (E'_{r2} + E'_{s2})(E'_{r2} + E'_{s2})^* = I_0[2\xi(1-\xi) + 2\xi(1-\xi)\cos\Delta\phi] \tag{3-27}$$

式中，$\Delta\phi = k_0 n l_s - k_0 n l_r$，是传感臂的 SMF 和参考臂的 SMF 之间传输光信号的相位差。

在理想情况下，耦合比为 1:1 的耦合器 $\xi = 1/2$，则光强可以表示为

$$I = \frac{1}{2} I_0 (1 + \cos\Delta\phi) \tag{3-28}$$

由式（3-24）和式（3-27）可知，在传感应用中，放入待测环境的传感臂的光程会因外界参量的变化而发生改变，而没有放入待测环境的参考臂的光程不会发生变化。环境变化引起双臂之间产生传输光信号的相位差，并且其透射光谱会

出现漂移等现象,通过解调透射谱特征参量的变化即可间接地得到待测环境参量变化的情况。

3.4.2 In-line 结构 MZ 干涉传感的理论分析

In-line 结构 MZ 干涉的传感器是基于纤芯和包层模之间干涉原理设计制作的。其中传感臂与参考臂分别是纤芯模激发的高阶模(即包层模)和纤芯模,所以其相位差可以表示为[64]

$$\Phi = \frac{2\pi \Delta n_{\text{eff}} L}{\lambda} \tag{3-29}$$

式中,Δn_{eff} 为纤芯模和包层模之间的有效 RI 之差;L 为模式激发和模式耦合单元的距离;λ 为真空中的波长。MZ 干涉的透射谱光强可以表示为

$$I = I_1 + I_2 + 2\sqrt{I_1 I_2} \cos(\varphi_0 + \Phi) \tag{3-30}$$

式中,I_1、I_2 分别为纤芯和包层中传输光信号的光强;φ_0 为初始相位。当相位差满足 $\Phi = (2m+1)\pi$(m 为正整数)时,满足干涉条件即发生干涉现象。结合式(3-29)可得干涉波峰的波长为

$$\lambda_c = \frac{2\Delta n_{\text{eff}} L}{2m+1} \tag{3-31}$$

自由光谱的间隔为

$$\Delta \lambda_c = \frac{\lambda^2}{\Delta n_{\text{eff}} L} \tag{3-32}$$

当待测参量发生变化时,会导致式(3-31)中 Δn_{eff} 和 L 发生改变,使得干涉光谱发生漂移,干涉峰的相对漂移量可以表示为

$$\frac{\Delta \lambda_c}{\lambda_c} = \left(\frac{\varsigma_s n_{\text{eff}}^s - \varsigma_r n_{\text{eff}}^r}{n_{\text{eff}}^s - n_{\text{eff}}^r} + \alpha \right) \Delta T + \left(\frac{1}{n_{\text{eff}}^s - n_{\text{eff}}^r} \frac{-\partial n_{\text{eff}}^r}{\partial n_{\text{ex}}} \right) \Delta n_{\text{ex}} \tag{3-33}$$

式中,$\alpha = \frac{1}{L} \frac{\partial L}{\partial T}$ 为热膨胀系数;ς_s 为传感区热光系数;ς_r 为参考区热光系数;n_{eff}^s 为传感区有效 RI;n_{eff}^r 为参考区有效 RI。

若利用该结构进行温度传感,则有

$$\frac{\Delta \lambda_c}{\lambda_c} = \left(\frac{\varsigma_s n_{\text{eff}}^s - \varsigma_r n_{\text{eff}}^r}{n_{\text{eff}}^s - n_{\text{eff}}^r} + \alpha \right) \Delta T \tag{3-34}$$

由式(3-34)可以看出,MZ 干涉的温度传感器干涉峰的漂移和温度变化之间存在线性关系,且当温度升高、$\Delta T > 0$ 时,光谱红移。

若利用该结构的传感器进行磁场传感,则有

$$\frac{\Delta \lambda_c}{\lambda_c} = \left(\frac{1}{n_{\text{eff}}^s - n_{\text{eff}}^r} \frac{-\partial n_{\text{eff}}^r}{\partial n_{\text{ex}}} \right) \Delta n_{\text{ex}} \qquad (3\text{-}35)$$

式中，Δn_{ex} 为磁性敏感材料 RI 随温度的变化值

$$\Delta n_{\text{ex}} = \zeta_{H\text{-}n} \Delta B + \zeta_{T\text{-}n} \Delta T \qquad (3\text{-}36)$$

其中，$\zeta_{H\text{-}n}$ 为磁性敏感材料的磁场灵敏度；$\zeta_{T\text{-}n}$ 为磁性敏感材料的温度灵敏度。由式（3-35）和式（3-36）可知，当温度不变时，MZ 干涉的磁场传感器干涉峰的漂移和磁场变化之间存在线性关系，且当磁感应强度增加时，$\Delta B > 0$，光谱红移。

3.4.3　基于 MZ 干涉的全光纤磁场与温度传感器

　　把拉锥过的 MNF 用磁凝胶包覆后，用作磁场传感头，形成 MZ 模式干涉的磁场传感器，将该传感器与 SMF 并联，形成 MZ 双臂干涉的温度传感器。通过解调透射谱包络和透射谱的波长漂移得到磁场与温度的信息，集成度较高，同时兼顾较高的灵敏度。

　　与 FLRD 结构的磁场与温度传感系统相比，MZ 干涉的传感器光路结构为全光纤结构，因此不受电磁信号的干扰，所用实验仪器更少，系统结构更加简单，成本更加低廉。其中传感头部分采用火焰拉锥的方式获得，相比 HF 腐蚀的方法更加安全，同时可控性更好。

　　MZ 干涉的传感器属于相位解调型传感器，结构紧凑、灵敏度高是该类传感器的一大特点[65, 66]。传统 MZ 干涉结构的 OFS 通常由两根光纤分别充当传感臂和参考臂。在进行传感应用时，将传感臂放置于待测场中，参考臂远离待测场，通过探测器上光谱的波长变化得到待测场的变化信息。这类传感器的精度相对较低，易受周围环境因素的干扰，并且有些参量不便测量。于是 In-line 结构的 MZ 干涉的 OFS 应运而生，该结构的传感器在传感头处能将光纤纤芯中传输的光信号激发到包层中，两个不同模式的光信号传输一段距离后包层中的光信号再耦合回纤芯中，产生模式干涉。通过解调透射光谱的变化得到包层周围变化的环境参量。In-line 结构的传感器结构更加紧凑同时兼顾更高的灵敏度[67]。文献[67]将两种结构的 MZ 干涉型传感器进行集成，其中，磁场传感系统利用了 In-line 结构，温度传感系统利用了双臂结构。经过实验的传感测试，传感器能够实现较高的集成度，同时兼顾较高的灵敏度。

　　在上面提到的 FLRD 结构即集成化的磁场与温度传感系统中进行改进，从系统结构入手，采用全光结构以减小电磁干扰对实验结果产生的影响，并简化光路复杂程度和降低搭建成本，兼顾较强的系统稳定性和较高的测量灵敏度。本节设计基于 MZ 干涉的全光纤集成化磁场与温度传感器其光路结构如图 3-26 所示。

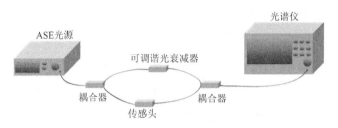

图 3-26　基于 MZ 干涉的全光纤集成化磁场与温度传感器光路结构

　　ASE 光源的中心波长为 1550nm，带宽为 40nm。由 ASE 光源发出的宽带光信号经 SMF 传输后到达耦合器，该耦合器的耦合比为 50%∶50%，插入损耗为 3dB。经耦合器的分光作用后，50% 的光进入传感头，传感头内包含磁凝胶包覆的锥形 MNF，其光路结构如图 3-26 所示，另外 50% 的光进入可调谐衰减器。其中进入传感头的光受锥形 MNF 第一过渡区的作用激发其高阶模式，一部分光进入包层与磁凝胶包覆区域，另一部分光继续在纤芯中传输。两路光经过第二过渡区后，包层和磁凝胶包覆区域的光耦合回纤芯，发生纤芯与包层和磁凝胶之间的模式干涉，这一部分是 MZ 干涉的磁场传感器。调节可调谐光衰减器，使通过它的光减弱到一定程度，经过传感头的光与经过可调节光衰减器的光在另一耦合器内相遇时因存在相位差而发生干涉。当只把传感头置于温度变化区域时，其透射光谱会受温度变化的影响，这一部分是 MZ 干涉的温度传感器。当透射光谱传输到 OSA 中时，通过观察透射光谱包络对应波长的漂移变化即可得到磁场变化的信息，通过观察透射光谱波长漂移的变化即可得到温度变化的信息，从而实现磁场和温度的测量。

　　实验所用仪器如下：ASE 光源（CONQUER，KG-ASE，波长为 1525～1565nm）、可调谐衰减器、耦合器两个（分光比均为 50%∶50%，插入损耗为 3dB）、OSA（YOKOGAWA，AQ6370C）。

1. MZ 干涉的传感头设计

　　相比之前采用 HF 腐蚀 SMF 形成 MNF 的方法，本节采用光纤熔融拉锥的方法。和 HF 腐蚀法相比，这种方法对光纤拉锥的可控性和重复性更好，能够实现多次重复实验，此外拉锥过程不接触有毒有害物质，危险性大大降低。理论上，锥形光纤的腰锥直径越小，泄漏到包层和磁凝胶部分的光信号与磁凝胶的作用越充分，传感头的灵敏度越高[68, 69]。但实际操作中发现，腰锥直径越细，透射光功率越弱，不利于对光谱的测量和分析。当腰锥直径过细时，透射光谱稳定性下降，增大实验的误差。此外，过细的腰锥直径易于折断，不利于磁凝胶的填充和传感头的封装。同时需兼顾考虑锥形光纤的腰锥直径和腰锥长度对传感头灵敏度与稳定性的影响，传感头的具体制备流程如下：

（1）取长度为 120cm 的 SMF，在该光纤的中间位置进行加工，制备成锥形 MNF。

（2）综合考虑稳定性和灵敏度的影响，在此 SMF 中间部分去掉 2.7cm 长的涂覆层，并将剥去涂覆层部分的光纤用酒精擦净。

（3）将擦净后的光纤平整地放置在光纤夹上，火焰宽度约为 3mm。固定好的光纤在火焰下加热到熔融状态，同时两端的位移平台以一定的速度向外拉伸，从而在加热区形成被拉细拉长的锥形 MNF。

（4）通过控制拉锥时间可以得到不同腰锥直径的锥形 MNF，得到的 MNF 腰锥直径为 30.1μm。

（5）拉锥结束后，对腰锥区用 SEM 观察，得到 SEM 下的 MNF 图如图 3-27 所示。

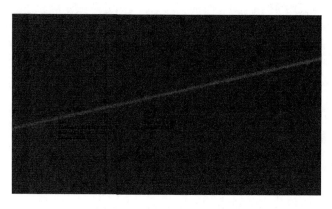

图 3-27　SEM 下的 MNF 图

在完成对光纤的拉锥后，将锥形 MNF 放入尼龙槽中，并用石蜡将尼龙槽两端封装。然后均匀地向尼龙槽内填充磁凝胶，填充磁凝胶时要保证磁凝胶能均匀地包覆经腐蚀后的 MNF，因拉锥后形成的 MNF 极其脆弱，填充磁凝胶时应同时注意不要将 MNF 弄断。在填充完磁凝胶后，传感头便制作完成。MZ 干涉结构传感头结构示意图如图 3-28 所示。

根据上面设计的基于 MZ 干涉的全光纤磁场与温度传感器，以及所介绍的实验仪器搭建实验光路，并对实验光路进行测试，进行磁场传感和温度传感的实验。在搭建实验光路时，与 FLRD 结构的传感实验一样，将所有光学实验仪器均摆放在抗振光学平台上，以减少外界振动和气流对实验结果的精度产生影响，并按照图 3-29 对光路系统进行连接。这里选取带有传感头的 SMF 长度为 120cm，连接可调谐光衰减器的 SMF 长度也为 120cm，所搭建的实验系统实物图如图 3-29 所示。

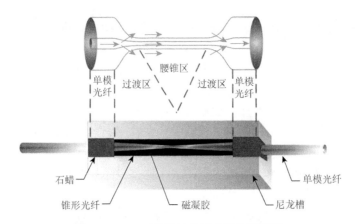

图 3-28 MZ 干涉结构传感头结构示意图

图 3-29 实验系统实物图

2. MZ 干涉的传感光路测试

对连接好的光路进行调试：在不连接传感光路时，打开光源，刚开启的光源输出功率不是很稳定，因此需等待一段时间后再进行实验测试。约 0.5h 后光源输出功率趋于稳定，得到的光源透射光谱如图 3-30（a）所示。光路连接了传感头后，在没有外加磁场时得到的传感头透射光谱如图 3-30（b）所示。通过耦合器并联带有可调谐光衰减器的 SMF，干涉光谱消失，原因是该路光强远远大于带有传感头一路的光强，OSA 中呈现的光谱几乎全部来自该路光信号。调节可调谐光衰减器，使该路光强与带有传感头一路的光强近似，此时得到的双臂透射光谱如图 3-30（c）所示。

图 3-30（b）和（a）相比，透射谱的光强明显下降，在 1525～1565nm 内出现了 7 个明显的干涉峰，可以选取部分干涉峰进行磁场传感实验。比较图 3-30（c）和（b），明显地发现图 3-30（c）的干涉光谱波峰和波谷更多，该干涉光谱由两路 SMF 的光信号产生干涉，用作 MZ 干涉的温度传感。这些干涉光谱的包络与图 3-30（b）一致。利用这些干涉谱的包络可以进行磁场传感。

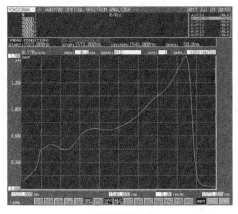

(a) 光源透射光谱

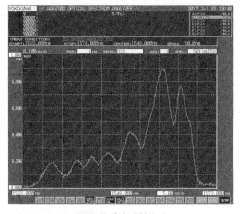

(b) 传感头透射光谱

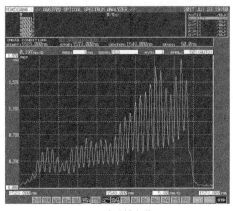

(c) 双臂透射光谱

图 3-30　不同光路结构的透射光谱

　　进行磁场传感实验：在靠近传感头上方放置特斯拉计的传感头，用于监测磁感应强度的变化情况。其磁场产生装置与 FLRD 结构磁场传感实验一致。室温下控制磁感应强度由 25mT 变化到 50mT，通过 OSA 观察透射光谱包络对应波长的漂移变化，每隔 5mT 记录一个波长在 1533～1548nm 的透射光谱包络，将不同磁感应强度下的光谱包络进行整理，得到 MZ 干涉的磁场传感透射光谱，如图 3-31（a）所示。

　　图 3-31（a）反映了不同磁感应强度下的透射光谱包络，受外界微小扰动的影响，这些光谱存在一定的畸变，无法直接用其进行实验分析，需要对这些光谱进行一定的平滑处理。图 3-31（b）是根据图 3-31（a）进行平滑处理后的透射光谱包络。由图 3-31（b）可以看出，随着磁感应强度的增加，光谱红移，实验符合式（3-22）和式（3-23）的推断。

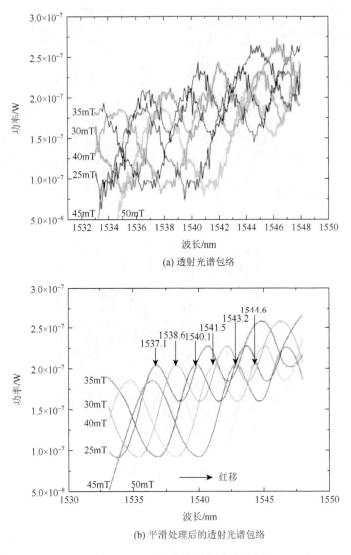

(a) 透射光谱包络

(b) 平滑处理后的透射光谱包络

图 3-31　MZ 干涉的磁场传感透射光谱

　　进行温度传感实验：在传感头下放置一个温度加热器，该温度加热器集成温度传感系统，可以在加热过程中实时显示传感头的温度。实验中，只控制传感头温度变化，在此过程中，使温度由室温 25℃变化到 30℃，通过 OSA 观察透射光谱在 1553～1558nm 的变化，每隔 1℃记录一个对应该温度的光谱，对不同温度下的光谱进行整理，得到 MZ 干涉的温度传感透射光谱包络，如图 3-32（a）所示。

　　图 3-32（a）反映了不同温度下的透射光谱情况，受外界微小扰动的影响，这些光谱与磁场传感透射光谱类似，存在一定的畸变，不利于直接进行实验分析，

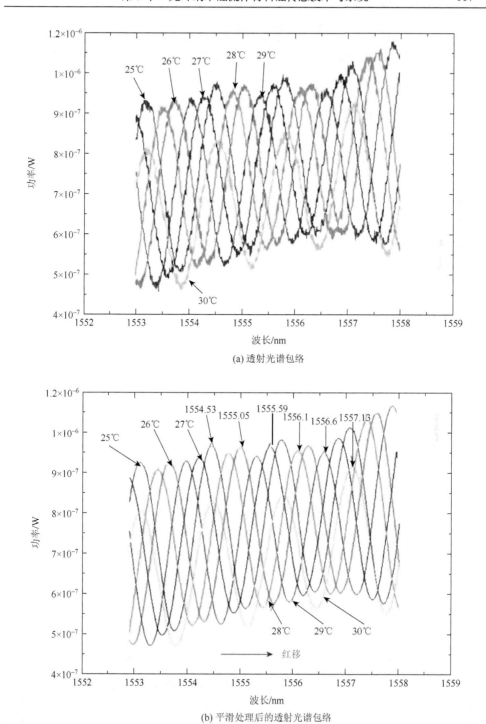

(a) 透射光谱包络

(b) 平滑处理后的透射光谱包络

图 3-32 MZ 干涉的温度传感透射光谱

需要对这些光谱进行一定的平滑处理。图 3-32（b）是根据图 3-32（a）进行平滑处理后的透射光谱包络。由图 3-32（b）可以看出，随着温度的升高，光谱红移，实验符合式（3-21）的推断。

3. 实验结果及分析

对于磁场传感，光信号经过传感头时，一部分光受锥形结构过渡区的作用被激发到高阶模式，进入磁凝胶和包层区域传输；另一部分光继续在纤芯中传输。磁凝胶 RI 随外界磁场变化发生变化，导致磁凝胶和包层区域传输光相比纤芯中传输光的光程发生改变。当两束光在另一过渡区相遇时，由相位差引起干涉。且表现为随磁感应强度的增加，干涉光谱包络红移。在室温下磁感应强度为 25～50mT，对磁感应强度与干涉谱部分波峰光波波长进行线性拟合，拟合线性度为 0.99939，灵敏度为 0.30nm/mT。图 3-33 的下部为 MZI 的磁场对光谱波长的特性曲线。

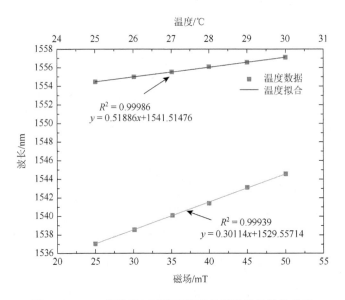

图 3-33　MZI 的磁场与干涉温度对光谱波长的特性曲线

对于温度传感，传感头内锥形光纤随外界温度变化发生微小形变，导致传感头纤芯内的光随温度的变化光程发生改变。经过传感头的光与参考臂的光在另一耦合器相遇时，因相位不同引起干涉，且随着温度的升高，透射光谱红移。当磁感应强度为 0、温度由 25℃升高到 30℃时，对温度与光波波长线性拟合，拟合线性度为 0.99986，灵敏度为 0.52nm/℃。图 3-33 的上部为 MZI 的干涉温度对光谱波长的特性曲线。

4. 实验结论

本节设计并提出了基于 MZI 集成化的全光纤磁场与温量传感器。对总长度为
120cm 的 SMF 部分进行熔融拉锥，形成长度为 2.7cm、腰锥直径为 30.1μm 的锥
形 MNF，将锥形 MNF 放置尼龙槽内并包覆磁凝胶作为传感头。传感头两侧的
SMF 通过耦合比为 50%∶50% 的耦合器和带有可调谐光衰减器的另一相同长度的
SMF 并联连接。调节可调谐光衰减器使该路光强与另一路光强几乎相等，可以实
现磁场与温度的传感。透射光谱包络的漂移反映磁感应强度的变化，透射光谱的
漂移反映温度的变化。当室温下磁感应强度为 25~50mT 时，磁场传感器的灵敏度
为 0.30nm/mT；当磁感应强度为 0、温度由 25℃升高到 30℃时，温度传感器的灵敏
度为 0.52nm/℃。该传感器集成度高、结构紧凑、抗电磁干扰能力强，实验结果可
为 MZI 的磁场与温度传感的工程应用提供参考和借鉴。

3.5　本章小结

磁场与温度的传感在众多工业领域有着广泛的应用。相比电信号解调的传感
系统，OFS 因灵敏度更高、稳定性更好、结构更加紧凑、成本更加低廉等特点而
备受研究人员关注。实现 OFS 功能多样化与集成化并兼顾高灵敏度和稳定性是当
今该领域的发展方向。本章通过对光纤磁场与温度传感系统开展理论分析并进行
实验研究，所做工作及得到的结论如下所示。

（1）磁凝胶作为一种新型纳米磁性功能材料，与普通凝胶具有相似的结构，
具有独特的磁光特性，应用范围广泛。在用作磁场传感时，材料的体积形状受磁
场作用发生改变同时 RI 也发生改变，在光纤磁场传感领域有着广泛的应用前景。
本章在详细分析基于 Fe_3O_4 纳米颗粒基质的磁凝胶制备方法的基础上，成功制备
出作为磁性敏感材料的磁凝胶，设计并制备了基于自制磁凝胶的磁场传感头，进
行了磁场传感实验。

（2）当光纤直径达到波长量级或亚波长量级时，纤芯中传输的光信号会激发
到高阶模式形成倏逝场。这种更细的光纤为 MNF，MNF 和普通光纤相比，具有
响应速度快、对光的束缚能力更强、响应范围大、结构紧凑、机械性能优良和倏
逝场特性强等优势。本章在详细地分析 MNF 传感机理和常见 MNF 制备方法的基
础上，利用化学腐蚀和熔融拉锥方法制备了 MNF，以及与磁凝胶结合实现了磁场
传感头的设计与制备。

（3）本章设计并搭建了基于时分复用原理的 FLRD 结构集成化的磁场与温度
传感系统。其中，磁场传感系统所用磁场传感头为自制磁凝胶包覆经 HF 腐蚀后
的 SMF 而形成的。温度传感系统中通过引入温度应变转换装置将温度的变化转

化为应力的变化。实验结果表明，在室温下，当磁感应强度为 25～70mT 时，磁场传感系统的测量灵敏度为 12.70ns/mT，且衰荡时间和磁场变化存在很好的线性关系；当磁感应强度为 25mT、温度为 20.3～79.7℃时，温度传感系统的测量灵敏度为 3.53ns/℃。二者同样存在很好的线性关系。该传感器具有较高的测量灵敏度和系统稳定性。

（4）在简化光路的前提下，本节设计并提出了基于 MZ 干涉的全光纤磁场与温度传感系统。利用公式推导了传感器实现磁场传感与温度传感的原理。传感头由前期制备的磁凝胶包覆经光纤拉锥及拉锥的 MNF 形成。该传感头可以实现磁场传感的功能，通过并联 SMF 进行温度传感。实验结果表明，在室温下，当磁感应强度为 25～50mT 时，磁场传感系统的测量灵敏度为 0.30nm/mT，且光谱漂移和磁感应强度变化之间存在很好的线性关系；当磁感应强度为 0、温度为 25～30℃时，温度传感系统的测量灵敏度为 0.52nm/℃。二者同样存在很好的线性关系。该传感器具有较高的测量灵敏度。

（5）对比两种结构的传感系统。当周围环境存在电磁干扰且对测量灵敏度要求较高时，更适用基于 MZ 干涉结构的传感系统；当对系统稳定性要求较高且环境中无电磁干扰时，更适用基于 FLRD 结构的传感系统。

为了使系统能够更好地满足实际需求，后续还可以开展以下工作：

（1）对磁性敏感材料对温度的交叉敏感问题进行进一步的分析研究，找到磁场传感温度补偿的解决方案。

（2）进一步优化 FLRD 结构的光路损耗问题，并通过改善磁凝胶制备工艺、优化 MNF 制作方法可以进一步提高其传感灵敏度。

（3）传感头中磁性敏感材料直接暴露于空气中，没有完成封装工作，长时间受空气作用性质容易发生改变。将传感器件进行封装是后续需要完成的工作。

参 考 文 献

[1]　韩建磊. 基于法拉第效应的微型光纤激光磁场传感器[D]. 广州：暨南大学，2014.

[2]　YARIV A，WINSOR H V. Proposal for detection of magnetic fields through magnetostrictive perturbation of optical fibers[J]. Optics letters，1980，5（3）：87-89.

[3]　LIU T，CHEN X，DI Z，et al. Measurement of the magnetic field-dependent refractive index of magnetic fluids in bulk[J]. Chinese optics letters，2008，6（3）：195-197.

[4]　胡涛，赵勇，吕志伟，等. 光纤磁流体 F-P 电磁场传感器[J]. 光学精密工程，2009，17（10）：2445-2449.

[5]　邬林. 基于磁流体与长周期光纤光栅的磁场传感器研究[D]. 武汉：武汉理工大学，2012.

[6]　LAYEGHI A，LATIFI H，FRAZAO O. Magnetic field sensor based on nonadiabatic tapered optical fiber with magnetic fluid[J]. IEEE photonics technology letters，2014，26（19）：1904-1907.

[7]　SHEN T，FENG Y，SUN B，et al. Magnetic field sensor using the fiber loop ring-down technique and an etched fiber coated with magnetic fluid[J]. Applied optics，2016，55（4）：673-678.

[8]　WANG Y，TONG Z，ZHANG W，et al. Research on optical fiber magnetic field sensors based on multi-mode fiber

and spherical structure[J]. Optoelectronics letters，2017，13（1）：16-20.

[9]　MA Z L，MIAO Y P，LI Y，et al. A highly sensitive magnetic field sensor based on a tapered microfiber[J]. IEEE photonics journal，2018，10（4）：1-8.

[10]　RODRIGUEZ-SCHWENDTNER E，NAVARRETE M C，DÍAZ-HERRERA N，et al. Advanced plasmonic fiber-optic sensor for high sensitivity measurement of magnetic field[J]. IEEE sensors journal，2019，19（17）：7355-7364.

[11]　ZHANG J Y，QIAO X G，WANG R H，et al. Highly sensitivity fiber-optic vector magnetometer based on two-mode fiber and magnetic fluid[J]. IEEE sensors journal，2019，19（7）：2576-2580.

[12]　MITU S A，AHMED K，HOSSAIN M N，et al. Design of magnetic fluid sensor using elliptically hole assisted photonic crystal fiber（PCF）[J]. Journal of superconductivity and novel magnetism，2020，33（7）：2189-2198.

[13]　HUANG H M，ZHANG Z R，YU Y，et al. A highly magnetic field sensitive photonic crystal fiber based on surface plasmon resonance[J]. Sensors，2020，20（18）：5193.

[14]　JIN X P，SUN H Z，JIN S W，et al. High-sensitivity fiber optic magnetic field sensor based on lossy mode resonance and hollow core-offset structure[J]. Instrumentation science and technology，2021，49（4）：416-427.

[15]　ZHAN B Y，NING T G，PEI L，et al. Terfenol-D based magnetic field sensor with temperature independence incorporating dual fiber bragg gratings structure[J]. IEEE access，2021，9：32713-32720.

[16]　FLORIDIA C，DE ARAÚJO SILVA A，ROSOLEM J B，et al. An improved solution for simultaneous measurement of current and temperature on Terfenol-D FBG optical sensor[J]. IEEE sensors journal，2021，22（1）：357-364.

[17]　GU S F，FENG D Q，ZHANG T H，et al. Highly sensitive magnetic field measurement with taper-based in-line Mach-Zehnder interferometer and vernier effect[J]. Journal of lightwave technology，2022，40（3）：909-917.

[18]　BAYKAL A，GÜNER S，DEMIR A. Synthesis and magneto-optical properties of triethylene glycol stabilized $Mn_{1-x}Zn_xFe_2O_4$ nanoparticles[J]. Journal of alloys and compounds，2015，619：5-11.

[19]　WU W，HE Q G，JIANG C Z. Magnetic iron oxide nanoparticles：Synthesis and surface functionalization strategies[J]. Nanoscale research letters，2008，3（11）：397-415.

[20]　LI Z T，WANG Z L. Air/liquid-pressure and heartbeat-driven flexible fiber nanogenerators as a micro/nano-power source or diagnostic sensor[J]. Advanced materials，2011，23（1）：84-89.

[21]　文榜才. Zn-γ-Fe_2O_3 磁性溶胶—凝胶体系的制备及性质研究[D]. 重庆：西南大学，2010.

[22]　SHENOY S D，JOY P A，ANANTHARAMAN M R. Effect of mechanical milling on the structural，magnetic and dielectric properties of coprecipitated ultrafine zinc ferrite[J]. Journal of magnetism and magnetic materials，2004，269（2）：217-226.

[23]　Qiu X P. Preparation and characterization of PVA coated magnetic nanoparticles[J]. Chinese journal of polymer science，2000，18（6）：535-539.

[24]　MASSART R. Preparation of aqueous magnetic liquids in alkaline and acidic media[J]. IEEE transactions on magnetics，1981，17（2）：1247-1248.

[25]　ANJANAPPA M，WU Y. Magnetostrictive particulate actuators：Configuration，modeling and characterization[J]. Smart materials and structures，1997，6（4）：393.

[26]　MCKNIGHT G P，CARMAN G P. [112] oriented Terfenol-D composites[J]. Materials transactions，2002，43（5）：1008-1014.

[27]　DAPINO M J，CALKINS F T，SMITH R C，et al. A magnetoelastic model for magnetostrictive sensors[R]. North Carolina State University at Raleigh Center for Research in Scientific Computation，1999.

[28]　LIU C，SHEN T，WU H B，et al. Applications of magneto-strictive，magneto-optical，magnetic fluid materials

in optical fiber current sensors and optical fiber magnetic field sensors: A review[J]. Optical fiber technology, 2021, 65: 102634.

[29] 王丹. 基于磁流体的新型光纤 Fabry-Perot 磁场传感器研究[D]. 沈阳: 东北大学, 2014.

[30] DEL VILLAR I, ZUBIATE P, ZAMARREÑO C R, et al. Optimization in nanocoated D-shaped optical fiber sensors[J]. Optics express, 2017, 25 (10): 10743-10756.

[31] 褚东凯, 孙小燕, 董欣然, 等. 飞秒激光改性区选择性化学腐蚀加工光纤微纳结构传感器[J]. 科学通报, 2016, 61 (6): 576-584.

[32] LIU Y, CHEN S M, LIU Z G, et al. Fiber-optic evanescent-field sensor for attitude measurement[J]. Smart materials and structures, 2017, 26 (11): 115018.

[33] LI J, SUN L P, GAO S, et al. Ultrasensitive refractive-index sensors based on rectangular silica microfibers[J]. Optics letters, 2011, 36 (18): 3593-3595.

[34] WO J H, WANG G H, CUI Y, et al. Refractive index sensor using microfiber-based Mach-Zehnder interferometer[J]. Optics letters, 2012, 37 (1): 67-69.

[35] FANG X, LIAO C R, WANG D N. Femtosecond laser fabricated fiber Bragg grating in microfiber for refractive index sensing[J]. Optics letters, 2010, 35 (7): 1007-1009.

[36] SUMETSKY M, DULASHKO Y, FINI J M, et al. The microfiber loop resonator: Theory, experiment, and application[J]. Journal of lightwave technology, 2006, 24 (1): 242-250.

[37] SUMETSKY M, DULASHKO Y, HALE A. Fabrication and study of bent and coiled free silica nanowires: Self-coupling microloop optical interferometer[J]. Optics express, 2004, 12 (15): 3521-3531.

[38] VISHNOI G, GOEL T C, PILLAI P K C. Spectrophotometric studies of chemical species using tapered core multimode optical fiber[J]. Sensors and actuators B: Chemical, 1997, 45 (1): 43-48.

[39] TONG L M, GATTASS R R, ASHCOMM J B, et al. Subwavelength-diameter silica wires for low-loss optical wave guiding[J]. Nature, 2003, 426 (6968): 816-819.

[40] WHITENETT G, STEWART G, ATHERTON K, et al. Optical fibre instrumentation for environmental monitoring applications[J]. Journal of optics A: Pure and applied optics, 2003, 5 (5): S140-S145.

[41] 孙滨超, 沈涛. 光纤电流传感器性能分析及环形衰荡结构设计[J]. 激光与光电子学进展, 2017, 54(1): 71-81.

[42] SCHERER J J, VOELKEL D, RAKESTRAW D J, et al. Infrared cavity ringdown laser absorption spectroscopy (IR-CRLAS) [J]. Chemical physics letters, 1995, 245 (2/3): 273-280.

[43] TARSA P B, WIST A D, RABINOWITZ P, et al. Single-cell detection by cavity ring-down spectroscopy[J]. Applied physics letters, 2004, 85 (19): 4523-4525.

[44] LIANG H, SHEN T, FENG Y, et al. A D-shaped photonic crystal fiber refractive index sensor coated with graphene and zinc oxide[J]. Sensors, 2021, 21 (1): 71.

[45] SUN B C, SHEN T, FENG Y. Fiber-loop ring-down magnetic field and temperature sensing system based on the principle of time-division multiplexing[J]. Optik, 2017, 147: 170-179.

[46] RONG Q Z, QIAO X G, DU Y Y, et al. In-fiber quasi-Michelson interferometer with a core-cladding-mode fiber end-face mirror[J]. Applied optics, 2013, 52 (7): 1441-1447.

[47] FU H W, ZHAO N, SHAO M, et al. In-fiber Quasi-Michelson interferometer based on waist-enlarged fiber taper for refractive index sensing[J]. IEEE sensors journal, 2015, 15 (12): 6869-6874.

[48] CAO H R, SHU X W. Miniature all-fiber high temperature sensor based on Michelson interferometer formed with a novel core-mismatching fiber joint[J]. IEEE sensors journal, 2017, 17 (11): 3341-3345.

[49] ZHENG C, FENG W L, YANG X Z, et al. Silver-coated three-core fiber Michelson interferometer for liquid-level

measurement[J]. Zeitschrift für naturforschung A，2020，75（12）：1085-1090.

[50]　RAN Z，RAO Y，ZHANG J，et al. A miniature fiber-optic refractive-index sensor based on laser-machined Fabry-Perot interferometer tip[J]. Journal of lightwave technology，2009，27（23）：5426-5429.

[51]　DING W H，JIANG Y，GAO R，et al. High-temperature fiber-optic Fabry-Perot interferometric sensors[J]. Review of scientific instruments，2015，86（5）：055001.

[52]　LI H Y，LI D L，XIONG C Y，et al. Low-cost，high-performance fiber optic Fabry-Perot sensor for ultrasonic wave detection[J]. Sensors，2019，19（2）：406.

[53]　DONG B. Polarization maintaining fiber interferometer based on superimposed Mach-Zehnder and Sagnac interferences and its application[J]. Optics communications，2013，291：219-221.

[54]　LIU Q，LI S G，SHI M. Fiber Sagnac interferometer based on a liquid-filled photonic crystal fiber for temperature sensing[J]. Optics communications，2016，381：1-6.

[55]　YANG Y H，LU L，LIU S，et al. Temperature-insensitive pressure or strain sensingtechnology with fiber optic hybrid Sagnac interferometer[C]. Proceedings of SPIE，Maryland，2016：985216.

[56]　FU X H，ZHANG J P，WANG S W，et al. A refractive index insensitive PbS fiber temperature sensor based on Sagnac interferometer[C]. International Society for Optics and Photonics，Beijing，2016.

[57]　SUN M，XU B，DONG X Y，et al. Optical fiber strain and temperature sensor based on an in-line Mach-Zehnder interferometer using thin-core fiber[J]. Optics communications，2012，285（18）：3721-3725.

[58]　WU Q，SEMENOVA Y，WANG P F，et al. High sensitivity SMS fiber structure based refractometer-analysis and experiment[J]. Optics express，2011，19（9）：7937-7944.

[59]　KANG Z X，SUN J，BAI Y L，et al. Twin-core fiber-based erbium-doped fiber laser sensor for decoupling measurement of temperature and strain[J]. IEEE sensors journal，2015，15（12）：6828-6832.

[60]　LIU D M，SUN Q Z，LU P，et al. Research progress in the key device and technology for fiber optic sensor network[J]. Photonic sensors，2016，6（1）：1-25.

[61]　沈涛，孙滨超，冯月. 基于 Mach-Zehnder 干涉仪的温度与位移传感器的传感特性[J]. 北京工业大学学报，2015，41（12）：1872-1877.

[62]　沈涛，孙滨超，冯月. 马赫-曾德尔干涉集成化的全光纤磁场与温度传感器[J]. 光学精密工程，2018，26（6）：1338-1345.

[63]　SHEN T，LI B，DAI X S，et al. A temperature sensor based on the graphene-oxide-coated micro-nano-fiber Mach-Zehnder interference structure[J]. Journal of Russian laser research，2020，41（6）：638-644.

[64]　CHEN H Y，CHEN C，PENG B J，et al. Fourier analyses for fringe signals of fiber grating based on Mach-Zehnder interferometer[J]. Acta photonica sinica，2016，45（9）：0906002.

[65]　WU D，ZHU T，CHIANG K S，et al. All single-mode fiber Mach-Zehnder interferometer based on two peanut-shape structures[J]. Journal of lightwave technology，2012，30（5）：805-810.

[66]　兆雪，邵敏，乔学光，等. 光纤锥在线型马赫-曾德干涉仪的折射率传感特性[J]. 光子学报，2016，45（2）：88-92.

[67]　PANG F F，LIU H H，GUO H R，et al. In-fiber Mach-Zehnder interferometer based on double cladding fibers for refractive index sensor[J]. IEEE sensors journal，2011，11（10）：2395-2400.

[68]　VAN HULST N F，SEGERINK F B，BÖLGER B. High resolution imaging of dielectric surfaces with an evanescent field optical microscope[J]. Optics communications，1992，87（5/6）：212-218.

[69]　马健，郑羽，余海湖. 基于腐蚀光纤的温度及葡萄糖溶液浓度传感器[J]. 光子学报，2017，46（4）：139-146.

第 4 章　光纤磁致伸缩材料电流传感技术与系统

由于光纤具有优良的绝缘性、抗极端环境、远距离传输、低损耗、体积小、质量轻的特点，其已经广泛地用于通信和传感领域。其中在光纤传感领域多采用敏感材料与光纤结合来实现对不同参量的传感。因为磁致伸缩材料在磁场下具有优良的伸缩特性，所以被广泛地应用于通信和传感领域。现已报道了多种与磁致伸缩材料相结合的器件，如磁致伸缩换能器、机械制动器等。基于磁致伸缩材料优良的磁特性，将其与光纤结合，实现电流传感。下面将从磁致伸缩功能材料概述、磁致伸缩功能材料光纤电流传感器的设计与性能分析及校正方法进行详细的介绍。

4.1　磁致伸缩功能材料概述

4.1.1　磁致伸缩功能材料的发展与分类

1. 磁致伸缩材料的发展

磁致伸缩效应由焦耳在 1842 年发现，焦耳发现铁磁体在外磁场发生磁化的过程中产生长度、体积变化的现象，该现象称为磁致伸缩效应或磁致伸缩。具有磁致伸缩效应的材料统称为磁致伸缩材料。自发现磁致伸缩现象以来，关于磁致伸缩材料的研究一直持续至今。Pigott[1]发现镍（Ni）和钴（Co）材料具有磁致伸缩效应，并且将镍基合金应用于声呐传感器中。后来，Pigott 研制了具有磁致伸缩效应的 Fe-Al 合金，并且发现 Al 浓度为 13%时具有较大的磁致伸缩。此后，铁氧体被发现具有磁致伸缩效应，并将其应用于超声换能器。

Clark 等[2]与 Engdahl 和 Mayergoyz[3]发现稀土元素铽（Tb）和镝（Dy）在低温下可以产生巨大的磁致伸缩现象，其磁致伸缩值达到 1000，但是在室温下铽（Tb）、镝（Dy）的磁致伸缩现象不明显，在室温下无法应用。至此，同时具有高居里温度和巨大磁致伸缩效应的材料成为研究热点。

为了解决这一问题，稀土-过渡金属（rare earth-transition metal，RE-TM）化合物由于高居里温度受到广泛关注。当时，富钴稀土磁致伸缩合金（如 R_2Co_{17}）成为重点研究方向，其磁致伸缩效应可以达到中等水平，居里温度高达 1200K[4]。另外，在 20 世纪 70 年代初期，Clark 和 Belson[5]研究发现拉弗斯相（Laves phase）

化合物——镝-铁合金（$DyFe_2$）和铽-铁合金（$TbFe_2$）具有较高的居里温度，并且在室温下也产生大磁致伸缩，其中铽-铁合金（$TbFe_2$）磁致伸缩值最高可达 2630。但是，由于镝-铁合金（$DyFe_2$）、铽-铁合金（$TbFe_2$）具有较大的磁晶各向异性，在磁化的过程中需要很强的外磁场驱动，才会产生巨大的磁致伸缩，所以其应用受到极大的限制。因此，低外磁场驱动成为磁致伸缩材料应用需要克服的难点。

Clark 和 Wun-Fogle[6]报道了具有低磁晶各向异性并且饱和磁致伸缩值达到 2000 的 $Tb_{0.27}Dy_{0.73}Fe_2$ 化合物。$Tb_{0.27}Dy_{0.73}Fe_2$ 化合物研究成功后不久其商业产品 Terfenol-D 被制造出来，得到了广泛的应用。

虽然 $Tb_{0.27}Dy_{0.73}Fe_{1.95}$ 化合物具有较大的磁致伸缩，并且居里温度高，但该化合物制造成本很高，并且其力学性质体现为脆性。在后续的研究中，研究者关注低成本、磁致伸缩性能良好、居里温度较高、延展性较好的新型磁致伸缩材料。21 世纪初，Clark 等[7, 8]提出铁-镓合金（Fe-Ga）在较低磁场下（100Oe）可以产生中等磁致伸缩的观点，铁-镓合金被命名为 Galfenol。另外，铁-镓合金具有较高的抗拉强度，可以达到 500MPa。

另外，关于磁致伸缩材料的研究还有很多，如 $Tb_xCe_{1-x}Fe_2$、$Tb_xPr_{1-x}Fe_2$ 等[9]。人们将具有较大磁致伸缩的材料统称为 GMM。根据磁致伸缩材料的组成成分可以将磁致伸缩材料分为以下几类。

2. 磁致伸缩材料的分类

1）过渡金属及其化合物

（1）过渡金属：过渡金属中最早发现具有磁致伸缩效应的元素为镍[10]，另外铁、钴也具有磁致伸缩效应。

（2）过渡金属基合金：镍基合金是最早具有实际应用的磁致伸缩合金。另外，关于铁基合金的磁致伸缩研究材料包括铁-镓合金、铁-铝合金及其三元合金（铁-镓-铝、铁-镓-铍）等，本节分析几种合金中各种原子浓度对磁致伸缩效应的影响。据报道，当镓浓度为 17% 时，铁-镓合金的磁致伸缩值可以达到 400[11]。

（3）过渡金属氧化物：过渡金属氧化物主要以铁、钴、镍氧化物为主，其中多数过渡金属氧化物的磁致伸缩值为负值，即产生缩的效应，但是 Fe_3O_4 的磁致伸缩值为正值[12]。

2）稀土及稀土化合物

（1）稀土元素：在低温下重稀土元素 [如铽（Tb）、镝（Dy）] 具有较高的磁致伸缩特性，达到 10^3 量级。但是由于其具有较低的居里温度，所以在室温下应用受限。

（2）稀土二元合金：稀土二元合金主要以稀土-铁合金为主，这类合金居里温度较高，磁致伸缩值很大，其中稀土二元合金的拉弗斯相磁致伸缩值更高，以铽-

铁合金（TbFe$_2$）为例其磁致伸缩值约为 3000。但是该类合金普遍存在所需驱动的外磁场很高的问题，应用困难。

（3）稀土三元合金：稀土三元合金主要指铽-镝-铁化合物（Tb$_{0.27}$Dy$_{0.73}$Fe$_2$）。Dy 元素掺杂在 TbFe$_2$ 合金中，使该稀土三元合金具有较低的磁晶各向异性及较高的居里温度，并且低磁场产生较大的磁致伸缩，磁致伸缩值可以达到 2000。另外，王博文等[13, 14]将 Tb$_{0.27}$Dy$_{0.73}$Fe$_2$ 采用镨、钬、铝、镓等元素掺杂，发现当掺杂浓度增加时，磁致伸缩下降或没有明显的变化。

3）其他磁致伸缩材料

目前业内已有磁致伸缩薄膜和磁致伸缩复合材料的研究。其中，磁致伸缩薄膜主要由稀土-过渡金属合金构成；磁致伸缩复合材料主要由 Terfenol-D 材料与聚合物混合构成，其弥补了 Terfenol-D 材料的制作成本高、材料涡流大、脆性大等不足，具有广阔的应用前景[15]。

4.1.2　磁致伸缩功能材料的传感原理与特征

1. 磁致伸缩材料传感原理

1）微观原理

磁性材料被磁化时体积和长度都会发生变化，这是由于在磁化时材料中原子自旋、轨道耦合、机械性能的改变使材料达到最稳定状态[16]。产生磁致伸缩的因素主要有以下几种。

（1）自发磁致伸缩。图 4-1 为自发磁致伸缩微观原理图。当铁磁性材料处于居里温度以上环境中时，表现为顺磁状态。然而，当外部环境温度降为居里温度以下时，交换作用力使晶体发生自发的磁化，并且此时晶体形状发生改变。这种产生自发变形和伸缩的现象称为自发磁致伸缩[17]。

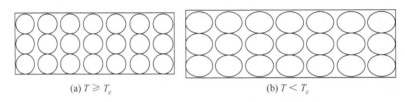

(a) $T \geq T_c$　　　　　　　　　　　　(b) $T < T_c$

图 4-1　自发磁致伸缩微观原理图（正磁致伸缩）[17]

（2）磁化引起磁致伸缩。当环境温度低于居里温度时，在外磁场的作用下，铁磁性材料的形状和体积发生变化，即产生体磁致伸缩和线磁致伸缩。其中线磁致伸缩包括横向磁致伸缩和纵向磁致伸缩两部分。横向磁致伸缩主要指在磁化过

程中铁磁性材料的尺寸大小沿垂直于外磁场的方向变化；纵向磁致伸缩指磁化过程
中材料的尺寸大小沿平行于外磁场的方向变化。当外磁场小于材料饱和磁场时，铁
磁性材料主要产生线磁致伸缩，当线磁致伸缩达到饱和时称为饱和磁致伸缩；当外
磁场大于材料饱和磁场时，铁磁性材料产生体磁致伸缩。接下来以线磁致伸缩为例，
采用唯象理论解释磁致伸缩现象[17]。如图 4-2 所示，当外磁场为零时，铁磁性材料
磁畴随机排列，材料不发生变化。当外磁场发生变化时，随着外磁场的增加，磁畴
随着外部磁场的方向变化而变化，随着磁场的增加，当磁畴的磁化方向沿轴向伸长
时，则产生正向磁致伸缩；相反，若随着磁场增加，磁畴的磁化方向沿轴向缩短，
则产生反向磁致伸缩。通常，正向磁致伸缩应用较为广泛[18]。

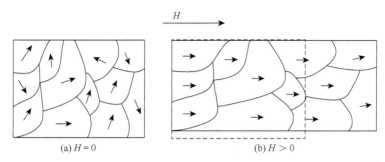

(a) $H = 0$　　　　　　　　　　　(b) $H > 0$

图 4-2　外磁场增加磁畴变化图（H 表示磁场，箭头指向为磁场方向）[18]

2）宏观原理

磁致伸缩效应（线磁致伸缩）宏观表示为铁磁性材料长度线性伸长或收缩的
变化（图 4-3）。材料的磁致伸缩效应一般采用磁致伸缩值来表征[19]。磁致伸缩值
用 ε 表示，即

$$\varepsilon = \frac{\Delta L}{L} \qquad (4\text{-}1)$$

式中，L 为材料的初始长度；ΔL 为材料在 L 方向上的长度变化量。通常，$|\varepsilon|$ 数
值越大，铁磁性材料的磁致伸缩越强。ε 与温度和磁场有关，当温度恒定时，
随着磁场的增加，ε 会达到饱和值 ε_s，称为饱和磁致伸缩值。对于确定的材料，
ε_s 为常数[20]。

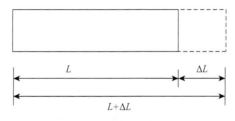

图 4-3　宏观（线）磁致伸缩示意图

2. 磁致伸缩材料特征

1）磁致伸缩材料预应力特性

以目前常见的超磁致伸缩材料 Terfenol-D 为例，其抗压能力可达 700MPa，抗拉应力仅为 28MPa，在实际应用条件中受到拉应力比较容易断裂。研究发现通过施加预应力，可以增强 GMM 的抗拉能力，如图 4-4 所示，施加预应力后 GMM 的线工作区间增加、灵敏度提高，因此在使用 GMM 进行传感时，可以通过施加预应力得到一个理想的线性工作区间。

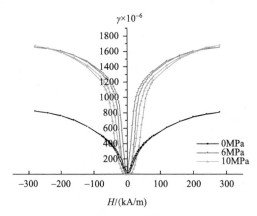

图 4-4　不同预应力条件下 γ-H 曲线（彩图扫封底二维码）

2）磁致伸缩材料双极性

当前被广泛应用的磁致伸缩材料 Terfenol-D 是常见的 GMM 之一。以 Terfenol-D 材料为例，无论施加外加磁场的方向是正向的还是负向的，其宏观都体现为材料伸长，这种现象称为磁致伸缩材料的双极性特性。因此当对 GMM 施加交流电流产生交变磁场时，会引起倍频的现象，如图 4-5 所示。如果对 GMM 施加偏置磁场（H_b），使 GMM 工作在磁滞回线线性区的中点，如图 4-6 所示。此时用 GMM 测量信号不但避免了倍频现象的发生，而且测量的线性度得以提高。

4.1.3　磁致伸缩材料的制备工艺及磁致伸缩微观性能表征

1. 磁致伸缩材料制备工艺

由于磁致伸缩材料具有磁致伸缩特性，其在磁电检测、制动器、位移传感器、声呐传感、海洋探测等许多领域得到广泛的应用，为国民经济的提升和工业生产的发展起到了重要的促进作用[3, 21, 22]。因此磁致伸缩材料的制备成为研究者的关注

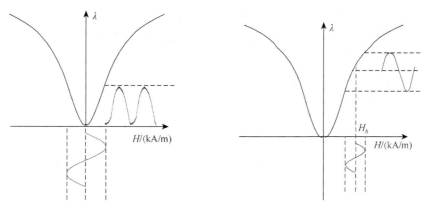

图 4-5　倍频现象原理图　　　　　　　图 4-6　偏置磁场原理图

热点。材料制备的成本、性能、成分控制成为磁致伸缩材料制备过程中值得关注的课题。目前，关于磁致伸缩材料的制备工艺主要有以下几种。

1）丘克拉斯基法

丘克拉斯基（Czochralski）法也称提拉法。提拉法制备核心是将母合金放置于坩埚中，将其加热到熔点以上形成母合金熔体，在坩埚上方固定一根具有旋转和升降功能的提拉杆，并且将籽晶固定在提拉杆上，调整杆的高度，使籽晶和熔体接触，以一定的速率提拉籽晶，熔体则以籽晶为晶核，逐渐地生长为较大的晶粒或单晶体，图 4-7 为提拉法示意图。生长后的晶体取向与籽晶取向相同[23]。

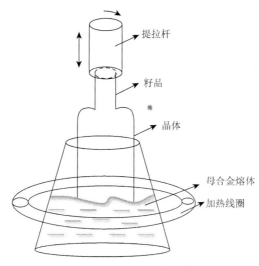

图 4-7　提拉法示意图[17]

虽然提拉法可以获得较大的晶体，但是该方法对提拉速度要求极高，一般要求提拉速度达到每秒几微米。若提拉速度过慢则会导致出现杂质，影响材料的磁致伸缩性能。因此，采用提拉法应该注意提拉速度，避免形成杂质。

2）布里奇曼法

采用布里奇曼（Bridgman）法制备磁致伸缩材料的主要步骤为将材料的母合金置于 Al_2O_3 坩埚中，采用整体加热的方式进行加热，当母合金熔化后，将带有母合金熔体的坩埚采用引杆自上而下地移出加热区，实现定向凝固。布里奇曼法可以制备大直径的材料[24]。但是布里奇曼法存在移动过慢会产生稀土挥发现象、移动过快会析出杂质晶体等缺点。另外，由于布里奇曼法外置坩埚，会给合金造成污染[25]。

3）悬浮区熔法

悬浮区熔法利用高频感应将母合金棒置于悬浮区装置中进行加热，利用母合金棒的表面张力和磁悬浮力保持其形状，并且将感应线圈以一定速率沿固定的方向由母合金棒的一端移向另一端，实现定向凝固。悬浮区熔法具有无坩埚污染、减少元素烧损、沿轴向材料成分及性能均匀等优势。不过悬浮区熔法对感应线圈的移动速率要求较高，其移动速率需要材料的表面张力、加热功率等相配合，因此该方法的实际操作较为困难。因此该方法主要用于小尺寸样品的制备[26]。

4）粉末冶金法

图 4-8 为粉末冶金法制备材料流程图。首先制备磁致伸缩材料母合金，将母合金所需元素按照母合金化学式进行计量配比。其次将配比好的元素在氩气氛围保护下经过频感熔炼得到母合金熔液，铸造后得到母合金[27]。将母合金在氩气保护下进行粉碎、球磨等工艺并将其制成合金粉末，然后将真空干燥的合金粉末在磁场取向后压制成型。最后经过高温烧结制成磁致伸缩材料样品。在使用该方法进行制备时需要注意以下几点。

（1）粉末的筛选：根据不同需求进行粉末筛选，保证粉末粒径在一定尺寸范围内。

（2）烧结温度：通常烧结的温度为 1100～1200℃。

（3）该方法的优势在于：该方法制备的材料均匀性和一致性较高、材料利用率较高且成本较低、易于实现大规模的生产。

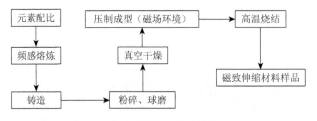

图 4-8　粉末冶金法制备材料流程图

5）黏结法

黏结法主要用于磁致伸缩复合材料的制备。该方法首先制备合金棒，其次将合金在惰性气体保护下进行粉碎、研磨并将其制成合金粉末，然后将粉碎后的粉末进行粒径筛选，将筛选后的粒径进行反复清洗后，与环氧树脂等聚合物进行混合后放置模具中定型，并放入磁场环境中进行磁化。定型后脱模可以得到磁致伸缩复合材料。该复合材料的材料利用率高、工艺简单、抗拉能力强、具有很强的可塑性。

磁致伸缩材料的制备方法还有快淬法、氢爆法等，以上制备方法各有优势，但是仍面临挑战，如提高制备纯度、提高磁致伸缩效应及批量化生产。

2. 磁致伸缩微观性能表征

二元稀土拉弗斯相化合物[28, 29]，是 $MgCu_2$ 立方 C_{15} 型晶体结构，其空间群为 227（Fd-3m）。其中稀土元素占据 8a 位，铁原子位于八面体的 16d 位。图 4-9 为二元稀土磁致伸缩材料镝-铁（$DyFe_2$）的晶胞模型[26]。

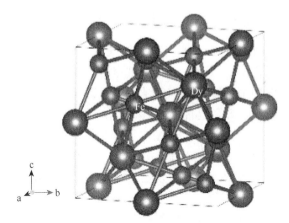

图 4-9　二元稀土磁致伸缩材料镝-铁（$DyFe_2$）的晶胞模型

当以 $DyFe_2$ 为原始晶胞，采用不同浓度的铽（Tb）元素替换镝（Dy）时，铽（Tb）的浓度 $x = 0$、0.25、0.5、1，Tb 元素的浓度在 0.27 附近（即 $Tb_{0.25}Dy_{0.75}Fe_2$）时磁致伸缩材料的磁矩最大、磁性最强，并且其体积模量 B 与剪切模量 G 之比较高，且大于 1.75，表明 $Tb_{0.25}Dy_{0.75}Fe_2$ 的延展性较好（表 4-1）[28]。

表 4-1　$Tb_xDy_{1-x}Fe_2$ 的磁矩、体积模量（B）、剪切模量（G）

$Tb_xDy_{1-x}Fe_2$	M_{total}/μ_B	M_{Tb}/μ_B	M_{Dy}/μ_B	M_{Fe}/μ_B[27]	B_H/GPa	G_H/GPa	B/G
$DyFe_2$（$x = 0$）	51.222	—	0.754	3.578	69.576	24.428	2.848
$Tb_{0.25}Dy_{0.75}Fe_2$（$x = 0.25$）	88.684	4.770	4.59	3.151	104.742	9.910	10.57

$Tb_xDy_{1-x}Fe_2$	M_{total}/μ_B	M_{Tb}/μ_B	M_{Dy}/μ_B	M_{Fe}/μ_B[27]	B_H/GPa	G_H/GPa	B/G
$Tb_{0.5}Dy_{0.5}Fe_2$ ($x=0.5$)	85.602	6.114	2.117	3.292	59.477	25.809	2.305
$TbFe_2$ ($x=1$)	52.800	0.376	—	3.487	53.688	38.268	1.403

4.2　磁致伸缩功能材料光纤电流传感器的设计与性能分析

4.2.1　差动式 GMM-FBG 交流电流传感系统的设计与性能分析

GMM 的磁滞特性使得 GMM 的历史数据对当前的测量值有影响，测量直流电流有困难，当对交流电流进行测量时，交流电流整个周期作用可以消除 GMM 对历史状态的记忆，所以用 GMM-FBG 电流传感器对交流电流测量是可行的且是有意义的，因此本节主要研究差动式 GMM-FBG 交流电流传感系统的设计与性能分析。

1. 差动式 GMM-FBG 交流电流测量的解调方法

直流电流的测量可以采用 OSA 测量两个 FBG 的中心波长差的方式进行解调，这种解调方法的优点在于：由于 ASE 光源光谱范围为 1520～1560nm，在此光谱范围内可以实现对多种中心波长的 FBG 监测，即可以同时测量检测到多个中心波长的 FBG，实现了 FBG 复用功能。该解调方法对波长漂移进行解调，因此不受光强的影响。当测量交流电流时，若按测量中心波长差的方式解调，对 OSA 的工作频率要求很高，因为交流电流是动态信号，OSA 的工作频率至少为被测电流信号频率的 2 倍才能实现解调，如顾及工频电流高次谐波及暂态电流测量，OSA 的扫描频率需要 10kHz 数量级，而大多数 OSA 都很难达到 10kHz 数量级的工作频率。因此两个 FBG 的 RS 重叠部分面积对应光功率的测量等效为差动式 GMM-FBG 交流电流的测量[30-33]。

2. 差动式 GMM-FBG 交流电流传感系统原理

具有温度补偿功能的差动式 GMM-FBG 交流电流传感系统原理如图 4-10 所示。被测电流由绕组 W_3 加载到两个回路，偏置电流流过绕组 W_1 和绕组 W_2，可以在两个磁路中分别产生与方向相同和相反的偏置磁场和，放大自发辐射光源（ASE）发出的光经过 3dB 耦合器进入 FBG_1，反射信号再经 3dB 耦合器进入 FBG_2，反射出的光经过光电转换器处理后，以电压信号形式在示波器上显示或者经过 A/D 转换在上位机中显示。

两个 FBG 光谱交叠部分的面积实质就是两个 FBG 光谱函数的相关运算，

FBG$_1$ 的 RS 为 $F_1(\lambda)$，FBG$_2$ 的 RS 为 $F_2(\lambda)$，根据相关原理[34, 35]，进入光电转换器的信号为

$$V(\Delta\lambda) = \alpha \cdot F_1(\lambda) * F_2(\lambda) \tag{4-2}$$

式中，α 为常数，是光源光强、耦合器分光比等因素造成的系统衰减。在不同激励电流下，两只传感 FBG 反射谱的中心波长发生变化，输出光功率随波长的变化反映了被测电流信息，从而实现电流信号的检测。

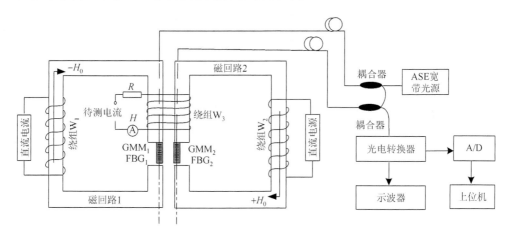

图 4-10　具有温度补偿功能的差动式 GMM-FBG 交流电流传感系统原理

对差动式传感系统相关原理解调进行以下物理描述，对差动式系统两个磁路施加相反偏置磁场，使两个 FBG 的光谱相交，此时随着被测电流的方向、大小不断变化，两个传感 FBG 重叠部分的面积不断发生变化，如图 4-11 所示。其中重叠部分的面积与经过光电转换输出的光强度成正比，由此实现交流电流的解调。当温度变化时，FBG$_1$ 和 FBG$_2$ 的中心波长向着同一个方向移动相同的距离，如图 4-12 所示，两个 FBG 交叠部分的面积并未发生改变，所以输出信号不变，因此差动式电流传感器相关原理解调也可以抑制共模信号，消除温度对交流电流测量的影响。该方式充分地利用了差动式的资源，较少地增加了光电元件，有较宽的带宽。但是由于两个 FBG 的边带的宽度有限，所以解调的信号幅度有限，适合高灵敏度小范围的高频信号解调。

为了建立相关原理解调的数值模型，并且简化问题的复杂程度，两个传感 FBG 的反射谱可以使用高斯函数表示，$F_1(\lambda)$ 为 FBG$_1$ 的反射谱，$F_2(\lambda)$ 为 FBG$_2$ 的反射谱：

$$F_1(\lambda) = y_{01} + F_0 \exp\left[\frac{-4\ln 2(\lambda - \lambda_1)^2}{b_1^2}\right] \tag{4-3}$$

$$F_2(\lambda) = y_{02} + F_0 \exp\left[\frac{-4\ln 2(\lambda - \lambda_2)^2}{b_2^2}\right] \tag{4-4}$$

式中，y_{01} 和 y_{02} 为背景反射率；b_1、b_2 分别为 FBG_1 和 FBG_2 的 3dB 带宽；λ_1、λ_2 分别为 FBG_1 和 FBG_2 的中心波长。

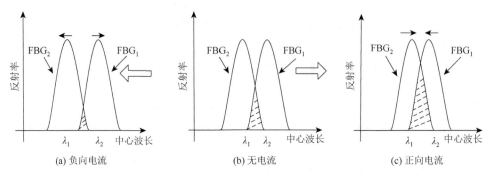

(a) 负向电流　　　　　　　　(b) 无电流　　　　　　　　(c) 正向电流

图 4-11　中心波长变化与待测电流的关系

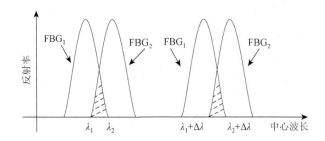

图 4-12　中心波长在温度影响下的变化

将式（4-3）、式（4-4）代入式（4-2）中得到光功率 P 为

$$\frac{P}{\alpha} = 2ay_{01}y_{02} + y_{02}R_0 \frac{b_2^2}{2}\sqrt{\frac{\pi}{\ln 2}} + y_{02}S_0 \frac{b_1^2}{2}\sqrt{\frac{\pi}{\ln 2}} + S_0 R_0 \sqrt{\frac{\pi}{\ln 2}}\frac{b_1 b_2}{\sqrt{b_1^2 + b_2^2}}\exp\left[\frac{(\lambda_1 - \lambda_2)^2}{b_1^2 + b_2^2}\right]$$

（4-5）

式中，a 为积分限。式（4-5）中与变量 λ_1 和 λ_2 无关的量是直流分量，式（4-5）中等号右边第四项是随 λ_1 和 λ_2 变化而变化的交流分量。系统的输出 $V_{\text{OUT}}(\lambda_1, \lambda_2)$ 可以表示为

$$\frac{V_{\text{OUT}}(\lambda_1, \lambda_2)}{\gamma} = S_0 F_0 \frac{\sqrt{\pi}}{2\sqrt{\ln 2}}\frac{b_1 b_2}{\sqrt{b_1^2 + b_2^2}}\exp\left[-4\ln 2\frac{(\lambda_1 - \lambda_2)^2}{b_1^2 + b_2^2}\right]$$

（4-6）

式中，γ 为常数，它包括光源光强、耦合器分束比、光路损耗、光电转换器和后续电路放大倍数的转换系数。此时系统的输出电压 $V_{\text{OUT}}(\lambda_1, \lambda_2)$ 只与 λ_1 和 λ_2 的差值有关。

3. 差动式 GMM-FBG 交流电流传感系统工作点确定

由于 GMM 具有磁滞特性和双极性，因此确定传感系统的工作点是十分重

要且困难的。首先对 GMM$_1$-FBG$_1$ 和 GMM$_2$-FBG$_2$ 加上合适的偏置磁场，确定其工作在 GMM 特性曲线单极性的线性区间，只有确定了 GMM 的线性工作区间和两个 FBG 的正交工作点，如图 4-11（b）所示，才能使得 GMM-FBG 交流电流传感器获得最大的测量范围和较高的测量精度。正交工作点的确定如下所示。

由于传感系统采用的是对两个 GMM-FBG 进行测量，对于这两个传感单元不但要考虑它们各自的线性工作区，还需要考虑用它们进行相关解调时两个 FBG 相交的位置，即需要确定正交工作点，作为 FBG$_1$ 与 FBG$_2$ 的正交工作点需要满足两个条件：

第一，在确定两个传感单元的线性工作区间之后，在这两个线性区间内找到两个 FBG 相交时对应的 FBG$_1$ 和 FBG$_2$ 的中心波长。

第二，当加载输入激励电流后，FBG$_1$ 与 FBG$_2$ 的中心波长分别向长波长方向和短波长方向各自移动 3dB 带宽的 1/2 后仍然处于线性区。

满足这两个条件的 FBG 对应的中心波长就是正交工作点。由于 FBG 反射谱的 3dB 带宽大约为 0.17nm，两个 FBG 的反射谱理论上应该能相向，长波长方向偏移 0.085nm；同时短波长方向偏移也应是 0.085nm。两者的中波长差应为 0.17nm。在线性区间范围内调节 FBG$_1$ 和 FBG$_2$ 的偏置磁场，当偏置磁场分别为 -8kA/m 和 8kA/m 时，对应的两只 FBG 的中心波长分别为 1551.19nm 和 1551.02nm，此时光电放大器输出电压 1.3V 为电流互感器的最佳工作点。无偏磁时 FBG$_1$ 和 FBG$_2$ 光谱与有偏磁时 FBG$_1$ 和 FBG$_2$ 光谱如图 4-13 和图 4-14 所示，除了中心波长变化，FBG$_1$ 和 FBG$_2$ 的整个光谱形状并没有发生改变，表明光栅没有发生啁啾现象。

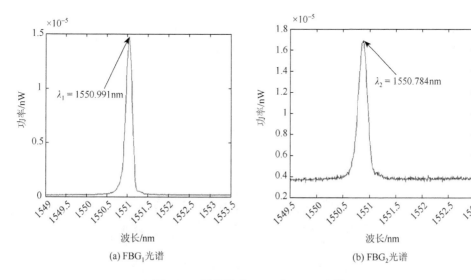

(a) FBG$_1$光谱　　　　　　(b) FBG$_2$光谱

图 4-13　无偏磁时 FBG$_1$ 和 FBG$_2$ 光谱

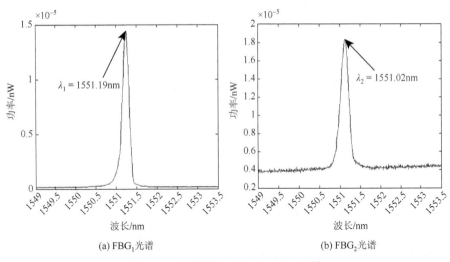

(a) FBG$_1$光谱　　　　　　　　　(b) FBG$_2$光谱

图 4-14　有偏磁时 FBG$_1$ 和 FBG$_2$ 光谱

4. 差动式 GMM-FBG 交流电流传感实验

1）交流传感电流测试实验光路和系统搭建

如图 4-15 所示，首先进行交流传感电流测试实验光路和系统搭建，被测电流产生的交变磁场被铁氧体约束并引导进入 GMM-FBG。光电检测系统主要由 BBS、光电探测器、数据采集系统组成。绕组 1、2、3 对应的匝数分别为517、567、233。本实验系统中，两只 FBG 由北京泰克里科光学技术有限公司提供，FBG$_1$ 中心波长为 1550.991nm，FBG$_2$ 中心波长为 1550.784nm，3dB 带宽为 0.17nm 左右，反射率大于 90%，栅区长度为 10mm。GMM 选用北京科技大学提供的 Terfenol-D，尺寸为 20mm×5mm×5mm。导磁材料和引导极均采用锰锌铁氧体，磁路系统尺寸为 185mm×96mm×30mm。ASE 光源谱宽 1520～

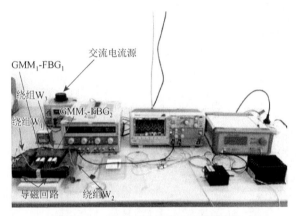

图 4-15　交流电流实验系统实物图

1560nm。光电转换器由北京康冠世纪光电科技有限公司提供，工作波长为800～1700nm，3dB 带宽为 1GHz。

2）实验系统的线性工作区间和正交工作点确定

分别调整两个磁路当中的直流偏置电压源，使电流传感器工作在最佳工作状态。调节磁路 1 与磁路 2 中的电流在两个磁路中分别产生–8kA/m 和 8kA/m 的偏置磁场，此时光电放大器输出电压为 1.3V。将双通道示波器的两个通道 CH$_1$ 与 CH$_2$ 分别接到标准电阻 R 和光电探测器输出端，用来监测传感器的输入信号和输出信号。当载流线圈绕组 1 为 233 匝时，由示波器采集的最小可测电流为 1.58A，如图 4-16 所示，对应示波器检测到的电压峰-峰值为 0.052V；当输入电流为 93.78A 时，对应示波器检测到输出电压峰-峰值最大为 2.66V，该输入电流值为传感器所能检测到的最大不失真电流，如图 4-17 所示。

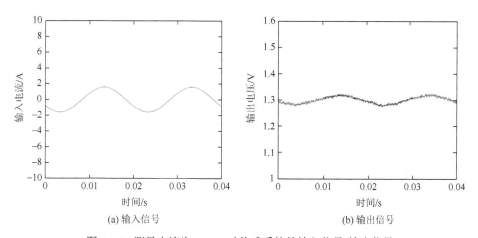

(a) 输入信号　　　　　　　　　　　(b) 输出信号

图 4-16　测量电流为 1.58A 时传感系统的输入信号-输出信号

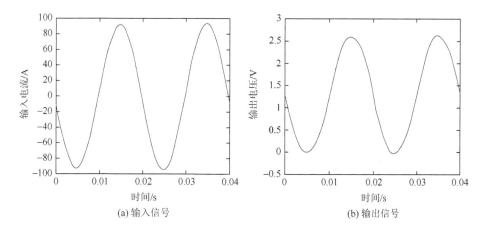

(a) 输入信号　　　　　　　　　　　(b) 输出信号

图 4-17　测量电流为 93.78A 时传感系统的输入信号-输出信号

改变 GMM-FBG 电流传感器的输入交流电流幅值，当被测电流幅值分别为 20.8A、54.9A、76.89A 时，示波器采集的信号波形如图 4-18～图 4-20 所示，CH$_1$ 通道为输入被测电流，CH$_2$ 通道为光电放大输出的解调电压信号。从图 4-21 可以看出，随着被测电流的增加，输出电压信号的波形有微小畸变，主要是由 GMM 的磁滞特性和光栅边带的非线性造成的。

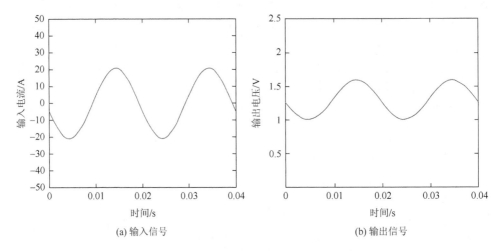

(a) 输入信号　　　　　　　　　　(b) 输出信号

图 4-18　测量电流为 20.8A 时传感系统的输入信号-输出信号

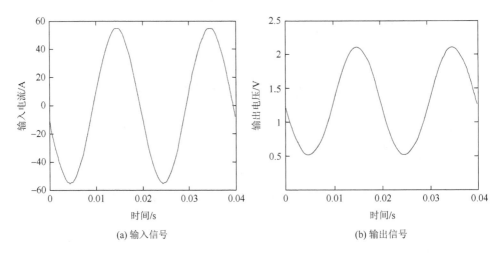

(a) 输入信号　　　　　　　　　　(b) 输出信号

图 4-19　测量电流为 54.9A 时传感系统的输入信号-输出信号

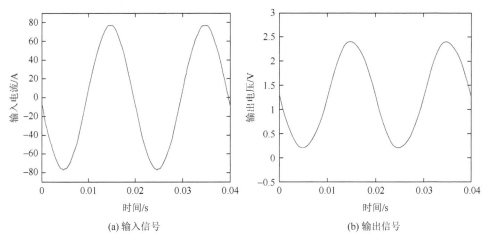

(a) 输入信号　　　　　　　　　　　　　　(b) 输出信号

图 4-20　测量电流为 76.89A 时传感系统的输入信号-输出信号

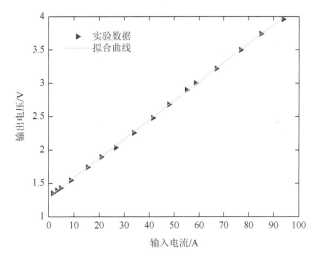

图 4-21　输出电压幅值与输入电流幅值间的关系

系统温度特性的实验结果如图 4-22 所示,可以看到当温度由 0℃变到 50℃时,静态工作点变化仅为 0.02V,该大小为满量程 2.66V 的 0.75%,这个精度对于监测应用是能满足的,验证了前面的理论分析,温度变化对电流的测量没有影响。

3)系统误差分析

GMM 磁滞回线的工作区间分为线性区间、准线性区间及非线性区间,如图 4-23 所示,当被测电流产生的磁场在 GMM 工作曲线的线性范围内时,此时输出的电压与被测电流之间近似为线性关系,随着被测电流增大,当被测电流产生的磁场进入 GMM 非线性工作区间范围内时,导致输出电压信号波形发生畸变。因此得出 GMM 的磁滞回线非线性是电流传感器的误差来源之一。

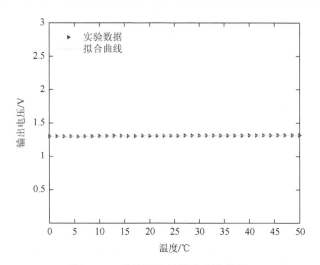

图 4-22　系统温度特性的实验结果

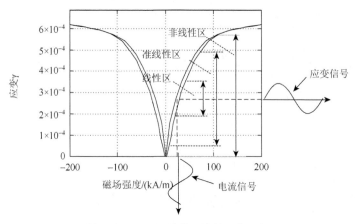

图 4-23　GMM 磁滞回线的工作区间

　　GMM-FBG 交流电流传感器的误差主要包含幅度误差和相位误差，首先介绍电流的幅度误差。

　　电流的幅度误差公式为

$$\varepsilon = \frac{KI_2 - I_1}{I_1} \times 100\% \qquad (4\text{-}7)$$

式中，K 为一次侧与二次侧额定电流比；I_1 为实际一次侧电流；I_2 为实际二次侧电流。下面分别对不同输入电流的测量值和真实值进行比较并进行误差分析[36,37]。采用 MATLAB 软件仿真出输入电流与输出电压的关系，得出传感器传递规律的表达式为

$$V = 0.027I + 1.298 \qquad (4\text{-}8)$$

电流表读数为真实电流值，通过式（4-8）计算的电流值为实际测量值，重复

交流电流传感实验，将结果列于表 4-2 中。从表 4-2 可以看出，该电流传感系统电流测量的相对误差小于 0.46%。

表 4-2　幅度误差计算表

真实电流值 I_s/A	测得电流值 I_m/A	误差 I_s-I_m/A	相对误差/%
20.85	20.90	0.05	0.24
48.00	48.12	0.12	0.25
54.99	55.17	0.18	0.33
66.99	67.22	0.23	0.45
85.04	85.39	0.35	0.41

GMM-FBG 电流传感器测量误差主要来自以下几个方面：①FBG 与 GMM 的粘贴工艺及胶层厚度对电流传感器的影响；②GMM 的磁滞非线性及两个 FBG 解调边带的非线性对测量结果造成影响；③光电探测器的噪声对 GMM-FBG 电流传感器的输出结果也会有影响。

接下来介绍电流的相位误差：电流传感器的相位误差也是衡量电流测量准确度的一个重要指标，是指输入电流信号与输出电压信号之间的相位误差。首先将采集到的输出电压信号与实际输入电流信号纵坐标归一化，再计算其相位误差。相位误差的计算方法：①确定输入信号的一个完整周期包含 3125 个采样点，这意味着 3125 个采样点对应于相位角的变化范围 2π；②将输入电流信号与输出电压信号均进行归一化处理，并比较两者在过零点（即相位为 0 或 2π 的点）处所对应采样点的位置差异，即计算它们之间相差的采样点数；③通过这一实验数据，我们可以精确地计算出输入电流信号与输出电压信号之间的相位差。当被测电流为 8.87A 时，电流传感器的相位误差为 31.11′，同理当被测电流为 20.85A、41.47A、66.99A、93.78A 时，其相位误差分别为 57.41′、70.64′、103.66′、121.49′。相位误差数据表如表 4-3 所示，对以上数据分析可知，随着待测电流的增大，电流传感器的相位误差逐渐增大。

表 4-3　相位误差数据表

被测电流/A	相位误差/(′)
8.87	31.11
20.85	57.41
41.47	70.64
66.99	103.66
93.78	121.49

因为随着待测电流的增大，产生的感应磁场强度也增大，在图 4-23 中，传感部分的 GMM 工作区从线性区进入到准线性区，GMM 传感的非线性增加。尤其在工作点

附近 GMM 滞回特性明显，对于每一个输入交变信号在信号变为零时相位误差最大。通过上述分析可知，GMM 的磁滞非线性也是造成 GMM-FBG 电流传感器相位误差的主要原因，导致电流传感器输出波形有微小畸变，即一个周期内的波峰与波谷不对称。

5. 交流电流传感器的传递函数

GMM-FBG 电流传感器的输入是电流信号，解调出的是电压信号，只有两者保持良好的线性关系才能实现电流的准确测量。在选择合适的正交工作点情况下，当被测交流电流的值分别为 1.59A、8.9A、20.6A、54.5A 时，传递函数曲线如图 4-24～图 4-27 所示。

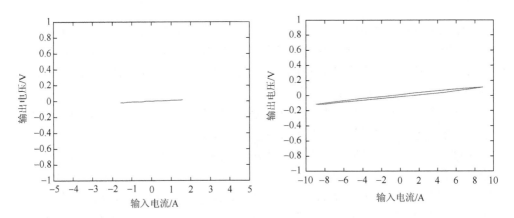

图 4-24　被测交流电流的值为 1.59A 时的传递　图 4-25　被测交流电流的值为 8.9A 时的传递
函数曲线　　　　　　　　　　　　　　　函数曲线

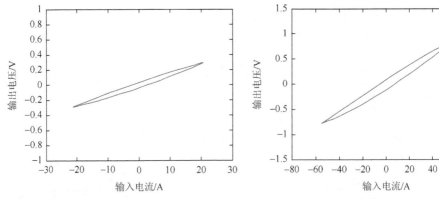

图 4-26　被测交流电流的值为 20.6A 时的传递　图 4-27　被测交流电流的值为 54.5A 时的传递函
函数曲线　　　　　　　　　　　　　　　数曲线

　　继续增大电流,当被测交流电流的值分别为 61.98A、85.28A、115.34A、123.49A 时得到的传递函数曲线族如图 4-28 所示,可以看出,该电流传感器传递函数曲线具有较好的一致性,但随着输入电流信号的增加,传递函数曲线的磁滞非线性增加了,尤其过零点处误差最大,这与相位误差实验得出的结论是一致的。

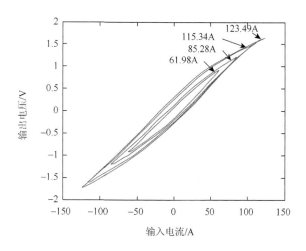

图 4-28　GMM-FBG 电流传感器传递函数曲线族

6. 交流电流传感器工作点失配分析

　　在交流电流测量实验过程中,选择合适的线性工作区间及正交工作点,可以使得电流传感器获得比较大的线性测量范围,一旦这两个条件不满足,通过示波器采集到的正弦信号会出现顶部凹陷失真或者削底的现象。GMM 磁滞回线的工作区间如图 4-23 所示,从中可知 GMM 的线性工作区间为 $200\sim350\mu\varepsilon$,有 $150\mu\varepsilon$ 的线性区间,对应 FBG 的中心波长为 180pm。在确定了 GMM 的线性区间和静态工作点的条件下,FBG 中心波长在 180pm 范围内变化都会有解调信号输出。

　　通过两个传感 FBG 相交部分的面积实现解调。本实验系统采用的 FBG 的 3dB 带宽为 170pm。通过实验验证 GMM 的线性区大于 FBG 边带的线性区,所以电流传感器的输出波形失真是由正交工作点在 FBG 边带的位置不合适(过高或过低)引起的,如图 4-29 所示。

　　当正交工作点低于 P 点时,被测交流电流负向增大,FBG_1 与 FBG_2 相背运动,当两个 FBG 的边带刚好不相交时,此时光电探测器解调出的电压信号为 0,然而随着被测交流继续负向增大,FBG_1 向短波长的方向移动,同时 FBG_2 向波长更长的方向移动,两个 FBG 交叠部分的面积仍然为 0,所以此时经光电探测器解调出的信号出现底部失真,如图 4-30 所示。

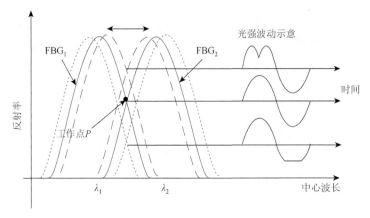

图 4-29　正交工作点位置示意图

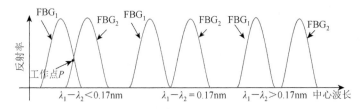

图 4-30　正交工作点偏低时中心波长在负向电流下的变化

当正交工作点高于 P 点时，被测交流电流正向增大，FBG_1 与 FBG_2 相对运动，当两个 FBG 的光谱刚好重叠时，此时光电探测器解调出的电压信号最大，随着被测交流电流继续正向增大，FBG_1 向波长更长的方向移动，同时 FBG_2 向波长更短的方向移动，所以两个 FBG 交叠部分的面积由最大逐渐变小，当被测交流电流达到正向幅值后逐渐减小，此时 FBG_1 向短波长的方向移动，FBG_2 向长波长的方向移动，两个 FBG 将再一次重合，随后交叠面积变小，此时经光电探测器解调出的信号顶部出现两个峰值即凹陷失真，如图 4-31 所示。

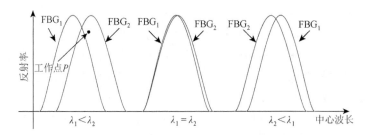

图 4-31　正交工作点偏高时中心波长在正向电流下的变化

在实验中调谐 FBG_1 和 FBG_2 上的偏置电流，分别把正交工作点设置偏低或者偏高，输出电压信号的波形图如图 4-32 所示。

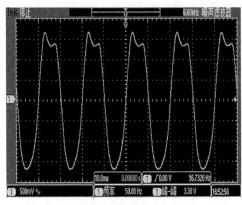
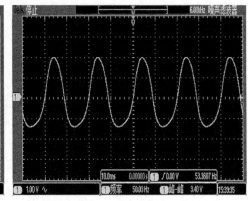

(a) 正交工作点偏高时输出电压信号　　　　　　　　(b) 正交工作点偏低时输出电压信号

图 4-32　正交工作点失配时输出电压信号的波形图

4.2.2　EFPI-GMM 高分辨率电流传感器的设计与性能分析

1. EFPI 和 GMM 电流传感器结构设计

FP 是法布里和珀罗在 1897 年发明的一种可以实现多光束干涉的仪器，由于其具有结构非常灵活、测量灵敏度高等优点，近些年来不断地发展和完善，可以对压力、温度、位移等多种参量进行实时监测，所以应用在许多场合[38-41]。

FP 是基于多光束干涉原理制作而成的，对单束光波进行振幅分割形成多光束。FP 干涉仪原理示意图如图 4-33 所示。

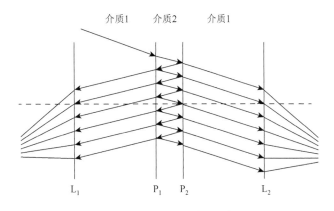

图 4-33　FP 干涉仪原理示意图

当一束光波入射到两个平行平面上时，在两个平行平面间多次反射，形成多束透射光和反射光在平面两侧发生干涉效应，两个平行平面构成的腔称为法-

珀腔，也是干涉仪的传感部分，形成的干涉谱分布与光程差相关，法-珀腔的长度为 l，光程差为 $2l$。根据多光束干涉的基本原理，法-珀传感器反射谱的输出光功率为

$$I(\lambda, l) = I_0(\lambda) \cdot \frac{R_1 + R_2 - 2\sqrt{R_1 R_2} \cos(4\pi n_0 / \lambda)}{1 + R_1 R_2 - 2\sqrt{R_1 R_2} \cos(4\pi n_0 / \lambda)} \tag{4-9}$$

式中，I_0 为入射光功率；λ 为入射光波长；n_0 为法-珀腔内介质的 RI；R_1、R_2 为构成法-珀腔两个端面的反射率。根据式（4-9）可以得出，法-珀传感器输出光功率是入射光波长与 FP 腔腔长的函数。

EFPI 是指干涉腔为非光纤物质的干涉仪，本书采用光纤端面与石英膜片作为两个反射面，空气作为干涉腔构成干涉仪，在此基础上设计的基于 EFPI 干涉仪和 GMM 的电流传感器原理如图 4-34 所示。载流导体在由铁氧体、GMM 棒、气隙构成的磁回路中形成磁场强度通量，驱动 GMM 棒伸缩，FP 干涉仪腔长与输出光强间的关系由式（4-9）决定，在一定中心波长窄带光源入射的情况下，形成输出光强与腔长间的关系，如图 4-35 所示，调整窄带光源中心波长，使干涉曲线与设定腔长交于正交工作点 P，并且当光源的中心波长由 1550nm 变化到 1547nm 时，工作点由 P 点漂移到 P_1 点。当中心波长由 1550nm 变化到 1553nm 时，工作点由 P 点漂移到 P_2 点，所以通过调节光源的中心波长就可以在特定的腔长下找出传感器的正交工作点[42-44]。

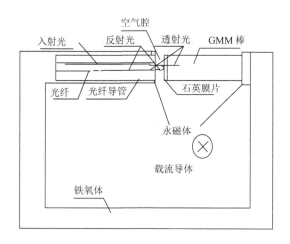

图 4-34　基于 EFPI 干涉仪和 GMM 的电流传感器原理

交变电流驱动 GMM 伸缩，这使得腔长发生动态变化，对干涉曲线边带上的 P-A-B-P 各点进行解调，解调结果表示输出光功率的变化。为了保证 GMM 工作

在线性区，由永磁体为 GMM 棒施加恒定磁场。由式（4-9）可知，腔长-光功率输出干涉曲线的周期为入射光源中心波长的 1/2，对于中心波长为 1550nm 的光源，周期为 755nm，那么用于解调的半个周期的干涉条纹边带宽度仅为 387.5nm，在 *A-P-B* 线性范围内解调，系统将会有很高的灵敏度。

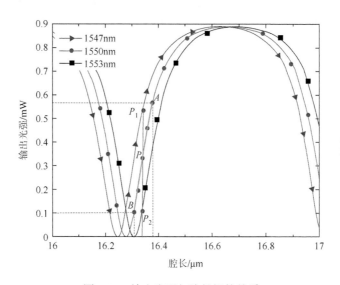

图 4-35　输出光强与腔长间的关系

2. 反射率的影响

由式（4-9）可知，FP 传感器的输出光功率与两个端面反射率也有关系，当 $R_1 = R_2$ 时，称为对称型 FP 传感器；当 $R_1 \neq R_2$ 时，称为非对称型 FP 传感器。当端面反射率 $R_1 = R_2 = 4\%$、30%、50%、70%时，如图 4-36 所示，可以看出反射率与输出光功率和灵敏度成正比，与线性工作区间成反比，从图中看出当端面反射率为 30%和 50%时，既兼顾了灵敏度又获取了较宽的量程。

考虑到传感器的制作方便，石英膜片镀膜反射率可以调整，光纤端面不镀膜反射率为 4%，非对称型 FP 传感器的特性曲线如图 4-37 所示，其中光纤端面的反射率 $R_1 = 4\%$，石英膜片的反射率 $R_2 = 4\%$、30%、50%、70%，从图中可以得出石英膜片反射率越高，信号调制度越高的结论，但此时单调线性区间的斜率变化规律不是很明显，也就是说灵敏度是近似的，为了保证信号调制度，选择石英膜片反射率为 50%。

3. FP 传感器的工作点选取

工作点选取有两种方式：第一种是在设定 FP 传感器腔长的情况下，如图 4-35

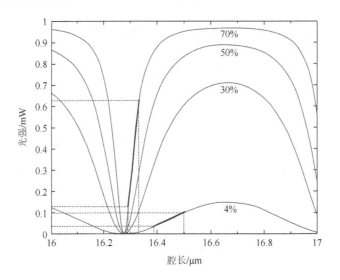

图 4-36　对称型 FP 传感器的特性曲线

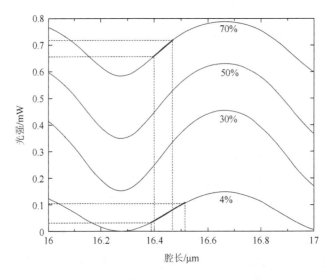

图 4-37　非对称型 FP 传感器的特性曲线

所示，通过调节光源的中心波长，找出输出光强最小值与输出光强最大值，当输出光强为最大值和最小值之差的 35% 时，得到对应 DFB 光源的中心波长，在此中心波长下通过腔长与光强的关系曲线就可以找到正交工作点 P。第二种是当 ASE 光源入射 FP 传感器时，用 OSA 观察 FP 传感器的光谱，得到波长与光强的曲线，如图 4-38 所示，为了便于准确地选择 FP 传感器工作的线性区间及工作点，对图中的纵坐标进行变换得出光源的波长与 FP 传感器反射光强的线性关系，如图 4-39 所示。

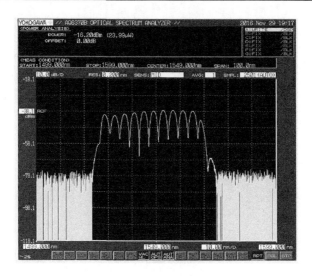

图 4-38　FP 传感器的 RS

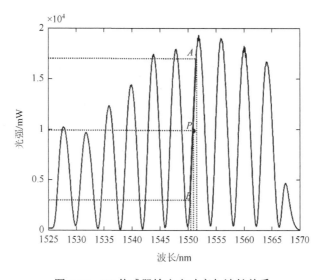

图 4-39　FP 传感器输出光功率与波长关系

图 4-39 中选取了光强最大值的 1/2 对应的波长并将其为光源的工作波长，即 AB 边带的中点 P，P 点对应的波长为 1552nm，将窄带 DFB 激光器的中心波长调谐到 1552nm 处，此时用 DFB 激光器照射 FP 传感器得到其输出光功率与腔长间的关系曲线如图 4-40 所示，可以看出在这条曲线上此时腔长 30.42μm 对应输出的光功率也为最大光强的 1/2，即 O 点为正交工作点，CD 为线性工作区间。

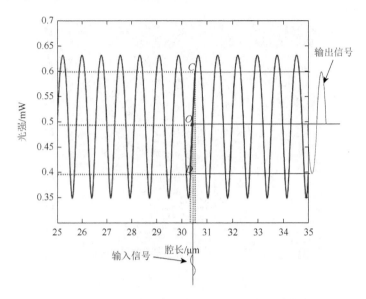

图 4-40　FP 传感器输出光强与腔长间的关系曲线

4. EFPI 电流传感系统设计

EFPI 和 GMM 电流传感系统如图 4-41 所示，传感器的 FP 腔由石英膜片和光纤尾纤端面构成，其中选取反射率 50%的镀膜石英膜片粘贴在 GMM 上，光纤由切割刀切割处理后反射率为 4%，调谐 DFB 激光器工作波长到 1552nm 处，在绕组 1 中输入的是待测电流，当待测电流发生变化时，磁路当中的磁场发生变化，GMM 的长度随着磁场的变化而改变，改变了 FP 传感器的腔长，这时窄带 DFB 激光器输出的光进入 FP 传感器后反射光的光功率发生改变,经光电转换器转换成电信号并在示波器上显示，由此解调出了待测信号。并且通过对 DFB 激光器输出

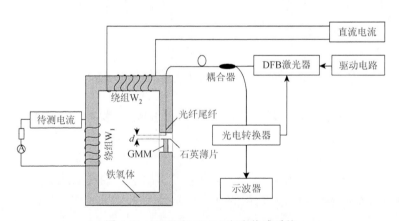

图 4-41　EFPI 和 GMM 电流传感系统

波长进行调节，达到锁定正交工作点的目的。以正交工作点处经光电转换输出的信号电压幅值作为目标信号，工作点一旦发生偏移，偏离点与目标信号的差值经光电转换器反馈到 DFB 激光器，使 DFB 激光器通过调节单元把输出的波长锁定到工作点。

5. EFPI 电流传感实验

将示波器的两个通道 CH_1 与 CH_2 分别接到标准电阻 R 和光电探测器输出端，用来监测传感器的输入和输出信号。当载流线圈绕组 1 为 517 匝时，由示波器采集的测量电流为 0.1A（安匝电流），如图 4-42 所示，对应示波器检测到的电压峰-峰值为 0.01V；当输入电流为 8.97A 时，如图 4-43 所示，对应示波器检测到输出电压峰-峰值为 0.22V；当输入电流为 15.25A 时，如图 4-44 所示，对应示波器检测到输出电压峰-峰值为 0.35V，该输入电流值为传感器所能检测到的最大电流。

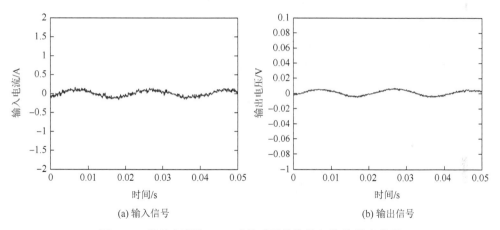

(a) 输入信号　　　　　　　　　　　　(b) 输出信号

图 4-42　测量电流为 0.1A 时传感系统的输入信号-输出信号

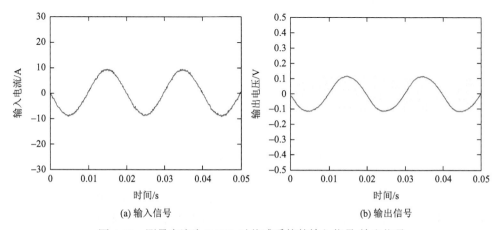

(a) 输入信号　　　　　　　　　　　　(b) 输出信号

图 4-43　测量电流为 8.97A 时传感系统的输入信号-输出信号

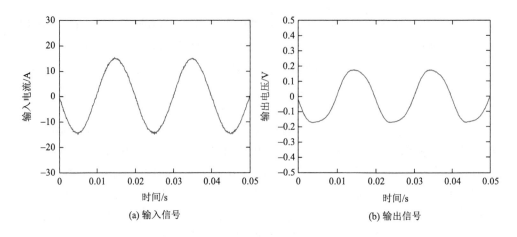

(a) 输入信号　　　　　　　　　　(b) 输出信号

图 4-44　测量电流为 15.25A 时传感系统的输入信号-输出信号

由此可以确定，传感器的测量范围为 0.1～15.25A，并且输入信号与输出信号呈较好的线性关系，线性拟合度达到 0.9984，如图 4-45 所示，可以看出传感器线性区的满量程精度为 0.66%，最小可测电流即分辨率为 0.1A，与差动式双磁路结构测到的最小电流 1.58A 相比分辨率提高了近 16 倍。

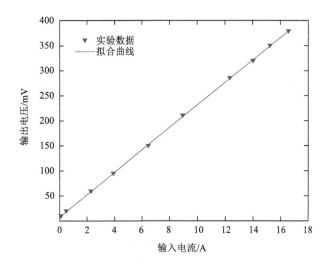

图 4-45　输出电压幅值与输入电流幅值间的关系

当输入电流为 0.1A、8.97A、15.25A 时，输入电流信号的曲线族、输出电压信号的曲线族分别如图 4-46 和图 4-47 所示，输入电流信号与输出电压信号在过零点处保持一致性较好，即过零点误差较小，当输入电流增大时，输出电压信号略有失真，这是由于测量范围已经到达量程，然而当输入电流为 15.25A（传感系统满量程输出）时，系统没有表现出由磁滞非线性引起的相位误差。

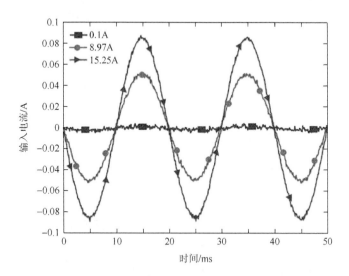

图 4-46　输入电流信号的曲线族

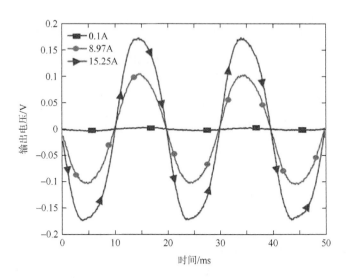

图 4-47　输出电压信号的曲线族

当被测电流为 8.97A 时，即传感器测量分辨率的 89 倍时，对应的传递函数曲线如图 4-48 所示，可以看出，回线的磁滞特性不明显，这是因为电流传感系统测量电流时仅使用了 GMM 线性工作区间中很小的一部分，所以电流传感系统受到磁滞非线性的影响较 GMM-FBG 电流传感系统要小很多[45-47]。

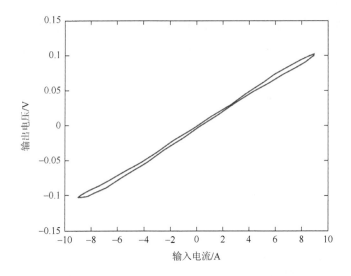

图 4-48　被测电流为 8.97A 时的传递函数曲线

4.3　交流电流传感器的磁滞非线性校正

本节设计一种对 GMM 的磁滞非线性进行校正的方法，由于 GMM 响应的回滞特性，输入电流与输出电压间是一种回线关系而不是单调函数关系，因此输入电流信号与输出电压信号间存在与幅度有关的瞬时误差及相位误差，从而无法准确地测量输入电流信号。利用电流传感器对应不同输入电流得到的传递函数曲线，从图形学角度分析这些传递函数曲线的规律，采用比例法和顶点坐标拟合法求出系统的未知电流对应的传递函数，再结合传感系统输出电压信号来实现被测电流的重建，重建后的信号幅度误差与相位误差减小，这两种校正方式极大地提高了GMM-FBG 电流传感器的测量精度。

1. 磁致伸缩材料磁滞非线性传感模型

建立 GMM 的磁滞非线性的传感模型，就是要确定外加磁场强度和 GMM 的磁致伸缩性能间的关系，目前应用最广泛的磁滞数值模型有普雷萨赫（Preisach）模型[48-50]和吉尔斯-阿瑟顿（Jiles-Atherton）[51-53]模型。Preisach 模型是在 1935 年德国物理学家 Preisach 基于对磁化现象物理机理的一些假设的基础上提出的一种磁滞模型。Jiles-Atherton 模型是在 1983 年物理学家 Jiles 和 Atherton 通过对畴壁运动机理研究的基础上建立起来的磁化强度磁滞模型，通过推导出描述不可逆微分磁化率和可逆微分磁化率的两个微分方程，结合合适的磁化函数，求解这两个普通微分方程，即可得到磁化强度与外加磁场的滞回曲线。

（1）Preisach 模型。Preisach 模型认为一个铁磁材料由许多偶极子组成，由两个统计分布参数矫顽力 h_c 和邻近偶极子场 h_m 来描述每个偶极子的磁特征。当外加磁场 $H > h_m + h_c$ 时，偶极子取 $+m_s$ 状态；当 $H < h_m - h_c$ 时，偶极子取 $-m_s$ 状态；当 $h_m - h_c < H < h_m + h_c$ 时，偶极子的状态与 H 的历史状态有关。整个偶极子关于 h_m、h_c 有一个分布函数，称为 Preisach 密度函数[54, 55]。

（2）Jiles-Atherton 模型。Jiles-Atherton 模型是基于"钉扎"连接位置抑制畴壁运动理论建立起来的磁化强度磁滞模型[56, 57]。总的说来，GMM 的磁化过程实质就是磁畴的变化过程，包括畴壁的移动及旋转。在未被磁化的 GMM 中，每个磁畴内的初始磁化方向不同，此时的 GMM 的平均统计磁矩值为零，GMM 不显示磁性。当 GMM 处于外加磁场中时，磁畴的改变使得 GMM 的磁感应强度随外磁场而变化。

2. 交流电流传感器磁滞非线性校正原理

由于 GMM 磁致应变与外施磁场强度间的磁滞非线性，系统对激励的响应是复杂的，为了尽可能地消除非线性的影响，用恒定磁场将系统的工作点设定在非线性影响最小的线性区内。尽管如此，系统的磁滞特性的影响是消除不掉的，因为随着被测电流范围的增大，进入了 GMM 的非线性传感范围，除此之外随着被测电流增大，即磁场增大，GMM 伸缩引起 FBG 中心波长的变化超出了 FBG 边带的线性范围。由于 GMM 具有记忆性，系统的响应不但是瞬时激励的函数，还是历史输出的函数，对应输入交流电流幅值随时间上升或下降，同时系统是一个逆时针回线输出的响应，则称激励-响应的传递函数为磁滞回线关系。对于标准的正弦输入电流信号，电流传感系统输出的电压信号并不是完全规则的正弦，如图 4-49 所示。输出响应波形发生了失真，不能准确地反映输入的电流信

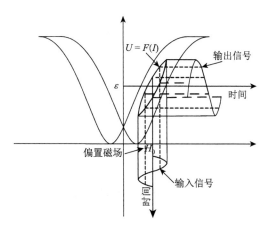

图 4-49　GMM 的传感原理

号特征。因此要提高交流电流传感器的精度就要采取有效的措施来校正 GMM 的磁滞非线性[58-60]。

采用的校正原理首先要通过一些已知的信息来获得电流传感系统的传递函数 F，再求取 F^{-1}，根据求得的逆函数 F^{-1} 实现被测电流波形重建，即将 GMM-FBG 电流传感器输出的电压信号 U 经过逆函数 $i = F^{-1}(U)$ 计算，就可以求得与被测电流近似的校正电流，由此可以校正由 GMM 磁滞非线性和光栅边带的非线性引起的幅度与相位误差，比较准确地获取重建被测电流信号，提高电流传感器的精度。

3. 基于图形学原理的交流电流传感系统磁滞非线性校正

通过 GMM-FBG 交流电流传感系统测得的实际数据，可以得到输入电流幅值为 20.62A、33.78A、47.07A、55.21A、76.89A 时对应的传递函数曲线，如图 4-50 所示。从图 4-50 中可以看出，随着输入电流的增大，曲线的面积变大，系统的传递函数的非线性变大，并且过零点处的误差最大，下面从图形学角度总结这 5 组传递函数曲线的规律。

第 1 条：回线的所有极值点可以连成一条单调上升的曲线，说明输入交流电流幅值和输出电压信号幅值之间为单调函数关系。第 2 条：回线之间不交叉，所有滞回曲线的走势基本一致，具有很好的图形学规律。

下面根据总结出的图形学规律，本节提出两种校正电流传感系统磁滞非线性的建模方法。

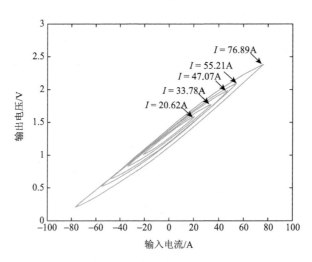

图 4-50　电流传感器传递函数曲线

1）比例法建模

从图形学的角度分析，假设 47.07A 对应的回线 1 和 76.89A 对应的回线 3 是已知的，电流 55.21A 对应的回线 2 是未知的，但可以由输出信号中读出它的最大值和最小值处的纵坐标，根据总结出的图形学规律中的第 1 条，回线 2 的顶点一定是处于回线 1 和回线 3 的顶点之间，且在顶点构成的曲线上，由顶点曲线方程计算出回线 2 的极值点处的横坐标即输入电流幅值，再根据图形学规律的第 2 条，所有回线变化趋势基本一致，所以回线 2 定义域内的点到回线 1 与回线 3 定义域内相应点的距离之比等于回线 2 的顶点到回线 1 与回线 3 顶点的距离比，由此求出回线 2 上定义域内任何一点的坐标值，这种方法称为比例法。对回线 2 定义域中的 0 点，以及 1/4 与 3/4 处的点的坐标进行求取，最后把这几个点的坐标与顶点坐标进行多项式拟合，得出的数学表达式即回线 2 的传递函数。比例法具体的求解步骤如下所示。

（1）对于未知输入电流，可以从示波器上获得输出电压幅值，即未知电流对应回线顶点的纵坐标。对图 4-50 中除待测电流 55.21A 外 4 条回线的 8 个顶点进行 4 次多项式拟合，拟合后的曲线，如图 4-51 所示，得到 8 个顶点分布规律的方程如下：

$$U = -5.93 \times 10^{-10} \times I^4 + 5.32 \times 10^{-9} \times I^3 + 4.23 \times 10^{-6} \times I^2 + 1.43 \times 10^{-2} \times I + 1.31$$

（4-10）

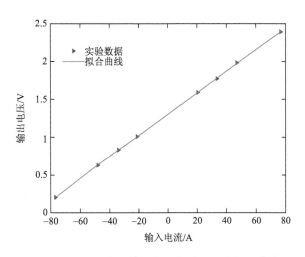

图 4-51 极值点处输出电压与输入电流拟合曲线

从图 4-51 中看出，所有的顶点都在一条直线上，因此顶点分布规律的方程可以简化为

$$U = 1.43 \times 10^{-2} \times I + 1.31 \qquad （4-11）$$

把 55.21A 对应回线顶点的纵坐标分别输入式（4-11）求出相应的横坐标，得

到 55.21A 对应的顶点坐标为（55.21A，2.099V）和（−55.21A，0.5231V）。

（2）分别求出由 55.21A 对应回线顶点到 47.07A 与 76.89A 对应回线顶点距离，计算出左端 3 个顶点的距离比为

$$\frac{L(76.89A - 55.21A)}{L(55.21A - 47.07A)} = 2.97 \tag{4-12}$$

同理得出右端 3 个顶点的距离比为 2.91，求出顶点距离比的平均值 $K = 2.94$。

（3）在 47.07A 对应磁滞回线的定义域取 0 点，以及 1/4 与 3/4 处的点即 $I = 0A$、±11.76A，同样 76.89A 对应回线的 3 个点即 $I = 0A$、±19.22A，代入 47.07A 和 76.89A 对应回线上下部分的表达式中并求出 3 个点在回线上下部分的坐标，根据顶点距离比求出 55.21A 相应磁滞回线上下部分在 25%、0.75%处的 3 个点，即 $I = 0A$、±13.63A 的坐标值。

（4）由步骤（1）得到的 2 个顶点坐标和由步骤（3）得到上下部分的 3 个点的坐标，分别拟合得到 55.21A 上下部分的传递函数曲线，如图 4-52 所示，相应的传递函数方程为

$$U = 1.61 \times 10^{-11} \times I^5 - 2.43 \times 10^{-10} \times I^4 - 3.76 \times 10^{-7} \times I^3$$
$$- 3.69 \times 10^{-5} \times I^2 + 0.02 \times I + 1.39 \tag{4-13}$$

$$U = 1.88 \times 10^{-11} \times I^5 + 2.55 \times 10^{-9} \times I^4 - 1.38 \times 10^{-7} \times I^3$$
$$- 3.69 \times 10^{-5} \times I^2 + 0.01 \times I + 1.18 \tag{4-14}$$

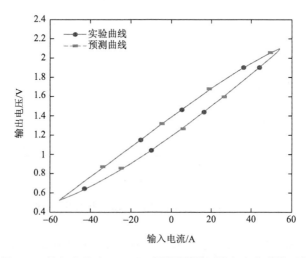

图 4-52　输入电流为 55.21A 时预测磁滞回线和真实磁滞回线

从图 4-52 可以看出，求出的传递函数与真实传递函数基本重合，在两个顶点附近存在一定的误差，这与求取传递函数时取点较少有一定的关系，若在两个已

知磁滞回线再取其他点，得到的磁滞回线与真实的磁滞回线重合度会更高，但是计算的时间会增加，实时性会受影响。

　　2）顶点坐标拟合法建模

　　比例法求取电流传感系统传递函数的前提是每一组电流对应的磁滞回线的变化趋势要一致，顶点距离的比值决定待测电流对应磁滞回线上所有点的坐标。无法加入其他对待求磁滞回线的限定条件，因此本节提出另一种求取传递函数的方法。图 4-50 中任意输入电流 I 在 4 组已知回线上的输出电压信号与相应回线的输入电流幅值之间是有规律的，通过实验可以得到这个规律，并用数学模型来表示，把根据式（4-11）得到的被测电流幅值代入模型就可以求出电流 I 在被测电流对应回线上的输出电压值，同理多选取几组任意电流就可以求出被测电流对应回线上更多点的坐标，对这些坐标进行多项式拟合得到被测电流对应磁滞回线的数学模型，这种方法称为顶点坐标拟合法。

　　这里同样以求取输入电流为 55.21A 时系统传递函数为例，假设图 4-51 中电流 20.62A、33.78A、47.07A、76.89A 和它们对应回线的数学模型是已知的，输入电流 55.21A 及其相应回线的数学模型是未知的。顶点坐标拟合法具体的求解步骤如下所示。

　　（1）未知回线顶点输出电压可以由示波器直接读出，代入式（4-11）求出顶点输入电流，由此求出未知回线的顶点坐标为（55.21A，2.099V）和（−55.21A，0.5231V）。

　　（2）任意输入电流 I 在 4 个已知回线上的输出电压信号与相应回线的输入电流幅值之间是有规律的，通过实验可以得到这个规律及对应的拟合曲线，由于 GMM 的传递函数不是单值函数，因此在对它的回线求解时分为上半部分和下半部分分别求解，这里仅描述回线上半部分求解。4 个已知回线的输入电流幅值 $I_{1m} \sim I_{4m}$ 依次为 20.62A、33.78A、47.07A、76.89A，任意电流 I（$I = 0$A、±15.47A、±25.33A）在 4 个已知回线的上半部分的输出电压信号值为 $U_1(I) \sim U_4(I)$，用 $I_{1m} \sim I_{4m}$ 分别和 $U_1(I) \sim U_4(I)$ 拟合出函数表达式，由此获得 4 个已知回线输入电流幅值与任意输入电流 I 在 4 个已知回线上的输出电压信号间的规律。

　　当 $I = 25.33$A 时，$I_{1m} \sim I_{4m}$ 与 $U_1(25.33\text{A}) \sim U_4(25.33\text{A})$ 拟合出的函数关系表达式为

$$U = 1.71 \times I^2 + 1.74 \times I + 1.79 \qquad (4\text{-}15)$$

　　当 $I = 15.47$A 时，$I_{1m} \sim I_{4m}$ 与 $U_1(15.47\text{A}) \sim U_4(15.47\text{A})$ 拟合出的函数关系表达式为

$$U = 1.54 \times I^3 + 1.57 \times I^2 + 1.60 \times I + 1.65 \qquad (4\text{-}16)$$

　　当 $I = 0$A 时，$I_{1m} \sim I_{4m}$ 与 $U_1(0\text{A}) \sim U_4(0\text{A})$ 拟合出的函数关系表达式为

$$U = 1.54 \times I^3 + 1.36 \times I^2 + 1.38 \times I + 1.41 \tag{4-17}$$

当 $I = -15.47\text{A}$ 时，$I_{1m} \sim I_{4m}$ 与 $U_1(-15.47\text{A}) \sim U_4(-15.47\text{A})$ 拟合出的函数关系表达式为

$$U = 1.10 \times I^3 + 1.13 \times I^2 + 1.14 \times I + 1.17 \tag{4-18}$$

当 $I = -25.33\text{A}$ 时，$I_{2m} \sim I_{4m}$ 与 $U_1(-25.33\text{A}) \sim U_4(-25.33\text{A})$ 拟合出的函数关系表达式为

$$U = 0.97 \times I^2 + 0.99 \times I + 1.01 \tag{4-19}$$

式（4-15）～式（4-19）对应的拟合曲线如图 4-53 所示。

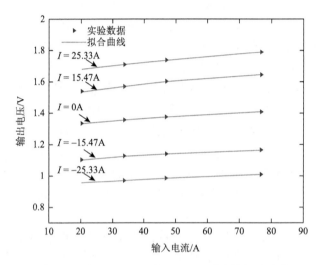

图 4-53　式（4-15）～式（4-19）对应的拟合曲线

（3）把未知回线顶点坐标的极大值 55.21A 分别代入式（4-10）～式（4-14）中，求出对于输入电流 $I = 0\text{A}$、$\pm 15.47\text{A}$、$\pm 25.33\text{A}$ 在未知回线上的输出电压值，由此求得未知回线上 5 个点的坐标。

（4）把步骤（2）、（3）求出的 5 个点坐标和步骤（1）求出的 2 个顶点坐标进行多项式拟合，得到未知回线上半部分的函数表达式为

$$U = 2.73 \times 10^{-9} \times I^4 - 1.83 \times 10^{-7} \times I^3 + 3.40 \times 10^{-5} \times I^2$$
$$+ 1.49 \times 10^{-2} \times I + 1.19 \tag{4-20}$$

同理，未知回线下半部分函数的表达式为

$$U = -2.70 \times 10^{-9} \times I^4 - 3.33 \times 10^{-7} \times I^3 + 1.50 \times 10^{-5} \times I^2 + 1.53 \times 10^{-2} \times I + 1.39$$
$$\tag{4-21}$$

将预测出的回线与实验测得回线进行对比，如图 4-54 所示，从图中看出预测曲线与实验曲线基本一致。

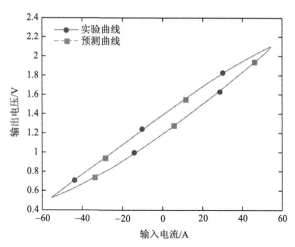

图 4-54　输入电流为 55.21A 时预测磁滞回线和真实磁滞回线

顶点坐标拟合法利用有限的已知条件来预测未知电流对应磁滞回线的数学模型，并且预测回线与真实回线相比误差很小，两者基本完全重合。为了说明顶点坐标拟合法的普遍适用性，我们又选取电流 73.90 进行校正，把步骤（3）求出的 5 个点坐标和步骤（1）求出的 2 个顶点坐标进行多项式拟合，得到 73.9A 上半部分的函数表达式为

$$U = -2.30 \times 10^{-3} \times I^4 - 2.08 \times 10^{-3} \times I^3 - 4.46 \times 10^{-3} \times I^2 + 0.31 \times I + 0.0357 \quad (4\text{-}22)$$

73.9A 下半部分的函数表达式为

$$U = 5.36 \times 10^{-3} \times I^4 - 5.29 \times 10^{-3} \times I^3 + 9.48 \times 10^{-3} \times I^2 + 0.32 \times I - 0.0483 \quad (4\text{-}23)$$

预测磁滞回线和实验测的磁滞回线对比，如图 4-55 所示，从图中看出预测曲线与实验曲线基本一致。

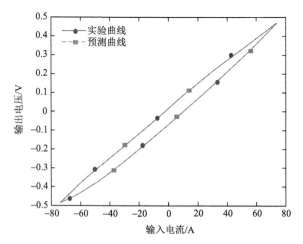

图 4-55　输入电流为 73.9A 时预测磁滞回线和真实磁滞回线

4. 校正结果分析

1）比例法校正实验

电流为 55.21A 时传感系统校正前的输入信号-输出信号如图 4-56 所示。根据比例法求出 55.21A 时对应的传递函数的逆函数，利用逆函数对测得的输出电压信号进行磁滞校正重建，当电流为 55.21A 时传感系统校正后的输入信号-输出信号如图 4-57 所示。将不同相角时输入信号与重建信号的瞬时值的差也标在两个图中，定义为瞬时误差。校正后最大瞬时误差从 0.18A 下降到 0.023A，过零点的相位误差由 1.56° 下降到 0.13°，说明比例法对传感系统磁滞非线性的校正是有效的。

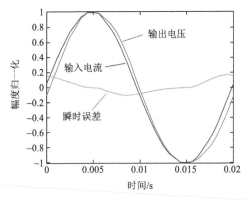 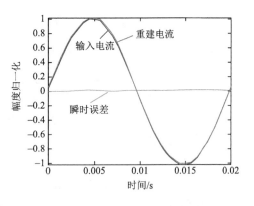

图 4-56　电流为 55.21A 时传感系统校正前的　　图 4-57　电流为 55.21A 时传感系统校正后的
　　　　　　　输入信号-输出信号　　　　　　　　　　　　　　　输入信号-输出信号

2）顶点坐标拟合法校正实验

由顶点坐标拟合法求出了电流为 55.21A 时对应的传递函数表达式，并求出它的逆函数，利用逆函数对测得的输出电压信号进行磁滞校正，重建输入电流信号，当幅值都归一化为 1 时，输入电流和重建电流之间的关系如图 4-58 所示，瞬时误差仍为 0 点附近的曲线。校正后最大瞬时误差的值从 0.18A 下降到 0.015A，过零点的相位误差由 1.56° 下降到 0.05°。

与比例法校正结果相对比，顶点坐标拟合法校正的效果更好，所以顶点坐标拟合法为最优选择，为了验证这种方法的普遍适用性，对 73.9A 对应的输入电流进行校正。校正前后结果分别如图 4-59 和图 4-60 所示，校正后最大瞬时误差值从 0.165A 下降到 0.007A，误差的工业标准分为不同等级，过零点的相位误差为 6.56°，未能达到 0.5 级工业标准，但是当误差低到 0.08 时，优于 0.25 级工业标准。

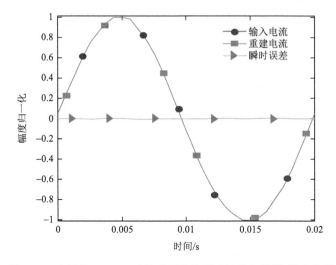

图 4-58　电流为 55.21A 时传感系统校正后的输入信号-输出信号

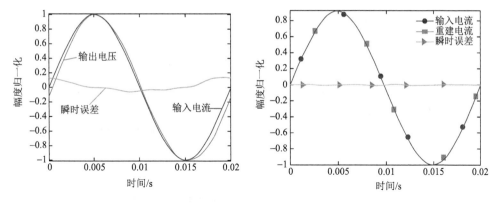

图 4-59　电流为 73.9A 时传感系统校正前的　　图 4-60　电流为 73.9A 时传感系统校正后的输
　　　　　输入信号-输出信号　　　　　　　　　　　　　　　入信号-输出信号

　　利用顶点坐标拟合法对电流 55.21A 和 73.9A 进行校正，校正前后的最大瞬时误差与输入电流间的关系用曲线表示，如图 4-61 所示。校正前后输入电流与相位误差间的关系用曲线表示，如图 4-62 所示。校正前最大瞬时误差和相位误差随着输入电流的增加而增大，尤其相位误差较为明显，校正后最大瞬时误差和相位误差与校正前相比降低了很多，信号之间微小差异最后仅反映在瞬时误差上了，如果定义更严格的图形学规律，拟合曲线的阶次越高，拟合时采用的坐标点越多，重建输入电流与真实电流间的误差会越小，但在实时应用时将占用更多的数据处理资源。

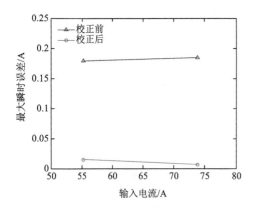 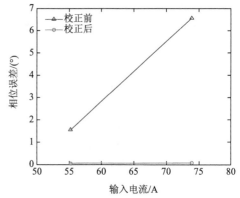

图 4-61　校正前后输入电流与最大瞬时误差　　图 4-62　校正前后输入电流与相位误差间的
　　　　　　间的关系　　　　　　　　　　　　　　　　关系

在这两种方法中，标定曲线都能以高次函数的方式存储到计算机中，因此占用计算机资源有限，是可以实时应用的，并且在测量电流信号的同时还提高了电流传感系统的测量精度。

4.4　本 章 小 结

本章研究应用 GMM 与光纤光栅的组合作为传感部分，采用对称的磁路结构，成功设计了差动式 GMM-FBG 电流传感器，实现了交流电流的检测，并且校正了 GMM 的磁滞非线性，提高了测量精度，又设计 FP 结构电流传感器对分辨率进行了提高，通过实验与研究，得出的创新性结论包括以下几点。

本章提出了一种双磁路对称结构的差动式 GMM-FBG 电流传感器，通过两支 FBG 传感器 RS 的中心波长差值，建立 FBG 电流传感器的测量传感模型，抑制了温度引起的 FBG 传感器共模信号，在设置合理静态工作点后，在 GMM 线性工作区间内，单调上升直流电流的测量范围为−170～170A，绝对误差为 0.5A。温度特性实验表明，在 0～50℃温度范围内，较好地实现了电流传感器对温度影响的抑制。

本章构建了相关解调差动式交流电流传感系统，可测得工频电流的最小值为 1.58A，线性区最大不失真电流为 93.78A，满量程精度为 1.68%。对实验结果进行了误差分析，包括幅度误差与相位误差，分析结果表明，电流传感器的误差来源为 GMM 的磁滞非线性，且相位误差较大。运用图形学原理对 GMM 引起的磁滞非线性进行校正，本章提出了比例法和顶点坐标拟合法校正磁滞非线性的原理，运用顶点坐标法对 79.3A 电流测量值进行校正，经校正后最大瞬时误差从 0.165A 下降到 0.007A，过零点的相位误差由 6.56°降低到 0.08°，优于工业计量标准的 0.25 级精度，证明了此校正方法的有效性。

本章采用 FP 干涉仪结构制作电流传感器，并使用 DFB 正交强度解调的方式，实现了工频电流的线性解调，可测得工频电流的最小值为 0.1A，最大电流为 15.25A，满量程精度为 0.66%，与双磁路结构的电流传感器相比，分辨率提高了近 16 倍。

参 考 文 献

[1]　PIGOTT M T. Iron-Aluminum alloys for use in magnetostrictive transducers[J]. The journal of the acoustical society of America，1956，28（1）：343-346.

[2]　CLARK A E，DESAVAGE B F，BOZORTH R. Anomalous thermal expansion and magnetostriction of single-crystal dysprosium[J]. Physical review，1965，138（1A）：A216-A224.

[3]　ENGDAHL G，MAYERGOYZ I D. Handbook of giant magnetostrictive materials[M]. San Diego：Academic Press，2000.

[4]　DENT P C. Rare earth elements and permanent magnets[J]. Journal of applied physics，2012，111（7）：07A721.

[5]　CLARK A E T，BELSON H S. Giant room-temperature magnetostrictions in $TbFe_2$ and $DyFe_2$[J]. Physical review B，1972，5（9）：3642-3644.

[6]　CLARK A E，WUN-FOGLE M. Modern magnetostrictive materials：Classical and nonclassical alloys[C]. 9th annual international symposium on smart structures and materials，San Diego，2002：421-436.

[7]　CLARK A E，WUN-FOGLE M，RESTORFF J B，et al. Magnetostrictive properties of Galfenol alloys under compressive stress[J]. Materials transactions，2002，43（5）：881-886.

[8]　CLARK A E，HATHAWAY K B，WUN-FOGLE M，et al. Extraordinary magnetoelasticity and lattice softening in bcc Fe-Ga alloys[J]. Journal of applied physics，2003，93（10）：8621-8623.

[9]　CLARK A E. Chapter 7 magnetostrictive rare earth-Fe_2 compounds[J]. Handbook of ferromagnetic materials，1980，1：531-589.

[10]　LIU C，SHEN T，WU H B，et al. Applications of magneto-strictive，magneto-optical，magnetic fluid materials in optical fiber current sensors and optical fiber magnetic field sensors：A review[J]. Optical fiber technology，2021，65（4）：102634.

[11]　KELLOGG R A，RUSSELL A M，LOGRASSO T A，et al. Tensile properties of magnetostrictive iron-gallium alloys[J]. Acta materialia，2004，52（17）：5043-5050.

[12]　宛德福，马兴隆. 磁性物理学[M]. 成都：电子科技大学出版社，1994.

[13]　王博文. R-Fe-Al 赝三元系相图及其化合物的结构和磁致伸缩[D]. 沈阳：中国科学院金属研究所，1995.

[14]　WANG B W，TANG S L，JIN X M，et al. Microstructure and magnetostriction of $(Dy_{0.7}Tb_{0.3})_{1-x}Pr_xFe_{1.85}$ and $(Dy_{0.7}Tb_{0.3})_{0.7}Pr_{0.3}Fe_y$ alloys[J]. Applied physics letters，1996，69（22）：3429-3431.

[15]　LIU H，OR S W，TAM H Y. Magnetostrictive composite-fiber Bragg grating（MC-FBG）magnetic field sensor[J]. Sensors and actuators A：Physical，2012，173（1）：122-126.

[16]　张成明. 超磁致伸缩致动器的电—磁—热基础理论研究与应用[D]. 哈尔滨：哈尔滨工业大学，2013.

[17]　闫荣格，王博文，颜威利，等. 巨磁致伸缩器件设计及其在低压电器中的应用[C]. 中国电工技术学会低压电器专业委员会第十一届学术年会，温州，2002：193-195.

[18]　王鹏. Fe-Ga 材料磁致伸缩位移传感器的设计与制作[D]. 天津：河北工业大学，2015.

[19]　KNOBEL M，GÓMEZ-POLO C，VÁZQUEZ M. Evaluation of the linear magnetostriction in amorphous wires using the giant magneto-impedance effect[J]. Journal of magnetism and magnetic materials，1996，160（96）：243-244.

[20] 孙菲菲. GMM 光纤电流传感器的研究[D]. 哈尔滨：哈尔滨理工大学，2017.

[21] CLAEYSSEN F，LHERMET N，LE LETTY R，et al. Actuators，transducers and motors based on giant magnetostrictive materials[J]. Journal of alloys and compounds，1997，258（1/2）：61-73.

[22] WAKIWAKA H，AOKI K，YOSHIKAWA T，et al. Maximum output of a low frequency sound source using giant magnetostrictive material[J]. Journal of alloys and compounds，1997，258（1/2）：87-92.

[23] GATOS H C. Crystal growth：A tutorial approach. [M]. Amsterdam：Elsevier North-Holland Pub. Co，1979.

[24] VERHOEVEN J D，GIBSON E D，MCMASTERS O D，et al. The growth of single crystal Terfenol-D crystals[J]. Metallurgical and materials transactions A，1987，18（2）：223-231.

[25] SRISUKHUMBOWORNCHAI N，GURUSWAMY S. Large magnetostriction in directionally solidified FeGa and FeGaAl alloys[J]. Journal of applied physics，2001，90（11）：5680-5688.

[26] SAVAGE H T，ABBUNDI R，CLARK A E，et al. Magnetomechanical coupling and magnetostriction in vertically zoned $Tb_{0.27}Dy_{0.73}Fe_2$[J]. Journal of magnetism and magnetic materials，1980，15（2）：609-610.

[27] 徐建林，李卫，杨红川，等. 粉末冶金法制备稀土超磁致伸缩材料的研究[J]. 中国稀土学报，2006，24（3）：323-327.

[28] LIU C，SHEN T，FENG Y，et al. First-principles calculations to investigate electronic，magnetism，elastic properties of $Tb_xDy_{1-x}Fe_2$（x = 0，0.25，0.5，1）[J]. Journal of magnetism and magnetic materials，2022，547（7）：168953.

[29] KHIREDDINE A，BOUHEMADOU A，ALNUJAIM S，et al. First-principles predictions of the structural，electronic，optical and elastic properties of the zintl-phases AE_3GaAs_3（AE = Sr，Ba）[J]. Solid state sciences，2021，114：106563.

[30] ZHAO H，SUN F F，YANG Y Q，et al. A novel temperature-compensated method for FBG-GMM current sensor[J]. Optics communications，2013，308（21）：64-69.

[31] SHEN T，FENG Y，LIU Y P，et al. Simulation of polarization errors for all-fiber optic current sensors[C]. 2014 8th international conference on future generation communication and networking，Sanya，2014：100-103.

[32] SHEN T. Research of fiber optical current transformer for novel film[C]. Fiber-based technologies and applications，Wuhan，2014.

[33] SHEN T，TANG M，WEI X L，et al. Performance of all fiber optical current transducer in optical transmission based on optisystem[C]. 2013 international conference on optoelectronics and microelectronics，Harbin，2013：1-4.

[34] PÉREZ-MILLÁN P，DÍEZ A，CRUZ J L，et al. Passive compensation of the thermal drift of magnetostriction based Q-switched fiber lasers[J]. Optics communications，2009，282（4）：621-624.

[35] LIU Y，CHIANG K S，CHU P L. Multiplexing of temperature-compensated fiber-Bragg-grating magnetostrictive sensors with a dual-wavelength pulse laser[J]. IEEE photonics technology letters，2004，16（2）：572-574.

[36] MORA J，DIEZ A，CRUZ J L，et al. A magnetostrictive sensor interrogated by fiber gratings for DC-current and temperature discrimination[J]. IEEE photonics technology letters，2000，12（12）：1680-1682.

[37] 刘杰，赵洪，王鹏，等. 可温度自动跟踪的高精度光纤光栅电流互感器[J]. 中国电机工程学报，2012，32（24）：141-147.

[38] YOSHINO T，KUROSAWA K，ITOH K，et al. Fiber-optic Fabry-Perot interferometer and its sensor applications[J]. IEEE transactions on microwave theory and techniques，1982，30（10）：1612-1621.

[39] MENG X E，JIANG J F，LIU T G，et al. Mathematical model of illumination of CCD in the space scanning optical fiber Fabry-Perot sensor demodulation system[J]. Acta optica sinica，2012，32（11）：1128006.

[40]　QU L，MENG Y，ZHUO Z C，et al. Study on delay and dispersion characteristics of the fiber Bragg grating Fabry-Perot cavity[J]. Acta optica sinica，2013，33（8）：0806001.

[41]　尤晶晶，王鸣，戎华，等. 基于 SU-8 光刻胶光纤法里-珀罗加速度传感器[J]. 光学学报，2013，33（8）：36-42.

[42]　孙菲菲，赵洪，张开玉. 一种新型具有温度补偿功能的光纤光栅交流电流互感器[J]. 光电子·激光，2015，26（12）：2288-2293.

[43]　沈涛，胡超，唐邈，等. 直通式薄膜型光纤电流互感器[J]. 哈尔滨理工大学学报，2014，19（3）：46-50，56.

[44]　SHEN T，HU C，YANG Q R，et al. Research on matlab simulation output of optical current transformer[C]. Advanced materials research，Harbin，2014：133-136.

[45]　赵洪，孙菲菲，杨玉强，等. 基于光纤光栅和磁致伸缩材料的可温度补偿的电流互感器及其电流检测方法：CN103278680B[P]. 2015-09-16.

[46]　SHEN T，HU C，WEI X L，et al. Research of the different light source upon the output of optical current transformer[J]. International journal of hybrid information technology，2014，7（3）：9-12.

[47]　SHEN T，FENG Y，DAI H L，et al. A novel reflective fiber optic current sensor and error characteristics in the key optical components[J]. International journal of control and automation，2015，8（6）：27-34.

[48]　RESTORFF J B，SAVAGE H T，CLARK A E，et al. Preisach modeling of hysteresis in Terfenol[J]. Journal of applied physics，1990，67（9）：5016-5018.

[49]　SONG G，ZHAO J Q，ZHOU X Q，et al. Tracking control of a piezoceramic actuator with hysteresis compensation using inverse Preisach model[J]. IEEE/ASME transactions on mechatronics，2005，10（2）：198-209.

[50]　贾振元，王福吉，张菊，等. 超磁致伸缩执行器磁滞非线性建模与控制[J]. 机械工程学报，2005，41（7）：131-135.

[51]　JILES D，ATHERTON D. Ferromagnetic hysteresis[J]. IEEE transactions on magnetics，1983，19（5）：2183-2185.

[52]　JILES D C，THOELKE J B. Theoretical modelling of the effects of anisotropy and stress on the magnetization and magnetostriction of $Tb_{0.3}Dy_{0.7}Fe_2$[J]. Journal of magnetism and magnetic materials，1994，134（1）：143-160.

[53]　DAPINO M J，SMITH R C，FLATAU A B. Structural magnetic strain model for magnetostrictive transducers[J]. IEEE transactions on magnetics，2000，36（3）：545-556.

[54]　BERTOTTI G. Dynamic generalization of the scalar Preisach model of hysteresis[J]. IEEE transactions on magnetics，1992，28（5）：2599-2601.

[55]　RUDERMAN M，BERTRAM T. Identification of soft magnetic BH characteristics using discrete dynamic Preisach model and single measured hysteresis loop[J]. IEEE transactions on magnetics，2012，48（4）：1281-1284.

[56]　ANNAKKAGE U D，MCLAREN P G，DIRKS E，et al. A current transformer model based on the Jiles-Atherton theory of ferromagnetic hysteresis[J]. IEEE transactions on power delivery，2000，15（1）：57-61.

[57]　IZYDORCZYK J. A new algorithm for extraction of parameters of Jiles and Atherton hysteresis model[J]. IEEE transactions on magnetics，2006，42（10）：3132-3134.

[58]　孙菲菲，赵洪，张开玉，等. GMM 电流传感器的磁滞迴线预测及误差校正[J]. 电机与控制学报，2018，22（7）：85-90.

[59]　SHEN T，HU C，SONG M X，et al. The measurement of DC electric field for transformer oil system based on the Kerr electro-optic effect[J]. Advanced materials research，2014，981：598-601.

[60]　孙滨超，沈涛. 光纤电流传感器性能分析及环形衰荡结构设计[J]. 激光与光电子学进展，2017，54（1）：71-81.

第5章　光纤量子点气体传感技术与系统

5.1　量子点纳米材料概述

光纤量子点主要是纳米碳粒子[1, 2]和无机粒子[3]。QDs 只有几纳米,可以大致划分为碳基量子点[如聚合物点(polymer dots,PDs)、石墨烯量子点(graphene quantum dots,GQDs)和碳点(carbon dots,CDs)]和无机量子点。在纳米复合材料或混合形式中,QDs 具有独特的形态、导电和传感特性。QDs 纳米复合材料用于药物传递、生物成像、荧光成像、生物传感和气体传感。本章综述 QDs 纳米材料,特别是 QDs 纳米材料气体敏感特性的基本原理和潜在前景。此外,还将讨论其他 QDs 纳米材料领域的基础和最新发展。由于 QDs 纳米材料具有其特殊的特性和技术方法因此其在研究中具有重要意义。未来的发展必须集中于利用 QDs 纳米材料结构形成新的功能 QDs,并研究它们的结构与性质关系。QDs 纳米材料的研究可能会克服与其高性能相关的挑战,并揭示其意想不到的应用。

5.1.1　量子点纳米材料的发展现状

"量子"一词本身来源于拉丁语,意思是数量,可以定义为物理性质的小单位,如能量或物质。1900 年,物理学家普朗克发现能量以类似于物质的单个单位存在,因此将该单位命名为量子。QDs 也称为半导体纳米晶,是一种零维纳米材料,通常为球形或椭球形,直径为 2~20nm。QDs 具有尺寸效应、量子限域效应和表面效应等独特的性质。尺寸效应即通过控制 QDs 的尺寸可以调节其能隙的大小,并且随着 QDs 尺寸的减小,QDs 的吸收峰发生蓝移,尺寸越小,蓝移越显著。量子限域效应是指当粒子的尺寸达到纳米量级时,费米能级附近的电子能级由连续态分裂成分立能级,因此对于 QDs 来说,可以通过改变其颗粒的尺寸来调整其带隙的大小。因此 QDs 的发射光谱可以通过改变 QDs 的尺寸大小来控制。由于量子限域效应,当 QDs 的尺寸小于或接近激子玻尔半径时,材料中的连续带结构变得离散,并且可以通过改变粒子的尺寸来调节带隙。表面效应是指随着 QDs 的尺寸减小,表面积与体积的比值将会显著增加,QDs 表面原子数相对增多,使这些表面原子具有很高的活性和不稳定性,从而影响 QDs 的性质。这些微小的纳米晶体在光照下会被激发,并发出不同波长的颜色。QDs 具有独特的特性,这些特性由其结构（空芯或实芯）、大小、形状和组成决定。有时这些原子也称为人造原子。QDs 具有不同的晶体晶格结构，因此当施加压力时，它们会形成非常薄的半导体薄膜。因此，平面胶片由于应力的作用，往往会在三维空间中分离成点[4]。

QDs 具有连续且宽的激发光谱，可以通过更改其物理大小和组成比来控制发光峰的位置及发射峰宽窄。QDs 具有很好的光稳定性，其荧光强度比常用的有机荧光材料高，稳定性更强，因此，QDs 可以对标记的物体进行长时间的观察。QDs 的激发谱宽而发射谱窄，使用同一激发光源就可实现对不同尺寸的 QDs 进行同步检测，可用于多色标记，极大地促进了在荧光标记中的应用。QDs 不同于有机染料的另一光学性质就是很大的斯托克斯位移，这样可以避免发射光谱与激发光谱的重叠，此外，QDs 具有窄而对称的荧光发射峰，且无拖尾，多色 QDs 同时使用时不容易出现光谱交叠。QDs 还具有很强的抗漂白能力及强荧光强度和高稳定性。它们的荧光强度不会随时间的增长而显著降低。QDs 经过各种化学修饰之后，可以有很好的生物相容性，不含有毒重金属元素的 QDs 细胞毒性低，可以进行生物活体标记和检测，而对于含镉或铅的 QDs，需要对其表面进行包覆处理后再开展生物应用。QDs 的荧光寿命可以持续数十纳秒甚至超过 100μs，远远超过有机荧光染料的荧光寿命，可以得到无背景干扰的荧光信号[5]。

5.1.2 无机量子点的发展现状

无机量子点包括硫化锌（ZnS）、硫化镉（CdS）、硒化镉（CdSe）、硒化锌（ZnSe）和其他一些无机纳米颗粒[6]。

ZnSe 量子点几乎没有毒性，不会对环境和人体造成污染损害。此外，合成方法简单，QDs 产率高且稳定。Zhou 等[7]首次在三维旋转纸基微流控芯片平台上实现了一种新型荧光 ZnSe 量子点，该平台可以用于实现镉离子（Cd^{2+}）与铅离子（Pb^{2+}）的特异性和多路检测。将具有生物毒性的 CdTe 量子点替换为 ZnSe 量子点，极大地提高了安全性能，确保了离子的识别能力。

在过去几年中，人们提出了许多不同的爆炸物传感方法，使用了多种材料。在所有传感器中，基于胶体 QDs 的传感器在过去几年中已被广泛研究并作为检测各种分析物的发光探针。胶体 QDs 为实现化学电阻提供了几个优势：①QDs 分散体的胶体稳定性允许 QDs 从溶液相开始加工并沉积在多个基底上；②QDs 特有的高表面体积比扩大了通过 QDs 表面化学修饰检测分析物的可能性；③与尺寸相关的电子结构，允许对 QDs 能级进行调谐，从而在不同的金属电极使用时，实现多功能性。对于大多数基于 QDs 的传感器，其机理是光诱导电子转移（photoinduced electron transfer，PET）或荧光共振能量转移（fluorescence resonance energy transfer，FRET）机制。在前一种情况下，富电子表面功能化 QDs 和吸电子的硝基芳香化合物（nitroaromatic compounds，NACs）硝基之间的相互作用导致 QDs 光致发光的猝灭。在基于 FRET 的传感器中，QDs 和特定荧光团的混合物暴露在 N-乙酰半胱氨酸（N-acetylcysteine，NAC）蒸汽中；在 NAC 量子点存在的情况下，荧光体可以被化学激活，从而导致荧光峰值波长的偏移。每一种多色 QDs 都通过不同的表面受体进行官能化，以便能够简单且有效地将它们连接起来。Komikawa 等[8]利用与 CdTe/CdS 量子点结合的肽开发了一种三硝基甲苯（trinitrotoluene，TNT）化学传感器。此外，Kausar 等还使用半胱胺封端的 CdSe 修饰石墨烯开发了一种用于在溶液相中目视检测 TNT 的比色传感器——壳聚糖干凝胶[9]。尽管基于 QDs 光致发光猝灭的 NACs 灵敏检测已在实验室环境中成功展示，然而，目前所提议的方法仍主要局限于实验室操作阶段，尚未实现实际生产中的传感器应用。实现紧凑且易于使用的设备的一个更有希望的方法可能是基于功能化 QDs 电导率变化的 NAC 检测器。在这种程度上，QDs 的特性，如大的表面体积比、在室温下的表面反应性，以及通过表面化学来设计其特性的可能性，都可以得到有效利用。与基于光致发光猝灭的传感器相比，基于电导率变化的传感器具有潜在的优势，因为它们可以在低功耗和低成本的电子设备中轻松实现。此外，它们的制造适合与硅技术集成。Mitri 等[10]使用胶体 PbS 量子点作为检测 NACs 化学电阻器的主要成分。

　　碳基点是一个非常重要的 QDs 类。碳基点进一步分为 PDs、GQDs 和 CQDs（图 5-1）。CQDs 形成半导体纳米晶体，其具有高度可调谐的光致发光特性。相比之下，无机 CQDs 也具有良好的光致发光性能。一般来说，QDs 的光致发光取决于它们的大小。直径在 1.5～10nm 的超小 QDs（CQDs/无机点）具有优异的电荷发光特性。QDs 的大小和组成影响着其发光、电子和光电子的性质。如果 QDs 太小，无法与电子波长相比，那么 QDs 就会显示出量子约束效应。量子约束效应被用来定义能级、价带、导带和电子能带隙。QDs 可能会发出不同的颜色，如红色、橙色、蓝色、绿色、紫色等。光发射现象（光致发光）与电子和空穴的存在及 QDs 中离散和量子化能级的形成有关。颜色取决于不同原子之间的不同能级。因此，QDs 的荧光特性涉及从价带到其他能级的电子激发，使其具有电子导电性并留下一个空穴。电子空穴对（激子）由于极小的尺寸而受到量子限制。各种自下向上和自上而下的方法被用来形成 QDs。

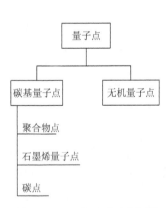

图 5-1　QDs 的分类示意图[6]

5.1.3　碳量子点的发展现状

碳纳米材料如纳米金刚石、富勒烯、碳纳米管（carbon nanotubes，CNTs）、石墨烯片和 CQDs，以其独特性质和巨大应用潜力而受到了广泛的研究。CQDs通常是指尺寸小于 1nm 且由碳质骨架及表面官能团构成的纳米材料。其碳质骨架通常由 sp^2sp 杂化的 C＝C、C—O、O—C＝O 和石墨碳或 sp^2sp^3 杂化碳混合的无定形碳构成，除了碳元素，CQDs 的表面通常含有活性官能团，如羧基（—COON）、氨基（—NH$_2$）、羟基（—OH）等。CQDs 具有不同于传统的金属 QDs 的一些特点，如光稳定性高、生物分子相容性好、没有光激发波长依赖性、制备过程简便、成本低廉等。另外，CQDs 具有快速的光生电子传递能力，是良好的电子接受体及给予体，并且粒径和分子量都比较小，能够激发产生上转换荧光。近年来，在 CQDs 的物理化学特性中，它们的光学特性和功能化特性引起人们越来越多的兴趣。图 5-2 为 CQDs 及表面功能化的 CQDs 的结构示意图。

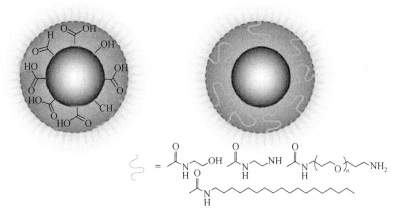

图 5-2　CQDs 及表面功能化的 CQDs 的结构示意图[11]

1. CQDs 的制备方法

研究者归纳总结出两大类 CQDs 的制备方法：自上而下法和自下而上法。图 5-3 为 CQDs 制备方法示意图。

自上而下法顾名思义，即将大尺寸的碳前驱体如碳粉、碳黑、石墨、石墨烯、CNTs、碳纤维等切割成小尺寸的 CQDs 的方法。自上而下法包括电弧放电法、激光刻蚀法、电化学氧化法、超声法和热切割法等。自下而上法则是以小分子有机物为前驱体，通过一系列合成策略得到尺寸更大的 CQDs 材料。自下而上法包括水热碳化法、微波法、燃烧法和化学烧蚀法等。图 5-4 为 CQDs 的多种不同制备方法。

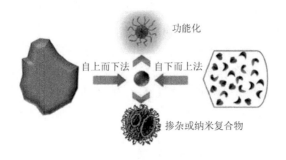

图 5-3　CQDs 制备方法示意图[11]

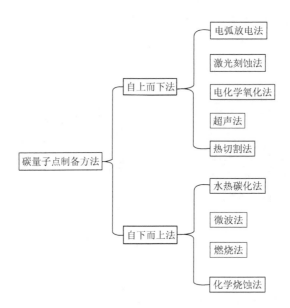

图 5-4　CQDs 的多种不同制备方法[11]

下面对一些典型的制备方法进行论述。

（1）化学烧蚀法是指通过强氧化性酸将有机小分子碳化为碳质材料，并通过控制氧化将其进一步合成为 CQDs 材料。这种合成方法的反应过程剧烈，氧化过程并不容易控制。Peng 和 Travas-sejdic[12]在 2009 年报道了一种在水溶液中用浓 H_2SO_4 脱水碳水化合物，然后将碳质材料用 HNO_3 分解为单个 CQDs，最后用

4, 7, 10-三氧-1, 13-十三烷二胺进行表面官能化处理,得到了水溶性的 CQDs 材料,如图 5-5 所示。Shen 等[13]使用阳离子支链聚电解质聚乙烯亚胺（poly ethylene imine, PEI）作为碳源,通过 HNO$_3$ 氧化反应合成了光致发光 CQDs。与通常报道的对 pH 不敏感的 CQDs 相比,这些 CQDs 对 pH 高度敏感,即光致发光强度（photoluminescence intensity, PL）随 pH 从 2 升高到 12 而降低。此外,PL 对 pH 的响应是可逆的,这种特性使 CQDs 有潜力用作质子传感器。

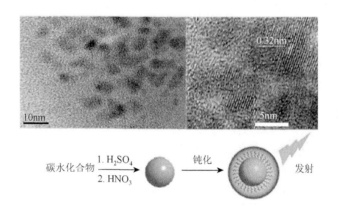

图 5-5　化学烧蚀法制备 CQDs 的合成路线及透射电子显微镜照片[12]

（2）电化学氧化法是以各种块体碳材料作为前驱体制备 CQDs 的优秀方法。对于自上而下电化学氧化制备 CQDs 已经有许多报道,但对于将小分子有机物前驱体电化学氧化成 CQDs 却鲜有报道。Deng 等[14]在 2014 年报道了通过对低分子量的乙醇进行电化学氧化制备 CQDs:将两块铂片作为工作电极和对电极,将安装在可自由调节的卢金毛细管（用以消除液接电势差的具有细小毛细管尖端的盐桥）上的甘汞电极作为参比电极,在碱性条件下对乙醇电化学氧化后,将乙醇分子转化为 CQDs。这些 CQDs 的尺寸和石墨化程度随外加电势的增加而增加。制备的 CQDs 表现出优异的激发依赖性和尺寸依赖性的光致发光特性,而无须复杂的纯化和钝化过程。

　　Cao 等[15, 16]与 Yang 等[17]在温度 900℃和 75kPa 的压力下,以氩气作为载气,通过激光刻蚀碳靶成功制备了一系列 CQDs 材料。Hu 等[18]在 2009 年报道了通过激光照射碳在有机溶剂中的悬浮液来合成 CQDs 材料,如图 5-6 所示。通过选择

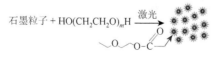

图 5-6　激光刻蚀法制备 CQDs 材料[19]

不同的有机溶剂，可以修改 CQDs 的表面状态以实现可调控的光致发光性能。对照实验结果表明，CQDs 表面官能团的表面状态是光致发光性能的重要影响因素。

Li 等[19]在 2010 年报道了一种简单的激光刻蚀方法，以碳纳米材料为前驱体制备 CQDs。一个典型的制备过程是将 0.028 碳纳米材料分散在乙醇、丙酮或水中。超声处理后，将 4mL 悬浮液滴入玻璃池中进行激光照射。使用具有 532nm 波长的 Nd:YAG 脉冲激光照射悬浮液。在激光照射下，将溶液离心即可获得含有 CQDs 的上清液。

（3）微波法是通过微波辐射有机化合物来合成 CQDs 的方法，是一种快速且低成本的合成策略。2012 年 Zhai 等[20]通过微波热解柠檬酸与各种有机胺分子，合成了光学性能优异的 CQDs 材料，有机胺分子尤其是伯胺分子对 CQDs 起到了前驱体中氮掺杂和表面官能团修饰的作用。Liu 等[21]在 2014 年报道了使用蔗糖作为碳源、将二甘醇（diethylene glycol，DEG）作为反应介质，在微波辐射下制备 CQDs 的方法。这些 DEG 复合的 CQDs（DEG-CQDs）可以很好地分散在水中，外观呈无色透明状。随着激发波长的增加，PL 先增加后下降，在生物成像方面具有很大的应用潜力。

（4）水热碳化法/溶剂热碳化法是一种低成本、环保的 CQDs 合成策略，可以从各种前驱体中生产新颖材料。

水热碳化法是指将有机前驱体溶液装入高压反应釜中进行高温水热反应，常用的有机前驱体有葡萄糖、柠檬酸、甲壳胺、香蕉果汁、蛋白质等。Sahu 等[22]在 2012 年通过对橙汁进行水热处理，一步制得具有高光致发光特性的 CQDs。制备的 CQDs 具有 1.5～4.5nm 的粒径，具有高的光稳定性和低毒性，在生物成像方面有所应用。Yang 等[23]在 2012 年通过甲壳胺在 1800℃下水热碳化 12h 一步合成氨基官能化的 CQDs，可以直接用作新型生物成像剂。

溶剂热碳化法是指将有机前驱体在高沸点有机溶剂中进行热处理，然后萃取有机溶剂以浓缩 CQDs。2013 年 Bhunia 等[24]以碳水化合物为碳源，通过溶剂热碳化法合成了疏水性和亲水性两种 CQDs。疏水性 CQDs 是通过将不同量的碳水化合物与十八烷基胺和十八烯混合，然后从 70℃升温至 3000℃，加热 10～30min 所制备的；亲水性 CQDs 则是通过热处理碳水化合物的水溶液直接得到。

2. GQDs

GQDs 属于碳基量子点家族，结合了石墨烯的有趣特性和可调带隙，具有显著的物理化学性质。此外，GQDs 还可以与其他材料结合，制备出性能优异的纳米复合材料[25]。

1）GQDs 的历史概况

Shew[26]提到 1974 年 Norio 发明了纳米技术，当材料的尺寸在原子尺度内时，材料的性质会发生变化，这一事实为设计出性能优异的材料以满足各种应用提供了广阔的机会。也许最丰富的例子是碳基纳米材料，因为它们具有优异的机械、电子、热和化学性能。1985 年富勒烯[27]、1991 年 CNTs[28] 和 2004 年石墨烯[29] 的发现对科学发展产生了重大影响，无可辩驳地揭示了研究人员和工业界对碳纳米结构的兴趣及其在许多应用领域纳米材料技术发展的重要性。2004 年报道的另一个碳基纳米材料的例子是直径小于 10nm 的发光碳纳米颗粒，后来被称为 CQDs[30]。在不同小组[31-33] 对石墨烯尺寸减小后发生的变化进行了理论和基础研究后，Ponomarenko 等[34] 介绍了碳纳米材料中最年轻的成员之一 GQDs，揭示了量子限制和带隙效应。2010 年，Pan 等[35] 介绍了 GQDs 的发光特性，而 Zhao 等[36] 在 2012 年介绍了第一批掺杂 GQDs，其使用氮作为掺杂元素。

对 GQDs 的研究兴趣源于这样一个事实，即 GQDs 由碳构成，碳是地球上最丰富的元素之一，在某些应用中有可能取代半导体 QD。此外，GQDs 的碳基结构使其具有低毒性、生物相容性、可忽略的环境影响和优异的光稳定性，使其能够用于生物医学和生物应用。此外，与其他碳纳米结构不同，GQDs 也呈现石墨烯晶格［如石墨烯本身、CNTs 和还原氧化石墨烯（reduced graphene oxide，RGO）］，GQDs 可以很容易地分散或溶解在水和许多其他溶剂中，这有助于它们的处理并有利于它们的性能应用。

2）GQDs 的结构特征和物理化学表征

GQDs 被认为是一种零维碳基材料，定义为单层或几层横向尺寸小于 100nm 的石墨烯小片或碎片。GQDs 的一个基本特征是石墨烯晶格的存在，它提供了高结晶度和 sp^2 杂化碳结构。相比之下，CQDs 是尺寸小于 10nm 的准球形颗粒，含有较少的杂化 sp^2 碳。虽然 GQDs 是各向异性的，并且具有导致分子特征的层状结构，但 CQDs 具有纳米颗粒结构和胶体特征。

虽然 GQDs 的结构取决于合成条件，但根据定义，它们必须呈现石墨烯晶格，即 GQDs 具有碳原子排列在六个原子环中的蜂窝晶格。通过这种方式，每个原子与其他三个碳原子共价键合，这就产生了 sp^2 杂化特性，并导致 π 轨道上的离域电子垂直于薄片平面。这些特性是其出色的电学和光学性能的原因。

当二维石墨烯转化为零维的 GQDs 时，其尺寸小于激子玻尔半径，电子分布会发生显著改变，从而导致尺寸相关的性质和量子效应，即量子限制和边缘效应。与其他碳基纳米材料（如富勒烯、CQDs、石墨烯和 CNTs）相比，这些效应是 GQDs 具有特性的原因[30]。例如，石墨烯是一种零带隙材料，然而 GQDs 的尺寸和表面状态会影响其带隙尺寸。因此，尺寸与边缘类型决定了 GQDs 的大部分化学和物理性质，并影响其带隙的扩展。当 GQDs 尺寸的减小通常会导致更大的带隙时，就会显示出与带隙尺寸相关的特性。GQDs 的能隙（eV）大约按照 $1/L$ 下降，其中 L 是 GQDs 的平均尺寸（nm），即长度和宽度的 1/2。这种带隙是 GQDs 的 PL

特性和导电性变化的原因，即半金属石墨烯变成半导体或绝缘体 GQDs。

3）GQDs 的 PL 特性

GQDs 的 PL 特性引起了人们的广泛兴趣，因为它是原始石墨烯所没有的特性。此外，与半导体 QDs 相比，GQDs 具有优异的抗闪烁和光漂白的光稳定性以及低毒性，这是许多应用的基本特征。

如前面所述，由于 GQDs 的小尺寸，其带隙的存在产生了 PL 性质。通过吸收能量略大于带隙的光子，电子从价带提升到导带，达到激发态。当回到基态时，能量以光子的形式释放出来。尽管 GQDs 中的发光机制与带隙的存在有关，但科学界尚未完全阐明这一现象，需要对这些材料的特征发光行为进行新的研究。在 GQDs 中，PL 受几个因素控制，这些因素可能会误导对其主要来源的识别，如大小和形状、π 共轭域的延伸、边缘类型、介质 pH、氧化程度和其他类型的表面功能化。通常，GQDs 中 PL 的起源可归因于两种发射类型的组合：与电子-空穴对的大小、边缘类型和复合有关的本征态发射；缺陷态发射与 GQDs 的缺陷有关，即在其结构上引入的功能或产生的空位。

一般来说，GQDs 表现出与激发有关的光致发光行为，受到颗粒大小、与表面结合的原子、边缘形状及电子结构的影响。这些特征中的每一个都以特定的方式对激发做出响应，尤其是其中一个特征在特定波长下对其他特征起主导作用。这样一来，GQDs 的更宽 PL 光谱表明样品对激发有不同的发光中心，而较窄的峰值表明 GQDs 成分中的发光中心较少。光致发光激发（photoluminescence excitation，PLE）光谱可以用于深入了解 GQDs 发光中心。此外，GQDs 还可以呈现上转换光致发光，这一现象的特点是：由于吸收两个或更多能量较小的光子，将会发射波长较短的光子，从而产生更大的能量。GQDs 的发光波长与它们的带隙大小有关。带隙越大，电子返回时释放更多的能量到基态，因此发射波长更短。由于量子限制效应，GQDs 的带隙值随着其尺寸的减小而增加。理论上，原始 GQDs 的带隙可以从 0eV（对应于石墨烯带隙）增加到 7eV（即苯的带隙）。由于可以调整带隙值，GQDs 可以发射各种波长的光，从紫外光到红色，其中蓝色和绿色的发射最常见。

GQDs 中存在的边缘类型是影响 PL 行为的另一个参数。锯齿形和扶手椅形边缘表现出独特的量子限制特性。以之字形边缘为主的 GQDs 比以扶手椅边缘为主的 GQDs 具有更小的带隙。因此，扶手椅边缘会导致发射光谱发生蓝移。在锯齿形边缘的情况下，pH 的变化会影响 GQDs 的亮度。这种行为与酸性 pH 中锯齿形边缘的质子化有关，质子化导致发光状态的破坏和 PL 猝灭。然而，这一过程是可逆的，在碱性条件下，这种 GQDs 具有更高的发光强度。当 GQDs 中存在可以质子化或去质子化的官能团时，pH 的变化也会改变 PL 行为。

为了了解基团功能化和其他修饰对 GQDs 表面发光行为的影响，研究人员已经进行了许多研究。Zhu 等[37,38]提出，化学官能化抑制缺陷态发射，使 PL 行为受本征态发射控制。例如，羧基和酰胺基的功能化有助于绿色发射，羟基有助于蓝色发射，并减少非辐射复合的影响，而环氧基会导致更多的非辐射复合。Sun 等[39]指出，氮掺杂影响 GQDs 的 PL 性质，其主要由芳香环中的 N 和 sp^2 石墨烯结构之间的 n-π* 转变决定。Jin 等[40]在 GQDs 与胺基的功能化后观察到红移。Dong 等[41]用 S 原子掺杂 N-GQD，导致 O 态的消除和 N 态的增强，这有助于激发独立发射。

4）GQDs 的导电性

GQDs 的导电性与其功能化高度相关，一旦碳原子杂化从 sp^2（具有较高导电性的平面结构）变为 sp^3（通常会导致导电性下降的四面体结构）通常会损害它们的导电性。GQDs 很少以原始形式使用，当与某些特定材料结合时，其导电性会降低。然而，尽管与石墨烯相比，GQDs 的导电性有所降低，但许多研究也报告了使用 GQDs 时电荷载流子和导电性的一些增强性能。这种行为可能与 GQDs 中石墨烯的 sp^2 碳畴特征有关，有助于在与电解质、反应物或其他纳米材料的界面发生电荷转移。Feng 等[42]研究了含氧官能团的存在如何影响 GQDs 的光学和电子性质。他们观察到，在 GQDs 的边缘存在这样的基团，对这种性质的影响很小，而在基面上的修饰会产生更大的影响。发生这种现象是因为 sp^2 位点的 π 态决定了光电性质，而基面上的修饰导致 sp^3 杂交，并减少了孤立的 sp^2 簇的存在。

5.2　QDs 纳米材料特性

QDs 所表现出的独特的光学和电子特性，如强消光系数、高量子约束效应、高光学增益、宽吸收轮廓、光化学稳定性和大斯托克斯位移，使它们能够广泛地应用于各种领域，包括温度传感、电化学生物传感。它们的流行主要是聚合物/QDs 组合的带隙较小，可能是因为紧密间隔的 QDs 之间的高局部电场导致带隙缩小发生。

5.2.1　QDs 纳米材料的基本性质

QDs 独特的光学和电子特性如下所示。

集成光学中双层 GQDs 的性质：石墨烯纳米带（graphene nanoribbon，GNR）已被认为是一个重要的研究课题，从理论和实验两方面得到了广泛而认真的研究。然而，与 GNR 相比，GQDs 具有更丰富的工程因子，对光电器件更具有吸引力。GQDs 的光学特性可以通过以下因素改变：①GQDs 的几何形状（圆形、六角形或三角形）；②边缘类型（锯齿形或扶手椅形）；③层数；④子晶格 A 和 B 的数量的对称性；⑤其他因素来调谐，如图 5-7 所示。

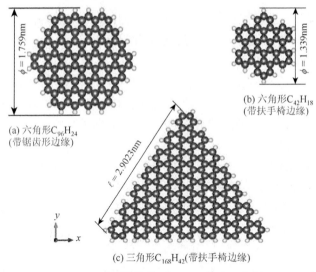

(a) 六角形C$_{96}$H$_{24}$
(带锯齿形边缘)

(b) 六角形C$_{42}$H$_{18}$
(带扶手椅边缘)

(c) 三角形C$_{168}$H$_{42}$(带扶手椅边缘)

图 5-7　原子钝化单层 GQDs 样品示意图

　　GO、RGO 及 GQDs，在需要带隙工程的各种应用中具有巨大的潜力。GO 是一种石墨烯片，除碳原子外，还含有氧原子和官能团。这些氧原子和氧基的官能团原子与石墨烯边缘和中间区域的碳原子结合是共价的，并通过 sp^2 和 sp^3 杂化的混合物建立。GO 的高表面体积比是另一个特点。与 GQDs 相比，由于其电子结构的差异，GO 在较宽的波长范围内具有荧光性质。化学组成的修饰和操纵是 GO 的带隙工程方法之一。除了 GO 的光学检测性能，这种材料的电化学应用也具有更重要的意义[43]。

　　国内外研究人员对单层 GQDs 的电子和光学性质进行了大量的研究，还对不同模型的双层石墨烯片和双层纳米石墨烯进行了研究。1992 年首次对双层石墨晶格进行了研究，获得了其电子性质。双层石墨产生的特征与双层石墨烯相同。双层 GNR 的禁带结构也是一个值得研究的课题，正如应用栅极电压可以设计禁带结构一样。近年来，研究人员利用紧密结合模型计算了 AA 和 AB 叠加变异体 GQDs 的能带。Tepliakov 等[44]最近对扭曲双层 GQDs 电光特性的研究表明，双层 GQDs 已经成为光电子学领域中一个很有吸引力的材料。

　　Tepliakov 等[44]计算并比较了不同 GQDs 系统的面内和面外偏振的 AS，然后研究了双层结构对光学特性的影响。结果表明，双层体系可以吸收平行入射的可见光到红外光，而单层体系只能吸收垂直入射的光。因此，双层系统可以适合于光横向传播的集成光电探测器。

1. 电子性质

　　对于单层体系，Ghandchi 等[43]首先考虑的是没有横向量子限制的单层石墨烯。然后，他们研究了量子约束如何改变石墨烯的能带结构，从而将石墨烯转化为 QDs。图 5-8 显示了 $C_{132}H_{40}$GQDs 的能级，其曲率完全消失，因为电子局部化，从而使能带平坦。图 5-8 中观察到的从 $\varGamma$ 点到 Z 点的平坦能带结构是由于海森堡产生的 GQDs 中的不确定性。同时还产生了带隙，石墨烯从半金属转变为 GQDs 形式的半导体。表 5-1 给出了单层和双层 GQDs 与单层和双层石墨烯的电子特性比较。如图 5-8 所示，增大 GQDs 的尺寸会降低其禁带能。GQDs 的尺寸、几何形状（三角形或六边形）和侧面边缘（曲折形或扶手椅形）使带隙工程成为可能。

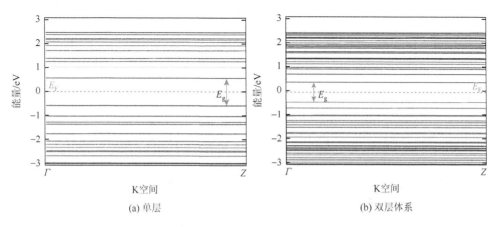

(a) 单层　　　　　　　　　　　　　　　(b) 双层体系

图 5-8　通过密度泛函理论（density functional theory，DFT）计算 $C_{132}H_{40}$ GQDs 的能级

表 5-1　单层和双层 GQDs 与单层和双层石墨烯的电子特性比较[43]

系统	大小/Å	层数	每层原子数	总能量/Ry		带隙/eV	
				标准 DFT	温度 300K 下 DFT	标准 DFT	温度 300K 下 DFT
石墨烯	薄片	单层	周期的	-2.265×10^1	2.224×10^1	半金属	
六角曲折形 $C_{24}H_{12}$	9.51	单层	36	-2.871×10^2	2.871×10^2	2.852	2.845
六角扶手椅形 $C_{42}H_{18}$	13.39	单层	60	-4.990×10^2	4.980×10^2	2.300	2.328
三角曲折形 $C_{60}H_{24}$	17.59	单层	84	-7.109×10^2	7.108×10^2	2.174	2.174
六角曲折形 $C_{96}H_{24}$	19.04	单层	120	-1.121×10^3	1.121×10^3	1.290	1.275
三角扶手椅形 $C_{168}H_{42}$	30.19	单层	210	-1.962×10^3	1.962×10^3	1.378	1.373

续表

系统	大小/Å	层数	每层原子数	总能量/Ry		带隙/eV	
				标准 DFT	温度 300K 下 DFT	标准 DFT	温度 300K 下 DFT
双层石墨烯	薄片	双层	周期的	-4.524×10^1	4.450×10^1	半金属	
AB 六角曲折形 $C_{132}H_{40}$	17.083	双层	86	-1.550×10^3	1.549×10^3	0.844	0.855
AB 六角曲折形 $C_{78}H_{34}$	14.709	双层	56	-9.273×10^2	9.273×10^2	2.081	2.083
AB 六角曲折形 $C_{38}H_{22}$	10.624	双层	30	-4.579×10^2	4.580×10^2	3.063	3.077

注：1Ry = 13.6eV

在表 5-2 中，将 DFT 计算所得的各种 GQDs 带隙与使用不同模型得到的带隙进行比较，发现对于三角形石墨烯量子点（triangular graphene quantum dots，TGQDs），还有另一个重要的问题：打破形成 TGQDs 的亚点数 A 和 B 的对称性，导致费米能级附近简并能级的产生，随后，退化边缘状态生成。

表 5-2　将 DFT 计算所得的各种 GQDs 带隙与使用不同模型得到的带隙进行比较[43]

系统	形状	边缘	带隙/eV				
			本书所提模型	文献[45]的模型	文献[46]的模型	文献[47]的模型	文献[48]的模型
$C_{24}H_{12}$	六角形	曲折	2.852	2.850	—	—	2.90
$C_{42}H_{18}$	六角形	扶手椅	2.300	2.482	—	2.346	2.47
$C_{60}H_{24}$	三角形	扶手椅	2.174	2.202	2.230	—	—
$C_{96}H_{24}$	六角形	曲折	1.290	1.310	—	1.147	1.36
$C_{168}H_{42}$	三角形	扶手椅	1.378	—	—	1.239	—

2. 光学性质

电函数是描述结构对电磁波辐射线性响应的复量。图 5-9 给出了单层 GQDs 不同排列方式下介电系数的实部和虚部，以及入射光的平面内和平面外偏振。

如图 5-9 所示，对于离面极化，当光子能量小于 5eV 时，介电系数的虚部可以忽略。因此，吸收不会发生。然而，对于平面内极化，可见区和近红外区的介电系数值显著，适合于光吸收应用。由图 5-9 可知，改变 GQDs 的几何形状与尺寸会改变其吸收系数和波长。显然，在面内极化的情况下，减小 GQDs 的尺寸会使光吸收峰移向更高的光子能量。图 5-9 还显示了 C_{42} 锯齿形边缘的六边形 GQDs。

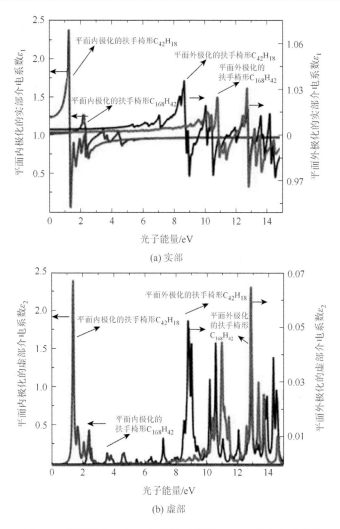

图 5-9　不同结构和入射光偏振下单层 GQDs 的介电系数谱

在这里，AS 的第一个峰出现在接近 2.4eV 的地方。同时，对于更大质量的 GQDs 结构，如 C_{168}，在面内极化作用下，AS 的第一个峰出现在接近 1.4eV 的能量处。而对于离子偏振，这一规律相反，即随着 GQDs 的增加，第一个吸收峰将会偏移到更高的值。

吸收峰随着 GQDs 的增加而移向更高的值。为了总结单层 GQDs 结构的光学性质，表 5-3 列出了平面内和平面外偏振的 AS 的第一峰和第二峰的频率位置。这些峰是由带间电子跃迁造成的（在已占据态和未占据态之间的跃迁）。值得注意的是，如表 5-3 中的结果所示，通过将入射光偏振从面内偏振改变为面外偏振，在单层系统中第一峰和第二峰向高光子能量处移动。

表 5-3　单层和双层石墨烯的 AS 的第一峰和第二峰及两个极化的 GQDs[43]

系统	层数	光子能量/eV			
		平面内极化		平面外极化	
		第一峰	第二峰	第一峰	第二峰
石墨烯	单层	0.000	0.000	11.081	11.952
六角曲折形 $C_{24}H_{12}$	单层	2.929	3.619	6.817	7.478
六角扶手椅形 $C_{42}H_{18}$	单层	2.402	3.574	7.177	8.799
三角扶手椅形 $C_{60}H_{24}$	单层	2.162	3.273	6.727	8.078
六角曲折形 $C_{96}H_{24}$	单层	1.291	1.832	6.757	7.117
三角扶手椅形 $C_{168}H_{42}$	单层	1.381	1.652	10.360	10.991
双层石墨烯	双层	0.000	0.000	4.024	10.060
AB 六角曲折形 $C_{132}H_{40}$	双层	0.8408	1.456	0.841	1.456
AB 六角曲折形 $C_{78}H_{34}$	双层	0.030	1.081	0.030	1.081
AB 六角曲折形 $C_{38}H_{22}$	双层	0.600	1.532	0.600	1.562

　　堆叠、双层石墨烯的使用及层间键的建立都极大地改变了石墨烯的体系能量和电子能带结构。这些电子结构的变化会改变光 AS 的形状，尤其是面外偏振。图 5-10 比较了单层和双层石墨烯薄片的介电系数及不同入射光偏振下的 GQDs。与单分子层体系相比，双分子层体系在低能时出现一个新的吸收峰是其 AS 发生的最关键变化。红外区吸收峰的存在适合于红外光探测的应用。如图 5-10 所示，这种现象在双层石墨烯和双层 GQDs 中都可以观察到。吸收系数 $\alpha(\omega)$ 表示光波在给定材料中传播时，单位距离内光强的衰减百分比。折射率 $n(\omega)$ 表征了由照明光束和电子相互作用引起的光在不同介质中的速度。图 5-11 显示了单层与双层 GQDs 的 RI 和 AS。在离面极化情况下，入射光的电场分量垂直于石墨烯表面。因此，这将影响两层石墨烯的共同界面键。

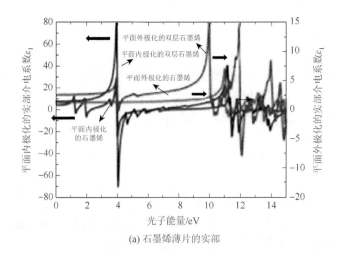

(a) 石墨烯薄片的实部

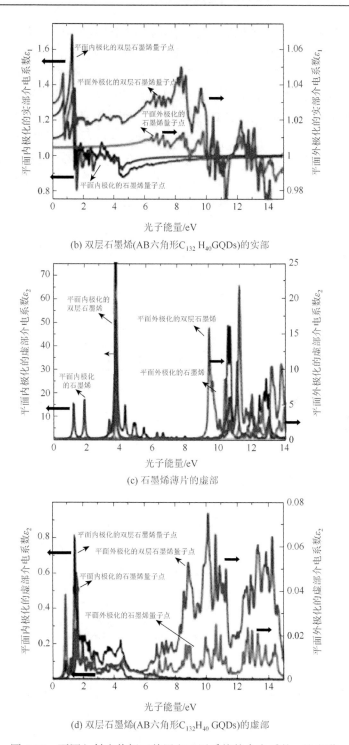

(b) 双层石墨烯(AB六角形$C_{132}H_{40}$GQDs)的实部

(c) 石墨烯薄片的虚部

(d) 双层石墨烯(AB六角形$C_{132}H_{40}$GQDs)的虚部

图 5-10　不同入射光偏振下单层和双层系统的介电系数 ε 的光谱

需要注意的是，在面内偏振情况下，AS 的整体形状相对不受双层 GQDs 的影响，单层和双层石墨烯的光学特性与平面内和平面外偏振光子能量如图 5-11 所示。为了保证这一结果的通用性（即在离面偏振下双层 AS 的变化），他们计算了不同尺寸的六方双层 GQDs 的介电系数张量，并对所得结果进行了验证。表 5-3 的最后四行总结了双层石墨烯和 GQDs 系统在面外和面内极化照明下的 AS 第一峰和第二峰。对于出面偏振入射光，双层体系的第一个吸收峰能量接近 0.8eV，而单层体系的第一个吸收峰能量接近 6eV。因此，与单层 GQDs 系统不同，具有平行入射（即离面偏振）的双层 GQDs 系统可以用于光检测应用。因此，双层系统的面外偏振（水平入射光）可以吸收红外（通信窗口）。

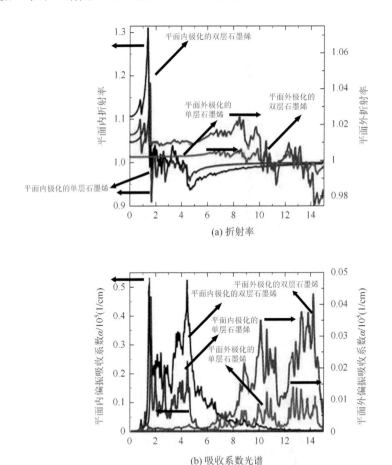

图 5-11　单层和双层石墨烯（AB 六角形 $C_{132}H_{40}$ GQDs）平面内和平面外偏振光子能量的光学性质能量

表 5-3 中介绍的所有第一峰和第二峰都与电子跃迁能量有关，从第 i 个价带到第 j 个导带。图 5-12 通过投影态密度图（projected density of states，PDOS）显示 AB 六角形 $C_{132}H_{40}$ 双层 GQDs 的这种现象。

结果表明，QDs 具有独特的光学和电子特性。

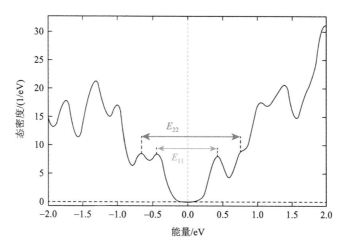

图 5-12　分子层石墨烯（AB 六角形 $C_{132}H_{40}$ GQDs）、E_{11} 和 E_{22} 的 PDOS

5.2.2　QDs 纳米材料的传感特性

1. QDs 纳米材料的温度传感

2017 年，Irawati 等[49]利用 CdSe 量子点掺杂聚甲基丙烯酸甲酯（polymethyl methacrylate，PMMA）超细纤维的波长偏移进行非接触式温度测量。这项工作描述了使用 CdSe 量子点掺杂 PMMA 微细纤维的波长位移的非接触温度测量。该传感器采用绘图方法制造，通过将两个锥形单模纤维与直径约为 3μm 的聚合物超细纤维桥接。将一套掺杂 CdSe-ZnS 核壳 QDs 的保偏光纤（polarization maintaining optical fibre，PMF）切片作为传感探针，用于测量 25～48℃内的温度。实验结果表明，基于波长位移，掺杂 PMF 具有较高的性能，灵敏度为 58.5pm/℃，约为未掺杂 PMF 温度灵敏度的 18 倍。该传感器显示了一个与生理相关温度相匹配的线性温度传感范围。此外，这些结果为温度传感光纤长期和高稳定性实现开辟了道路。在这里 Irawati 等[49]采用了使用 CdSe 量子点掺杂的 PMMA，因为它们具有尺寸小和光稳定性好的优点，所以采用从溶剂化液体聚合物中提取的制造方法进行温度传感。CdSe 量子点可以很好地分散在 PMMA 微纤维中，没有明显聚集，使 CdSe 量子点功能化聚合物微纤维成为优良的活性纳米导体。

1）锰 CdSe 量子点的合成工艺

以氧化镉（99.99%）、硒（99.999%）和醋酸锰（98%）作为制备掺锰 CdSe 量子点的前体。用石蜡油与油酸分别作为溶剂和表面活性剂。合成的大多数细节与 CdSe 相似。QDs 的制备方法之前已说明了。本书将 CdO 与醋酸锰分别添加到三颈烧瓶中的石蜡油和油酸的混合物中（5∶3）。溶液在 Ar 流下加热到 160℃，然后在真空中蒸馏以去除剩余的丙酮。将硒金属在 220℃下溶解在石蜡油中，将 5mL Mn-Cd 溶液快速注入硒-石蜡油溶液中，使掺杂 CdSe 量子点快速成核，生长缓慢。QDs 采用五次离心过程清洗，并在甲醇中洗涤以消除未反应的化学物质，然后在真空烤箱中干燥。

2）PMMA 掺杂 CdSe 量子点的制备

通过直接绘制掺杂 CdSe 量子点的溶剂化聚合物，我们制备了 PMMA 超微纤维掺杂 CdSe 量子点传感器。掺杂 CdSe 量子点的 PMMA 的制备包括两个主要步骤：一是将 RI 为 1.49 的 PMMA 材料溶解在丙酮中，形成质量分数为 2%的 PMMA 溶液；二是在 PMMA 溶液中加入 10nm 大小的 CdSe 量子点，PMMA∶QDs 体积比为 20∶3。将溶液在 25℃下搅拌 105min，形成具有适当黏度的均匀溶液。PMMA 掺杂直径达几十毫米的 CdSe 量子点，具有良好的结构均匀性。我们利用光学数字显微镜对掺杂 PMMA 的 CdSe 量子点进行了光学表征。

3）PMMA 掺杂 CdSe 量子点的温度传感器的实验设置

图 5-13 显示了如何使用 CdSe 量子点来检测温度变化。传感器的输入端口与输出端口分别连接到放大的自发发射和 OS，分辨率为 0.2nm。来自 ASE 光源的光被引导，直到它到达 PMMA 超微纤维传感器头。

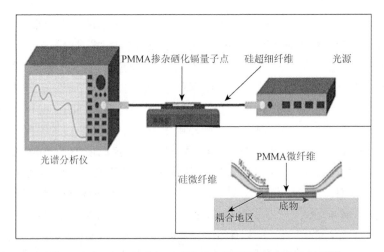

图 5-13　PMMA 掺杂 CdSe 量子点的温度传感器原理图[49]

温度传感材料在被传输到 OS 之前，采用倏逝耦合方法在单个 PMMA 超细光纤中实现光波导，如图 5-13 所示，在实验中，使用热板对传感装置进行加热。在 25~48℃的温度变化下，我们研究了该传感器的性能。光纤在 47℃时出现轻微失真，在 69℃时光信号出现剧烈变化。然而，沿光纤传播的光仍保持在选定的范围内。为了减少任何机械振动的影响，实验设置被布置在一个无振动的工作台上。首先用火焰刷技术制作了一种直径约为 4μm 的二氧化硅超微纤维，然后在中心切割，形成一对末端锥形纤维。

将聚合物微纤维平行放置在两种硅微纤维之间，以便通过静电力和范德瓦尔斯力紧密结合。由于聚合物超微纤维和硅超微纤维之间具有很强的倏逝场耦合，在聚合物超微纤维的几微米的重叠范围内，光可以有效地发射与吸收。

2. QDs 纳米材料的电化学生物传感

电化学生物传感中的 CQDs 和 GQDs[50]如下所示。

CNTs 和石墨烯由于其独特的性能，已被广泛地应用于改性电极的制备，克服了传统碳材料的一些缺点，如导电性和机械强度受阻。然而，这些碳纳米材料可能会面临制造困难和高商业成本的问题。

GQDs 和 CQDs 是碳基纳米材料的最新研究前沿之一。它们的优点包括了固有的低毒性、在许多溶剂中的高溶解度、优异的电子性能、强大的化学惰性、大的比表面积、丰富的功能化边缘部位、巨大的生物相容性、低成本和多功能性，以及它们具有吸引力的表面化学和其他修饰剂/纳米材料的修饰能力。

GQDs 是碳家族中的一种零维纳米结构，具有石墨烯和 CQDs 的特性。通过将二维石墨烯薄片转化为零维 QDs，这些纳米材料由于量子约束和边缘效应而表现出了新的特性。然而，与 CQDs 不同的是，GQDs 在点内部具有石墨烯结构，无论点的大小如何，不同层的厚度都小于 10nm，横向尺寸为 100nm，这赋予了它们石墨烯的一些不寻常的特性。

此外，GQDs 被认为是良好的电子转运体，扩大了与待测物的接触面积，增加了电化学活性表面积，能够与一些电活性物质相互作用，促进酶和蛋白质的直接电子转移（direct electron transfer，DET）。由于几何表面积是电化学中一个非常重要的参数，用 GQDs 修饰不同的底物可以提高电化学反应的速率。GQDs 通常在其边缘和基面上包含官能基，如羧基、羟基、碳基或环氧化基，可以作为反应位点。对于 CQDs，它们是直径小于 10nm 的准球形纳米颗粒，在各种溶剂中表现出良好的溶解度、良好的生物相容性和无毒性。

在近年来发展起来的碳纳米结构中，CQDs 和 GQDs 是碳基纳米材料的最新研究前沿之一，电化学生物传感器的发展引起了人们的极大兴趣。图 5-14 为石墨烯基纳米材料的结构。

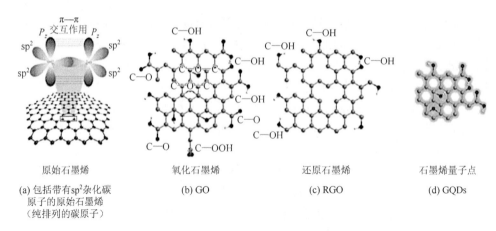

原始石墨烯	氧化石墨烯	还原石墨烯	石墨烯量子点
(a) 包括带有sp²杂化碳原子的原始石墨烯（纯排列的碳原子）	(b) GO	(c) RGO	(d) GQDs

图 5-14　石墨烯基纳米材料的结构

GQDs 的突出特性在电化学生物传感中的应用远远超过 CQDs。GQDs 的生物传感器的优点为高表面积、更大长径比（长度与厚度之比）、低固有毒性、化学惰性、机械刚度、优良溶解度、高稳定性、光致发光。

对于固定化生物受体和许多相关化合物（过氧化氢、氧气、多巴胺等）的电催化实验，电化学生物传感中的 GQDs 与 CQDs 将提供优异性能。这意味着 18 种纳米材料在电化学生物传感中主要作为电极修饰剂，大多数被认为是 GQDs 先进的标签。

1）GQDs 的电化学酶生物传感

GQDs 具有较大的表体积比、良好的生物相容性、丰富的亲水边缘和有利于蛋白质吸附的部分疏水平面，其已作为电化学酶生物传感器制备的电极修饰剂。此外，GQDs 的电极修饰保留了固定酶的功能，增强了电化学信号，GQDs 的纳米尺度尺寸允许酶连接氧化还原酶，特别是漆酶的氧化还原酶[51]。

Vasilescu 等[52]提出了一种用于测定红酒多酚指数的电化学漆酶生物传感器。首次将二硫化钼（MoS₂）纳米片和 GQDs 作为丝网印刷碳电极（screen-printed carbon electrodes，SPCE）的电极改性剂。MoS₂ 是研究石墨烯最多的二维层状材料之一，剥离的 MoS₂ 薄片表现出良好的传感能力。与零隙半导体石墨烯相比，MoS₂ 的带隙（MoS₂ 单层为 1.8eV）导致了电催化活性。所得到的酶生物传感器（SPCE-MoS₂-GQDs）比 SPCE-MoS₂ 和 SPCE-GQDs 表现出更好的电催化活性和电导率，这是由于 GQDs 和 MoS₂ 薄片之间的协同作用。该漆酶生物传感器依赖于 MoS₂/GQDs/SPCE 表面酶的静电相互作用，在咖啡酸、绿原酸和表儿茶素的检测测定中显示出有吸引力的性能，检测极限分别为 $0.32\mu m$、$0.19\mu m$ 和 $2.4\mu m$。

通过对葡萄糖氧化酶（glucose oxidase，GO_x）在碳陶瓷电极（carbon ceramic electrode，CCE）和玻碳电极（glassy carbon electrode，GCE）上的物理吸附，制备

了 DET 葡萄糖生物传感器。所得到的生物传感器在低微米水平、1.73μm 和 1.35μm 的葡萄糖安培测定中显示出良好的性能。有趣的是，GQDs/GCE 制备的生物传感器表现不如 GO 与 RGO 纳米片制备的生物传感器，产生的检测极限分别为 4.82μm 和 4.16μm。

Baluta 等[53]最近报道了一种肾上腺素（epinephrine，EP）的电化学生物传感器，通过与戊二醛在 GQDs/GCE 上交联来固定漆酶。通过监测循环血量（circulation volume，CV）对儿茶酚胺的氧化作用，该 DET 基于的漆酶生物传感器显示出广泛的线性范围（1～120μm），检测极限为 83nm，并成功地适用于药理样品中的 EP 测定。

2）GQDs 或 CQDs 的电化学亲和力生物传感

GQDs 作为电极材料已经在电化学亲和传感器领域得到应用，更多地用于处理免疫传感器领域，但用于核酸传感器测定 DNA 和核糖核酸（ribonucleic acid，RNA）的情况仍然很少。值得注意的是，到目前为止，只有一种电化学 DNA 传感器被报道使用 CQDs 作为电极修饰剂。GQDs 或 CQDs 高表面积和丰富的官能团及特殊的电化学性质，将其作为电极修饰剂和载体标签信号放大电化学免疫。

Tufa 等[54]提出了一种用于检测结核分枝杆菌抗原（培养滤液蛋白，CFP-10）方法，该方法采用了 GQDs 包覆的 Fe_3O_4@Ag 核壳纳米结构（Fe_3O_4@Ag/GQD）的纳米三重作为 GCE 修饰剂，AbD-AuNPs 作为放大信号的材料，如图 5-15 所示。三种纳米材料的不同作用使纳米三重材料的传感平台显示出明显的协同电化学性能：Fe_3O_4 增加了表面体积比；银增强了电导率；GQDs 允许更大的 CAb 负载到电极上。将夹层免疫复合物在 0.1M 盐酸的存在下进行电化学预氧化，然后用 DPV 将生成的 Au^{3+} 还原为 Au^0。这个免疫传感器具有广泛的线性范围［0.005～500mg·(mL^{-1})］和检测极限［0.33ng·(mL^{-1})］，并成功地应用于添加的人类尿液待测物的分析[16]。

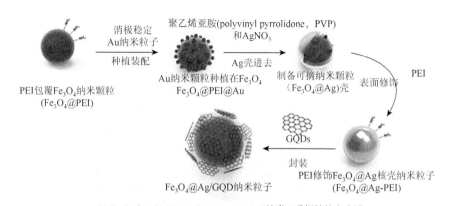

(a) Fe_3O_4@Ag/GQDNP(GQD nanotriplex)纳米三重探针的合成图

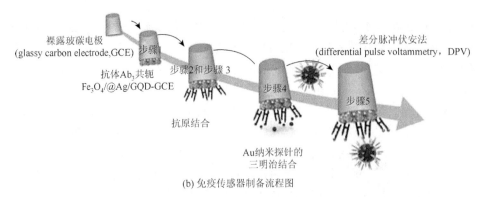

(b) 免疫传感器制备流程图

图 5-15　Fe₃O₄@Ag/GQDNP 纳米三重探针的合成图和免疫传感器制备流程图

3. QDs 纳米材料的气体传感

QDs 是低维半导体材料，具有一些特殊的物理和化学性质。另外，QDs 的粒径虽只有几纳米却具有大的比表面体积，并且可以与待测气体分子发生正相互作用。CdS 量子点的带隙为 2.4eV，由于其卓越的氧化还原特性，所以其已广泛地用于光催化、太阳能电池和光电探测领域。同时，作为提高气敏性能的候选材料，由于其具有出色的气敏特性，尹延洋[55]利用 CdS 量子点修饰 CdSnO₃ 多孔纳米立方体，并对其修饰后的气敏特性进行深入的研究。

（1）基于 CdS 和偏镉锡酸的能带结构及其催化能力，可以通过结合 CdS 和 CdSnO₃ 构建异质结构来改善纯 CdSnO₃ 的气体传感性能。尹延洋通过水热法合成了多孔 CdSnO3 纳米立方体，然后通过沉淀法将 CdS 量子点修饰在 CdSnO₃ 的表面上。将所制备的材料应用于气体传感器，对异丙醇气体进行了测试并探究了其气敏性能。

经过化学浴沉淀处理后，在 CdSnO₃ 纳米立方体的表面上形成了不同量的 CdS 量子点，其形貌依然保持为立方体，如图 5-16 的（c）～（e）所示。通过对比发现，CdSnO₃ 纳米颗粒表面修饰的 CdS 量子点数量随 CdS 溶液浓度的增加而增加。此外，CdS 量子点在 CdSnO₃ 纳米立方体表面的均匀分布不仅可以为气体分子提供更多的吸附位点或反应场所，而且可以改善多孔材料的分散性能，这对气敏材料的性能来说至关重要。

(a)　　　　　　　　　　　　　　(b)

图 5-16　纯 CdSnO₃ 和 CdS/CdSnO₃ 复合材料的 SEM 图

（a）为 CdSnO₃ 低倍 SEM 图；（b）～（e）为纯 CdSnO₃ 和 CdS/CdSnO₃ 复合材料高倍 SEM 图[55]

为了进一步研究 CdS 修饰的 CdSnO₃ 纳米立方体的内部结构，我们进行了透射电子显微镜（transmission electron microscope，TEM）测试。如图 5-17 所示，图 5-17（a）是纯 CdSnO₃ 的低倍 TEM 图像；图 5-17（b）是 CdS/CdSnO₃ 样品的高倍 TEM 图像，通过图中立方体内部鲜明的明暗对比可以知道，CdSnO₃ 纳米立方体内部为多孔结构。这种多孔结构的形成是由于实验中引入了柠檬酸，通常，柠檬酸作为结构改性剂可以指导纳米立方体内部孔的形成。因此，在煅烧处理后，前驱体 CdSn(OH)₆ 脱水形成了具有高孔隙率的 CdSnO₃。多孔结构有利于气体分子的吸附和解吸，以及气敏性能的提高。图 5-17（c）中的高倍 TEM 图像表明相邻晶格面的晶格间距约为 0.336nm，这对应 CdS 的（002）晶格面，而无晶格的区域对应非晶态的 CdSnO₃。此外，如图 5-17 所示，CdSnO₃ 样品的 EDS 元素映射图［图 5-17（d）～（g）］显示了 Cd、Sn、O 和 S 元素在多孔立方体中的均匀分布。结果证实了 CdS 量子点成功地修饰在 CdSnO₃ 的表面，它可以促进气敏过程中的载流子输运。

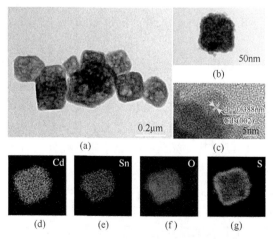

图 5-17　纯 CdSnO₃ 和 CdS/CdSnO₃ 复合材料的 TEM 图与 EDS 元素映射图

（a）为纯 CdSnO₃ 低倍 TEM 图；（b）和（c）为 CdS/CdSnO₃ 复合材料高倍 TEM 图；（d）～（g）为 CdS/CdSnO₃ 的 EDS 元素映射图[55]

图 5-18（a）与（b）分别对应 CdSnO₃ 和 CdS/CdSnO₃ 样品的氮吸附-解吸等温线。其中 CdSnO₃ 和 CdS/CdSnO₃ 样品的等温线介于Ⅱ型和Ⅳ型等温线之间，且具有 H₃ 型回滞环，证明该材料为介孔型。纯 CdSnO₃ 的比表面积为 $17.71m^2/g$，而 CdS/CdSnO₃ 纳米立方体的比表面积为 $37.99m^2/g$。比表面积的增大主要是由于 CdS 量子点本身的表面积与体积之比非常大，从而增大了 CdSnO₃ 的比表面积。大的比表面积可以为待测气体分子和氧气提供大量的活性位，进而增强气体传感器的性能。

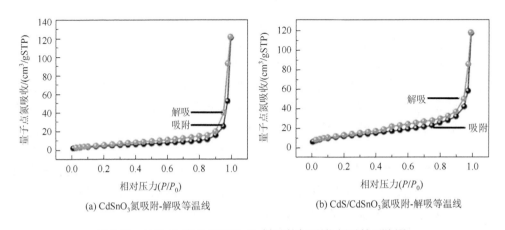

(a) CdSnO₃氮吸附-解吸等温线　　　　(b) CdS/CdSnO₃氮吸附-解吸等温线

图 5-18　CdSnO₃ 和 CdS/CdSnO₃ 样品的氮吸附-解吸等温线图

结果表明，CdS 量子点修饰的 CdSnO₃ 纳米立方体是非常有前途的异丙醇气体检测材料。

（2）基于近红外量子点发光二极管（light emitting diode，LED）及椭球结构的气体检测[5]。

近红外 QDs 在光电探测器、电致发光器件、太阳能电池、生物成像等领域中具有突出的应用优势。近红外 QDs 的应用显著地提高了近红外光电器件的性能，降低了能耗，拓宽了应用领域，尤其是在大规模集成电路领域具有优势。同时，近红外 QDs 具备优秀的光稳定性和生物相容性，使其成为理想的生物发光探针。通过调节 QDs 的尺寸可以使其发光或吸收峰覆盖近红外区域内多种气体的特定吸收频率，因此在制作红外气体检测系统方面有良好的前景。在过去的几十年中，近红外 QDs 的合成方法得到了持续改进，光致发光量子产率得到了极大提高。

使用近红外量子点 LED 组成阵列作为光源，将光源置于椭球反射器的一个焦点上，气体探测器置于椭球反射器的另一个焦点上，参考探测器紧邻气体探测器。上述材料组成了气体检测系统，用于不同气体的灵敏度、精度、选择性等性能检测。

实验装置：采用制造三个不同波长的蓝色氮化镓（GaN）激发的 PbSe 量子点 LED 阵列作为光源，组成气体检测系统，实验设置示意图如图 5-19 所示。气体检测统由量子点 LED 阵列光源、椭球反射器和 OSA 组成。采用脉冲电压驱动光源，在通过凸透镜会聚和椭球反射器增强后，近红外光束通过椭球反射器并被 OSA 接收，实验数据由锁相放大器和计算机收集及处理，同时将氮气和目标气体装入到气室中，通过改变气体流量获得不同的气体浓度。

图 5-19　实验设置示意图[5]

气体实验：用该实验装置分别测试 QDs 光源光谱随三种目标气体浓度增加的演变。如图 5-20 所示，图 5-20（a）显示了 QDs 光源光谱随 N_2 中 C_2H_2 浓度增加的演变，由于 C_2H_2 的吸收，光源的发光强度在波长为 1500～1560nm 内有明显的降低，在波长为 1525nm 处下降的幅度最大。图 5-20（b）显示了 QDs 光源光谱随 N_2 中 CH_4 浓度增加的演变，由于 CH_4 的吸收，光源的发光强度在 CH_4 吸收线附近出现明显的降低，随着浓度的增加，发光峰的降低更明显，这一现象符合 Beer-Lambert 定律。图 5-20（c）中显示了 QDs 光源光谱随 N_2 中 NH_3 浓度增加的演变，观察到波长为 1900～2060nm 内的发光强度随着 NH_3 浓度的增加而急剧下降，显示出与其他两种气体相似的变化。图 5-21 分别显示了单一气体吸收后，对于另外两种气体所对应的量子点发光峰的积分，可以观察到另外两个发光峰受到的影响很小，波动幅度小。

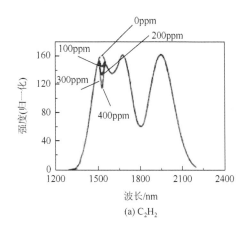

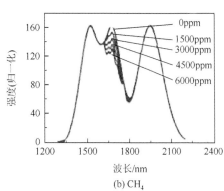

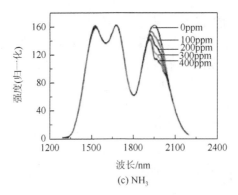

(c) NH₃

图 5-20　不同气体吸收后光源的光致发光光谱和光功率（面积）的变化趋势

$1ppm = 10^{-6}$

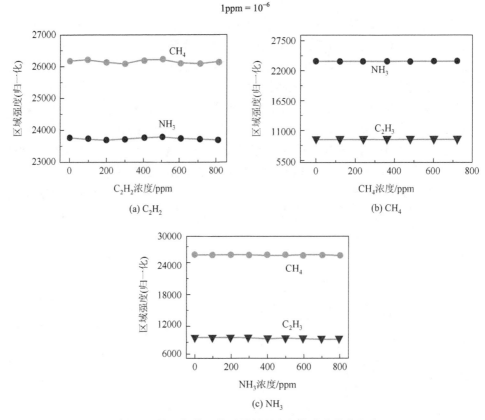

(a) C₂H₂

(b) CH₄

(c) NH₃

图 5-21　单一气体吸收后另外两个气体发光峰的积分

为了进一步分析该系统的选择性，将 C_2H_2、CH_4 和 NH_3 的混合物以不同的比例装入到气室中（表 5-4）。后面也研究了混合物中 C_2H_2、CH_4 和 NH_3 的标准浓度与测量浓度之间的比较，准确度都优于 2%。由此可以证明，该气体检测系统可以同时高精度地检测 C_2H_2、CH_4 和 NH_3 三种气体。

表 5-4   用于选择性分析的混合气体待测物浓度[5]

气体待测物	C_1	C_2	C_3	C_4	C_5
C_2H_2	100	250	400	550	700
CH_4	1000	3000	5000	7000	9000
NH_3	100	250	400	550	700

与红外热发射器和半导体激光器的其他红外光源相比，这里所用的近红外量子点 LED 具有相对较高的调制率，没有较大的热惯量，发射频段窄，成本低，体积小，适合多种场合的应用。

5.3   量子点纳米材料的光纤气体传感器研究

要想在气体传感系统领域获得高性能光纤气体传感器，则需要探索高灵敏、高选择性的气敏材料，对光纤进行功能化。而量子点是一种三维尺寸非常小的半导体纳米粒子，且由于其具有与普通材料完全不同的电学、光学特性，是一种可以在光纤气体传感领域上应用的新型功能材料。

5.3.1   基于 CQDs 的 NO 气体光纤传感器研究

一氧化氮（NO）是一种重要的生物信使分子，在生命中具有独特的生理作用。它广泛地参与人体神经传导、血管舒张和免疫过程，极大地影响了生理功能的正常[56-58]。然而，在实际检测中很难准确、实时地检测到生物样品中 NO 的浓度。其原因是生物样品中 NO 的浓度很低，而 NO 是一种半衰期较短的小自由基气体。NO 生成异常被认为是导致严重慢性疾病的原因，包括神经退行性损伤和炎症性肠病[59]。因此，他们希望利用一种准确、灵敏的方法来有效地检测复杂生物系统中的 NO[60, 61]。

2021 年，Wu 等[62]在 *Journal of Photochemistry and Photobiology A：Chemistry* 报道了基于碳量子点（CQDs）的一氧化碳（NO）实时高灵敏度光纤生物传感器。其结合荧光分析和光纤传感的优点，构建了一种新型光学传感系统的实时、高灵敏度的荧光信号追踪生物传感器。利用微波反应制备了表面有 NO 识别基团的 CQDs 气敏材料，并将其固定在直径为 600μm 的光纤端面，从而制成检测 NO 的传感探针，如图 5-22 所示。该传感器制备分为如下七个步骤。

（1）将邻苯二胺（1.0g）和柠檬酸（0.7g）加热并溶解在 10mL 去离子水中，得到澄清的溶液。

（2）将得到的澄清溶液放入 700W 的微波炉中，微波反应 3min 后取出，自然冷却至室温，用 10mL 去离子水溶解，得到 CQDs 溶液。

（3）将得到的 CQDs 溶液以 9000r/min 离心 10min，去除任何杂质，用过滤器过滤。并用 350 零维 A 透析袋透析 48h 后获得最终的 CQDs 溶液。

（4）为了检测 CQDs 在活细胞中的毒性，在 37℃ 下使 SH-SY5Y 细胞在培养基中孵育 24h。将含有不同数量 CQDs 的培养基分别加入到培养皿中，插入培养箱中 24h、48h。每孔加入 20µLCCK-8 溶液，继续孵育 2h，用酶标记仪测定 450nm 处的吸光度，最后观察细胞活力。

（5）将乙酸纤维素（0.108g）加入丙酮溶液（3mL）中，搅拌 2h 后，加入 200µLCQDs 溶液，搅拌 6h，得到成膜溶液。

（6）光纤传感单元的制备。取一段长为 10cm、直径为 600µm 的光纤。并进行预处理，剥离光纤的涂层，将端面打磨光滑，然后用乙醇清洗并干燥。

（7）最终通过拉伸方法制备与敏感材料相结合的光纤探头。将光纤固定在提升机吊臂上，悬挂光纤浸入成膜溶液中 2s。向上提升速度设定为 120mm/min，拉动 5 次。拉动过程结束后，将光纤从提升臂上取下，静置 1min 待丙酮挥发后，得到结合敏感膜的光纤探头。

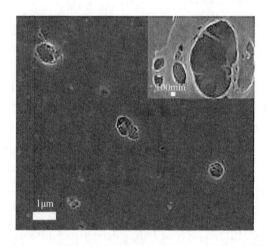

图 5-22 纤维端面涂覆膜的扫描电子显微镜图像[62]

Wu 等[62]在材料制备的过程当中，还通过不同的方法表征了 CQDs 的材料特性及生物相容性，如图 5-23 所示。从图 5-23（a）可以看出，合成的 CQDs 的最佳激发波长与发射波长分别为 390nm 和 455nm。CQDs 的 X 射线衍射图如图 5-23（b）所示，合成的 CQDs 在 28°和 44°处有宽峰，分别对应结构无序的石墨的（002）和（100）晶体面[63, 64]。为了进一步探索 CQDs 的结构，Wu 等采用高分辨率透射电子显微镜（high-resolution transmission electron microscope，HR-TEM）观察了 CQDs 的表面形貌和粒径。如图 5-23（c）所示，CQDs 分布均匀，粒径约为 5nm。最后，他们采用 CCK8 法测定了 CQDs 的毒性。在高浓度的 CQDs（27.32×10^{-3} mg/mL）样品下，孵育 48h 后，细胞活力仍超过 85%。结果表明，CQDs 具有良好的生物相容性，可以用于活细胞中 NO 的检测。

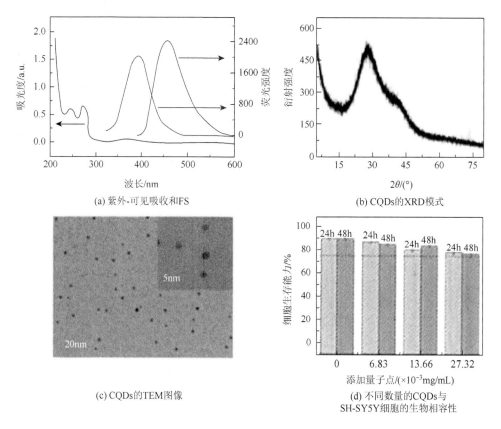

(a) 紫外-可见吸收和FS

(b) CQDs的XRD模式

(c) CQDs的TEM图像

(d) 不同数量的CQDs与
SH-SY5Y细胞的生物相容性

图 5-23　CQDs 的表征图

Wu 等[62]构建的传感系统主要包括 405nm 半导体激光器（MDL-Ⅲ-405-100mW）、计算机、光功率计、衰减器、二色镜、OSA（QE65000）、4 倍物镜和滤波器。NO 光纤生物传感系统的实验装置如图 5-24 所示。首先，入射光从激光源射出，通过可调入射光强的衰减器，进入 45°角的分光镜。光被分为反射光和透射光两部分。透射光由光功率计的探头接收，以便与衰减器一起控制入射光的强度。反射光通过 4 倍物镜，将光耦合到光纤传感头中，光沿着纤芯传输到光纤端面的敏感膜上，激发荧光。荧光信号沿光纤反射至 4 倍物镜、分光镜和滤波器，并由 OSA 接收，最终在计算机处显示 FS。

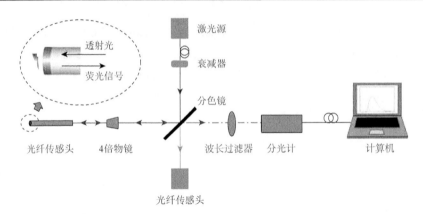

图 5-24　NO 光纤生物传感系统的实验装置图[62]

最终，他们用该传感系统对 10～38μm 内的 NO 气体进行检测，结果如图 5-25 所示。随着 NO 浓度的增加，CQDs 的荧光强度逐渐降低，表明 CQDs 对 NO 有良好的响应。

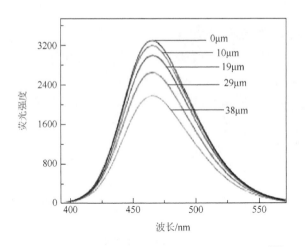

图 5-25　加入不同浓度 NO 后 CQDs 的荧光强度[62]

5.3.2　基于功能化 GQDs 的 H₂S 气体光纤传感器研究

硫化氢（H_2S）是一种无色、有毒、酸性的气体，有一种独特的臭鸡蛋味[65]。当 H_2S 的浓度超过 0.41μg/L 时，人类的气味会受到伤害，但人类的鼻子所能检测到的 H_2S 的最低浓度只有 0.5μg/L[66]。当浓度大于 100μg/L 时，嗅觉神经的麻木状态不能直接通过鼻子检测到 H_2S[67-69]。在接近 1000μg/L 或更高时，H_2S 将立即导致生物死亡[70-72]。因此，对低浓度的 H_2S 进行适当的监测是非常重要的。

2020 年，Huang 等[73]制作了基于二氧化钛/氨基功能化 GQDs 涂覆在 PCF 上的 H₂S 气体传感器。其将二氧化钛/氨基功能化 GQDs（TiO₂/af-GQDs）复合材料涂在光纤传感单元的表面，并构建了一种高灵敏的光纤气体传感系统，该系统包括 BBS、OSA、气室和光纤传感单元，如图 5-26 所示。该传感器制备分为如下五个步骤。

（1）首先，将 0.04g 二氧化钛溶解在 50mL 的去离子水（0.8g/L 的水溶液）中，然后在室温下用磁力搅拌。

（2）其次，将 1mL af-GQDs 和 1mL 二氧化钛混合溶液在 4℃以下进行超声处理 30min，得到 TiO₂/af-GQDs 复合材料。

（3）传感单元的制备首先是将 PCF 表面涂覆层去掉，其包层直径为 125μm，多层气孔直径为 9.5μm，空气孔排列形状为六边形结构。

（4）去除涂覆层后，用酒精清洗 PCF 表面，并用 TiO₂/af-GQDs 复合溶液浸泡 10min，重复 4 次，得到一层传感膜，然后在真空烘箱中以 200℃干燥 2h。

（5）最后，将两段 SMF、两段 MMF 和一段 PCF 用光纤熔接机依次熔接起来，形成一个 SMF-MMF-PCF-MMF-SMF 结构，这就是他们所设计的光纤传感单元。气体传感系统的设置示意图如图 5-26 所示，其 PCF、MMF 和 SMF 的长度分别为 4.5cm、0.3cm 和 40cm。

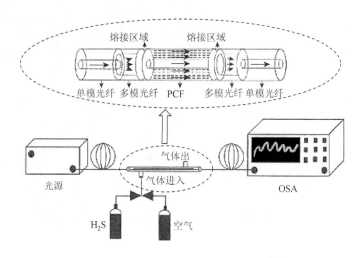

图 5-26　气体传感系统的设置示意图[73]

在材料制备的过程当中，他们通过不同的方法表征了 TiO₂/af-GQDs 和 af-GQDs 的材料特性，如图 5-27 所示。图 5-27（a）与（b）为 TiO₂/af-GQDs 复合材料和 af-GQDs 的 XRD 模式图。图 5-27（c）和（d）是用扫描电子显微镜对

TiO$_2$/af-GQDs 涂层的 PCF 的形貌进行了表征，在光纤表面成功地涂覆了具有 1μm 厚度的 TiO$_2$/af-GQDs 复合材料，外表面的复合膜是较为均匀的。在材料涂覆时，还有一点需要注意的是，TiO$_2$/af-GQDs 薄膜的厚度可以通过复合溶液的浓度、浸镀时间等来控制。

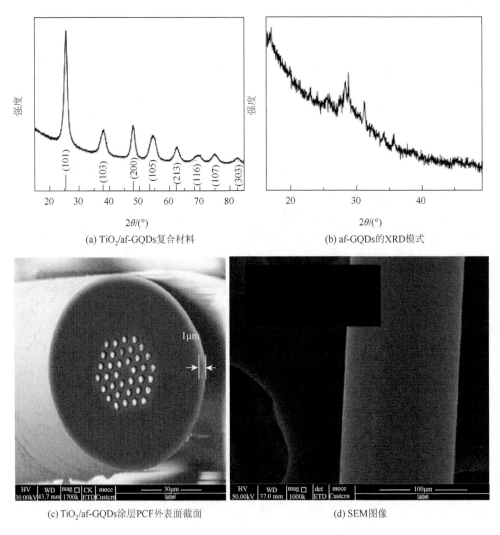

(a) TiO$_2$/af-GQDs复合材料

(b) af-GQDs的XRD模式

(c) TiO$_2$/af-GQDs涂层PCF外表面截面

(d) SEM图像

图 5-27　TiO$_2$/af-GQDs 的表征图[73]

Huang 等[73]最终制备了不同浓度的 H$_2$S 气体，并引入腔室进行测量，测定了不同浓度下 H$_2$S 的光谱。在输出光谱中选择了 1538.9nm 处的干涉谷进行监测，并测试了由 H$_2$S 气体浓度引起的干涉谷的波长漂移。如图 5-28（a）所示，随着

H₂S 气体浓度的增加，输出光谱出现了显著的蓝移。TiO₂/af-GQDs 薄膜的传感面积吸附 H₂S 气体分子后，包层的 RI 增加，导致纤芯与包层的有效 RI 差异较大。中心波长呈蓝移，与理论分析结果一致。图 5-28（b）表示的是干涉谷波长漂移与 H₂S 气体浓度的线性拟合图。结果表明，在 0～55mg/L 内，该传感器的灵敏度为 26.62，校准曲线的相关系数 R^2 约为 0.99249，表明在给定的 H₂S 浓度范围内，TiO₂/af-GQDs 涂层的 PCF 传感器具有较好的线性响应。传感器的检测限（检测极限）通常通过以下方式计算：将三倍的标准差（3σ）除以一个特定的校正因子 K，其中，σ（0.0104nm）为无 H₂S 时感系统波长的标准差，K 表示拟合曲线的斜率[74, 75]。得到该传感器的检测极限为 1.17。图 5-28（c）为该传感器的气体选择性测试，分别通入相同浓度为 55mg/L 的乙醇、氨、一氧化碳和二氧化碳等气体，结果发现 H₂S 引起的干涉谷蓝移最为明显，且其他气体引起的干涉谷漂移较为微弱，说明该传感器对 H₂S 气体具有较高的选择性。同时，与其他气体（即乙醇、氨、一氧

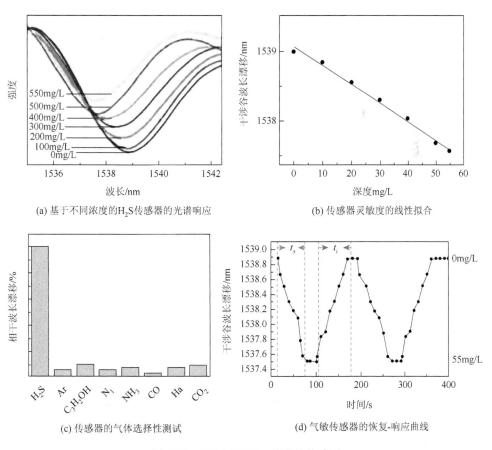

(a) 基于不同浓度的H₂S传感器的光谱响应

(b) 传感器灵敏度的线性拟合

(c) 传感器的气体选择性测试

(d) 气敏传感器的恢复-响应曲线

图 5-28　TiO₂/af-GQDs 薄膜的传感图

化碳和二氧化碳等气体）相比，H_2S 的吸附过程最容易，这是 H_2S 与 af-GQDs 的酰胺原相互作用导致的。图 5-28（d）显示了传感器的恢复-响应曲线，响应时间约为 68s，恢复时间约为 77s。

5.3.3　基于 PbS 量子点的 NO_2 气体光纤传感器研究

二氧化氮（NO_2）是工业生产中常见的一种废气[76]，即使低浓度也对人体有害，因为它会对呼吸系统造成永久性损害。此外，二氧化氮可以与大气中的其他化学物质反应，破坏生态系统，从而形成酸雨和臭氧[77]。因此，设计一种对二氧化氮具有超快、高灵敏度检测的可靠传感器是非常有必要的。

2018 年，高峰[78]报道了一种基于 PbS 量子点的温度不敏感的 NO_2 光纤气体传感器。其将 PbS 量子点纳米材料沉积在光纤传感单元的球型表面，并构建了一种高灵敏的 NO_2 光纤气体传感系统，该系统包括 BLS、环形器（optical circulator，OC）、OSA、气室和球面光纤传感单元，如图 5-29 所示。该传感器制备分为如下七个步骤。

（1）首先，将铅源和硫源混合成核。铅源首先在溶剂中溶解，随后被加热至 120℃。硫源随后也加入溶液中，此时，离子态的硫和铅结合生成 PbS 黑色沉淀。其中使用的铅源为油酸铅（Pb-oleate），硫源为四甲基硅烷（TMS）。这个过程是制备 PbS 量子点的关键一步。

（2）其次，当离子态的硫和铅结合生成 PbS 黑色沉淀时，迅速降温，阻止 PbS 晶核继续长大；待温度冷却后，向溶液中加入表面活性剂，包裹 QDs。其表面活性剂的主要成分为油酸和 1-十八烯。

（3）最终得到产物后，将其烘干成粉末，并在正辛烷中分散至浓度为 25mg/mL。分散 QDs 的溶剂为丙酮、甲苯、正辛烷。

（4）在传感单元的制备时，首先通过毛细管作用在 PCF 中填充易挥发的乙醇液体，与 SMF 进行熔接处理，熔接时间为 1s。过程中增大了放电量，有效地促进了光纤内部气泡的分布，使其形状更加均匀。

（5）切割传感单元，将获得的 SMF 与 PCF 的熔接结构进行切割，保留一段 500μm 长的 PCF 结构。

制备球形端面，将切割并保留的 PCF 端面进行熔融，将时间设置为 0.5s，多次放电熔融，端面逐渐由椭球形变为球形。

（6）将制备好的光纤传感单元固定在起降架上，并在 SMF 端通入一定光强。

准备好 QDs 溶液、配体置换溶液（$NaNO_2$ 溶液）、离子去除溶液（甲醇），并在通光的情况下，将光纤的球形端面浸没在 QDs 溶液 3min。

（7）随后，依次在配体置换溶液、离子去除溶液中反应 1min，经过多次重复，直至 QDs 薄膜厚度达到要求厚度（大概为 120nm）。

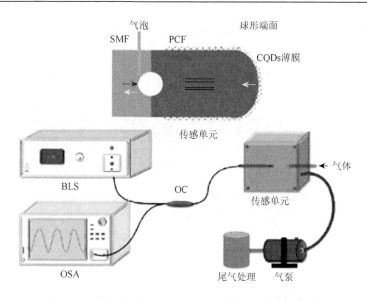

图 5-29　气体控制部分、传感单元部分及光路部分[78]

　　气体控制部分主要由气室、气泵、尾气处理装置及气体加入装置组成。气室由特殊设计，其体积大小一定、密封严密，有供传感单元接入的接口、气体排出的接口和供气体加入的橡皮塞。气室是传感单元与固定浓度气体相作用的场所。气体加入装置由高精密度的针筒构成，负责从气体源获取气体并精确地加入气室中。气泵及尾气处理装置用于清除气室内的气体。传感单元部分是涂覆固定厚度量子点薄膜的球形端面光纤干涉结构。传感单元部分尺寸与普通光纤相当，长度在数百微米，半径为 62.5μm。传感单元经密闭装置密封于气室中。光路部分由 BLS、OC 及 OSA 构成，从 BLS 出射的宽带光（1525～1575nm）经由 OC 到达传感单元，随后被传感单元反射，沿原路返回 OC，并进入 OSA。OSA 记录传感单元的干涉谱。

　　在制备材料的过程中，高峰[78]使用 SEM 对光纤上的 PbS 量子点薄膜进行表征，如图 5-30 所示。其中，图 5-30（a）展示了球形端面在涂覆 QDs 后的形貌。图 5-30（b）展示了 QDs 薄膜的厚度，在光纤的切割剖面，可以看出 QDs 薄膜与石英结构的颜色明显不同，由于上层 QDs 材料由 PbS 组成，尽管其为纳米形态的 QDs，但是其导电率依旧高于石英材质的光纤，在 SEM 图中的表现是 QDs 薄膜的亮度高于石英材料。此外，QDs 薄膜在剖面图中依旧均匀，其厚度起伏变化小，经过测量，QDs 薄膜的厚度约为 120nm。从图 5-30（c）中可以观察到 QDs 在球形端面上整体成膜均匀，作为结构中起主要作用的球形端面中央部分、薄膜与周围一致，没有缺陷。且从图 5-30 中还可以观察到，QDs 薄膜实质上是一层较为致密的薄膜，这个现象说明他们成功地使用 QDs 的胶态溶液做到了固体材料所具有的性质。图 5-30（c）与（d）中展示了不同尺度下的薄膜形态，材料无论在

50μm、10μm 还是 500nm 依旧保持均匀。在 500nm 的尺度下，可以看到 QDs 表面有龟裂的裂痕，这是由 QDs 溶剂在气化过程中该材料内部应力不均匀造成的，这些裂痕增大了 QDs 薄膜的表面积，增强了 QDs 薄膜对气体的吸附性能，对最终气敏响应起到正面作用。

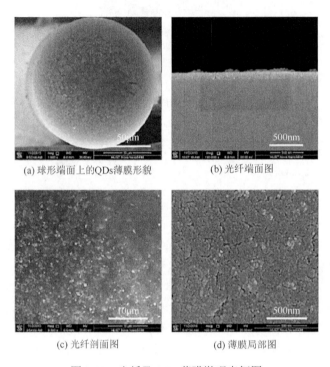

(a) 球形端面上的QDs薄膜形貌　　　　　　(b) 光纤端面图

(c) 光纤剖面图　　　　　　　　　　(d) 薄膜局部图

图 5-30　光纤及 QDs 薄膜微观表征图

　　由于石英的 RI 受温度影响，高峰[78]研究了温度对光纤传感单元的作用，以确定温度对气体传感实验结果的影响。高峰[78]将光纤传感单元置于一个加热装置中，改变加热装置的温度，获得了光纤传感单元对温度的响应，如图 5-31 所示。从图 5-31 中可以看出，光纤传感单元对温度响应明显，光谱发生明显漂移，定义温度灵敏度为每摄氏度光谱漂移大小，计算得到光纤传感单元对温度的响应为 10pm/℃。其中，温度对光纤传感单元的影响只影响其波长的漂移，光纤传感单元的消光比与温度无关。

　　高峰[78]对 PbS 量子点敏化的光纤气体传感器进行测试，以气体浓度为横坐标，以消光比大小为纵坐标，画出气体浓度与消光比的关系图，并进行线性拟合，结果如图 5-32 所示。由图 5-32 可知，消光比变化与气体浓度呈线性关系，这里我们定义器件的灵敏度为单位浓度光谱消光比的变化，因此可以得到实验中制备的器件的灵敏度为 $0.02(dB·m^3)/mg$。需要指出的是，得到的器件具有饱和特性，当气体浓度增加到一定浓度后（通常大于 100mg/m³），消光比不再随气体浓度变化，呈线性变化。这表明量子点吸附已经逐渐饱和。

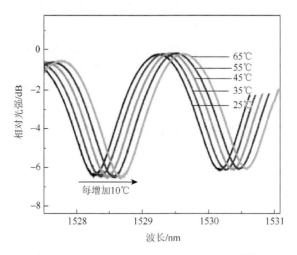

图 5-31　光纤传感单元对温度的响应[78]

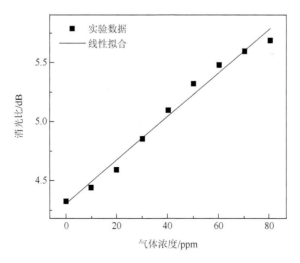

图 5-32　NO_2 气体浓度与光谱消光比的线性拟合[78]

5.4　本　章　小　结

从本章可以看出，低维半导体结构的发展可能会彻底地改变传统气体传感器的概念。电荷载流子在一个或多个空间维度上的限制导致半导体材料独特的电学和光学特性。电子-空穴对被限制在所有三维空间的 QDs 中，为材料的性质提供了新的见解。QDs 传感器的研究已成为当代传感技术中迅速发展的领域之一。由 QDs 组成的结构显示出了良好的传感性能，这表明它们正在成为一类应用于电阻器件的新型材料。然而，基于 QDs 的结构才刚刚开始集成到监控系统中。实验结果表明，为了深入地了解合成过程和添加材料对 QDs 传感性能的影响，需要进行深入的研究。此外，还应考虑到 QDs 的带隙随尺寸变化而变化，分析材料的响应和选择性。QDs 的合成过程、组成和结构对其传感性能有着至关重要的影响。与传统厚膜器件相比，含有 QDs 的传感器在改善电荷传输和增强表面积方面具有若干优势，为下一代便携式传感系统的开发开辟了新途径。

总的来说，将粒子尺寸减小到量子尺寸将使其完全被电荷载流子耗尽，这是实现高灵敏度的关键因素。因此，QDs 似乎比其他结构更适合于制造高性能气体传感器。然而，这种小颗粒在高温下不稳定。同时，一些实验研究表明，粒子的尺寸减小（与激子玻尔半径相当）显著地降低了气体传感器的工作温度。因此，考虑到 QDs 的稳定性和灵敏度的提高，未来在该领域的研究将为评估其在气体传感器件中的应用提供清晰的思路。

选择性增强仍然是 QDs 的主要关注点之一。量子点的电子能带结构可以根据其尺寸进行修改。半导体材料的工作温度和带隙影响其与不同气体化合物的相互作用。因此，通过改变 QDs 的尺寸来调节 QDs 的带隙可以成为提高气体传感器传感性能的一个额外因素。然而，这种分析尚未进行，需要在未来的研究中进行。

参 考 文 献

[1]　KAUSAR A. Emerging trends in poly（methyl methacrylate）containing carbonaceous reinforcements：Carbon nanotube，carbon black，and carbon fiber[J]. Journal of plastic film and sheeting，2020，36（4）：409-429.

[2]　KAUSAR A. Self-healing polymer/carbon nanotube nanocomposite：A review[J]. Journal of plastic film and sheeting，2021，37（2）：160-181.

[3]　KAUSAR A. Polymeric nanocomposites reinforced with nanowhiskers：Design，development，and emerging applications[J]. Journal of plastic film and sheeting，2020，36（3）：312-333.

[4]　KHAN N T，KHAN M J. Quantum dots-tiny semiconductor nanodots[J]. Journal of advances in nanotechnology，2019，1（2）：1-4.

[5]　马越. 基于近红外量子点 LED 及椭球结构的气体检测系统[D]. 长春：吉林大学，2020.

[6]　KAUSAR A. Polymer dots and derived hybrid nanomaterials：A review[J]. Journal of plastic film and sheeting，2021，37（4）：510-528.

[7]　ZHOU J，LI B，QI A，et al. ZnSe quantum dot based ion imprinting technology for fluorescence detecting cadmium and lead ions on a three-dimensional rotary paper-based microfluidic chip[J]. Sensors and actuators B：Chemical，2020，305（2）：127462.

[8]　KOMIKAWA T，TANAKA M，TAMANG A，et al. Peptide-functionalized quantum dots for rapid label-free sensing of 2，4，6-trinitrotoluene[J]. Bioconjugate chemistry，2020，31（5）：1400-1407.

[9]　KAUSAR V, KUMAR A, NATH P, et al. Fabrication of cysteamine capped-CdSe QDs anchored graphene xerogel nanosensor for facile onsite visual detection of TNT[J]. Nano-structures and nano-objects, 2021, 25 (2): 100643.

[10]　MITRI F, DE IACOVO A, DE SANTIS S, et al. Chemiresistive device for the detection of nitroaromatic explosives based on colloidal PbS quantum dots[J]. ACS applied electronic materials, 2021, 3 (7): 3234-3239.

[11]　于子洋. 氧化锌和碳量子点基复合材料的制备及其气敏性能研究[D]. 长春：吉林大学, 2020.

[12]　PENG H, TRAVAS-SEJDIC J. Simple aqueous solution route to luminescent carbogenic dots from carbohydrates[J]. Chemistry of materials, 2009, 21 (23): 5563-5565.

[13]　SHEN L M, ZHANG L P, CHEN M L, et al. The production of pH-sensitive photoluminescent carbon nanoparticles by the carbonization of polyethylenimine and their use for bioimaging[J]. Carbon, 2013, 55 (4): 343-349.

[14]　DENG J H, LU Q J, MI N X, et al. Electrochemical synthesis of carbon nanodots directly from alcohols[J]. Chemistry, 2014, 20 (17): 4993-4999.

[15]　CAO L, WANG X, Meziani M J, et al. Carbon dots for multiphoton bioimaging[J]. Journal of the American chemical society, 2007, 129 (37): 11318-11319.

[16]　YANG S T, CAO L, LUO P G, et al. Carbon dots for optical imaging in vivo[J]. Journal of the American chemical society, 2009, 131 (32): 11308-11309.

[17]　YANG S T, WANG X, WANG H F, et al. Carbon dots as nontoxic and high-performance fluorescence imaging agents[J]. The journal of physical chemistry C, Nanomaterials and Interfaces, 2009, 113 (42): 18110-18114.

[18]　HU S L, NIU K Y, SUN J, et al. One-step synthesis of fluorescent carbon nanoparticles by laser irradiation[J]. Journal of materials chemistry, 2009, 19 (4): 484-488.

[19]　LI X, WANG H, SHIMIZU Y, et al. Preparation of carbon quantum dots with tunable photoluminescence by rapid laser passivation in ordinary organic solvents[J]. Chemical communications, 2011, 47 (3): 932-934.

[20]　ZHAI X Y, ZHANG P, LIU C J, et al. Highly luminescent carbon nanodots by microwave-assisted pyrolysis[J]. Chemical communications, 2012, 48 (64): 7955-7957.

[21]　LIU Y, XIAO N, GONG N Q, et al. One-step microwave-assisted polyol synthesis of green luminescent carbon dots as optical nanoprobes[J]. Carbon, 2014, 68 (3): 258-264.

[22]　SAHU S, BEHERA B, MAITI T K, et al. Simple one-step synthesis of highly luminescent carbon dots from orange juice: Application as excellent bio-imaging agents[J]. Chemical communications, 2012, 48 (70): 8835-8837.

[23]　YANG Y H, CUI J H, ZHENG M T, et al. One-step synthesis of amino-functionalized fluorescent carbon nanoparticles by hydrothermal carbonization of chitosan[J]. Chemical communications, 2012, 48 (3): 380-382.

[24]　BHUNIA S K, SAHA A, MAITY A R, et al. Carbon nanoparticle-based fluorescent bioimaging probes[J]. Scientific reports, 2013, 3: 1473.

[25]　FACURE M H M, SCHNEIDER R, MERCANTE L A, et al. A review on graphene quantum dots and their nanocomposites: From laboratory synthesis towards agricultural and environmental applications[J]. Environmental science: Nano, 2020, 7 (12): 3710-3734.

[26]　SHEW A. Nanotech's history: An interesting, interdisciplinary, ideological split[J]. Bulletin of science, technology and society, 2008, 28 (5): 390-399.

[27]　KROTO H W, HEATH J R, O'BRIEN S C, et al. C60: Buckminsterfullerene[J]. Nature, 1985, 318: 162-163.

[28]　IIJIMA S. Helical microtubules of graphitic carbon[J]. Nature, 1991, 354: 56-58.

[29]　NOVOSELOV K S, GEIM A K, MOROZOV S V, et al. Electric field effect in atomically thin carbon films[J]. Science, 2004, 306 (5696): 666-669.

[30] TIAN P, TANG L, TENG K S, et al. Graphene quantum dots from chemistry to applications[J]. Materials today chemistry, 2018, 10 (12): 221-258.

[31] FERNANDEZ-ROSSIER J, PALACIOS J J. Magnetism in graphene nanoislands[J]. Physical review letters, 2007, 99 (17): 177204.

[32] HAN M Y, ÖZYILMAZ B, ZHANG Y B, et al. Energy band-gap engineering of graphene nanoribbons[J]. Physical review letters, 2007, 98 (20): 206805.

[33] TRAUZETTEL B, BULAEV D V, LOSS D, et al. Spin qubits in graphene quantum dots[J]. Nature physics, 2007, 3 (3): 192-196.

[34] PONOMARENKO L A, SCHEDIN F, KATSNELSON M I, et al. Chaotic Dirac billiard in graphene quantum dots[J]. Science, 2008, 320 (5874): 356-358.

[35] PAN D Y, ZHANG J C, LI Z, et al. Hydrothermal route for cutting graphene sheets into blue-luminescent graphene quantum dots[J]. Advanced materials, 2010, 22 (6): 734-738.

[36] ZHAO Y, HU C G, HU Y, et al. A versatile, ultralight, nitrogen-doped graphene framework[J]. Angewandte chemie international edition, 2012, 51 (45): 11371-11375.

[37] ZHU S J, SONG Y B, WANG J, et al. Photoluminescence mechanism in graphene quantum dots: Quantum confinement effect and surface/edge state[J]. Nano today, 2017, 13 (4): 10-14.

[38] ZHU S, ZHANG J, TANG S, et al. Surface chemistry routes to modulate the photoluminescence of graphene quantum dots: From fluorescence mechanism to up-conversion bioimaging applications[J]. Advanced functional materials, 2012, 22 (22): 4732-4740.

[39] SUN J, YANG S, WANG Z, et al. Ultra-high quantum yield of graphene quantum dots: Aromatic-nitrogen doping and photoluminescence mechanism[J]. Particle and particle systems characterization, 2015, 32 (4): 434-440.

[40] JIN S H, KIM D H, JUN G H, et al. Tuning the photoluminescence of graphene quantum dots through the charge transfer effect of functional groups[J]. ACS nano, 2013, 7 (2): 1239-1245.

[41] DONG Y Q, PANG H C, YANG H B, et al. Carbon-based dots co-doped with nitrogen and sulfur for high quantum yield and excitation-independent emission[J]. Angewandte chemie international edition, 2013, 52(30): 7800-7804.

[42] FENG J G, DONG H Z, YU L Y, et al. The optical and electronic properties of graphene quantum dots with oxygen-containing groups: A density functional theory study[J]. Journal of materials chemistry C, 2017, 5 (24): 5984-5993.

[43] GHANDCHI M, DARVISH G, MORAVVEJ-FARSHI M K. Properties of bilayer graphene quantum dots for integrated optics: An Ab initio study[J]. Photonics multidisciplinary digital publishing institute, 2020, 7 (3): 78.

[44] TEPLIAKOV N V, ORLOV A V, KUNDELEV E V, et al. Twisted bilayer graphene quantum dots for chiral nanophotonics[J]. The journal of physical chemistry C, 2020, 124 (41): 22704-22710.

[45] YAMIJALA S S R K C, MUKHOPADHYAY M, PATI S K. Linear and nonlinear optical properties of graphene quantum dots: A computational study[J]. The journal of physical chemistry C, 2015, 119 (21): 12079-12087.

[46] ZHANG Y J, SHENG W D, LI Y. Dark excitons and tunable optical gap in graphene nanodots[J]. Physical chemistry chemical physics, 2017, 19 (34): 23131-23137.

[47] Ozfidan I, Korkusinski M, Hawrylak P. Electronic properties and electron-electron interactions in graphene quantum dots[J]. Physica status solidi (RRL) -rapid research letters, 2016, 10 (1): 13-23.

[48] LI Y H, SHU H B, WANG S D, et al. Electronic and optical properties of graphene quantum dots: The role of many-body effects[J]. The journal of physical chemistry C, 2015, 119 (9): 4983-4989.

[49] IRAWATI N, HARUN S W, RAHMAN H A, et al. Temperature sensing using CdSe quantum dot doped poly

（methyl methacrylate）microfiber[J]. Applied optics，2017，56（16）：4675-4679.

[50] CAMPUZANO S，YANEZ-SEDENO P，PINGARRON J M. Carbon dots and graphene quantum dots in electrochemical biosensing[J]. Nanomaterials，2019，9（4）：634.

[51] SUVARNAPHAET P，PECHPRASARN S. Graphene-based materials for biosensors：A review[J]. Sensors，2017，17（10）：2161.

[52] VASILESCU I，EREMIA S A V，KUSKO M，et al. Molybdenum disulphide and graphene quantum dots as electrode modifiers for laccase biosensor[J]. Biosensors and bioelectronics，2016，75（8）：232-237.

[53] BALUTA S，LESIAK A，CABAJ J. Graphene quantum dots-based electrochemical biosensor for catecholamine neurotransmitters detection[J]. Electroanalysis，2018，30（8）：1781-1790.

[54] TUFA L T，OH S，KIM J，et al. Electrochemical immunosensor using nanotriplex of graphene quantum dots，Fe_3O_4，and Ag nanoparticles for tuberculosis[J]. Electrochimica acta，2018，290（17）：369-377.

[55] 尹延洋. 钙钛矿型复合金属氧化物纳米材料的制备及其气敏特性的研究[D]. 长春：吉林大学，2020.

[56] MONDAL B，KUMAR P，GHOSH P，et al. Fluorescence-based detection of nitric oxide in aqueous and methanol media using a copper（II）complex[J]. Chemical communications，2011，47（10）：2964-2966.

[57] REINHARDT C J，ZHOU E Y，JORGENSEN M D，et al. A ratiometric acoustogenic probe for in vivo imaging of endogenous nitric oxide[J]. Journal of the american chemical society，2018，140（3）：1011-1018.

[58] MACMICKING J，XIE Q W，NATHAN C. Nitric oxide and macrophage function[J]. Annual review of immunology，1997，15（1）：323-350.

[59] LEI Y，SCHOENFISCH M H. Nitric oxide-releasing hyperbranched polyaminoglycosides for antibacterial therapy[J]. ACS applied bio materials，2018，1（4）：1066-1073.

[60] CALABRESE V，BATES T E，STELLA A M G. NO synthase and NO-dependent signal pathways in brain aging and neurodegenerative disorders：The role of oxidant/antioxidant balance[J]. Neurochemical research，2000，25（9）：1315-1341.

[61] KOLIOS G，VALATAS V，WARD S G. Nitric oxide in inflammatory bowel disease：A universal messenger in an unsolved puzzle[J]. Immunology，2004，113（4）：427-437.

[62] WU W，HUANG J，DING L Y，et al. A real-time and highly sensitive fiber optic biosensor based on the carbon quantum dots for nitric oxide detection[J]. Journal of photochemistry and photobiology A：Chemistry，2021，405：112963.

[63] WANG M Y，REN X Q，ZHU L，et al. Preparation of mesoporous silica/carbon quantum dots composite and its application in selective and sensitive Hg^{2+} detection Micropor[J]. Materials science，2019，284（8）：378-384.

[64] DELA CRUZ M I，THONGSAI N，LUNA M，et al. Preparation of highly photoluminescent carbon dots from polyurethane：Optimization using response surface methodology and selective detection of silver（I）ion[J]. Colloids and surfaces A：Physicochemical and engineering aspects，2019，568：184-194.

[65] NASSAR I M，EL-DIN M R N，MORSI R E，et al. Eco friendly nanocomposite materials to scavenge hazard gas H_2S through fixed-bed reactor in petroleum application[J]. Renewable and sustainable energy reviews，2016，65：101-112.

[66] REIFFENSTEIN R J，HULBERT W C，ROTH S H. Toxicology of hydrogen sulfide[J]. Annual review of pharmacology and toxicology，1992，32（1）：109-134.

[67] RAMGIR N S，SHARMA P K，DATTA N，et al. Room temperature H_2S sensor based on Au modified ZnO nanowires[J]. Sensors and actuators B：chemical，2013，186（6）：718-726.

[68] SHIRSAT M D，BANGAR M A，DESHUSSES M A，et al. Polyaniline nanowires-gold nanoparticles hybrid

network based chemiresistive hydrogen sulfide sensor[J]. Applied physics letters, 2009, 94 (8): 083502.

[69] CHEN Y J, GAO X M, DI X P, et al. Porous iron molybdate nanorods: In situ diffusion synthesis and low-temperature H₂S gas sensing[J]. ACS applied materials and interfaces, 2013, 5 (8): 3267-3274.

[70] KIM K H, JEON E C, CHOI Y J, et al. The emission characteristics and the related malodor intensities of gaseous reduced sulfur compounds (RSC) in a large industrial complex[J]. Atmospheric environment, 2006, 40 (24): 4478-4490.

[71] GUIDOTTI T L. Hydrogen sulfide[J]. International journal of toxicology, 2010, 29 (6): 569-581.

[72] KILBURN K H, WARSHAW R H. Hydrogen sulfide and reduced-sulfur gases adversely affect neurophysiological functions[J]. Toxicology and industrial health, 1995, 11 (2): 185-197.

[73] HUANG G, LI Y, CHEN C, et al. Hydrogen sulfide gas sensor based on titanium dioxide/amino-functionalized graphene quantum dots coated photonic crystal fiber[J]. Journal of physics D: Applied physics, 2020, 53 (32): 325102.

[74] DING X J, QU L B, YANG R, et al. A highly selective and simple fluorescent sensor for mercury (II) ion detection based on cysteamine-capped CdTe quantum dots synthesized by the reflux method[J]. Luminescence, 2015, 30 (4): 465-471.

[75] YU J H, YANG X Z, FENG W L. Hydrogen sulfide gas sensor based on copper/graphene oxide composite film-coated tapered single-mode fibre interferometer[J]. Zeitschrift für naturforschung A, 2019, 74 (6): 931-936.

[76] WANG Z L, YAN J M, ZHANG Y F, et al. Facile synthesis of nitrogen-doped graphene supported AuPd-CeO₂ nanocomposites with high-performance for hydrogen generation from formic acid at room temperature[J]. Nanoscale, 2014, 6 (6): 3073-3077.

[77] NOGUERA C. Polar oxide surfaces[J]. Journal of physics condensed matter, 2000, 12 (12): 367.

[78] 高峰. 光纤量子点集成器件研究[D]. 武汉：华中科技大学, 2018.

第 6 章　光纤纳米 ZnO 材料紫外传感技术与系统

紫外检测在火灾预警、导弹追踪、紫外光通信、天文观测和生物研究等领域有着广泛的应用。纳米 ZnO 材料具备较高的激子结合能，在紫外探测器方面具备很大的发展潜力。和现有的 ZnO 紫外探测器对比，结合光纤的 ZnO 紫外探测器具有抗电磁干扰、高灵敏度、强稳定性及结构制备方式简单的优势，我们从纳米 ZnO 材料的制备可控性及性能分析、光纤紫外传感器件的制备及器件的灵敏性分析等方面展开研究，介绍一种基于 Al 掺杂 ZnO 纳米棒的光纤紫外传感系统。

6.1　纳米 ZnO 材料概述

纳米科学是研究材料在 $0.1 \sim 100$nm 尺度范围内工程应用的学科。从 20 世纪 80 年代开始发展至今，纳米科学如同信息科学一般，几乎已渗透于自然科学各个研究领域。纳米 ZnO 又称锌白，自然状态下多为白色粉末状，纳米 ZnO 材料作为非常重要的 II-VI 宽禁带半导体之一，在自然状态下，由于外界环境的不同，ZnO 通常会分为六方纤锌矿结构、立方闪锌矿结构和四方岩盐矿结构三种结构。其中，最稳定也较为常见的是属于六方晶系的六方纤锌矿结构，P63mc 为其空间群。纳米 ZnO 作为一种多功能的金属半导体纳米材料氧化物，兼具着宽禁带半导体性能。ZnO 纳米材料近些年在光电子领域发挥着越来越重要的作用，ZnO 广泛地应用于表面声波器件、太阳能电池、气体传感器、薄膜体声学谐振器、抗菌防霉、护肤美容、屏蔽光线、光催化剂、光致发光、传感器等[1-3]。

6.1.1　纳米 ZnO 材料的发展现状

目前纳米 ZnO 的研究已越发成熟，纳米 ZnO 为 II-VI 族宽禁带半导体材料，在自然界主要存在于红锌矿中。常见的结构是最稳定的六角纤锌矿结构，如图 6-1 (a) 所示。在室温下当压强为 9GPa 时，ZnO 的晶体结构从纤锌矿转变为四方岩盐矿结构，其体积缩小 17%[4]。Zn 原子和 O 原子间隔为 0.194nm，其配位数为 4:4。O 原子为六方密堆积排列，4 个 O 原子围成一个四面体的三棱锥结构，Zn 原子填充在三棱锥的中心处。表 6-1 为 ZnO 基本参数和性质。

　　纳米 ZnO 材料之所以具备各式各样的形貌是因为晶体结构的差别，因为在 ZnO 纳米晶体中，Zn 原子与 O 原子沿 c 轴分布不均匀，前者倾向正方向，而后者倾向负方向。从图 6-1（b）可以看出，ZnO 在＜0001＞方向上具备离子极性。因此在研究时，需要注意 ZnO 纳米晶＜0001＞方向晶面的生长，其生长速度的变化及相互影响将决定晶体的结构，并最终导致纳米结构的多样性[5]。因而，研究者可以经过变化制备工艺的环境条件获取不同形状的纳米结构，如 ZnO 纳米薄膜[6]、ZnO 纳米棒[7]、四针状 ZnO 晶须[8]、ZnO 纳米花[9]等。图 6-2 展示了部分纳米 ZnO 不同的结构。

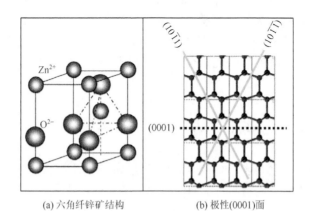

(a) 六角纤锌矿结构　　　　　　　　　(b) 极性(0001)面

图 6-1　ZnO 结构和极性面

表 6-1　ZnO 基本参数和性质

物理参数	符号	数值
300K 的晶体结构	—	六方纤锌矿结构
300K 的晶格常数/nm	a_0, c_0	$a_0 = 0.3249, c_0 = 0.5206$
分子量	M	81.39
密度/(g/cm^3)	ρ	5.606
热容/[J/(g·K)]	C_v	0.494
熔点	T_m	1975
介电常数	ε	8.656
折射率	n	a 轴, 2.008；c 轴, 2.029
常温禁带宽度/eV	E_g	3.37
激子结合能/meV	E_{ex}	60
激子玻尔（Bohr）半径/nm	a_β	2.03
本征载流子浓度/cm^{-3}	n	$<10^6$
电子有效质量($\times m_0$)	m_e^*	0.24

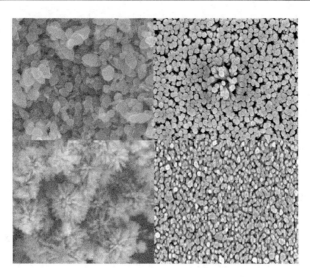

图 6-2　部分纳米 ZnO 不同的结构

　　单一、纯净的纳米材料，无论其性能多么优越，随着人们的生产和科技的进步，总是会出现一定的局限性，ZnO 纳米材料也是如此。掺杂 ZnO 纳米材料，即利用化学等方法，在纯 ZnO 纳米材料的基础上，掺入不同元素，以达到对纯 ZnO 改性的目的并使其变成更能符合人们生产和生活需求的新型纳米 ZnO 材料。

　　稀土元素如位于元素周期表中镧系和锕系的元素，具有特殊的电子结构，可以改善 ZnO 的性能[10]。Anandan 等[11]证实 ZnO 掺杂 La 元素后，相对光子效率和光催化活性会随着 La 掺杂 ZnO 含量的增加而增加。Minami 等[12]发现稀土元素 Sc 和 Y 掺杂 ZnO 后，可以提高材料的电导率。此外，Hastir 等[13]已经证明，用掺 Tb 的 ZnO 制作的气体传感器具有显著的高传感响应，而且 4%Tb 掺杂的 ZnO 传感器对乙醇和丙酮（CH_3COCH_3）的传感响应最大。同样，Yang 等[14]指出随着 Tb 掺杂量的增加，掺杂 ZnO 会使 ZnO 晶格变形，拉曼光谱的峰值会向低拉曼位移偏移。另外，Kumar 等[15]发现，掺杂了 Tb 的 ZnO 可以观察到白光发射。

　　当然，不仅仅只有稀土元素掺杂 ZnO 纳米材料才会使其性质改变。2014 年，何静芳等[16]利用第一性原理计算了 Cu-Co 共掺杂 ZnO 的光电性质，研究发现 Cu-Co 共掺后对太阳光的吸收大幅增加，可用于制备高效率的太阳电池。2016 年，侯清玉等[17]在对 Al-2N 掺杂 ZnO 光电性能探究中表明，随着掺杂量增加电导率减小，掺杂体系导电性减弱。掺杂体系可以用作低温端的温差发电功能材料。李强等[18]对 C 和 F 掺杂 p 型 ZnO 的研究证实，掺杂体系具有良好的透光性，在可见光波长范围内透射率大于 95%。2018 年，徐佳楠等[19]对 ZnO 掺 Ba 的电子结构及铁电性能的研究发现，极化率随着 Ba 原子掺杂百分比的增加而增大，相对介电值则相反。除此之外，对于 ZnO 纳米材料掺杂改性的研究还有许多，如 ZnO 纳米粒子掺杂 Zr 可使 AS 位于可见光区域，ZnO 掺 Cu 会改变铁磁稳定性，Al-Na 共掺杂 ZnO 可以改善掺杂剂的溶解度和调整基体的能带结构，Al-Ga 共掺杂 ZnO 表现出更好的抗湿耐久性[20]，Ni 和 Li 共掺杂 ZnO 则表现出明显增强的铁磁性[21]。由此可见，掺杂 ZnO 纳米材料的研究已成为人们当下研究的热点，这一趋势还将继续下去。

目前，已有不少研究学者将 ZnO 纳米材料应用于光纤传感领域中。敏感材料的加入不仅在一定程度上提高了检测灵敏度，而且使得传感器的性能更加稳定，最终达到更加优异的传感效果。

6.1.2 纳米 ZnO 材料的光电特性

ZnO 的能带结构和态密度如图 6-3 所示，从图 6-3（a）中观察可以得知，ZnO 为直接带隙半导体材料，导带的最低点与价带的最高点均处于 G 坐标轴，其带隙值为 3.37eV，与其态密度图相互对应，当横坐标的正方向小于 3.37 时，其值为零。态密度图的价带峰值高于导带峰值，对应于能带结构图的价带比导带更加密集。因此，态密度图是能带结构图的另一种具体的表现形式[22-24]。从态密度图中还可以得到，价带的能量贡献主要来源于 Zn-3d、O-2s、O-2p，然而导带的能量贡献主要由 Zn-4s 提供。Zn 原子的 3d 态与 O 原子的 2p 态杂化形成了 ZnO 的价带（valence band，VB），其宽度为 7eV；而 Zn 原子的 4s 态与 O 原子的 3s 态杂化则构成了 ZnO 的导带（conduction band，CB）。与此同时，在 Zn 的 3d 与 O 的 2p 的共同作用下，价带顶和价带底分别向高能方向与低能方向移动，结果使得 ZnO 价带变宽，带隙变窄。另外，如果能隙中出现了缺陷或者杂质能级，那么会使导带的最低能级（由阳离子 S 轨道组成）向下排斥，与此同时，价带的最高能级（由阴离子 p 轨道组成）向上排斥。

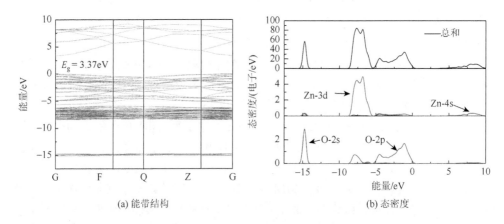

(a) 能带结构　　　　　　　　　　(b) 态密度

图 6-3　ZnO 的能带结构和态密度

　　ZnO 材料的光学性质主要包括两个光学过程：本征和非本征光学过程。本征光学过程主要包括带间辐射、吸收跃迁和激子的跃迁。非本征光学过程主要则包括缺陷态或者杂质能级所产生的跃迁。通常在室温下，ZnO 的光致发光谱中包含两个波段，一个是较窄的紫外发光带，另一个是宽泛的可见发光带。一般而言，ZnO 的紫外发光带主要是由自由激子发射及其声子伴线引起的，而对于可见发光带而言，则归结于 ZnO 中的各种本征缺陷，如锌填隙（Zn_i）、氧填隙（O_i）、锌空位（V_{Zn}）、氧空位（Vo）和氧反位（O_{Zn}），或者是由掺杂元素如 Cu、Mn、Er 等引起的。ZnO 的光学吸收谱如图 6-4 所示，由图中可知，ZnO 材料在波长为 40～400nm 内展现出了强烈的吸收性质，波长低于 40nm 时不存在光吸收，其原因为 ZnO 为宽紧带半导体，最大峰值出现在 84nm 左右，峰值的出现归因于电子的跃迁。

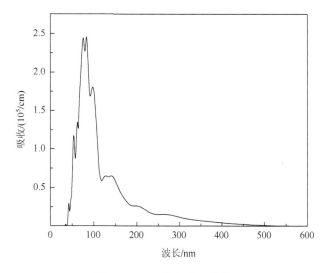

图 6-4　ZnO 的光学吸收谱

　　当 ZnO 受到能量大于其禁带宽度的光子辐射之后，电子被激发从价带跃迁至导带，同时相应产生一个空穴，由于电子-空穴间的库仑作用，电子仍然和价带中的空穴联系在一起，形成电子-空穴对，即激子。ZnO 中的激子有自由激子和束缚激子两种。不管是自由激子还是束缚激子，由于都处于激发状态，具有很高的能量，电子-空穴随时都会复合，并且以发光或发热的形式将能量释放出来，继而回到基态。ZnO 中的激子复合发光有以下两种形式。①自由激子复合发光：ZnO 半导体中运动的自由激子承载着能量和动量，但总体而言仍然呈电中性。对于直接带结构半导体 ZnO 而言，自由激子发光波长为 389nm 左右。②束缚激子复合发光：激子在运动当中，如果碰到杂质元素和缺陷态，那么可能被杂质元素和缺陷态所俘获，使能量降低，成为束缚激子。当 ZnO 束缚激子复合发光时，由于其跃迁能量比自由激子低，根据能量守恒定律，其发光能量也比自由激子低，因此，束缚激子的辐射带位于自由激子发光的低能处[25]。

6.2　ZnO 纳米材料光纤紫外传感器的研究

紫外光存在于地球上的各个角落，紫外检测技术也被广泛地应用于人类的生产生活中，如化学分析、环境分析、生物分析、火焰报警、紫外干扰、紫外通信等诸多方面。随着科技的进步，人们对紫外检测技术的性能、造价、精度等方面的追求也越来越高。同传统的紫外传感器相比，OFS 拥有性能稳定、抗干扰能力强、成本低廉、制作简单等诸多优势，更符合时代的要求，发展也更加迅猛。随着光纤检测技术的不断发展，其由于具有小尺寸、高灵敏度、抗电磁干扰、质量轻和多阵列功能等优势，在紫外检测领域受到越来越多的关注。Lyons 等[26]在 2004 年提出了一种新型的多点式发光光纤传感系统检测紫外光辐射，并利用人工神经网络模式识别技术来输出。以磷掺杂的环氧树脂代替光纤包层，当受到紫外光照射时，磷掺杂的环氧树脂会发出可见光，可见光可采用光纤 OSA 进行检测。Rashid 等[27]在 2013 年利用 sol-gel 法制备铝酸锌纳米晶并用于紫外光检测，当中心波长为 365nm 的紫外光照射样品时，未掺杂的 ZnO 与掺杂 2%的样品相比，光电流响应有较大的提高。2015 年，Agafonova 等[28]研究发现，将掺有银、镉、铅、铜等发光分子簇的光纤用于紫外检测，使其将紫外辐射转换成可见光区的有效辐射。

Miluski 等[29]在 2016 年报道了基于 Eu^{3+} 掺杂聚甲基丙烯酸甲酯的光纤紫外传感器结构。2017 年，Azad 等[30]提出了一种利用涂覆 $Zn(OH)_2$ 纳米棒的多模光纤紫外辐射探测装置。该装置的耦合率大约为 11%，表现出高稳定性及可重复使用性。

2018 年，Cho 等[31]报道了基于偶氮苯聚合物封端结构的光纤端紫外光传感器。因为紫外光可变更偶氮苯聚合物的尺寸折射率，在 $2.5mW/cm^2$ 的功率照射下，相较于 1550nm 的光源，波长漂移了 0.78nm。

2021 年，Feng 等[32]报道了一种薄片状的 ZnO/Gr 复合材料与 MFC-MZ 光纤结构结合的紫外传感器，为紫外探测技术提供了一个简化的平台，其在局部放电、明火探测和太阳光照监测方面具有潜在的应用。

6.2.1　ZnO 纳米材料的紫外敏感特性

基于光生载流子的原理，在紫外光照射下，不考虑扩散过程及载流子表面复合情况，则载流子所满足的方程为

$$\frac{d\Delta N}{dt} = g(z,t) - \frac{\Delta N}{\tau} \tag{6-1}$$

$$g(z,t) = \frac{I(z)\alpha(E)U}{h}g \tag{6-2}$$

$$\alpha(E) = \begin{cases} c\sqrt{\dfrac{hv}{E_g}}, & hv \geqslant E_g \\ 0, & hv < E_g \end{cases} \tag{6-3}$$

式中，$I(z)$为在 z 方向上光强的分布；$\alpha(E)$为 ZnO 的吸收系数；U 为量子效率；ΔN 为载流子变化；τ 为载流子寿命。将式（6-2）和式（6-3）代入式（6-1），得

$$\frac{d\Delta N}{dt} = I(z)Ug\sqrt{\frac{v}{hE_g}} - \frac{\Delta N}{\tau} \tag{6-4}$$

在均匀光照射下，ZnO 表面的光生载流子分布处于稳定状态，即 $d\Delta N/dt = 0$，则得出载流子变化为

$$\Delta N = I(z)Ug\tau\sqrt{\frac{v}{hE_g}} \tag{6-5}$$

由式（6-5）可得，载流子变化与光强成正比。当强度适中的 365nm 的紫外光照射 ZnO 时，原子外层的价电子吸收足够的光子能量，跨越过禁带进入到导带中，成为自由运动的电子。同时在价带中留下一个能够自由运动的空穴，产生电子-空穴对，如图 6-5 所示[33]。自由载流子在运动过程中会发生自由载流子吸收效应和能带填充效应，从而改变材料的折射率[34]。

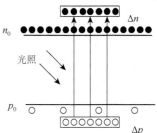

图 6-5　光生非平衡载流子示意图

自由载流子吸收效应是由自由载流子在同一能带内的能级间跃迁所引发的。其带内跃迁会引起材料折射率的改变，根据德鲁德（Drude）模型可知[35]：

$$\Delta n_{fc} = -\frac{e^2\lambda^2}{8\pi^2c^2\varepsilon_0 n}\left(\frac{\Delta N}{m_e} + \frac{\Delta P}{m_h}\right) = -\frac{\hbar^2}{2n\varepsilon_0 E^2}\left[\frac{\Delta N}{m_e} + \Delta P\left(\frac{m_{hh}^{1/2} + m_{lh}^{1/2}}{m_{hh}^{3/2} + m_{lh}^{3/2}}\right)\right] \tag{6-6}$$

式中，E 为光子能量；n 为 ZnO 折射率；m_e 为电子有效质量；m_h 为空穴有效质量；m_{hh} 为重空穴有效质量；m_{lh} 为轻空穴有效质量。能带填充效应是指当光子能量高于材料的禁带宽度且有少量载流子占据导带底部时，材料的吸收系数会降低。由于 ZnO 的质量较小，所以能带填充效应很容易实现。

根据 K-K 关系，吸收系数与折射率之间的关系可以表示为[36]

$$n_b(E) - 1 = \frac{\hbar c}{\pi}\int_0^\infty \frac{\alpha(E')}{E'^2 - E^2}dE' \tag{6-7}$$

类比式（6-7）可以得到

$$\Delta n_b(N,P,E) = n_b(N,P,E) - n_0(E) \tag{6-8}$$

将式（6-7）代入式（6-8），可得

$$\Delta n_b(N,P,E) = \frac{\hbar c}{e\pi} \int_0^\infty \frac{\Delta\alpha(N,P,E')}{E'^2 - E^2} dE' \tag{6-9}$$

综合考虑，光照引起折射率变化可以概括为

$$\Delta n = \Delta n_b(N,P,E) + \Delta n_{fc} \tag{6-10}$$

由金属-半导体-金属（metal-semiconductor-metal，MSM）研究报告可知，当半导体中的不平衡载流子浓度达到 10^{18} 以上时，$\Delta\alpha$ 会降低。综上，随着强度的增加，载流子浓度增加，ZnO 的折射率降低。

ZnO 紫外探测器已经被广泛地报道，它们可以通过欧姆接触的原理或使用 ZnO 纳米材料的肖特基势垒光电压原理来实现[37]。该结构由于具有较大的比表面积且在光响应电流及暗电流之间表现出很高的开关比[38, 39]，可以实现相对较高的灵敏度和紫外快速响应时间。然而，当这些探测器在大气环境下操作时，太大的比表面积使得探测器对氧气更敏感，这对探测器的瞬态特性提出了巨大挑战[40]。

Hahn[41]于 1951 年第一次报道了基于 ZnO 薄膜的紫外探测器。在此之后，基于纳米 ZnO 材料的紫外探测器被普遍钻研。在 2002 年 Kind 等[42]报道了 ZnO 纳米线光电探测器。ZnO 纳米线的电导率对 365nm 的紫外光非常敏感，但该器件光响应依赖于环境气体条件，氧气对光电流增益的作用，使其所制备的器件在真空和惰性气体环境下敏感性较差。

自 2002 年以来，ZnO 纳米结构的紫外探测器取得了巨大进步。Lao 等[43]研究表明，使用具有高紫外吸收能力的聚合物对其表面进行功能化后，基于 ZnO 纳米带的紫外探测器的光响应增强了近 5 个数量级。Jin 等[44]在 2008 年利用胶体 ZnO 纳米颗粒在"可见盲"溶液处理的基础上，实现了紫外光电探测器。当采用 370nm 紫外线照射时，光响应度为 61A/W。这种装置的光电流与光诱导纳米颗粒表面的氧离子解吸相关，去除电子陷阱增加自由载流子密度，降低了 ZnO 纳米颗粒之间的肖特基势垒。2008 年，Cheng 等[45]提出了一种使用微波加热生长方法合成的 ZnO 单晶微管的紫外探测器件。ZnO 微管显示出相对较快的 UV 光响应。2009 年，Zhou 等[46]报道了利用肖特基接触代替欧姆接触，使所制备的紫外检测器灵敏度提高了四个数量级，并且提供了一种利用肖特基接触可以提高响应速度的有效方法。2010 年，Li 等[47]在前人基础上利用 ZnO 纳米棒-ZnO 纳米纤维层状结构改进紫外探测器，紫外响应度相比此前研究增加明显。因而可知，材料间结合可以明显地增强紫外探测器的性能。

2015 年，Dai 等[48]研究了 Sb 掺杂 p 型 ZnO 纳米棒的 ZnO 同质结紫外探测器，并且实现了 3300%的高紫外灵敏度及快速复位时间。李江江等[49]在 2016 年报道了 ZnO 纳米线阵列紫外探测器件，在 1V 电压下，波长为 365nm 的紫外光（光功率为 20mW/cm²）照射时，光增益高达 8×10^5，响应时间为 1.1s，恢复时间为 1.3s。

2018 年，方向明等[50]利用水热法以 n 型半导体材料衬底制备了 ZnO 纳米棒，并以 n 型半导体材料为电极制备 ZnO 纳米棒紫外探测器件。结果显示，在电压接近 0V 时，该紫外探测器的灵敏度值能达到 1500。

2020 年，Feng 等[51]报道了一种紫外传感器的光学测试方法，制备出了由涂覆 ZnO 纳米棒的锥形微纳米纤维组成的紫外传感元件。其利用水热法制备了 ZnO 纳米棒，并将制备好的 ZnO 纳米棒涂敷在微纳光纤锥区的包层上，其特征在于通过 X-射线衍射，同时研究了水热生长过程中羟基离子浓度对 ZnO 纳米棒晶体结构和表面形貌的影响。在紫外传感实验中，检测到的输出光功率的变化对应于紫外光照射后 ZnO 纳米棒的折射率变化。

Gr 是一种新型碳纳米材料，具有独特的二维共轭结构、高导电性、超高迁移率和高透明度等物理特性，Gr 已在各种 ZnO 纳米结构上成功改性，所以研究人员对 Gr 的研究兴趣日益增加[52, 53]。紫外光电探测器具备较高的探测强度，因为响应时间缓慢，不适合探测高速信号领域[54]。人们通过选取合适的材料来提高器件的响应性能，如高导电 Gr、石墨炔与光敏 ZnO 纳米结构结合而成的复合材料等。

Chang 等[55]于 2011 年首次报道了基于 Gr 相关异质结构的高灵敏度可见盲紫外传感器。通过原位溶液生长方法合成 ZnO 纳米棒/Gr 异质结构，光响应度达到 22.7A/W，比基于单 Gr 片的光电探测器高出 45000 倍。在前人基础上，2013 年，Nie 等[56]报道了利用单层 G 薄膜与 ZnO 纳米棒阵列制备成的高性能肖特基紫外光电探测器。在−1V 的偏压下，光响应度为 113A/W，光电导增益为 385。光照停止后，器件的响应速度上升时间为 0.7ms，下降时间为 3.6ms。

Jin 等[57]将石墨炔纳米颗粒合成到 PrA 修饰的 ZnO 纳米颗粒表面上来构成纳米复合材料。GD：ZnO 紫外探测器示意图及光响应特性如图 6-6 所示，该探测器在激发功率为 2.4μW/cm² 时，光响应度 R 达到 1260A/W。而在相同条件下理论计算的 R 仅为 174A/W。

Gong 等[58]于 2017 年报道了基于 ZnO QDs/Gr 范德瓦尔斯力异质结构的紫外光光电探测器光响应测试，如图 6-7 所示，在 Gr 场效应晶体管上制备 ZnO 量子点，在此之间会形成范德瓦尔斯力界面，在紫外光照射下实现高效激子解离和电荷转移。该光电探测器中可以获得 9.9×10^8A/W 的光响应性，光电流增益为 3.6×10^9。

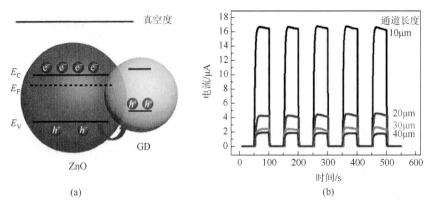

图 6-6　GD：ZnO 紫外探测器示意图及光响应特性

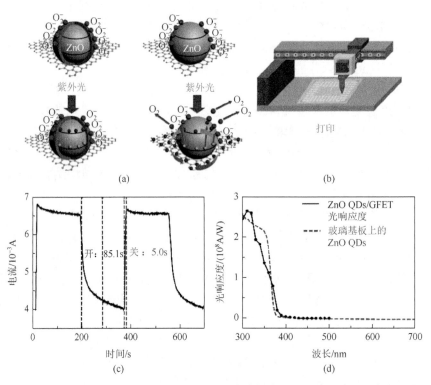

图 6-7　基于 ZnO QDs/Gr 范德瓦尔斯力异质结构的紫外光光电探测器光响应测试

6.2.2　基于紫外敏感材料的 MNF 倏逝场理论研究

　　MNF 一般是由普通光纤采用熔融法或化学腐蚀法拉制而成的，其结构示意图如图 6-8 所示，包括直径在微米或亚微米的腰锥区、利用拉制方法制备的可控的过渡区和未拉锥的尾纤部分。

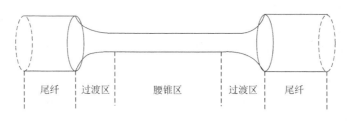

图 6-8 MNF 结构示意图

与单模光纤相比，MNF 由于边界条件的限制，在光纤包层与纤芯的分界面上，与局域平面波相关的模场沿着远离轴向的方向呈指数衰减，这种衰减称为倏势[59]。如图 6-8 所示，在光传输中，一部分光能量会以倏势波的形式溢出纤芯，从而造成光纤传输过程中能量的损失，光能量溢出的区域称为倏势场。光纤倏势场的表达式为

$$E = E_0 \exp\left(-\frac{\delta}{d}\right) \tag{6-11}$$

式中，E_0 为入射场强；E 为透射场强；δ 为光波传输到纤芯和包层交界面的距离[60]；衰减为分界面场强的 $1/e$ 时的透射深度为倏势波的穿透深度，定义为 d，表示为

$$d = \frac{\lambda_0}{2\pi} \frac{1}{\sqrt{n_1^2 \sin^2 \theta_i - n^2}} \tag{6-12}$$

式中，λ_0 为入射光波长；n_1 为纤芯折射率；n 为包层折射率；θ_i 为入射光与法线的夹角。在倏势场外界环境一定的情况下，可以发现倏势波的穿透深度与倏势场光能量的损失成正比。对于 SMF，纤芯传播的基模（HE11）能量基本上被限制于纤芯中，难以渗透到包层中，随着光纤直径的减小，纤芯中外部的能量会越来越多，倏逝场越来越强。光纤直径减小是减小光纤对光场限制的有效方法，但同时也将会减小它的机械强度[61]，所以光纤尺寸的最终确定需综合考虑。基于以上的倏势场原理，我们可以设计倏势场型的光纤紫外探测器件，利用倏势场与外界环境的相互影响，通过探测光能量强度的变化分析外界环境的变化（如相位、波长、光功率等）[62]。

对于基于 ZnO 的 MNF 紫外传感器而言，当传感器的输入光强一定时，增加紫外光照射强度，ZnO 纳米棒的折射率会减弱，倏逝波变化导致光能损失增大，输出光强会降低。当 Ag 元素掺杂 ZnO 后，由于 ZnO 的电子结构将会因 Ag 浓度的不同而改变，活跃的 Ag 元素会使 ZnO 的载流子浓度增加，MNF 倏逝场光能的损失增加，致使输出光强减弱。当 ZnO 掺杂 Ag 的浓度及紫外光照射强度一定时，MNF 腰锥直径越细，穿透深度 d 越大，传感器输出光强损失也会越大[63]。

6.2.3　ZnO 纳米材料的制备工艺

ZnO 的光学特性在光纤传感领域中最广泛应用的形式是定向 ZnO 纳米阵列[64]。由于在光纤传感应用中对要被小型化的器件尺寸的要求非常严格，所以在微米甚至纳米尺度的衬底上开发光学器件的需求很大，如在光纤上生长高质量的 ZnO 纳米棒，因为它们必须具有很高的质量以实现最佳性能[65, 66]。目前一般采用生长条件温和、成本低廉、操作简单、可控制性良好的水热法制备 ZnO 纳米棒。

水热法（热液法）是湿化学法中一种简单的低温方法，也是大规模生产纳米材料的一种具有发展前景的方法，其主要是利用锌种子或纳米颗粒的形式在薄膜合成锌纳米棒[67, 68]。水热法制备纳米结构的优点是无须烧结即可直接得到晶体结晶度高、纯度好、晶型可控、易扩展的纳米材料。

采用水热法制备 ZnO 纳米棒，一般选用硝酸锌（$Zn(NO_3)_2 \cdot 6H_2O$）和六次甲基四胺（$C_6H_{12}N_4$）作为 ZnO 纳米棒的生长溶液。在此反应过程中，$Zn(NO_3)_2 \cdot 6H_2O$ 为生长 ZnO 纳米棒提供 Zn^{2+}，而 $C_6H_{12}N_4$ 则作为溶液的 pH 缓冲液，不断地水解出氨分子，保持溶液中持续地生成离子，维持溶液的 pH 在 7 左右，同时对溶液中的 Zn^{2+} 起到保护作用，这些 ZnO 与 Zn^{2+} 结合形成生长基元，而这些生长基元聚集在一起形成前驱体化合物 $Zn(OH)_2$，在一定的条件下加热就生成 ZnO[69]。水热法制备 ZnO 纳米棒的化学式如下：

$$(CH_2)N_4 + 6H_2O \longrightarrow 6HCHO + 4NH_3 \tag{6-13}$$

$$NH_3 + H_2O \rightleftharpoons NH_4^+ + OH^- \tag{6-14}$$

$$Zn^{2+} + 4NH_3 \longrightarrow \left[Zn(NH_3)_4\right]^{2+} \tag{6-15}$$

$$Zn^{2+} + 4OH^- \longrightarrow \left[Zn(OH)_4\right]^{2-} \tag{6-16}$$

$$Zn^{2+} + 2OH^- \longrightarrow Zn(OH)_2 \tag{6-17}$$

$$Zn(OH)_2 \longrightarrow \Delta ZnO + H_2O \tag{6-18}$$

ZnO 纳米棒的形貌可以通过不同的实验参数来控制，如通过控制反应物质的种类、反应溶液的浓度、生长的温度、水热反应的时间、添加剂及掺杂元素的比例来控制 ZnO 纳米棒的生长情况[70]。并且 ZnO 纳米结构的形貌对于纳米器件设计性能的实现起到至关重要的作用，所以 ZnO 纳米结构的可控性制备一直是科研工作者关注的热点。如张美林等[711]探究了不同的反应方式对 ZnO 纳米棒生长情况及性能的影响，结果表明，将氨水与六次 $C_6H_{12}N_4$ 相结合制备 ZnO 纳米棒，可以制备出性能最优的 ZnO 纳米阵列。霍艳丽等[72]探究了溶液的浓度对 ZnO 纳米材料的光学性质的影响，结果发现，随着溶液浓度的不断增加，近带边发光及深能级发光相对强度的比值逐渐降低。王玉新等[73]通过 Al 元素掺杂改善了 ZnO 纳米棒在近紫外和蓝色区域的发光性能，并且随着 Al 掺杂量的增加结晶质量不断地降低，而且纳米棒半高宽逐渐变细。Drmosh 等[74]研究了 Ag 元素掺杂对 ZnO 纳米材料光学性质的影响，结果表明，Ag 掺杂 ZnO 的光致发光图谱出现蓝移现象，从 367nm 蓝移到 362nm。2015 年，韩帅[75]研究表明掺杂 Ag 元素的 ZnO 纳米棒比纯 ZnO 纳米棒对紫外光吸收更强，并且随着掺杂比例的增加，吸收的强度逐渐增加。

水热法制备 ZnO 纳米棒所需的实验设备及化学试剂如表 6-2 和表 6-3 所示。

表 6-2　水热法制备 ZnO 纳米棒所需的实验设备

设备名称	设备型号	设备厂商
电子精密天平	ALC310.3	杭州汇尔仪器设备有限公司
恒温加热磁力搅拌器	85-2 数显恒温磁力搅拌器	常州市越新仪器制造有限公司
恒温干燥箱	101-OS	绍兴市苏珀仪器有限公司
超声清洗仪	PS-XXT	东莞市洁康超声波设备公司

表 6-3　水热法制备 ZnO 纳米棒所需的化学试剂

药品名称	分子式	分子量	纯度	药品厂商
氢氧化钠	$NaOH$	40.00	分析纯≥99%	天津市恒兴化学试剂制造有限公司
硝酸锌	$Zn(NO_3)_2 \cdot 6H_2O$	297.49	分析纯≥99%	天津市光复科技发展有限公司
乙酸锌	$Zn(CH_3COO)_2 \cdot 2H_2O$	183.47	分析纯≥99%	天津市巴斯夫大化工贸易有限公司
六次甲基四胺	$C_6H_{12}N_4$	140.18	分析纯≥99%	天津市天力化学试剂有限公司
丙酮	CH_3COCH_3	58.08	分析纯≥99%	宜兴市广汇助剂化工有限公司
无水乙醇	CH_3CH_2OH	46.07	分析纯≥99%	天津市富宇精细化工有限公司

ZnO 纳米棒的制备方案：第一，清洗衬底。衬底选用单模光纤及石英玻璃，其中要处理单模光纤的涂覆层，再依次利用 CH_3COCH_3、无水乙醇（CH_3CH_2OH）、去离子水超声清洗 2min，而石英玻璃分别利用浓盐酸、CH_3COCH_3、CH_3CH_2OH、去离子水超声清洗 15min，并在干燥箱中干燥备用。第二，ZnO 种子溶液的配置[76]：乙酸锌（$Zn(CH_3COO)_2 \cdot 2H_2O$）0.01M（注：M = mol/L），配置成 5 种相同的 40ml CH_3CH_2OH 溶液，其溶液浓度分别为 0.01M、0.015M、0.02M、0.025M、0.03M，将以上 $Zn(CH_3COO)_2 \cdot 2H_2OCH_3CH_2OH$ 溶液与 NaOH、CH_3CH_2OH 溶液一边搅拌，一边混合，制备成 5 种不同浓度的种子溶液，混合之后倒入烧杯中，在磁力搅拌器下 60℃水浴搅拌 2h，直至出现白色沉淀，封存起来放置 18h，让大颗粒的沉淀物通过重力作用沉淀到瓶底。用小激光束照射瓶中的种子溶液，产生明显的光通路，根据丁达尔效应，表明种子溶液是一种胶体，即表明种子溶液的制作成功。第三，用胶头滴管将种子溶液中上层清溶液从烧杯中吸出，滴到清洗

好的光纤、石英玻璃上，使其表面沾满种子层，重复 3 次，再放入干燥箱中 150℃
退火 30min，重复 4 次。第四，将 $Zn(NO_3)_2 \cdot 6H_2O$ 0.01M 配置成 200mL 的溶液；
将 $C_6H_{12}N_4$ 0.01M 配置成 200mL 的水溶液；在磁力搅拌下，将 2 种溶液混合均匀。
第五，在基底上生长 ZnO 纳米棒，将光纤、石英玻璃放入生长溶液中，封起来放
在恒温干燥箱中 95℃加热，加热的时间为 4h，加热时间可以控制 ZnO 纳米棒的
长度[77, 78]。第六，将生长 ZnO 纳米棒的光纤、石英玻璃从生长溶液中取出，用去
离子水超声清洗 2min，再放入干燥箱中 80℃干燥 2h。

　　OH⁻浓度对 ZnO 纳米棒晶体结构有一定的影响。图 6-9 表示不同 OH⁻浓度下
ZnO 纳米棒的 XRD 图谱，实验参考 ZnO 标准图谱 JCPDS 卡片 75-0576。从 ZnO
的 XRD 图谱很明显地观察到，在不同 OH⁻浓度下 ZnO 纳米棒均表现出显著的衍
射峰，除了在 21.8°左右由于石英玻璃引起的衍射峰，样品均沿（100）、（002）、
（101）择优取向生长。同时样品的晶格常数 $a = b = 3.243$Å，$c = 5.195$Å，表明所

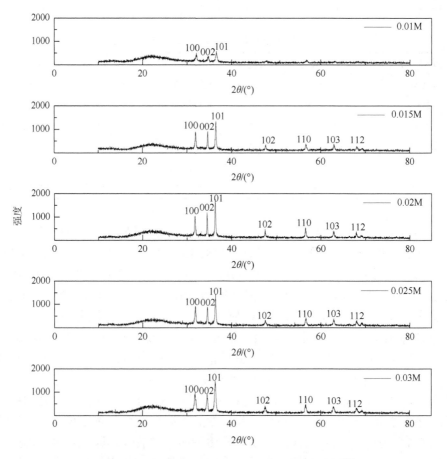

图 6-9　不同 OH⁻浓度下 ZnO 纳米棒的 XRD 图谱[79]

生长的样品无任何的杂质相，其所制备的样品为纯度高的 ZnO 六角纤锌矿多晶结构。而且 ZnO 纳米棒的衍射峰比较尖锐，表明 ZnO 纳米棒结晶度较好。在所有样品中，除了 OH⁻浓度为 0.01M 时，其余晶面的衍射峰强度相当，均出现（102）、（110）、（103）、（112）衍射峰。当 OH⁻浓度为 0.02M 时，ZnO 纳米棒的各衍射峰峰值最高。当 OH⁻浓度为 0.01M 时，ZnO 纳米棒的生长比较差，表明 OH⁻浓度对 ZnO 纳米棒具有很大的影响，当 OH⁻较低时，溶液的 pH 相对较小，Zn^{2+}不能在生长溶液中以沉淀的形式析出[78]。

　　OH⁻浓度对 ZnO 纳米棒形貌有一定的影响，图 6-10 为在不同 OH⁻浓度下 ZnO 纳米棒 SEM 图。从图 6-10 中可以看出，所制备的样品其表面比较光滑，形状分布均匀，具有较高的密度，纳米棒边界比较清晰，并且 ZnO 纳米棒整齐地生长在光纤基板上。然而，随着纳米棒的不断向上生长，其直径逐渐变小，产生这种现象的原因是 ZnO 纳米晶体的各向异性导致了不同晶面的生长速率具有差异。因而，ZnO 纳米结构的生长过程受 ZnO 的极性作用。OH⁻对 ZnO 纳米棒的生长具有很大的影响[80]。随着 OH⁻浓度的递增，ZnO 纳米棒的生长速度呈现先增长后减弱的趋势。

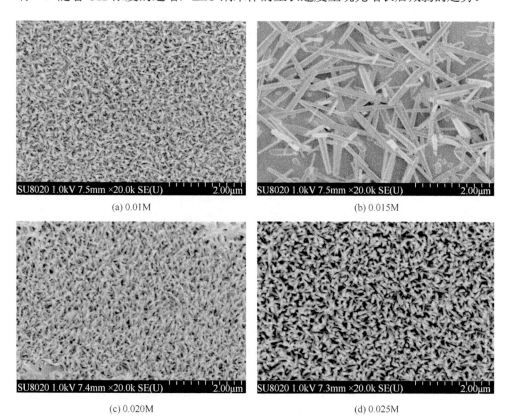

(a) 0.01M

(b) 0.015M

(c) 0.020M

(d) 0.025M

图 6-10　不同 OH⁻浓度下 ZnO 纳米棒 SEM 图

当 OH⁻浓度为 0.015M 时，ZnO 纳米棒生长比较稀疏，其表面形状清晰，在该浓度下 ZnO 纳米棒平均长度为 1.2μm，平均直径为 228.5nm，与其他浓度相比 ZnO 纳米棒长度较长；当 OH⁻浓度为 0.01M、0.025M、0.03M 时，ZnO 纳米棒表面形貌相当，均可以观察到表面排列整齐；当 OH⁻浓度为 0.02M 时，ZnO 纳米棒部分出现团聚现象，这可能是由于 ZnO 纳米棒在反应过程中反应没有完成，使其在溶液中团聚形成 ZnO 纳米棒及颗粒，落在 ZnO 纳米棒上[81]，这会使 ZnO 纳米棒的晶体质量下降，也说明在此浓度下 ZnO 纳米棒的生长受到抑制，从 SEM 图可以看出与 XRD 分析结果一致。

OH⁻浓度对 ZnO 纳米棒光学性质有一定的影响，从图 6-11 中可以发现，不同 OH⁻浓度下 ZnO 纳米棒在 400～800nm 都有很高的透射光谱，透过率高于 80%。当波长为 365nm 时，ZnO 纳米棒的透射率在 10%以下。同时，样品的吸收边在 365nm 左右，并且发现 ZnO 纳米棒的吸收边陡峭，说明制备的 ZnO 纳米棒具有很好的紫外光吸收，这就为紫外光传感提供了保证。

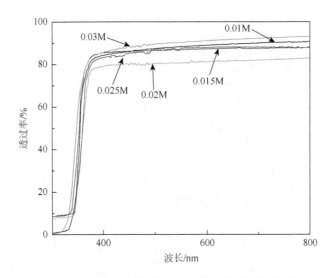

图 6-11　不同 OH⁻浓度下 ZnO 纳米棒的透射光谱

不同 OH⁻浓度下 ZnO 纳米棒的透射光谱变化不大，当 OH⁻浓度为 0.02M 时，ZnO 纳米棒的透过率下降，原因是在此浓度下 ZnO 纳米棒的晶粒尺寸较大，这与 XRD、SEM 结果一致。从图 6-11 中可以观察到样品的透过率变化与样品的平均晶粒尺寸变化趋势一致[81]。在其他 OH⁻浓度下，样品的透过率基本一致。ZnO 纳米棒在不同 OH⁻浓度下均没有出现法布里-珀罗（Fabry-Perot）振荡现象，可能是由表面粗糙、晶界散射引起的[82]。

总的来说，①在不同离子浓度下，ZnO 纳米棒的晶体结构、表面形貌、光学性质无很大的变化。其 ZnO 纳米棒均表现出 c 轴择优取向生长的趋势，各衍射峰的位置没有发生变化，在可见光区域均具备良好的透过率。②在 0.01～0.05M 内，ZnO 纳米棒均呈现出 c 轴择优取向生长的趋势。通过塞耳迈耶尔（Sellemeier）公式可知，随着 OH⁻ 的增加，ZnO 纳米棒显现先增加后减少的趋向；当 OH⁻ 浓度为 0.015M 时，通过 SEM 图可以发现 ZnO 纳米棒最长，但是每根纳米棒之间比较稀疏，其余浓度的 ZnO 纳米棒表征出类似的长度。当 OH⁻ 浓度为 0.02M 时，晶粒达到最大，并且出现团聚现象，其透过率较低。综合考虑晶体结构、表面形貌及光学性质，当 OH⁻ 为 0.015M 时，其各项性能良好。

6.2.4　ZnO/MNF 传感单元的设计与制备

MNF 是尺寸为微米或纳米量级光纤的统称。与传统的光纤相比，MNF 具备很高的倏逝场效应，能把光的一部分能量从波导模式中耦合到外环境的倏势场中[83]，与外界直接形成强相互作用[84]，当外界环境发生变化时，会影响光纤内光信号的传输，因此，可以利用 MNF 的这一优势制备具有高灵敏度的 OFS，如 Duan 等[85] 利用高度对齐的蛇纹 MNF 来控制螺旋电流体动力印刷。徐颖鑫[86]采用 MNF 耦合型超导纳米线制备单光子探测器；夏亮等[87]利用火焰熔融拉锥的方法，通过控制火焰熔融的参数，制备具有微拱型渐变区的新型 MNF 器件，与传统 MNF 相比，灵敏度是传统 MNF 的 3 倍。基于这一性质，在 MNF 表面涂覆对于外界环境敏感的材料（图 6-12），会提高各类光纤器件的敏感度。

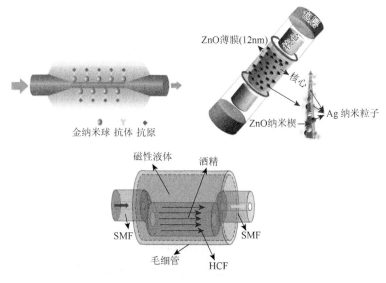

图 6-12　各类光纤器件[88]

　　MNF 制备所需实验仪器：宽带光源、光纤熔接机选用 D-90S 型、OSA 选用日本 YOKOGAWA 公司生产的 AQ6370D 型。多数实验对于 MNF 的制备一般采用氢氟酸腐蚀的方法，这种腐蚀方法不仅存在安全隐患而且操作难度大，也不能确保光纤溶解面的平整度，可能还会影响实验结果[89-92]。所以本实验采用操作时间短、可控性好、光信号传输损耗低的熔融拉锥方法制备 MNF。

　　MNF 的制备采用实时在线监测的方法，选用美国康宁公司提供的 SMF-28e 单模光纤，该光纤包层直径为 125μm，纤芯直径为 8.2μm，采用手动熔融拉锥方法制备，详细制备流程如下：

　　（1）将光纤涂覆层去掉约 3cm，然后用擦镜纸蘸取酒精擦拭光纤，并且将其固定在光纤熔接机上。

　　（2）自定义设置光纤熔接模式，将熔接放电强度改为 5%，使放电时间达到最大值 4000ms。

　　（3）通过在线观测 OSA 透射光谱的变化，确定 MNF 的参数。

　　实验所制备的 MNF 如图 6-13 所示，其最细 MNF 直径为 2.05μm。

图 6-13　实验所制备的 MNF

　　ZnO/MNF 混合结构的制备过程需要两步。第一步为 MNF 的制作。将美国康宁公司提供的单模光纤在光纤熔接机制备成 MNF，制备完成的光纤如图 6-13 所示。第二步以 MNF 为衬底来生长 ZnO 纳米棒。首先，将制备好的 MNF 用 CH_3CH_2OH 超声清洗 2min，并在 60℃的干燥箱中干燥备用。其次，配置 ZnO 的种子溶液，NaOH 为 0.015M，$Zn(CH_3COO)_2·2H_2O$ 为 0.01M，溶液为 CH_3CH_2OH（NaOH：$Zn(CH_3COO)_2·2H_2O = 1：2$），以上两种溶液一边搅拌，一边混合。溶液混合之后倒入烧杯中，在 60℃下磁力搅拌器搅拌 150min，直至出现白色沉淀，封存起来放置 18h，让大颗粒的沉淀物通过重力作用沉淀到瓶底。然后，在光纤上着种，先用胶头滴管把清洗好的 MNF 沾满种子溶液，再放入干燥箱中 150℃退火

30min，重复三次。同时，进行生长溶液的配置，配置 0.01M 的 $Zn(NO_3)_2 \cdot 6H_2O$ 去离子水溶液与 0.01M 的 $C_6H_{12}N_4$ 去离子水溶液，各自配置成一种溶液。在磁力搅拌下，将两种溶液混合，使溶质充分溶解，大概 5min 便可。再次，在基底上生长 ZnO 纳米棒：将着种完成的光纤基底放入生长溶液中，在 95℃的恒温干燥箱中加热 240min。最后，生长完成后的清洗：将生长 ZnO 纳米线的光纤从生长溶液中取出，用去离子水超声清洗 2min，再放入 80℃的干燥箱中干燥 120min。

用半径为 1mm、长 28mm 的凹槽模具（图 6-14）固定生长完成的 ZnO 纳米棒。ZnO/MNF 混合结构传感头如图 6-15 所示。

图 6-14　模具示意图

图 6-15　ZnO/MNF 混合结构传感头

实验操作过程注意事项：

（1）由于制备的 MNF 比较细，在超声清洗过程中注意 MNF 容易断开，因此，在实验操作中要实时在线监测光信号的传输是否中断。

（2）经过实验多次尝试，需要两边的拉力尽量一致。

（3）由于 MNF 的凹槽模具比较宽，在生长过程中，需要直径大的烧杯（本实验选用直径为 8cm 的烧杯）。

6.2.5　传感光路搭建与性能测试

1. 实验光路搭建

将 ZnO 纳米棒沉积在光纤拉锥部分，其利用倏逝场与紫外辐射的相互作用，当光通过拉锥区域传播时，其倏逝场的吸收会随外界环境紫外辐射强度的变化而变化，因此，改变了光纤波导中传播的模式，通过光纤中光信号的变化进而推出外界紫外强度的变化。

根据 6.2.4 节设计的 ZnO/MNF 混合结构传感头，搭建实验光路，对其实验光路进行测试，并进行紫外检测传感实验。在搭建实验光路时，将用到的光学实验仪器固定在抗振光学平台上，以减少外界振动和气流对实验结果的精度产生影响，并按照图 6-16 对光路系统进行连接。其中，在实验光路的左侧是中心波长为 1550nm 的 ASE 光源，其光谱范围为 1523～1573nm，右侧为 AQ6370D 型的 OSA，该 OSA 采取衍射光栅的光分散原理。实验调节宽带光源输出功率为 3mW，所用到的光纤为单模光纤，紫外辐射装置是中心波长为 365nm 的 LED 紫外光灯，测量距离均为 3cm，其中，紫外辐射强度分别为 2.12mW/cm^2、3.18mW/cm^2、4.24mW/cm^2、5.31mW/cm^2、6.37mW/cm^2、7.43mW/cm^2、8.49mW/cm^2、9.55mW/cm^2。

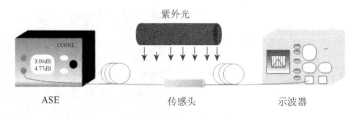

图 6-16 直通式光路

2. 传感光路测试

不同辐射强度的紫外光照射 ZnO/MNF 混合结构传感头，对应的透射光谱会有相应的变化。为了避免温度对于紫外测量的交叉影响，实验室温度恒定在 25℃。

在 ZnO/MNF 混合结构传感头的一侧放置紫外辐射装置，在室温下控制紫外光强度的变化，通过 OSA 光谱的变化记录不同紫外辐射强度的情况，由于 ZnO 对紫外光的灵敏性，每一次光照开始后需要待 OSA 的光谱稳定后记录透射光谱的情况，其透射光谱的情况如图 6-17 所示，从图中可以推断出，随着紫外辐射强度的增加，光谱强度不断降低。

3. 实验结果分析

当光信号经过 ZnO/MNF 混合结构传感头时，一部分光进入包层和 ZnO 纳米棒区域，由于 MNF 结构的强倏逝场性质，光纤内部光和外界环境的相互作用得到增强，外界环境的变化导致输出光受到很大的影响。当传感头受紫外照射的影响时，ZnO 纳米棒会吸收能量，激发电子-空穴对，导致 ZnO 纳米棒中的不平衡载流子浓度增加，当载流子浓度达到 1018cm^{-3} 以上时，ZnO 纳米棒的折射率会变化，增加紫外强度导致被激发的电子-空穴对浓度增加，泄漏出去的倏势波能量随之改变，从而导致敏感区域内的模场出现变化，因此，输出光发生改变[93]。

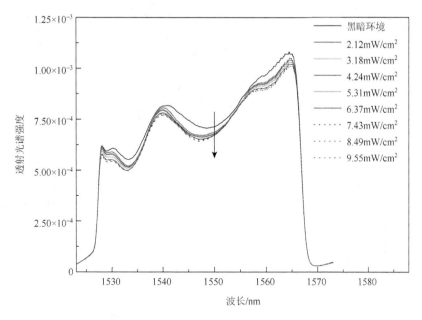

图 6-17　不同紫外辐射强度的光谱（彩图扫封底二维码）

紫外辐射强度由上到下从 0mW/cm² （黑暗环境）增至 9.55mW/cm²

由图 6-17 中可知，当温度恒为 25℃时，透射光谱强度在黑暗环境下最强。当紫外辐射强度不断增强时，透射光谱强度不断下降，而且还表现出了不同波段的紫外响应是不同的，ZnO 纳米棒的折射率随波长变化，可以用 Sellmeier 方程表示[94]：

$$n = 1.8982 + \frac{0.0035546nm^2}{\lambda^2} + \frac{0.0070677nm^4}{\lambda^4} \tag{6-19}$$

根据式（6-19）可以计算在不同波长处的 ZnO 纳米棒的折射率，因此，不同波段的折射率不同，随波长的增加，折射率不断地减小。但是 ZnO 折射率变化不仅仅受入射宽带波长的影响，这里波长变化很小（可以忽略）。

所制备的紫外检测传感器对波长具有一定的选择性，在波长为 1527～1534nm 内其紫外检测传感器表现出不同的灵敏度，并对其进行线性拟合，传感波长特性曲线如图 6-18 所示。并且发现传感器灵敏度呈现一定的规律性，如图 6-19 所示。在 1527～1530nm 内，传感器灵敏度呈现增加趋势，在 1530～1534nm 呈现下降趋势，并对其进行多项式拟合，拟合度为 0.99154，结果表明传感器的灵敏度与波长具有一定的关系，并且满足如下关系：

$$y = 2.15e^{11}x - 2.8089e^8x^2 + 183495x^3 - 59.93x^4 + 0.00783x^5 - 6.582e^{13}$$

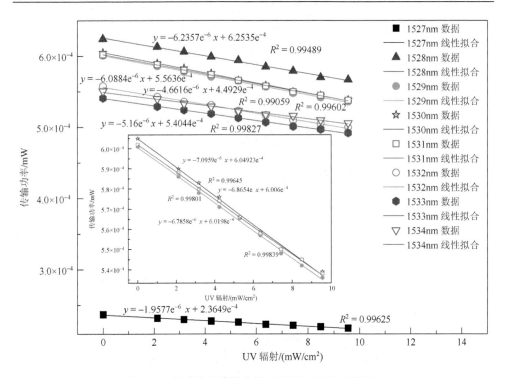

图 6-18　传感波长特性曲线（彩图扫封底二维码）

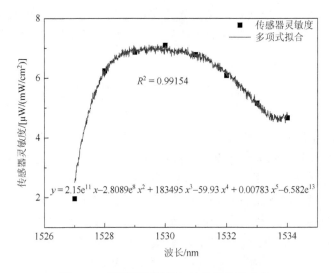

图 6-19　传感器灵敏度与波长的关系曲线

　　而当波长为 1530nm 时，传感器灵敏度最高，可以达到 $7.0959\mu W/(mW/cm^2)$，其线性拟合为 0.99645，如图 6-20 所示。

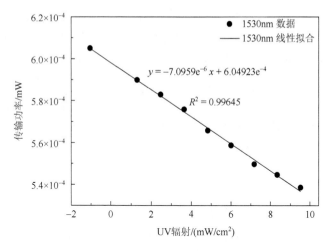

图 6-20　1530nm 传感特性曲线

4. 实验结论

本节采用 ZnO 纳米棒具有良好的比表面积的特点，利用倏势场原理制备成直通式光路的光纤紫外传感器。通过改变紫外辐射强度的变化，测量透射光谱的变化情况，并且建立紫外辐射强度与光谱的变化规律。实验结果表明：当温度恒为 25℃时，在紫外辐射强度的变化范围内，所制备的紫外传感器对波长具有一定的选择性，并且表现出良好的灵敏性。当波长为 1530nm 时，其灵敏度最高，为 $7.0959\mu W/(mW/cm^2)$。波长在 $1527\sim1534nm$ 内，其紫外辐射强度均与透射光呈现线性关系，线性度高于 0.99，传感器灵敏度呈现先增加后下降的趋势。该传感器制备成本低、结构紧凑、抗电磁干扰能力强，实验结果可以为紫外传感的工程应用提供参考。

6.2.6　光纤环形腔衰荡光谱传感光路研究

光纤环形腔衰荡光谱（fiber-loop ring-down spectroscopy，FLRDS）是一种高灵敏光谱测量技术，不受光源功率波动的影响[95, 96]。与传统的光腔衰荡光谱（cavity ring-down spectroscopy，CRDS）系统相比，FLRDS 系统采用光纤环替代高反射率的反射镜从而构成光学谐振腔[97]，有光脉冲耦合到由高分光比（99∶5）的光纤耦合器构成的光纤环形腔时，几乎 100%存在耦合损耗的缺点[98]。由于 FLRDS 具有不受光源信号干扰的特点，因此可以应用于许多传感领域：光学滤波[99]、环形激光器[100]、光纤陀螺仪[101]等。近年来，微纳锥形光纤利用倏势场相互作用已被广泛地应用于传感领域，Yan 等[102]报道了一种基于单模-无芯-单模（single mode-nocore-single-mode，SNS）型光纤结构的折射率传感器，利用光纤环形衰荡光路系统地研究了波长和脉冲宽度对传感器性能的影响。折射率在 1.3330～1.3539 内，传感系统的灵敏度为–3271μs/RIU。Yang 等[103]研究了基于光纤环形衰荡技术的水工结构静态冰压检测实验，当静态冰压从–10℃升温到–6℃时，灵敏度为 0.00998/(μs·kPa)。Shen 等[104]建立了一种基于光纤磁场传感器，引入了光纤环形衰荡技术，结果显示在低于 30mT 的范围内，磁场强度与衰荡时间的倒数 $1/\tau$ 具有明确的线性关系，灵敏度为 95.5ns/mT。

1. 传感光路搭建

同样地，将 6.2.5 节设计的 ZnO/MNF 混合结构传感头接入环形衰荡光路，如图 6-21 所示。在进行光学实验之前，将光学实验仪器固定于抗振光学平台上，以减少外界振动、气流对实验结果精度的影响。

实验所用仪器有中心波长为 1550nm 的分布式反馈（distributed feed back，DFB）激光器、掺铒光纤放大器（erbium doped fiber amplifier，EDFA）、偏振光控制器、函数信号发生器、电源、耦合器、光电转换器、传感头、示波器。该光纤环由耦合比为 99∶5 的耦合器、光纤延迟线、EDFA 和 ZnO/MNF 结构传感头组成。将可调谐 DFB 的光信号通过 EDFA 放大，经过该脉冲由函数信号发生器脉冲触发，光脉冲通过耦合器的一端注入光纤环。由一个光电转换器检测出一串衰减的脉冲序列，并由示波器记录。为了补偿空腔损耗增加脉冲的数量，将掺铒光纤放大器插入光纤环中。然而，除了有利的增益，EDFA 还会引入放大的自发辐射噪声[105]，因此，掺铒光纤放大器的引入会影响实验结果的精度。

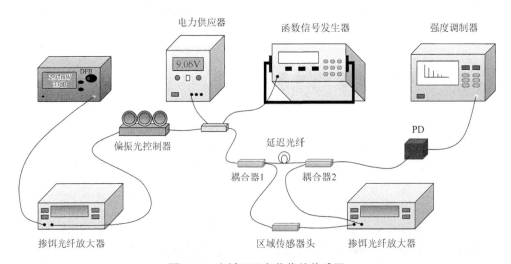

图 6-21　光纤环形衰荡紫外传感器

经多次实验，选择 DFB 光源输出功率为 2.97mW，选择延迟光纤为 80m 的单模光纤，选择函数信号发生器输出为标准脉冲，脉冲信号在腔内循环一周大约需要 0.4μs 的时间，根据函数信号发生器参数设定调节示波器到合适的参数，因此将脉冲宽度设置为 80ns，周期设置为 40μs，使得每个脉冲均有足够的衰减时间。而紫外辐射装置仍然是中心波长为 365nm 且不同辐射强度的 LED 紫外光灯，辐射强度分别为 3.18mW/cm^2、4.24mW/cm^2、5.31mW/cm^2、6.37mW/cm^2、7.43mW/cm^2、8.49mW/cm^2、9.55mW/cm^2。

2. 传感光路测试

待光谱稳定后，利用不同辐射强度的紫外光照射 ZnO/MNF 结构传感头。实验室温度恒定在 25℃。在 ZnO/MNF 结构传感头的一侧放置紫外辐射装置，在室温下控制紫外强度的变化，由于 ZnO 对紫外光的灵敏性，每一次光照开始后需要待 OSA 的光谱稳定后记录示波器上衰荡信号的情况。其取得的衰荡信号曲线如图 6-22 所示。由图 6-22 可以看出，对衰荡信号的峰值点进行指数拟合，其指数拟合度为 0.999。

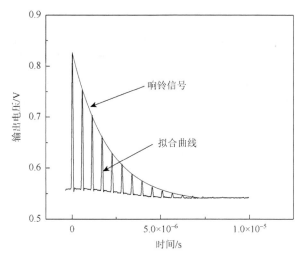

图 6-22　衰荡信号曲线

3. 实验结果及分析

按照光纤环形衰荡理论，实验系统输出的光信号为一系列强度呈指数形式衰减的脉冲信号，利用 Origin 软件将获得的数据通过峰值进行指数拟合，不同紫外辐射强度下衰荡曲线的指数拟合曲线如图 6-23 所示。

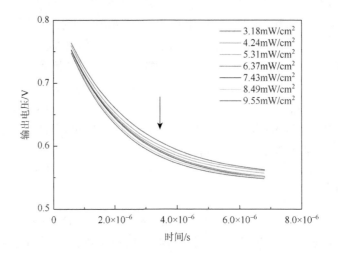

图 6-23　不同紫外辐射强度下衰荡曲线的指数拟合曲线（彩图扫封底二维码）

由上往下从 0mW/cm² 逐渐增至 9.55mW/cm²

　　根据第一性理论计算，环形衰荡时间与紫外辐射强度的关系如图 6-24 所示，得到衰荡时间与紫外辐射强度的关系式为

$$t = -3.757 \times 10^{-8} x + 2.643 \times 10^{-6} \tag{6-20}$$

式中，x 为紫外辐射强度的变化；t 为衰荡时间，单位为 s。拟合结果表示在室温下紫外强度为 3.18～9.55mW/cm² 内，随着紫外强度的增加，衰荡时间不断减少，衰荡时间与紫外辐射强度呈现良好的线性响应，线性拟合度 R^2 为 0.99653。该传感器的灵敏度为 37.57ns/(mW/cm²)，根据式（6-20），我们可以得到传感头的损耗不断增加。

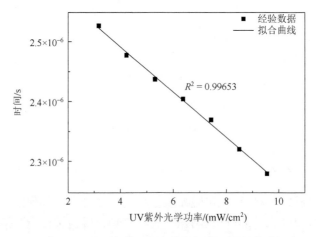

图 6-24　环形衰荡时间与紫外辐射强度的关系

4. 实验结论

在传统高反射镜构成的衰荡腔的基础上，本节研究了通过 ZnO 纳米线涂层倏势场吸收的紫外传感器，引入光纤环形衰荡技术，在紫外辐射强度为 3.18～9.55mW/cm² 内，实现了一种灵敏度为 37.57ns/(mW/cm²)的紫外传感器，该传感器制作简单，同时避免了光源光强波动对检测结果的影响，提高了系统的稳定性和灵敏度。

综上所述，直通式光路属于光源强度调制，当温度恒为 25℃时，在紫外强度为 0～9.55mW/cm² 内，所制备的紫外传感器对波长具有一定的选择性，并且表现出良好的灵敏性。当波长为 1530nm 时，其灵敏度为 7.0959μW/(mW/cm²)。当波长为 1527～1534nm 时，其紫外辐射强度均与透射光呈线性关系，线性度高于 0.99，传感器灵敏度呈先增加后下降的趋势。

6.3　Ag 掺杂 ZnO 光纤紫外传感器的研究

6.3.1　Ag 掺杂 ZnO 材料紫外敏感特性

ZnO 及 Ag 掺杂 ZnO 金属半导体材料对紫外光敏感的主要原因是当紫外光照射这些金属半导体材料时，紫外光会引起材料光生载流子浓度发生变化。

根据光生载流子的产生原理，给予材料一定的紫外光照，在不考虑载流子表面复合及扩散过程对光生载流子影响的情况下，载流子密度的变化可以使用如下关系式表示：

$$\frac{\mathrm{d}\Delta N}{\mathrm{d}t} = I(z)Ug\sqrt{\frac{v}{hE_g}} - \frac{\Delta N}{\tau} \qquad (6\text{-}21)$$

式中，ΔN 为载流子变化；$I(z)$ 为光强在 z 方向上的分布；U 为量子效率；τ 为载流子的寿命。当给予材料一定的均匀外界光照时，光生载流子在 ZnO 表面的分布将会处于一种比较稳定的状态，因此，载流子的变化可以简化表示为

$$\Delta N = I(z)Ug\tau\sqrt{\frac{v}{hE_g}} \qquad (6\text{-}22)$$

由式（6-22）可知，光强 $I(z)$ 同载流子变化 ΔN 呈现正比例变化的关系。当外界给予材料一定光照时，原子核外层的价带将会有一部分电子吸收能量，跃迁出来，跨过禁带，到达导带，成为运动自由的电子，即自由载流子。此时，在价带部分将会产生遗留的电子位，即空穴，与自由载流子形成电子-空穴对。由于载流子的带内跃迁将会引起材料折射率发生变化，因而可以根据 Drude 模型推导得出以下公式[35]：

$$\Delta n_{fc} = -\frac{e^2 \lambda^2}{8\pi^2 c^2 \varepsilon_0 n}\left(\frac{\Delta N}{m_e} + \frac{\Delta P}{m_h}\right) = -\frac{\hbar^2}{2n\varepsilon_0 E^2}\left[\frac{\Delta N}{m_e} + \Delta P\left(\frac{m_{hh}^{1/2} + m_{lh}^{1/2}}{m_{hh}^{3/2} + m_{lh}^{3/2}}\right)\right] \quad (6\text{-}23)$$

式中，Δn_{fc} 为由自由载流子吸收效应引起的折射率变化；n 为 ZnO 折射率；m_e 为电子有效质量；E 为光子能量；m_h、m_{hh}、m_{lh} 分别表示空穴有效质量、重空穴有效质量、轻空穴有效质量。

当光子能量高于材料的禁带宽度，并且少量载流子占据导带底部时，材料的吸收系数会降低，其吸收能力也将会降低，这一变化即能带充效应。此外，由于 ZnO 质量并非很大，能带填充效应也会相对容易实现。因此，根据克勒尼希（Kronig）关系，吸收系数 $\Delta \alpha$ 和折射率 Δn_b 两者之间的关系可以用如下公式表示：

$$\Delta n_b(N,P,E) = \frac{\hbar c}{e\pi}\int_0^\infty \frac{\Delta \alpha(N,P,E')}{E'^2 - E^2}\mathrm{d}E' \quad (6\text{-}24)$$

因为自由载流子吸收效应和能带填充效应是载流子诱发材料折射率变化的两大主要因素[34]，所以综合上述关系及公式，可以推导得出材料的折射率随紫外光照射的变化如式（6-25）所示。

$$\Delta n = \Delta n_b(N,P,E) + \Delta n_{fc} \quad (6\text{-}25)$$

由于 Δn_{fc} 表示由自由载流子吸收效应引起的折射率变化，Δn_b 表示由带填充效应引起的折射率变化，因此，根据这些原理可知，随着紫外强度的增加，载流子浓度即载流子变化 ΔN 增加，Δn_{fc} 减小，吸收系数 $\Delta \alpha$ 降低，Δn_b 减小，从而可知 ZnO 的折射率 Δn 降低。

Ag 作为 IB 族一种典型的过渡金属和贵金属元素，有较好的掺杂活性，可以作为受主杂质。Ag 负载到 ZnO 上可以优化电子结构，提高其可见光催化活性或紫外光催化活性[106, 107]。

当 Ag 掺入 ZnO 时，给予同样紫外光强照射，掺杂后所得的 ZnO 纳米材料的载流子浓度 N 的变化将会比纯 ZnO 材料增强得更多一些，可推得掺杂后折射率 Δn 会降低得更多，当 Ag 浓度增加时，这种趋势也会随之增强[108, 109]。

6.3.2　Ag 掺杂 ZnO 的 MNF 传感单元制备

1. Ag 掺杂 ZnO 纳米材料的制备

借鉴于 Agarwal 等[110]采用水热法成功制备了 ZnO 纳米棒，本节的实验最终选择了水热生长法。改变生长成分、浓度、生长温度、水热反应时间、掺杂元素比例等实验参数可以控制 ZnO 纳米棒的形貌[111, 112]。根据多次实验测试及实验室已取得的成果，为了保证良好的 Ag 掺杂 ZnO 材料的生长，我们对实验方法进行了进一步优化和改进，最终选择了 OH⁻ 浓度为 0.015M 的种子溶液进行实验。

水热法制备 ZnO 及掺银 ZnO 纳米棒所需的药物有 NaOH、Zn(NO₃)₂·6H₂O、Zn(CH₃COO)₂·2H₂O、C₆H₁₂N₄、CH₃COCH₃、CH₃CH₂OH。其中，NaOH、Zn(CH₃COO)₂·2H₂O 和 CH₃CH₂OH 用来制备种子溶液，以备 ZnO 纳米棒着种，采用 Zn(NO₃)₂、硝酸银、C₆H₁₂N₄、去离子水来调配生长溶液。实验流程的示意图如图 6-25 所示，具体操作流程如下所示。

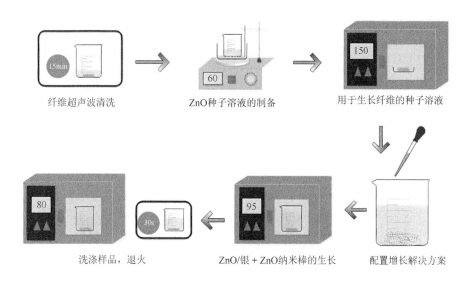

图 6-25　实验流程的示意图

第一步，清洗 SiO₂ 玻璃基底。选择 6 块 1cm×1cm 大小形状相同的 SiO₂ 玻璃基底，先后用 CH₃COCH₃、CH₃CH₂OH、去离子水、CH₃CH₂OH 4 种溶液依次超声清洗 15min，使生长基片干净无污染。

第二步，调配种子溶液。将 40mL CH₃CH₂OH 溶液（0.01M）和 20mL NaOH 无水乙醇溶液（0.015M）在烧杯中混合搅拌 2h，制得种子溶液。种子溶液放置约 12h，直到大颗粒从溶液中析出并沉淀到烧杯底部。

第三步，在玻璃基片上铺种子层。将洗净的 SiO₂ 玻璃基底在烧杯上清液中反复提拉浸泡 4~5 次，在 150℃恒温烘箱中烘干 30min，重复这个过程 4 次。

第四步，调配生长溶液。用 Zn(NO₃)₂·6H₂O、硝酸银、C₆H₁₂N₄ 和去离子水分别处理纯 ZnO 和不同浓度的 Ag 掺杂 ZnO（1%~5%）生长液。将纯 ZnO 的种子溶液与 200mL 的 Zn(NO₃)₂·6H₂O 溶液（0.02M）和 200mL 的 C₆H₁₂N₄ 溶液（0.02M）

混合搅拌。不同浓度的 Ag 掺杂 ZnO（1%～5%）纳米材料生长的方法是分别混合并搅拌 100mL $Zn(NO_3)_2·6H_2O$（0.0198M，0.0196M，0.0194M，0.0192M，0.0190M）水溶液、100mL 硝酸银（0.0004M，0.0008M，0.0012M，0.0016M，0.0020M）水溶液和 200mL $C_6H_{12}N_4$（0.02M）水溶液。

第五步，生长 ZnO 纳米棒。将 6 块 SiO_2 玻璃基底浸泡在 6 种不同的生长液中，与烧杯一起置于 95℃恒温干燥箱中 4h。

第六步，清洗烘干。取出玻璃基底，去离子水超声清洗 30s，之后置于 80℃恒温烘箱中烘烤 2h。

图 6-26 为最终制得不同浓度 Ag 掺杂 ZnO 纳米材料样本。

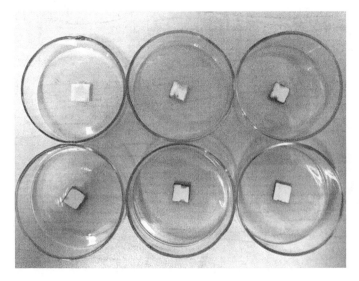

图 6-26　最终制得不同浓度 Ag 掺杂 ZnO 纳米材料样本

2. 不同 Ag 浓度传感单元的制备

不同 Ag 浓度传感单元的制备是以水热法制备 Ag 掺杂 ZnO 纳米材料为基础的。首先，将先前已拉锥好的 6 根 MNF 超声清洗干净，放置在 6 个不同的洁净烧杯中。其次，将 40mL 醋酸锌 CH_3CH_2OH 溶液（0.01M）和 20mL NaOH 无水乙醇溶液（0.015M）在烧杯中混合搅拌 2h，调配种子溶液，并静置存放 12h。然后，取上层清液，将 6 根 MNF 分别浸润溶液，反复提拉 3～4 次以保证种子溶液的附着，而后放置在恒温干燥箱中 150℃加热 30min 以铺设种子层，重复这一过程 4 次，保证种子层的铺设。调配纯 ZnO 及 1%～5%不同掺 Ag 浓度的 ZnO 生长溶液，并将铺设好种子层的 MNF 分别置于 6 个不同烧杯的生长溶液中，放在 95℃恒温干燥箱内生长 ZnO 纳米棒 4h。取出制备好的不同 Ag 浓度传感单元，超声清洗 30s 左右。再次放入恒温干燥箱内，80℃加热烘干 2h，最终完成不同 Ag 浓度传感单元的制备。所得不同 Ag 浓度传感单元如图 6-27 所示。

图 6-27　所得不同 Ag 浓度传感单元

6.3.3　传感光路搭建与性能测试

　　基于倏逝场传感原理，本节设计一种掺银 ZnO 的 MNF 紫外传感器。直通式光路紫外传感实验原理图如图 6-28 所示。实验装置分别由光源、传感单元和光学检测器组成。光源为 ASE 光源，中心波长为 1550nm，波长 1523～1573nm。光学检测器是一种分辨率为 0.02nm、检测范围为 600～1700nm 的 OSA。在实验过

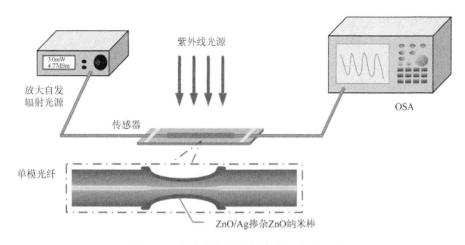

图 6-28　直通式光路紫外传感实验原理图

程中，通过改变传感单元和调节紫外光强度，探讨不同 Ag 浓度和不同 MNF 锥形束腰直径对结构灵敏度的影响。

在紫外传感实验中，分别选择了 $0mW/cm^2$、$2.12mW/cm^2$、$3.18mW/cm^2$、$4.24mW/cm^2$、$5.30mW/cm^2$、$6.36mW/cm^2$、$7.42mW/cm^2$ 六种不同的紫外照射强度，这分别代表着在每平方厘米大小区域不同毫瓦的紫外照射强度。选取实验所制得的六个不同浓度 Ag 掺杂 ZnO MNF 紫外传感器作为传感单元。测量时，实验室室温为 25℃。实验结构为上述直通式光路结构，如图 6-28 所示。此外，产生紫外辐射的光源是一种中心波长为 365nm 的 LED 紫外灯，该选择所依据的是本书第 2 章光学吸收谱中所显示的 360nm 波长范围的紫外吸收效果较好的结论。图 6-29（a）为纯 ZnO MNF 紫外传感器的透射光谱，图 6-29（b）～（f）为掺杂 Ag 浓度为 1%～5% 的 ZnO MNF 紫外传感器的透射光谱。由图 6-29 中可以看出，随着紫外光强度的增加，输出光强越来越小。这与理论分析中提到的紫外光强度的增加导致 ZnO 纳米棒的载流子浓度增加、折射率下降、MNF 透射光强损耗增加的结果是一致的。

紫外传感器的传感特性可以通过波长漂移或光强变化来反映。从图 6-29 的透射光谱可以看出，光强的变化较为明显。所以本书最终选择了透射光强变化最大的位置，并画出了图 6-30 中紫外线辐射强度与透射光强度的关系。对数据进行线性拟合处理得到 $y_0 = -2.0 \times 10^{-5} x + 0.00295$、$y_1 = -2.51 \times 10^{-5} x + 0.00332$、$y_2 = -3.37 \times 10^{-5} x + 0.00288$、$y_3 = -3.80 \times 10^{-5} x + 0.00424$、$y_4 = -4.33 \times 10^{-5} x + 0.00401$、$y_5 = -4.09 \times 10^{-5} x + 0.00377$。图 6-31 显示了不同浓度 Ag 掺杂 ZnO 紫外传感器的灵敏度。由图 6-31 分析可知，ZnO 掺杂 Ag 后，紫外吸收性能增强。当 Ag 掺杂浓度为 0%～4% 时，ZnO 紫外传感器的灵敏度随 Ag 掺杂量的增加而提高；当 Ag 掺杂浓度为 4% 时，灵敏度达到最佳值，即 $4.33 \times 10^{-5} mW/(mW/cm^2)$；另外，当 Ag 掺杂浓度大于 4% 时，其灵敏度略有下降，使得紫外传感器的灵敏度逐渐下降，最终达到饱和。根据理论，这种现象可能是由于 Ag 元素增加了 ZnO 载流子浓度，降低了折射率。当 Ag 元素超过 5% 时，载流子浓度达到饱和。

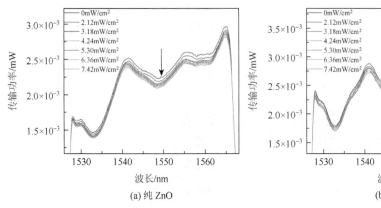

(a) 纯 ZnO

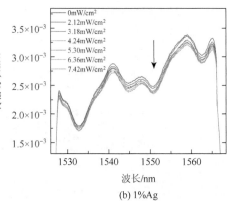

(b) 1%Ag

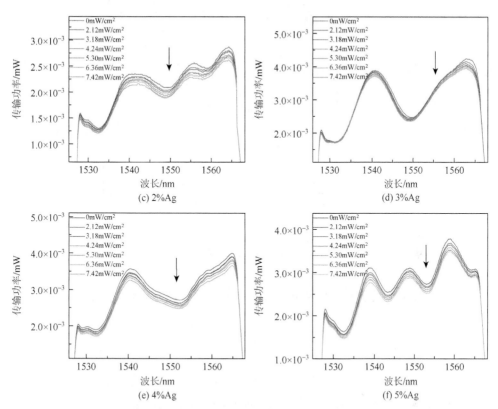

图 6-29　纯 ZnO 和不同浓度 Ag 掺杂 ZnO MNF 的透射光谱（彩图扫封底二维码）

↓表示紫外辐照强度逐渐由 0mW/cm² 增加至 7.42mW/cm²

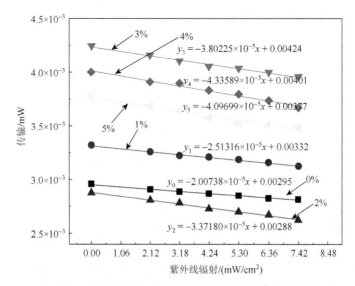

图 6-30　不同浓度 Ag 掺杂 ZnO 紫外传感器的特性曲线

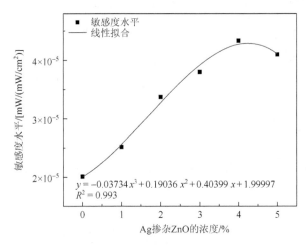

图 6-31　不同浓度 Ag 掺杂 ZnO 紫外传感器的灵敏度

6.4　Ag 掺杂 ZnO/Gr 光纤紫外传感器的研究

6.4.1　Ag 掺杂 ZnO/Gr 材料理论研究

第一性原理是通过密度泛函理论对薛定谔方程进行近似求解。我们采用非经验处理，通过某些硬性规定或推演得出材料的基本属性。第一性原理属于量子力学范畴，其从微观机制角度研究和分析物质的基本性质。相较于传统的实验方法，第一性原理不需要考虑任何经验参数和实验条件，仅通过理论计算就可以对材料性质进行预测和实验结果进行对比。该方法具有操作条件简单、经济有效的优点。

本章采用基于第一性原理的 VASP 模拟仿真软件计算了 Gr、ZnO、ZnO 复合 Gr（ZnO/Gr），不同浓度 Ag 掺杂 ZnO（$Zn_{9-x}Ag_xO$）（$x = 1, 2, 3, 4$）及不同浓度 Ag 掺杂 ZnO/Gr（$Zn_{9-x}Ag_xO/Gr$）的光电性质。从微观机制的角度深入地分析材料的结构性质与电光性质，为实验提供有力的理论依据。

1. Gr、ZnO 和 ZnO/Gr 模型建立与结构优化

Gr 是由 sp^2 键结合的碳原子以六角形晶格排列而成的二维平面。在计算中，Gr 与 ZnO 的晶格常数分别为 2.47Å 和 3.249Å，空间群为 P63mc。选择 Gr 4×4×1 超胞（32C）和 ZnO 3×3×1 单层（9 个 Zn 原子和 9 个 O 原子）作为最合适的复合结构，晶格失配小于 1%，建立了 ZnO/Gr 模型结构，如图 6-32 所示。

本书基于 DFT 的第一性原理，所有的相关计算在 VASP 中实现[113]。采用广义梯度近似（generalized gradient approximation，GGA）中的 PBE（Perdew-Burke-Ernzerhof）描述交换相关势[114, 115]。利用 GGA + U 修正 ZnO 能带隙（U_d, Zn = 10eV；

(a) Gr　　　　　　　　(b) ZnO　　　　　　　　(c) ZnO/Gr

图 6-32　Gr、ZnO 和 ZnO/Gr 模型结构图

$U_p, O = 7eV$)[116, 117]，采用范德瓦耳斯修正来描述远程范德瓦耳斯相互作用[118, 119]，经过一系列收敛性试验，得到收敛结果。平面波截止能为 500eV。采用 Monkhorst Pack 点格式进行几何优化，网格为 $6 \times 6 \times 1$[120]。能量与力的收敛标准分别为 $1.0 \times 10^{-5}eV$ 和 0.01eV/Å。为了避免相邻格子之间的相互作用，Z 方向的真空层为 15Å。

　　图 6-33 为 Gr、ZnO 和 ZnO/Gr 的能带结构图。在图 6-33（a）中，Gr 导带底和价带顶相交于 K 点（狄拉克点），带隙为零并且在费米能级处显示出线性色散特性。在图 6-33（b）中，ZnO 为直接带隙金属氧化物，导带最低点和价带最高点位于 Gr 处，其带隙值为 3.37eV。在图 6-33（c）中，ZnO/Gr 的费米能级保持在诱导间隙中，具有线性色散特征，说明 Gr 的电子轨道与 ZnO 没有耦合。

　　Gr、ZnO 和 ZnO/Gr 能态密度如图 6-34 所示。为了研究零势能处费米能级的变化，放大费米能级区域的能态密度并将其作为插图放置于对应态密度图中。

　　在图 6-34（a）中，C-p 轨道主要作用于价带顶和导带底，价带底由 C-s 作用。在图 6-34（b）中，可以明显地看到 ZnO 价带部分有上中下三个能量带。在

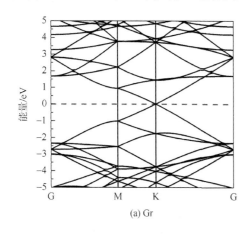

(a) Gr

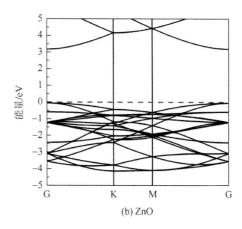

(b) ZnO

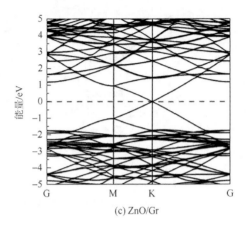

(c) ZnO/Gr

图 6-33　Gr、ZnO 和 ZnO/Gr 的能带结构图

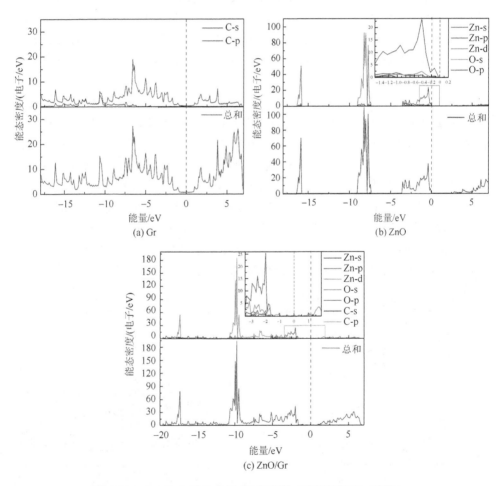

图 6-34　Gr、ZnO 和 ZnO/Gr 能态密度（彩图扫封底二维码）

费米能级附近，观察到主要是 O-p、少量 Zn-d 和少量 Zn-s 的耦合作用。此外大量 Zn-d 与 Zn-s 分别在价中带和价底带作用。由图 6-34（c）可以看出，C-s 和 C-p 轨道并没有与 ZnO 的电子轨道匹配良好，Gr 与 ZnO 之间没有发生化学作用，这与能带结构和所展现的结果一致。

　　吸收谱可以反映材料对不同能量光的吸收强度。图 6-35 为 Gr、ZnO 和 ZnO/Gr 的吸收谱。由图 6-35 中可以得到，Gr 最大吸收峰位于 14.2eV（87nm）。第二大吸收峰位于 4.3eV（289nm）。除此之外，在可见光范围内（1.78～3.11eV）也存在明显的吸收。ZnO 的吸收峰位于 8.1eV 和 13.2eV 左右，主要吸收范围为紫外光区域（3.11～12.43eV）[121]。

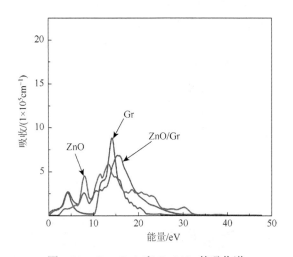

图 6-35　Gr、ZnO 和 ZnO/Gr 的吸收谱

2. Ag 掺杂 ZnO 模型建立与结构优化

　　为了探究 Ag 对 ZnO 光电性能的影响，本节考虑了不同数量的 Ag 原子在 Zn 位上的掺杂，$Zn_{9-x}Ag_xO$ 模型结构图如图 6-36 所示。计算参数设置、U 值修正方法和范德瓦耳斯力修正方法与前面一致。ZnO 掺杂 Ag 后带隙减小，如表 6-4 所示。

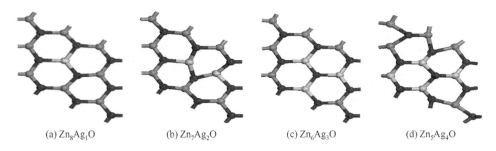

(a) Zn_8Ag_1O　　　　(b) Zn_7Ag_2O　　　　(c) Zn_6Ag_3O　　　　(d) Zn_5Ag_4O

图 6-36　$Zn_{9-x}Ag_xO$ 模型结构图

表 6-4　ZnO 和 Zn$_{9-x}$Ag$_x$O 能隙

模型	带隙/eV
ZnO	3.3
Zn$_8$Ag$_1$O	1.901
Zn$_7$Ag$_2$O	1.069
Zn$_6$Ag$_3$O	1.597
Zn$_5$Ag$_4$O	1.31

图 6-37 为 Zn$_{9-x}$Ag$_x$O 能带结构图，费米能级进入价带形成 p 型掺杂。此外，Zn$_{9-x}$Ag$_x$O 的导带最低点和价带最高点仍在同一点，可以确定 Zn$_{9-x}$Ag$_x$O 仍是直接带隙半导体氧化物。Ag 掺杂导致费米能级附近杂质带的引入，使得 ZnO 的带隙有不同程度的减小。Zn$_{9-x}$Ag$_x$O 的带隙分别减小到 1.901eV、1.069eV、1.597eV 和 1.31eV。Ag 原子的引入使价带电子数增加，导致 ZnO 载流子数增加。

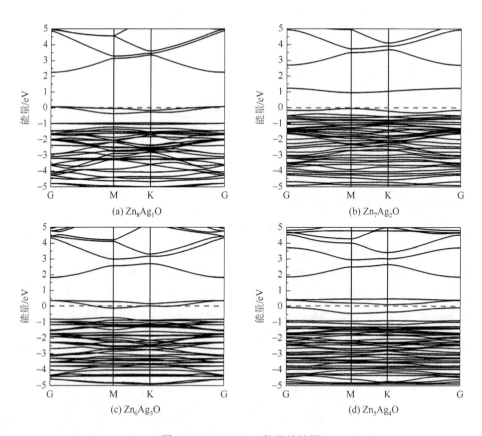

图 6-37　Zn$_{9-x}$Ag$_x$O 能带结构图

$Zn_{9-x}Ag_xO$ 能态密度如图 6-38 所示。由图 6-38 可知，$Zn_{9-x}Ag_xO$ 在费米能级附近主要是 O-p 和 Ag-d 相互作用，并且随着 Ag 原子的增加，耦合作用越来越强烈。在图 6-38（a）中，对于 Zn_8Ag_1O，在 −4.4～0eV 主要由 O-p 和 Ag-d 贡献能量。在图 6-38（b）中，Ag 原子价带中的电子 d 轨道的作用范围和作用强度增加。并且，随着 Ag 原子的掺杂数量增多，费米能级附近 O 原子的 p 轨道和 Ag 原子的 d 轨道杂化耦合作用越来越强。

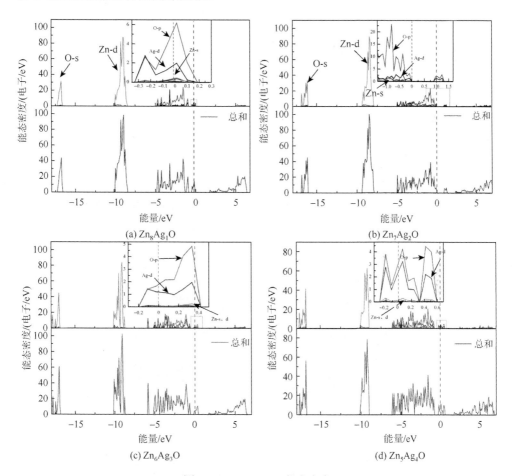

图 6-38　$Zn_{9-x}Ag_xO$ 能态密度

图 6-39 为 $Zn_{9-x}Ag_xO$ 的吸收谱。在图 6-39 中，对比 ZnO，$Zn_{9-x}Ag_xO$ 整体上对光的吸收增强。这表明 Ag 掺杂会明显地增强 ZnO 单层对紫外光的吸收。在 13.2eV 处，$Zn_{9-x}Ag_xO$ 吸收峰强度减弱。可以看到，在 3.4eV（365nm）处，相比本征 ZnO，$Zn_{9-x}Ag_xO$ 的吸收效果得到明显的改善。这与图 6-38（d）中 Ag 的电子 d 轨道耦合作用有很大的关系。

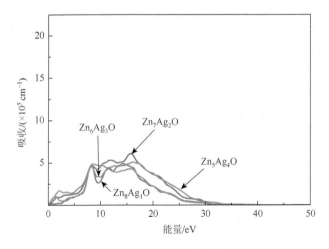

图 6-39　$Zn_{9-x}Ag_xO$ 的吸收谱

3. Ag 掺杂 ZnO/Gr 模型建立与结构优化

为了进一步研究 Gr 对 ZnO 光电性能的影响，将 Ag 掺杂 ZnO 与 Gr 复合。图 6-40 为 $Zn_{9-x}Ag_xO/Gr$ 模型结构图。计算中仍然通过 GGA＋U 对能带进行修正，采用 DFT-D2 方法对范德瓦尔斯力进行修正。平面波截止能、K 点网格、能量收敛标准和力的收敛标准、Z 方向的真空层参数设置与前面一致。

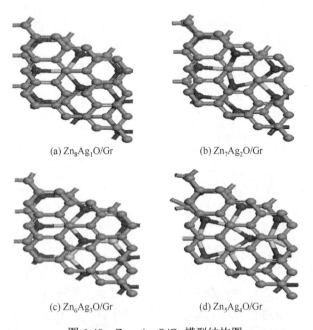

(a) Zn_8Ag_1O/Gr　　　　　　　　(b) Zn_7Ag_2O/Gr

(c) Zn_6Ag_3O/Gr　　　　　　　　(d) Zn_5Ag_4O/Gr

图 6-40　$Zn_{9-x}Ag_xO/Gr$ 模型结构图

　　图 6-41 为 $Zn_{9-x}Ag_xO/Gr$ 能带结构图。由图 6-41 中可以看出，$Zn_{9-x}Ag_xO/Gr$
后，导带底和价带顶仍然在 K 点相交，带隙并没有被打开。$Zn_{9-x}Ag_xO/Gr$ 和 Gr
一样，狄拉克点特征仍然保留。狄拉克点均在杂质带以上，同时费米能级附近的
杂质带向低能方向移动。结果表明，ZnO/Gr 和一定数量 AgZnO/Gr 均不影响 Gr
晶格的六边形对称结构。同时，Ag 掺杂处出现的杂质带的数量和位置在复合 Gr
后同样未受到影响。

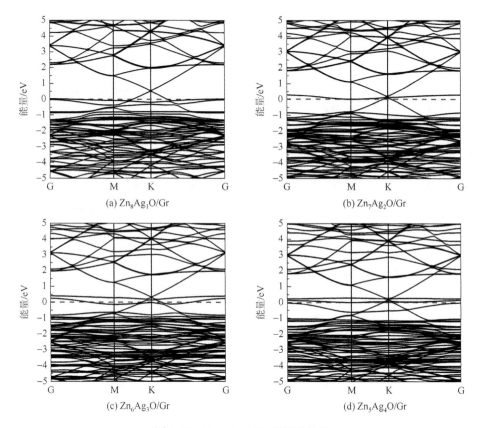

图 6-41　$Zn_{9-x}Ag_xO/Gr$ 能带结构图

　　在图 6-42 中，与 ZnO/Gr 相比，Gr 的电子轨道由于加入了 Ag 原子而产生了重
新分布。在图 6-42（a）中，O-p、C-p 与 Ag-d、C-p 与 O-p 的匹配效果最好。而且其
对应的界面结合能非常大，说明形成了 Ag-O 键，使 Gr 与 $Zn_{9-x}Ag_xO$ 的接触更加紧
密。在图 6-42（b）～（d）中，可以观察到，C-p 的贡献范围和强度随 Ag 原子的增
加而增大，表明 Gr 与 $Zn_{9-x}Ag_xO$ 之间存在电子转移。综上所述，Ag 掺杂使各原子的
能态密度重新分布，促进了 C-p 轨道与 O-p 轨道的耦合。同时，Ag-d 与 C-p 也有很
强的耦合作用。

　　图 6-43 为 $Zn_{9-x}Ag_xO/Gr$ 的吸收谱。在整个能量范围内，$Zn_{9-x}Ag_xO/Gr$ 的吸收强度远远大于 Gr、ZnO 和 $Zn_{9-x}Ag_xO$。其中，Zn_8Ag_1O/Gr、Zn_7Ag_2O/Gr 和 Zn_6Ag_3O/Gr 的曲线基本重合，在能量大于 15eV 后有略微变化。而 Zn_5Ag_4O/Gr 吸收强度出现了显著减弱。与 Zn_8Ag_1O/Gr、Zn_7Ag_2O/Gr 和 Zn_6Ag_3O/Gr 相比，$Zn_{9-x}Ag_xO/Gr$ 既保持了 Gr 和 ZnO 各自能量区间的优势，又极大地发挥了 Ag 原子的受主掺杂作用，是进行紫外传感的优良选择[122]。

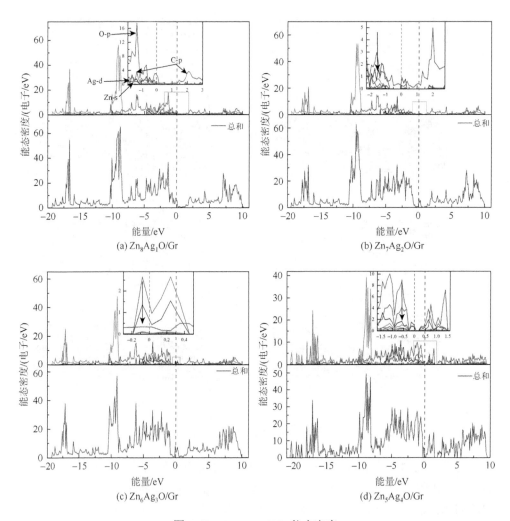

图 6-42　$Zn_{9-x}Ag_xO/Gr$ 能态密度

（b）中↓所在位置图线由上往下依次是 O-p、C-p、Ag-d、Zn-d；（c）中↓所在位置图线由上往下依次是 O-p、Ag-d、C-p、Zn-d；（d）中↓所在位置图线由上往下依次是 O-p、C-p、Ag-d、Zn-d

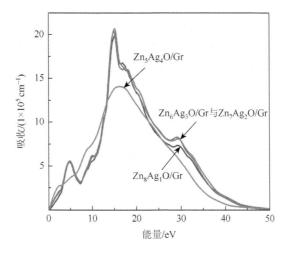

图 6-43　$Zn_{9-x}Ag_xO/Gr$ 的吸收谱

6.4.2　Ag 掺杂 ZnO/Gr/单模-拉锥多模-单模紫外传感特性研究

1. 不同浓度 Ag 掺杂 ZnO/Gr 纳米材料的制备

图 6-44 为敏感材料制备实验流程示意图。实验所需的药品有 $Zn(NO_3)_2 \cdot 6H_2O$、$AgNO_3$、NaOH、Gr 粉末、CH_3CH_2OH、去离子水。其中，$Zn(NO_3)_2 \cdot 6H_2O$ 提供 Zn^{2+}，$AgNO_3$ 提供 Ag^{1+}，NaOH 溶液通过调节 pH 形成反应环境，混合 Gr 溶液制作了不同浓度 Ag 掺杂 ZnO/Gr 纳米材料悬浊液。将制好的悬浊液放入反应釜中形成高温高压环境并放置在恒温干燥箱中干燥一定时间制得 ZnO/Gr 纳米材料。

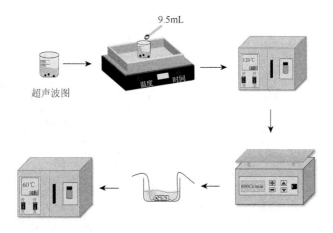

图 6-44　敏感材料制备实验流程示意图

Ag 掺杂浓度为 1% 的 ZnO/Gr：第一步，取 2.0mg Gr 粉末混合 15mL 去离子水超声分散 1h。第二步，将超声分散的 Gr 溶液与 0.5g 的 $Zn(NO_3)_2 \cdot 6H_2O$、0.006g 的 $AgNO_3$、50mL 去离子水混合。第三步，在搅拌条件下滴加 NaOH 溶液（浓度为 25%）创造 pH 为 9.5 的反应环境。第四步，将调好 pH 的混合溶液持续搅拌 1h。第五步，用反应釜装好搅拌后的悬浮液在 120℃ 电热鼓风干燥箱中干燥 12h。第六步，以 6000r/min 将产物离心 10min。

调整第二步中 $AgNO_3$ 的质量为 0.012g、0.018g 和 0.024g，重复以上步骤分别制备 Ag 掺杂浓度为 2%、3% 和 4% 的 Ag 掺杂 ZnO/Gr 溶液。

水热法制备不同浓度 Ag 掺杂 ZnO/Gr 涉及的化学反应方程如式（6-26）～式（6-30）所示：

$$Zn^{2+} + 4OH^- \longrightarrow \left[Zn(OH)_4 \right]^{2-} \qquad (6\text{-}26)$$

$$\left[Zn(OH)_4 \right]^{2-} + H_2O \longrightarrow ZnO_2^{2-} + 2OH^- \qquad (6\text{-}27)$$

$$ZnO_2^{2-} + H_2O \longrightarrow ZnO + 2OH^- \qquad (6\text{-}28)$$

$$Ag^{1+} + OH^- \longrightarrow AgOH \qquad (6\text{-}29)$$

$$2AgOH \longrightarrow Ag_2O + H_2O \qquad (6\text{-}30)$$

在材料制备过程中，Zn^{2+} 和 OH^- 结合形成 $Zn(OH)_2$。加热 $Zn(OH)_2$ 分解得到 ZnO。其中，为了得到不同浓度 Ag 掺杂 ZnO/Gr 纳米材料，控制 $AgNO_3$ 的质量来制备不同浓度 Ag 掺杂 ZnO/Gr 纳米材料[123-125]。

2. Ag 掺杂 ZnO/Gr 纳米材料的表征

SEM 是一种通过光与物质间的作用对物质微观形貌进行表征的工具。SEM 在矿物学、地球化学、材料学、宝石学、微体古生物学等众多领域得到广泛应用。本节用 SEM 对 Ag 掺杂 ZnO/Gr 进行了表征，如图 6-45 所示。在图 6-45 中，ZnO 与 Gr 的形状分别为花状和片状，代表大量 Gr 附着在 ZnO。SEM 的尺寸分别为 5μm 和 1μm。

(a) 全局图　　　　　　　　　　　　　　　(b) 局部放大图

图 6-45　Ag 掺杂 ZnO/Gr 电子显微图

3. 单模-拉锥多模-单模（STMS）结构 MNF 的制备

拉锥法是通过火焰加热并拉伸玻璃光纤得到尺寸在微纳级别的 MNF。氢氧焰熔融拉锥法是将光纤的两端固定在可移动的位移台上，通过控制位移台给光纤两端施加一定的拉力。氢氧焰熔融拉锥法制备的 MNF 具有光纤锥区表面光滑度高、腰锥直径变化均匀性好、拉锥长度较长、制作简单、拉锥质量高等优点。氢氧焰熔融拉锥在拉锥过程中利用计算机对参数进行控制，可以精准地保证拉伸的均匀性，制得的光纤包层和纤芯直径同比例变化。另一种方法为腐蚀法，通常采用氢氟酸腐蚀光纤表面。这种方法获得的光纤锥区表面光滑性差，包层和光纤比例不均匀，同时氢氟酸对人体危害大。综上所述，本节实验选择了氢氧焰熔融拉锥法制作 STMS 光纤结构。制作光纤传感单元需要使用到的光纤结构制作设备如图 6-46 所示。

(a) 光纤制作设备　　　　　　　　　(b) 氢氧焰拉锥机

图 6-46　制作光纤传感单元需要使用到的光纤结构制作设备

STMS 光纤结构制备流程如下所示。

（1）打开氢氧焰发生器主机，待主机示数降为零后打开氢氧焰拉锥机和控制拉锥参数的计算机主机。

（2）打开联机计算机的拉锥软件，复位，然后设定好氢气流量及光纤拉锥放置台位置、拉锥长度、拉锥速度等参数。

（3）去掉 MMF 部分表面涂覆层，固定去涂覆层的 MMF 于拉锥台中部，光纤两端分别连接 ASE 光源和 OSA。

（4）打开 ASE 光源和 OSA，调整参数，待 OSA 上显示光谱后操作计算机开始拉锥光纤。

（5）单击开始拉锥，拉锥机火源向拉锥台中央移动，停留在去涂覆层 MMF 处，拉锥台开始缓慢向两端移动并将光纤拉成 MNF。

（6）拉锥完成后，上调封装台，在封装台上放置塑料凹槽，对光纤拉锥区域进行半封装处理。

（7）去掉光纤固定夹，将半封装好的 MNF 从拉锥台取下，固定在玻璃基板上防止断裂，待后续实验。

图 6-47 为 SMS 光纤结构锥区直径 SEM 图，腰锥直径为 10.3μm。

图 6-47　SMS 光纤结构锥区直径 SEM 图

4. 不同浓度 Ag 掺杂 ZnO/Gr/STMS 传感单元的制备

准备 5 个 STMS 结构并将他们均固定在干净的玻璃基板上。将 ZnO/Gr、1%Ag 掺杂 ZnO/Gr、2%Ag 掺杂 ZnO/Gr、3%Ag 掺杂 ZnO/Gr、4%Ag 掺杂 ZnO/Gr 分别沿锥形 MMF 表面滴涂于多模锥区，少量多次。将滴涂了敏感材料的光纤置于 60℃ 的鼓风干燥箱中干燥 4h。图 6-48 为 STMS 光纤结构紫外传感单元。

图 6-48　STMS 光纤结构紫外传感单元

5. 实验设计与系统的搭建

图 6-49 为 STMS 光纤结构紫外监测系统直通式光路图。实验装置由 ASE 光源、LED 紫外光源、STMS 光纤结构紫外传感单元和 OSA 组成。将紫外传感单元放置在 LED 紫外光源下，STMS 光纤一端连接 ASE 光源，另一端连接 OSA，形成直通式紫外传感光路。其中，MMF 直径为 125.1μm，纤芯直径为 62μm，锥区长度为 9mm，锥区直径为 10.3μm。ASE 光源发出光，其中心波长为 1550nm，波长为 1520～1600nm。OSA 接收光谱信号，分辨率为 0.02nm，探测范围为 600～1700nm。LED 紫外灯中心波长为 365nm，实验选择紫外辐照强度为 0mW/cm^2、1.201mW/cm^2、2.402mW/cm^2、3.603mW/cm^2、4.804mW/cm^2、6.005mW/cm^2、7.203mW/cm^2、8.407mW/cm^2。在常温常压下，本节测试了 STMS 包覆不同浓度 Ag 掺杂 ZnO/Gr 的紫外传感特性。当入射光传输到单模和多模交界面时，激励一

系列高阶模，各模式在 MMF 锥区发生干涉，导致能量重新分布。当光传输到锥区时，部分光能会以倏逝波的形式溢出纤芯，光能溢出的区域称为倏逝场。当外界紫外辐照变化时，外部环境改变了纤芯和包层的折射率差，材料自由载流子浓度增加，折射率改变，进而导致透射光强发生变化。通过监测透射光强的变化量，可以准确地得到外界紫外辐照强度变化情况。

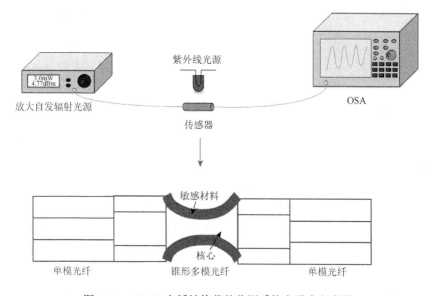

图 6-49　STMS 光纤结构紫外监测系统直通式光路图

6. 实验结果分析

图 6-50 为无材料/STMS 光纤结构传感器（uncoated/STMS）、ZnO/Gr/STMS 光纤结构传感器（0%/STMS）、1%Ag 掺杂 ZnO/Gr/STMS 光纤结构传感器（1%/STMS）、2%Ag 掺杂 ZnO/Gr/STMS 光纤结构传感器（2%/STMS）、3%Ag 掺杂 ZnO/Gr/STMS 光纤结构传感器（3%/STMS）、4%Ag 掺杂 ZnO/Gr/STMS 光纤结构传感器（4%/STMS）透射光谱图。

图 6-50（a）为 uncoated/STMS 透射光谱，图 6-50（b）～（f）为不同浓度 Ag 掺杂 ZnO/Gr/STMS 紫外传感器的透射光谱（Ag 掺杂浓度为 0%～4%）。选择图 6-50 中透射光强变化最剧烈的位置作为指标。从图 6-50 中可以看出，所有光谱均随着紫外辐照强度的增加，透射光谱的强度逐渐减小。图 6-50（a）选择 1544nm 处的波峰作为监测光谱。当不涂覆敏感材料时，灵敏度为 -1.748×10^{-5}mW/(mW/cm^2)。在图 6-50（b）中，传感器的紫外灵敏度为 -3.28×10^{-5}mW/cm^2。图 6-50（c）～（f）可以明显地观察到，随着 Ag 掺杂浓度增加，透射光强变化程度越来越大，传感器的灵敏度逐

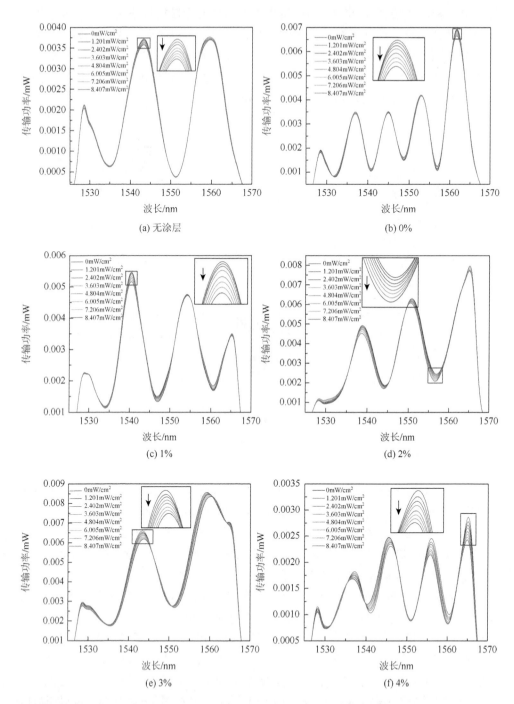

图 6-50　无材料/STMS 和不同浓度 Ag 掺杂 ZnO/Gr/STMS 紫外传感器透射光谱图（彩图扫封底二维码）

渐增加。当 Ag 浓度为 1%~3% 时，传感器的紫外灵敏度分别为 $-3.702 \times 10^{-5} \mathrm{mW}/(\mathrm{mW/cm}^2)$、$-4.387 \times 10^{-5} \mathrm{mW}/(\mathrm{mW/cm}^2)$ 和 $-4.862 \times 10^{-5} \mathrm{mW}/(\mathrm{mW/cm}^2)$。当 Ag 掺杂浓度达到 4% 时，传感器的紫外灵敏度达到最大，为 $-5.142 \times 10^{-5} \mathrm{mW}/(\mathrm{mW/cm}^2)$。结果表明，当 Ag 掺杂浓度增加时，锥形多模光纤可以有效地增强对局部折射率极为敏感的表面倏逝场，传感器的紫外灵敏度得到显著地提高。

图 6-51 为 STMS 光纤结构紫外传感器透射光强随紫外辐照强度变化灵敏度线性拟合特性曲线图。将 6 组紫外传感数据进行灵敏度线性拟合得到拟合曲线：$y_u = -1.748 \times 10^{-5}x + 0.00372$、$y_0 = -3.28 \times 10^{-5}x + 0.00693$、$y_1 = -3.702 \times 10^{-5}x + 0.00548$、$y_2 = -4.387 \times 10^{-5}x + 0.00248$、$y_3 = -4.862 \times 10^{-5}x + 0.00661$、$y_4 = -5.142 \times 10^{-5}x + 0.00284$。

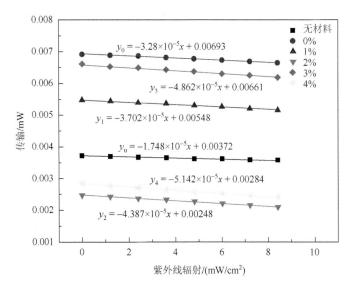

图 6-51　无材料/STMS 和不同浓度 Ag 掺杂 ZnO/Gr/STMS 紫外传感器的灵敏度拟合曲线

由图 6-51 可知，STMS 光纤结构结合不同的敏感材料所制成的紫外传感器对紫外光的吸收能力相较于无材料/STMS 光纤结构传感器均有不同程度的提升。当 Ag 掺杂浓度为 0% 时，灵敏度为 $-3.28 \times 10^{-5} \mathrm{mW}/(\mathrm{mW/cm}^2)$，是无材料/STMS 光纤结构紫外传感器灵敏度的 1.89 倍。当 Ag 掺杂浓度为 4% 时，灵敏度最高为 $-5.142 \times 10^{-5} \mathrm{mW}/(\mathrm{mW/cm}^2)$，是无材料/STMS 光纤结构紫外传感器灵敏度的 2.94 倍，是 0%/STMS 光纤结构紫外传感器灵敏度的 1.57 倍。由此可知，敏感材料结合 MNF 是一种有效增强光纤紫外传感特性的方法，同时对 ZnO 进行改性可以有效地提高 ZnO 材料的紫外敏感性。表 6-5 为无材料/STMS 和不同浓度 Ag 掺杂 ZnO/Gr/STMS 灵敏度拟合结果。

表 6-5　无材料/STMS 和不同浓度 Ag 掺杂 ZnO/Gr/STMS 灵敏度拟合结果

结构	拟合线	灵敏度/[mW/(mW/cm²)]	R^2
无材料/STMS	$y_u = -1.748 \times 10^{-5}x + 0.00372$	-1.748×10^{-5}	0.9969
0%Ag/STMS	$y_0 = -3.28 \times 10^{-5}x + 0.00693$	-3.28×10^{-5}	0.9923
1%Ag/STMS	$y_1 = -3.702 \times 10^{-5}x + 0.00548$	-3.702×10^{-5}	0.9961
2%Ag/STMS	$y_2 = -4.387 \times 10^{-5}x + 0.00248$	-4.387×10^{-5}	0.9986
3%Ag/STMS	$y_3 = -4.862 \times 10^{-5}x + 0.00661$	-4.862×10^{-5}	0.9988
4%Ag/STMS	$y_4 = -5.142 \times 10^{-5}x + 0.00284$	-5.142×10^{-5}	0.9958

6.4.3　Ag 掺杂 ZnO/Gr/单模-双锥多模-单模紫外传感特性研究

1. SDTMS 结构 MNF 制备

准备两段 SMF 和一段 MMF，单模光纤的直径为 125μm，MMF 的直径为 62.5μm。将 MMF 通过光纤熔接机进行熔接得到 SMS 光纤结构。通过氢氧焰熔融拉锥的方法在 SMS 光纤结构中的多模区域拉制 2 个锥区得到单模-双锥多模-单模（single-mode-double taper multi-mode-single-mode，SDTMS）光纤结构。

SDTMS 光纤结构制备流程如下所示。

（1）打开氢氧焰发生器主机，待主机示数降为零后打开氢氧焰拉锥机和控制拉锥参数的计算机主机。

（2）打开联机计算机的拉锥软件，复位，然后设定好氢气流量及光纤拉锥放置台位置、拉锥长度、拉锥速度等参数。

（3）去掉 MMF 部分表面涂覆层，固定去涂覆层 MMF 于拉锥台中部，光纤两端分别连接 ASE 光源和 OSA。

（4）打开 ASE 光源和 OSA，调整参数，待 OSA 上显示干涉光谱后操作计算机开始拉锥光纤。

（5）单击开始拉锥，拉锥机火源向拉锥台中央移动，停留在去涂覆层 MMF 处，拉锥台开始缓慢向两端移动并将光纤拉成 MNF。

（6）拉锥完成后，上调封装台，在封装台上放置塑料凹槽，对光纤拉锥区域进行半封装处理。

（7）将拉制一个锥区的光纤取下，在第一个锥区附近选定第二个锥区的预锥区，去掉涂覆层后用光纤固定夹固定在拉锥台中部。

（8）重复步骤（3）～（7）。

（9）去掉光纤固定夹，将半封装好的 MNF 从拉锥台取下，固定在玻璃基板上防止断裂，待后续实验。

2. 不同浓度 Ag 掺杂 ZnO/Gr/SDTMS 传感单元制备

准备 5 个 SDTMS 结构并将它们固定在玻璃基板上，然后用酒精和去离子水清洗，去除残留的杂质。将 ZnO/Gr、1%Ag 掺杂 ZnO/Gr、2%Ag 掺杂 ZnO/Gr、3%Ag 掺杂 ZnO/Gr、4%Ag 掺杂 ZnO/Gr 分别沿锥形多模光纤表面滴涂于 5 个 SDTMS 光纤传感区域，少量多次。将滴涂了敏感材料的光纤置于温度为 60℃的鼓风干燥箱中干燥 4h，使敏感材料与锥形多模光纤紧密结合。图 6-52 为 SDTMS 光纤结构紫外传感单元。

图 6-52　SDTMS 光纤结构紫外传感单元

3. 实验设计与系统搭建

图 6-53 为 SDTMS 光纤结构紫外监测系统直通式光路图。实验装置由 ASE 光源、LED 紫外线光源、SDTMS 光纤结构紫外传感单元和 OSA 组成。将 SDTMS 光纤结构紫外传感单元放置在 LED 紫外线光源下，传感单元一端连接 ASE，另一端连接 OSA，形成直通式紫外传感光路。其中，MMF 直径为 125.1μm，纤

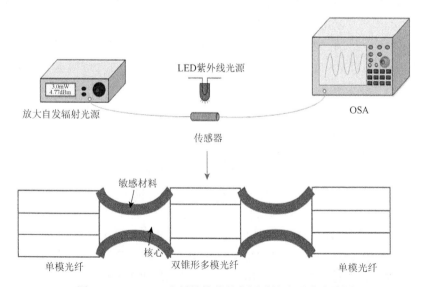

图 6-53　SDTMS 光纤结构紫外监测系统直通式光路图

芯直径为62μm；MMF的锥区长度为9mm，直径为10.3μm。ASE光源发出光，中心波长为1550nm，波长为1520～1600nm。OSA接收光谱信号，分辨率为0.02nm，探测范围为600～1700nm。LED紫外线光源中心波长为365nm，实验选择紫外辐照强度为0mW/cm²、1.201mW/cm²、2.402mW/cm²、3.603mW/cm²、4.804mW/cm²、6.005mW/cm²、7.203mW/cm²、8.407mW/cm²。

在常温常压下，我们测试了SDTMS包覆不同浓度Ag掺杂ZnO/Gr的紫外传感特性。光到达第一个锥区，由于纤芯失配，部分光进入包层。多种模式的光在纤芯和包层中传输。当到达第二个锥区时，部分光被重新耦合进入纤芯，产生干涉。当外界紫外辐照变化时，外部环境改变了纤芯和包层的折射率差，锥区表面涂覆的敏感材料载流子浓度增加，折射率改变，进而导致透射光强发生变化。通过监测透射光强的变化量，可以准确地得到外界紫外辐照强度的变化情况。

4. 实验结果分析

在第3章中，不同浓度Ag掺杂ZnO/Gr/STMS光纤结构紫外传感实验中证实：敏感材料是影响OFS紫外传感能力的重要因素。为了进一步研究光纤结构对OFS紫外传感特性的影响，本章将SDTMS光纤结构与Ag掺杂ZnO/Gr结合，搭建了直通式实验光路，探究不同浓度Ag掺杂ZnO/Gr/SDTMS光纤结构传感器的紫外敏感性变化规律。

图6-54为无材料/SDTMS光纤结构传感器（uncoated/SDTMS）、ZnO/Gr/SDTMS光纤结构传感器（0%/SDTMS）、1%Ag掺杂ZnO/Gr/SDTMS光纤结构传感器（1%/SDTMS）、2%Ag掺杂ZnO/Gr/SDTMS光纤结构传感器（2%/SDTMS）、3%Ag掺杂ZnO/Gr/SDTMS光纤结构传感器（3%/SDTMS）、4%Ag掺杂ZnO/Gr/SDTMS光纤结构传感器（4%/SDTMS）透射光谱。本节实验通过透射光谱中的光强变化来反映SDTMS紫外传感器的紫外传感特性，并进一步反映敏感材料对OFS紫外传感特性的影响。

图6-54（a）为uncoated/SDTMS紫外传感器透射光谱，测得紫外灵敏度为-2.706×10^{-5}mW/(mW/cm²)。相较于uncoated/STMS，其紫外灵敏度提升了1.55倍。图6-54（b）为0%/SDTMS，测得其紫外灵敏度为-4.241×10^{-5}mW/(mW/cm²)，是uncoated/SDTMS的1.57倍。图6-54（c）～（e）为不同浓度Ag掺杂ZnO/Gr/SDTMS的透射光谱（Ag掺杂浓度为1%～4%）。紫外灵敏度分别为-4.897×10^{-5}mW/(mW/cm²)、-5.153×10^{-5}mW/(mW/cm²)和-6.117×10^{-5}mW/(mW/cm²)。在图6-54（f）中，Ag掺杂浓度为4%，此时灵敏度达到最大，为-7.713×10^{-5}mW/(mW/cm²)。实验结果表明，敏感材料和光纤结构均可以有效地增加OFS的紫外传感性能。

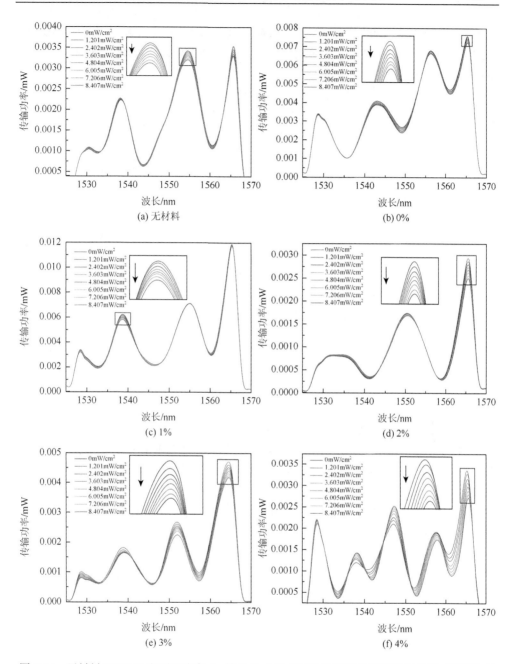

图6-54　无材料/SDTMS 和不同浓度 Ag 掺杂 ZnO/Gr/SDTMS 紫外传感器透射光谱（彩图扫封底二维码）

图6-55 为SDTMS 光纤结构紫外传感器透射光强随紫外辐照强度变化灵敏度线性拟合特性曲线图。将所测 6 组紫外传感数据进行灵敏度线性拟合得到拟合曲线：

$y_u = -2.706 \times 10^{-5}x + 0.00343$、$y_0 = -4.241 \times 10^{-5}x + 0.00758$、$y_1 = -4.897 \times 10^{-5}x + 0.00622$、$y_2 = -5.153 \times 10^{-5}x + 0.00293$、$y_3 = -6.117 \times 10^{-5}x + 0.00468$、$y_4 = -7.713 \times 10^{-5}x + 0.00337$。

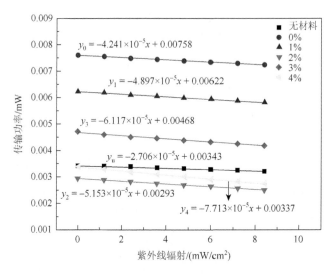

图 6-55　无材料/SDTMS 和不同浓度 Ag 掺杂 ZnO/Gr/SDTMS 紫外传感器
的灵敏度拟合曲线

由图 6-55 可知，SDTMS 光纤结构结合不同的敏感材料所制成的紫外传感器对紫外光的吸收能力相较于 uncoated/STMS 光纤结构传感器均有不同程度的提升。4%/SDTMS 传感器灵敏度为 -7.713×10^{-5} mW/(mW/cm²)，分别是无材料/SDTMS 与无材料/STMS 传感器灵敏度的 2.85 倍和 4.41 倍。同时也是 0%/SDTMS 与 0%/STMS 灵敏度的 1.82 倍和 2.35 倍。表 6-6 为无材料/SDTMS 和不同浓度 Ag 掺杂 ZnO/Gr/SDTMS 灵敏度拟合结果。

表 6-6　无材料/SDTMS 和不同浓度 Ag 掺杂 ZnO/Gr/SDTMS 灵敏度拟合结果

结构	拟合线	灵敏度/[mW/(mW/cm²)]	R^2
无材料/SDTMS	$y_u = -2.706 \times 10^{-5}x + 0.00343$	-2.706×10^{-5}	0.9981
0%Ag/SDTMS	$y_0 = -4.241 \times 10^{-5}x + 0.00758$	-4.241×10^{-5}	0.9984
1%Ag/SDTMS	$y_1 = -4.897 \times 10^{-5}x + 0.00622$	-4.897×10^{-5}	0.9943
2%Ag/SDTMS	$y_2 = -5.153 \times 10^{-5}x + 0.00293$	-5.153×10^{-5}	0.9991
3%Ag/SDTMS	$y_3 = -6.117 \times 10^{-5}x + 0.00468$	-6.117×10^{-5}	0.9911
4%Ag/SDTMS	$y_4 = -7.713 \times 10^{-5}x + 0.00337$	-7.713×10^{-5}	0.9984

6.5　本 章 小 结

本章主要分四大部分来介绍光纤纳米 ZnO 材料紫外传感技术与系统，其中，主要包含了纳米 ZnO 材料概述；ZnO 纳米材料光纤紫外传感器的研究；Ag 掺杂 ZnO 光纤紫外传感器的研究；Ag 掺杂 ZnO/Gr 光纤紫外传感器的研究。

6.1 节主要介绍了 ZnO 的发展现状与光电特性详细的微观机理，为接下来的研究奠定基础。

6.2 节介绍了 ZnO 纳米材料光纤紫外传感器的研究，设计并制备了性能良好的 ZnO/MNF 结构传感头；利用倏势场原理搭建了直通式光路；在传统高反射镜构成的衰荡腔的基础上，设计实现了环形衰荡光路，对紫外传感性能进行了实验研究。结果表明：直通式光路属于光源强度调制，当温度恒为 25℃时，在紫外强度为 $0 \sim 9.55 \mathrm{mW/cm^2}$ 内，所制备的紫外传感器对波长具有一定的选择性，并且表现出良好的灵敏性。当波长为 1530nm 时，其灵敏度为 $7.0959 \mu \mathrm{W/(mW/cm^2)}$。当波长为 $1527 \sim 1534 \mathrm{nm}$ 时，其紫外辐射强度均与透射光呈线性关系，线性度高于 0.99，传感器灵敏度呈先增加后下降的趋势；环形衰荡光路在紫外辐射强度为 $3.18 \sim 9.55 \mathrm{mW/cm^2}$ 内实现了一种灵敏度为 $37.57 \mathrm{ns/(mW/cm^2)}$ 的紫外传感器，该传感器制作简单，同时避免了光源光强波动对检测结果的影响，提高了系统的稳定性和灵敏度。

6.3 节详细介绍了 Ag 掺杂 ZnO 光纤紫外传感器的研究，本块工作从水热法原理入手。首先利用水热法制备纯 ZnO 及 Ag 掺杂 ZnO 纳米材料，并选用 XRD 检测仪对制备材料进行元素检测，证实实验成功地制备出 Ag 掺杂 ZnO 纳米材料。之后采用氢氧焰熔融拉锥的方法制得 6 根 MNF，通过水热法在 MNF 上生长不同掺 Ag 浓度（1%～5%）的 ZnO 纳米棒并将其作为传感单元。我们搭建直通式光路，对不同 Ag 浓度传感单元的紫外敏感程度进行了探究。结果表明，Ag 元素的引入会增加 ZnO 的 MNF 紫外传感单元的光敏性，使输出光强更减弱，传感单元紫外传感灵敏度提高。此外，随 Ag 掺杂量的增加，Ag 掺杂 ZnO 的 MNF 紫外传感特性呈规律性变化。当 Ag 掺杂浓度为 4%时，传感单元的灵敏度较佳，为后续探究不同直径 Ag 掺杂 ZnO MNF 紫外传感特性奠定了基础。

6.4 节系统研究了不同浓度 Ag 掺杂 ZnO/Gr 涂覆 SDTMS 结构光纤的紫外传感特性。敏感材料为制备的 ZnO/Gr 纳米材料和不同浓度 Ag 掺杂 ZnO/Gr 纳米材料。通过光纤熔接机和氢氧焰熔融拉锥机制得 SDTMS 光纤结构紫外传感器；进一步通过滴涂法将不同浓度的 Ag 掺杂 ZnO/Gr 纳米材料涂覆在 SDTMS 光纤结构的多模拉锥区域；搭建直通式实验光路，对不同浓度 Ag 掺杂 ZnO/Gr/SDTMS 光纤结构紫外传感特性进行紫外传感特性研究。实验结果表明，当 Ag 掺杂浓度达到 4%时，紫外灵敏度达到最大，为-7.713×10^{-5}mW/(mW/cm^2)，改性 ZnO 和双锥多模光纤结构可以有效地提高 OFS 的紫外传感特性。

参 考 文 献

[1] WU Y H，LI C P，LI M J，et al. Microstructural and optical properties of Ta-doped ZnO films prepared by radio frequency magnetron sputtering[J]. Ceramics international，2016，42（9）：10847-10853.

[2] HASABELDAIM E，NTWAEABORWA O M，KROON R E，et al. Surface analysis and cathodoluminescence degradation of undoped ZnO and ZnO：Zn phosphors[J]. Journal of vacuum science and technology B，nanotechnology and microelectronics：Materials，processing，measurement，and phenomena，2016，34（4）：041221.

[3] GORAI P，ERTEKIN E，SEEBAUER E G. Surface-assisted defect engineering of point defects in ZnO[J]. Applied physics letters，2016，108（24）：241603.

[4] 马正先，韩跃新，王泽红，等. 氧化锌纳米粒子形态与制备条件的关系[J]. 矿冶，2005，14（2）：42-46.

[5] 吴云. 氧化锌基纳米结构的研制及光学性质研究[D]. 武汉：武汉大学，2012：1-2.

[6] 刘涛，赵小如，金宁. Sn-Al 共掺杂 ZnO 薄膜的制备及其光电性能[J]. 人工晶体学报，2015，44（3）：740-745，763.

[7] PANDEY C A，RAHIM R，MANJUNATH S，et al. Synthesis and characterization of hydrothermally grown zinc oxide (ZnO) nanorods for optical waveguide application[C]. International conference on photonics solutions 2015，Hua Hin，2015.

[8] 熊梦，黄志雄，吕雪松，等. 四针状氧化锌晶须/互穿网络聚合物复合材料研究[J]. 热固性树脂，2017，32（4）：24-28.

[9] 翟英娇，李金华，陈新影，等. 镉掺杂氧化锌纳米花的制备及其光催化活性[J]. 中国光学，2014，7（1）：124-130.

[10] LAHMER M A. The effect of doping with rare earth elements (Sc, Y, and La) on the stability, structural, electronic and photocatalytic properties of the O-terminated ZnO surface: A first-principles study[J]. Applied surface science，2018，457：315-322.

[11] ANANDAN S，VINU A，SHEETA L K L P，et al. Photocatalytic activity of La-doped ZnO for the degradation of monocrotophos in aqueous suspension[J]. Journal of molecular catalysis A：Chemical，2007，266（1/2）：149-157.

[12] MINAMI T，YAMAMOTO T，MIYATA T. Highly transparent and conductive rare earth-doped ZnO thin films prepared by magnetron sputtering[J]. Thin solid films，2000，366（1/2）：63-68.

[13] HASTIR A，KOHLI N，SINGH R C. Temperature dependent selective and sensitive terbium doped ZnO nanostructures[J]. Sensors and actuators B：Chemical，2016，231：110-119.

[14] YANG L，TANG Y H，HU A B，et al. Raman scattering and luminescence study on arrays of ZnO doped with Tb^{3+}[J]. Physica B：Condensed matter，2008，403（13-16）：2230-2234.

[15] KUMAR V，SOM S，KUMAR V，et al. Tunable and white emission from ZnO：Tb^{3+} nanophosphors for solid state lighting applications[J]. Chemical engineering journal，2014，255：541-552.

[16] 何静芳，郑树凯，周鹏力，等. Cu-Co 共掺杂 ZnO 光电性质的第一性原理计算[J]. 物理学报，2014，63（4）：251-257.

[17] 侯清玉，曲灵丰，赵春旺. Al-2N 掺杂量对 ZnO 光电性能的影响[J]. 物理学报，2016，65（5）：296-303.

[18] 李强，向晖，谭兴毅，等. C 和 F 掺杂 p 型 ZnO 的第一性原理研究[J]. 人工晶体学报，2017，46（11）：

2159-2163，2177.

[19]　徐佳楠，陈焕铭，潘凤春，等. 氧化锌掺钡的电子结构及其铁电性能研究[J]. 物理学报，2018，67（10）：193-201.

[20]　WANG T，LIU Y M，FANG Q Q，et al. Low temperature synthesis wide optical band gap Al and（Al，Na）co-doped ZnO thin films[J]. Applied surface science，2011，257（6）：2341-2345.

[21]　PEI G Q，XIA C T，WU B，et al. Studies of magnetic interactions in Ni-doped ZnO from first-principles calculations[J]. Computational materials science，2008，43（3）：489-494.

[22]　GONG A N，SHEN T，FENG Y，et al. Van der Waals heterostructure of graphene defected & doped X (X = Au, N) composite ZnO monolayer：A first principle study[J]. Materials science in semiconductor processing，2022，138：106247.

[23]　FENG Y，CHEN J J，LIU C，et al. A first-principle study on photoelectric characteristics of Ce-doped ZnO[J]. Ferroelectrics，2021，573（1）：214-223.

[24]　FENG Y，DAI X S，CHEN J J，et al. A first-principles study on electronic and optical properties for $Zn_{31-x}Al_xMgO$[J]. Physica B：Condensed matter，2021，613：413023.

[25]　吴本泽. 氧化锌的带隙调控及氧化锌/石墨烯复合材料的制备与研究[D]. 乌鲁木齐：新疆大学，2019.

[26]　LYONS W B，FITZPATRICK C，FLANAGAN C，et al. A novel multipoint luminescent coated ultra violet fibre sensor utilising artificial neural network pattern recognition techniques[J]. Sensors and actuators A：Physical，2004，115（2/3）：267-272.

[27]　RASHID A R A，MENON P S，SHAARI S. Nanocrystalline aluminum doped zinc oxide coated fiber optic for ultraviolet detection[J]. Journal of nonlinear optical physics and materials，2013，22（3）：1350037.

[28]　AGAFONOVA D S，KOLOBKOVA E V，IGNATIEV A I，et al. Luminescent glass fiber sensors for ultraviolet radiation detection by the spectral conversion[J]. Optical engineering，2015，54（11）：117107.

[29]　MILUSKI P，KOCHANOWICZ M，ŻMOJDA J，et al. UV radiation detection using optical sensor based on Eu^{3+} doped PMMA[J]. Metrology and measurement systems，2016，23（4）：615-621.

[30]　AZAD S，PARVIZI R，SADEGHI E. Side-detecting optical fiber coated with $Zn(OH)_2$ nanorods for ultraviolet sensing applications[J]. Laser physics，2017，27（9）：095901.

[31]　CHO H T，SEO G S，LIM O R，et al. Ultraviolet light sensor based on an azobenzene-polymer-capped optical-fiber end[J]. Current optics and photonics，2018，2（4）：303-307.

[32]　FENG Y，LIANG H，YANG T Y，et al. MFC-MZI type ultraviolet sensor based on ZnO and composite graphene[J]. Journal of lightwave technology，2021，39（13）：4542-4547.

[33]　王彦青. 用于硅太阳能电池的二氧化钛减反射膜制备及性能研究[D]. 西安：陕西科技大学，2013：19-30.

[34]　葛莉蓉. 半导体材料非线性动力学研究[D]. 苏州：苏州大学，2012：33.

[35]　LEUTHOLD J，KOOS C，FREUDE W. Nonlinear silicon photonics[J]. Nature photonics，2010，4（8）：535-544.

[36]　沈学础. 半导体光学性质[M]. 北京：科学出版社，1992：24-43.

[37]　QIU X，ZHU J，OILER J，et al. Film bulk acoustic-wave resonator based ultraviolet sensor[J]. Applied physics letters，2009，94（15）：151917.

[38]　BAI S，WU W W，QIN Y，et al. High-performance integrated ZnO nanowire UV sensors on rigid and flexible substrates[J]. Advanced functional materials，2011，21（23）：4464-4469.

[39]　ALENEZI M R，HENLEY S J，SILVA S R P. On-chip fabrication of high performance nanostructured ZnO UV detectors[J]. Scientific reports，2015，5：8516.

[40]　LI Y B，DELLA VALLE F，SIMONNET M，et al. Competitive surface effects of oxygen and water on UV

photoresponse of ZnO nanowires[J]. Applied physics letters, 2009, 94 (2): 023110.

[41] HAHN E E. Some electrical properties of zinc oxide semiconductor[J]. Journal of applied physics, 1951, 22 (7): 855-863.

[42] KIND H, YAN H, MESSER B, et al. Nanowire ultraviolet photodetectors and optical switches[J]. Advanced materials, 2002, 14 (2): 158-160.

[43] LAO C S, PARK M C, KUANG Q, et al. Giant enhancement in UV response of ZnO nanobelts by polymer surface-functionalization[J]. Journal of the American chemical society, 2007, 129 (40): 12096-12097.

[44] JIN Y Z, WANG J P, SUN B Q, et al. Solution-processed ultraviolet photodetectors based on colloidal ZnO nanoparticles[J]. Nano letters, 2008, 8 (6): 1649-1653.

[45] CHENG J P, ZHANG Y J, GUO R Y. ZnO microtube ultraviolet detectors[J]. Journal of crystal growth, 2008, 310 (1): 57-61.

[46] ZHOU J, GU Y D, HU Y F, et al. Gigantic enhancement in response and reset time of ZnO UV nanosensor by utilizing Schottky contact and surface functionalization[J]. Applied physics letters, 2009, 94 (19): 191103.

[47] LI Y H, GONG J, DENG Y L. Hierarchical structured ZnO nanorods on ZnO nanofibers and their photoresponse to UV and visible lights[J]. Sensors and actuators A: Physical, 2010, 158 (2): 176-182.

[48] DAI W, PAN X H, CHEN S S, et al. ZnO homojunction UV photodetector based on solution-grown Sb-doped p-type ZnO nanorods and pure n-type ZnO nanorods[J]. RSC advances, 2015, 5 (9): 6311-6314.

[49] 李江江, 高志远, 薛晓玮, 等. 片上制备横向结构 ZnO 纳米线阵列紫外探测器件[J]. 物理学报, 2016, 65 (11): 263-271.

[50] 方向明, 范怀云, 高世勇, 等. ZnO 纳米棒的制备及紫外探测性能[J]. 发光学报, 2018, 39 (3): 369-374.

[51] FENG Y, SHEN T, LI X X, et al. ZnO-nanorod-fiber UV sensor based on evanescent field principle[J]. Optik, 2020, 202: 163672.

[52] YIN Z Y, WU S X, ZHOU X Z, et al. Electrochemical deposition of ZnO nanorods on transparent reduced graphene oxide electrodes for hybrid solar cells[J]. Small, 2010, 6 (2): 307-312.

[53] YI J, LEE J M, PARK W I. Vertically aligned ZnO nanorods and graphene hybrid architectures for high-sensitive flexible gas sensors[J]. Sensors and actuators B: Chemical, 2011, 155 (1): 264-269.

[54] 赵欣. 一维 ZnO 纳米复合材料制备与紫外探测器研究[D]. 长春: 中国科学院长春光学精密机械与物理研究所, 2017: 15-20.

[55] CHANG H H, SUN Z H, HO K Y F, et al. A highly sensitive ultraviolet sensor based on a facile in situ solution-grown ZnO nanorod/graphene heterostructure[J]. Nanoscale, 2011, 3 (1): 258-264.

[56] NIE B, HU J G, LUO L B, et al. Monolayer graphene film on ZnO nanorod array for high-performance Schottky junction ultraviolet photodetectors[J]. Small, 2013, 9 (17): 2872-2879.

[57] JIN Z W, ZHOU Q, CHEN Y H, et al. Graphdiyne: ZnO nanocomposites for high-performance UV photodetectors[J]. Advanced materials, 2016, 28 (19): 3697-3702.

[58] GONG M G, LIU Q F, COOK B, et al. All-printable ZnO quantum dots/graphene van der Waals heterostructures for ultrasensitive detection of ultraviolet light[J]. ACS nano, 2017, 11 (4): 4114-4123.

[59] CHIANG K S, LIU Y Q, NG M N, et al. Analysis of etched long-period fibre grating and its response to external refractive index[J]. Electronics letters, 2000, 36 (11): 966-967.

[60] 邓立新, 冯莹, 魏立安, 等. 基于倏逝波的光纤生物传感器研究[J]. 光子学报, 2005, 34 (11): 1688-1692.

[61] 王真真, 周静涛, 王春霞, 等. 基于光纤倏逝波传感器的磷酸根离子检测[J]. 光电子·激光, 2011, 22 (11): 1683-1687.

[62]　FENG Y，YANG T，WANG T，et al. A fiber ultraviolet sensor applied to partial discharge detection[C]. Optics frontiers online 2020：Distributed optical fiber sensing technology and applications，New York，2021.

[63]　SHEN T，WANG J P，XIA Z T，et al. Ultraviolet sensing characteristics of Ag-doped ZnO micro-nano fiber[J]. Sensors and actuators A：Physical，2020，307：111989.

[64]　张乾坤，刘晶. 使用金种子层在光纤上生长高质量氧化锌纳米柱[J]. 纳米技术与精密工程，2016，14（5）：337-341.

[65]　RENGANATHAN B，SASTIKUMAR D，GOBI G，et al. Nanocrystalline ZnO coated fiber optic sensor for ammonia gas detection[J]. Optics and laser technology，2011，43（8）：1398-1404.

[66]　DIKOVSKA A O，ATANASOV P A，ANDREEV A T，et al. ZnO thin film on side polished optical fiber for gas sensing applications[J]. Applied surface science，2007，254（4）：1087-1090.

[67]　YOUNG S J，CHIOU C L. Synthesis and optoelectronic properties of Ga-doped ZnO nanorods by hydrothermal method[J]. Microsystem technologies，2018，24（1）：103-107.

[68]　HSIAO C H，HUANG C S，YOUNG S J，et al. Field-emission and photoelectrical characteristics of Ga-ZnO nanorods photodetector[J]. IEEE transactions on electron devices，2013，60（6）：1905-1910.

[69]　徐顺义. 基于 ZnO 纳米线的复合纳米材料制备及光催化性能研究[D]. 大连：大连理工大学，2016：11.

[70]　GUO M，DIAO P，CAI S M. Hydrothermal growth of well-aligned ZnO nanorod arrays：Dependence of morphology and alignment ordering upon preparing conditions[J]. Journal of solid state chemistry，2005，178（6）：1864-1873.

[71]　张美林，金峰，郑美玲，等. 水热法生长方式对 ZnO 纳米棒阵列结构和性能的影响[J]. 影像科学与光化学，2015，33（2）：136-143.

[72]　霍艳丽，李少兰，马自侠. 溶液浓度对 ZnO 纳米棒形貌和发光的影响[J]. 激光技术，2012，36（6）：776-779.

[73]　王玉新，崔潇文，藏谷丹，等. Al 掺杂浓度对氧化锌纳米棒结构和光学性能的影响[J]. 功能材料，2018，49（1）：1001-1004.

[74]　DRMOSH Q A，HOSSAIN M K，ALHARBI F H，et al. Morphological，structural and optical properties of silver treated zinc oxide thin film[J]. Journal of materials science：Materials in electronics，2015，26（1）：139-148.

[75]　韩帅. 纳米氧化锌的制备、掺杂及其光催化性能研究[D]. 太原：中北大学，2015.

[76]　HU Z S，OSKAM G，SEARSON P C. Influence of solvent on the growth of ZnO nanoparticles[J]. Journal of colloid and interface science，2003，263（2）：454-460.

[77]　徐锡镇. 氧化锌纳米线的水热生长及光纤传感研究[D]. 深圳：深圳大学，2016：45-57.

[78]　WANG H T，KANG B S，REN F，et al. Hydrogen-selective sensing at room temperature with ZnO nanorods[J]. Applied physics letters，2005，86（24）：243503.

[79]　郑燕青，李云飞，李文军，等. 水热法制备氧化锌陶瓷粉体中的形态调制[J]. 硅酸盐通报，1998，17（5）：4-7.

[80]　吕媛媛. 水热法制备 ZnO 纳米线阵列及其场发射特性的研究[D]. 西安：西北大学，2016：31-34.

[81]　陈先梅，邵小勇，张飒，等. 醋酸锌热解温度对 ZnO 纳米棒的结构及光学性质的影响[J]. 物理学报，2013，62（4）：533-537.

[82]　李玉芳，金磊，王威，等. ZnO 透明导电薄膜制备及紫外辐照处理特性研究[J]. 南京航空航天大学学报，2015，47（5）：678-682.

[83]　刘子健. 微纳光纤的制备和传感性质研究[D]. 长春：吉林大学，2016：2-3.

[84]　李杰，李蒙蒙，孙立朋，等. 保偏微纳光纤倏逝场传感器[J]. 物理学报，2017，66（7）：191-200.

[85]　DUAN Y Q，DING Y J，XU Z L，et al. Helix electrohydrodynamic printing of highly aligned serpentine micro/nanofibers[J]. Polymers，2017，9（9）：434.

[86]　徐颖鑫. 基于微纳光纤的量子器件研究[D]. 杭州：浙江大学，2017：70-91.

[87]　夏亮，邢增善，余健辉，等. 新型高灵敏度微纳光纤应变传感器[J]. 光电工程，2017，44（11）：1094-1100.

[88] 李凯伟. 金纳米粒子增强光纤生物传感器重复性及特异性研究[D]. 长春：中国科学院长春光学精密机械与物理研究所，2014：43-72.

[89] USHA S P, SHRIVASTAV A M, GUPTA B D. Silver nanoparticle noduled ZnO nanowedge fetched novel FO-LMR based H_2O_2 biosensor: A twin regime sensor for in-vivo applications and H_2O_2 generation analysis from polyphenolic daily devouring beverages[J]. Sensors and actuators B: Chemical, 2017, 241: 129-145.

[90] 赵勇，蔡露，李雪刚，等. 基于酒精与磁流体填充的单模-空芯-单模光纤结构温度磁场双参数传感器[J]. 物理学报，2017，66（7）：9-17.

[91] AZAD S, SADEGHI E, PARVIZI R, et al. Sensitivity optimization of ZnO clad-modified optical fiber humidity sensor by means of tuning the optical fiber waist diameter[J]. Optics and laser technology, 2017, 90: 96-101.

[92] 任琦睿，郭园园，赵彤，等. 基于拉锥多模光纤的高灵敏度光纤折射率传感器[J]. 中国科技论文，2016，11（8）：849-852.

[93] YU H. Spectroscopic studies of colloidal TiO_2 and its selfassembled composite films[J]. Acta optica sinica, 2005, 25（10）：1425-1428.

[94] VOSS T, SVACHA G T, MAZUR E, et al. High-order waveguide modes in ZnO nanowires[J]. Nano letters, 2007, 7（12）：3675-3680.

[95] FANG X, LIAO C R, WANG D N. Femtosecond laser fabricated fiber Bragg grating in microfiber for refractive index sensing[J]. Optics letters, 2010, 35（7）：1007-1009.

[96] BROWN R S, KOZIN I, TONG Z G, et al. Fiber-loop ring-down spectroscopy[J]. The journal of chemical physics, 2002, 117（23）：10444-10447.

[97] LIU Y G, LIU B, FENG X H, et al. High-birefringence fiber loop mirrors and their applications as sensors[J]. Applied optics, 2005, 44（12）：2382-2390.

[98] SÁNCHEZ M D, KUZIN E A, IBARRA-ESCAMILLA B, et al. Dual-wavelength fiber laser based on fine adjustment of cavity loss by a fiber optical loop mirror[C]. Proceedings of fiber lasers X: Technology, systems, and applications, San Francisco, 2013.

[99] SCHWELB O. Transmission, group delay, and dispersion in single-ring optical resonators and add/drop filters-a tutorial overview[J]. Journal of lightwave technology, 2004, 22（5）：1380-1394.

[100] POLYNKIN P, POLYNKIN A, MANSURIPUR M, et al. Single-frequency, linearly polarized fiber laser with 1.9W output power at 1.5um using twisted-mode technique[C]. Conference on Lasers and Electro-Optics, Baltimore, 2005.

[101] TROMMER G F, POISEL H, BUHLER W, et al. Passive fiber optic gyroscope[J]. Applied optics, 1990, 29（36）：5360-5365.

[102] YAN W C, HAN Q, CHEN Y, et al. Fiber-loop ring-down interrogated refractive index sensor based on an SNS fiber structure[J]. Sensors and actuators B: Chemical, 2018, 255: 2018-2022.

[103] YANG Y, YANG L Z, ZHANG Z W, et al. Fiber loop ring down for static ice pressure detection[J]. Optical fiber technology, 2017, 36: 312-316.

[104] SHEN T, FENG Y, SUN B C, et al. Magnetic field sensor using the fiber loop ring-down technique and an etched fiber coated with magnetic fluid[J]. Applied optics, 2016, 55（4）：673-678.

[105] HERATH C, WANG C J, KAYA M, et al. Fiber loop ringdown DNA and bacteria sensors[J]. Journal of biomedical optics, 2011, 16（5）：050501.

[106] ALADPOOSH R, MONTAZER M. Nano-photo active cellulosic fabric through in situ phytosynthesis of star-like Ag/ZnO nanocomposites: Investigation and optimization of attributes associated with photocatalytic activity[J].

Carbohydrate polymers，2016，141：116-125.

[107] KHADEMALRASOOL M，FARBOD M，IRAJI Z A. Preparation of ZnO nanoparticles/Ag nanowires nanocomposites as plasmonic photocatalysts and investigation of the effect of concentration and diameter size of Ag nanowires on their photocatalytic performance[J]. Journal of alloys and compounds，2016，664：707-714.

[108] CHEN S W，WU J M. Nucleation mechanisms and their influences on characteristics of ZnO nanorod arrays prepared by a hydrothermal method[J]. Acta materialia，2011，59（2）：841-847.

[109] OBREJA P，CRISTEA D，DINESCU A，et al. Influence of surface substrates on the properties of ZnO nanowires synthesized by hydrothermal method[J]. Applied surface science，2019，463：1117-1123.

[110] AGARWAL S，RAI P，GATELL E N，et al. Gas sensing properties of ZnO nanostructures (flowers/rods) synthesized by hydrothermal method[J]. Sensors and actuators B：Chemical，2019，292：24-31.

[111] KRESSE G，HAFNER J. Ab initio molecular dynamics for liquid metals[J]. Physical review B，1993，47（1）：558.

[112] PERDEW J P，BURKE K，ERNZERHOF M. Generalized gradient approximation made simple[J]. Physical review letters，1996，77（18）：3865-3868.

[113] CHEN X P，LIANG Q H，JIANG J K，et al. Functionalization-induced changes in the structural and physical properties of amorphous polyaniline：A first-principles and molecular dynamics study[J]. Scientific reports，2016，6（1）：1-10.

[114] WANG J P，SHEN T，FENG Y，et al. A GGA + U study of electronic structure and the optical properties of different concentrations Tb doped ZnO[J]. Physica B：Condensed matter，2020，576：411720.

[115] TAN C L，SUN D，TIAN X H，et al. First-principles investigation of phase stability，electronic structure and optical properties of MgZnO monolayer[J]. Materials，2016，9（11）：877.

[116] GRIMME S，MÜCK-LICHTENFELD C，ANTONY J. Noncovalent interactions between graphene sheets and in multishell (hyper) fullerenes[J]. The journal of physical chemistry C，2007，111（30）：11199-11207.

[117] CACIUC V，ATODIRESEI N，CALLSEN M，et al. Ab initio and semi-empirical van der Waals study of graphene-boron nitride interaction from a molecular point of view[J]. Journal of physics：Condensed matter，2012，24（42）：424214.

[118] MONKHORST H J，PACK J D. Special points for Brillouin-zone integrations[J]. Physical review B，1976，13（12）：5188-5192.

[119] CHEN J J，SHEN T，LIU H C. Adsorption performance of modified graphene toward Ti：A first-principles investigation[J]. Journal of molecular modeling，2021，27（11）：321.

[120] WANG Z J，SHEN T，FENG Y，et al. Hydrogen sulfide molecule adsorbed on doped graphene：A first-principles study[J]. Journal of molecular modeling，2021，27（9）：1-6.

[121] DAI X S，SHEN T，FENG Y，et al. DFT investigations on photoelectric properties of graphene modified by metal atoms[J]. Ferroelectrics，2020，568（1）：143-154.

[122] DAI X S，SHEN T，CHEN J J，et al. Effects of defects and doping on an Al atom adsorbed on graphene：A first-principles investigation[J]. Coatings，2020，10（2）：131.

[123] DAI X S，SHEN T，FENG Y，et al. Structure，electronic and optical properties of Al，Si，P doped penta-graphene：A first-principles study[J]. Physica B：Condensed matter，2019，574：411660.

[124] DAI X S，SHEN T，LIU H C. DFT study on electronic and optical properties of graphene modified by phosphorus[J]. Materials research express，2019，6（8）：085635.

[125] SHEN T，DAI X S，ZHANG D Q，et al. ZnO composite graphene coating micro-fiber interferometer for ultraviolet detection[J]. Sensors，2020，20（5）：1478.

第 7 章　光纤氧化石墨烯温湿度传感技术与系统

7.1　GI 材料概述

在纳米材料领域和纳米碳族材料的研究应用领域，石墨烯材料杰出的物理化学性质及独特的性能使其成为碳材料中的佼佼者，近年来成为一个新的研究热点。石墨烯材料具有优良的电、热和机械特性等，可以被应用于纳米电子器件中。此外，以石墨烯材料复合物敏感薄膜为基础构建的传感器具有诸多优点：比表面积大、尺寸小、成本低、精度高、测试范围广等。石墨烯的出现使研究人员对光纤氧化石墨烯（GO）的认知度也越来越高。GO 作为二维材料石墨烯的前驱体，其基底平面和边缘有许多含氧官能团，它们以环氧基、羟基和羧基的形式存在，在其表面形成具有 sp^3 杂化碳原子结构，具有良好的水溶性和生物相容性。同时，光学传感技术由于其不接触、无污染、快速、易便携化等特点得到了广泛的应用。光纤作为光传输波导可以为 GO 提供性质稳定的承载基底，GO 的功能化特性可以为传统的光纤赋予新的传感功能，两者结合形成的温度传感器、湿度传感器，兼具两者各自的优势，凸显出了重要的研究价值和应用潜力。

7.1.1　GO 温度传感的研究进展

GO 复合 MNF 传感器是一种直径达到微米甚至纳米量级、接近或小于传输波长的纤维波导。强倏逝场、小尺寸、强非线性等特点使 MNF 对外界环境的探测具备灵敏高、响应速度快等优势。在制备方面，大多数通过与其他材料复合实现功能化。当涂覆 GO 于 MNF 表面时，GO 的介电常数在外界环境变化下发生改变，致使复合波导有效模式折射率发生改变，进而提高 MNF 的环境监测灵敏度。

GO/石墨烯 PCF 复合传感单元因其独特的结构及灵活的设计性，可以得到极大或极小、高双折射及可控的色散特性等优点。通过在石墨烯 PCF 复合传感单元上涂一些金属材料提高了传统 PCF 传感器的性能。用光纤作为载体，使得石墨烯的优良特性得以有效发挥。对于石墨烯作用的 PCF 传感器，从包层空气孔的大小、排列位置到金属/石墨烯复合膜的涂覆使得 PCF 传感器设计更加灵活多变。将 GO 覆于 PCF 的外表面、抛磨面或者微结构空气孔道的内表面，可以构成 GO 和 PCF

的复合波导。这类复合波导不仅具有稳定的结构，为光信号和 GO 提供了足够的接触面，通常还自带干涉效应，用于 OFS 时呈现出显著的优势。

温度的传感本质上与折射率的传感相同，都是由于外界条件的改变从而改变了光纤外层材料的折射率。而温度的变化，其实也是间接地改变了材料的折射率，它们本质上是一样的。燕山大学的王联[1]设计了一种基于石墨烯修饰的 D 形 MMF 折射率传感器，涂覆 3 层石墨烯后的传感器灵敏度由未涂覆的 1000nm/RIU 提高到 5500nm/RIU。

2018 年，Wang 等[2]提出了一种基于两片聚二甲基硅氧烷和石墨烯柔性复合膜覆盖的 MNF 环形谐振器的全纤维温度传感器，温度灵敏度达到 0.544dB/℃。Wang 等提出一种覆石墨烯的微光纤 MNF 高灵敏度温度传感器，兼具低高导热系数和吸收系数，且灵敏度达到了 2.10dB/℃。

近年来，基于 SPR 光纤传感器的研究屡见报道。石墨烯材料的六角环状电子密度可以阻止像氢一样的小原子通过且可以抑制金属表面氧化。将石墨烯涂覆在金膜上，可以增强 SPR 来调节共振波长，石墨烯是等离子体器件中较为理性的功能性涂层材料[3]。当金属周围的介质折射率改变时，SPR 共振损耗峰也会随着介质折射率的变化而漂移，依据此原理，可以进行折射率传感器的设计及性能优化。

2019 年，Yang 等[4]设计了一种基于 SPR 的 PCF 传感器，示意图如图 7-1 所示，将石墨烯-银作为双金属层、交替孔用作分析物通道，可以调节纤芯模的折射率。石墨烯的引入不仅解决了银的氧化问题，还增强了分子的吸收作用。

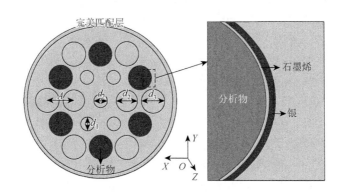

图 7-1　PCF 传感器示意图

7.1.2　GO 湿度传感的研究进展

得益于原始组织良好的碳网络构建模块，GO 已超越了大多数其他二维材料，包括石墨烯[5]、过渡金属二卤化碳[6]、石墨氮化碳[7]和六方氮化硼[8]。特别是，GO

膜实现了纳米级的二维通道和层间空间，可以作为分子分离的纳米屏障（气体过滤器和海水淡化），可以将 GO 膜用作污染物清除剂，用于废物处理、污染物吸附、灭菌和消毒[9]。迄今为止，开创性研究已经制作出具有不同尺寸、不同厚度和多功能性的 GO 膜，进一步保证了它们具有超轻、全阻、大表面积、超柔韧性、机械强度及完美导电性的优势。基本上，具有修饰的表面官能团的 GO 纳米片是通过各种物理/化学相互作用制备具有不同宏观结构的大规模膜提供了巨大的机会。将单个 GO 纳米片的优异性能理想、无损地转化为大规模的 GO 框架组件具有实际意义。此外，集成的 GO 层状支架可以完美地实现聚合物或纳米颗粒嵌入，以形成用于特定功能的复合材料。特别地，GO 膜面向的目标是作为具有易于放大优点的通用材料。应该注意的是，不同的制备方法可能会导致结构特征变化，从而微调其性能特征。因此，深入了解 GO 膜结构的最新制备方法至关重要，该方法可以作为环境中未来开发所迈出的第一步。GO 含有丰富的含氧官能团，如羟基、羧基和环氧基，具有更强的亲水特性，适用于用作敏感材料。但含氧官能团的引入导致 GO 的电阻率较高。因此，GO 作为湿敏材料，不太适合构建电阻型湿度传感器。为此，研究人员将 GO 与声波器件结合，利用 GO 对水分子良好的吸附特性来构建质量敏感性湿度传感器，取得了很多成果。

2011 年，Rimeika 等[10]报道了一种 GO 修饰的表面声波湿度传感器。我们将化学制备的 GO 水分散液滴涂在表面声波的敏感区域，形成湿度敏感层，相比 GO 含有更多的氧官能团，其水分子吸附能力更强，因而研究结果表明，GO 修饰的表面声波湿度传感器对湿度具有较高的灵敏度响应。当湿度由 10%变化至 90%时，传感器的输出幅度变化达到 12dB。

2014 年，Zhang 等[11]研究了基于 GO 复合聚二烯丙基二甲基氯化铵的湿度传感器。传感器性能的测试结果表明，其具有非常高的湿敏灵敏度。该工作为制备高灵敏度的 GO 湿度传感器提供了新思路。

2015 年，Wee 等[12]对比不同 GO 尺寸对湿度传感器性能的影响，发现当 GO 的横向尺寸较大时，可以降低质子跃迁势垒，有利于质子在 GO 平面传输。因此，湿度变化时导电性变化更大，灵敏度更高。

2016 年，Wang 等[13]设计了一种基于 GO/聚乙烯醇（polyvinylalcohol，PVA）复合薄膜光纤 MZ 干涉的光纤湿度传感器，得到了 0.3g PVA 与 10mL GO 分散液混合形成的薄膜并表现出较好的湿度灵敏性能，传感器灵敏度为 0.193dB/(%RH)，在相对湿度为 25%~80%RH 内具有良好的湿度灵敏性，线性相关系数为 99.1%。

2018 年，Li 等[14]将厚度为 300nm 的 GO 薄膜覆盖在内径为 50μm、空腔长度为 100μm 的 FP 谐振腔，得到了一种超快、超高性能的湿度传感器。该传感器在相对湿度为 10%~90%RH 内表现出较好的湿度灵敏性能，灵敏度为 0.2nm/%，相较于其他湿度传感器该传感器具有更高的响应时间。

2019 年，Chu 等[15]介绍了一种基于侧边抛光双芯光纤 MI 的高灵敏度 GO 湿度传感器，在相对湿度为 40%～75%RH 内，超高湿度灵敏度为 2.72nm/(%RH)；在相对湿度为 60%～62.1%内，超高湿度灵敏度为 3.76dB/(%RH)。Yu 等[16]介绍了一种简便的水热还原法制备 RGO/纳米金刚石纳米复合材料及将其作为超高性能湿度传感器的应用，实验结果表明，该湿度传感器具有极高的灵敏度（13086pF/(%RH)），高于现有的传统湿度传感器，是同类型湿度传感器灵敏度的 30 多倍。

7.1.3　GO 的制备工艺

在强酸、强氧化剂的条件下，将石墨粉氧化可以制备 GO。目前制备 GO 的常见方法有 Brodie 法、Staudenmaier 法、Hummers 法、改进的 Hummers 法。每种不同方法间有着不同的优缺点。

（1）Brodie 法：主要是将浓硝酸（HNO_3）作为强酸，将氯酸钾（$KClO_3$）作为强氧化剂。这个方法的优点是可以通过控制氧化过程的时间来调整得到的 GO 结构；缺点是 $KClO_3$ 作为氧化剂的危险性较大，并且在实验过程中，会有较多有毒气体的中间产物产生，对环境造成污染。

（2）Staudenmaier 法：主要是将浓硫酸（H_2SO_4）作为强酸，将 $KClO_3$ 与浓 HNO_3 混合作为氧化剂。这个方法的优点是可以通过控制反应时间来调整最终 GO 的氧化程度；缺点是氧化程度比较低，需要进行多次氧化实验，并且会产生较多的有毒气体。

（3）Hummers 法：主要是将浓 H_2SO_4 与硝酸钠（$NaNO_3$）作为强酸，将高锰酸钾（$KMnO_4$）作为强氧化剂。这个方法的优点是 $KMnO_4$ 代替了 $KClO_3$，降低了反应时间，提高了 GO 的氧化程度且结构规整稳定，减少了有毒气体的产出，增加了实验的安全性；缺点是实验过程中需要控制的环节较多，容易出错。

（4）改进的 Hummers 法：在 Hummers 法的基础上进行了改善，提高了制备的效率。将 H_2SO_4 和磷酸（H_3PO_4）作为反应物。这种方法制备的 GO 中间产物不会产出有毒气体，更容易控制反应温度，制备出的 GO 吸水性与氧化程度更高。

7.2　GO 包覆的光纤温度传感器研究

随着光纤传感技术的发展，光纤温度传感也备受人们关注，研究学者通过将 GO 与其他材料进行复合再将材料与光纤结合从而来进行传感。2021 年，张平等[17]通过将 GO 沉积在侧抛光纤 MZ 结构表面，实现了温度和湿度双参量的同时测量，温度传感的灵敏度为 131.77pm/℃，湿度传感的灵敏度为 –76.1pm/%，除此之外，该研究方法还具有成本低、制作简单等优点。不仅如此，近年来 GO 也已被用于开发基于倏逝场的光纤温度传感器，接下来本节将会进一步阐述 GO 的温度敏感特性及光纤温度传感器的制备和性能测试。

7.2.1　GO 的温度敏感特性

在光纤波导传感领域，GO 与石墨烯性质类似，是由石墨粉通过化学方法氧化，然后通过机械手段剥离而得到的。GO 的基本结构与石墨烯类似，如图 7-2 所示，GO 结构中的二维表面和结构边缘含有大量的含氧官能基团，从而导致 GO 比石墨烯具有更加活泼的性质[18]。与此同时，含氧官能团的存在也使得 GO 具有更加稳定的化学性质，可与金属、金属氧化物、有机高分子材料及诸多生物医学材料结合形成各类复合物，有效地防止了金属的氧化。通过 GO 与 MOF 及金属材料的结合可以进行传感领域的研究。

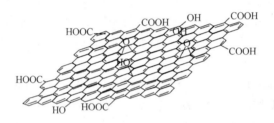

图 7-2　GO 的基本结构

GO/石墨烯的三维能带结构图如图 7-3 所示，其中，E_k 表示能量的分布，k_x 和 k_y 分别表示波矢 k 的分量。其导带和价带在狄拉克点处接触呈现出对称状态，靠近狄拉克点处的能带呈现锥形结构，这表征出它是一种零带隙半导体材料。在

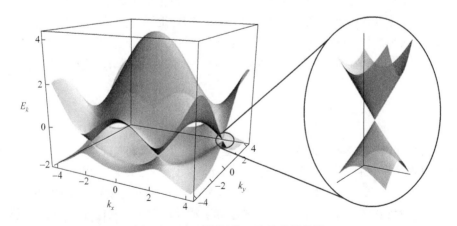

图 7-3　GO/石墨烯的三维能带结构图

外界环境的影响下，石墨烯的费米面沿狄拉克点上下移动，从而引起了电子的带内跃迁和带间跃迁。

文献[19]指出，电子在 GO 中的传导速率很快，约为光速的 1/300，远超电子在普通半导体结构中的传输速度，不仅如此，GO 中的载流子浓度高达 $2 \times 10^5 \mathrm{cm}^2/(\mathrm{V \cdot S})$，这是目前所知的载流子迁移率中最高的材料。

GO 在 MOF 的温度传感研究当中应用了它的两种重要的性质，即电光调制特性和表面等离子体（surface plasmon，SP）激元特性，首先来分析它的电光调制特性。

GO 具有独特的能带结构，可以将它的电子看作没有质量的狄拉克-费米子。经由电场的调控和化学法进行掺杂等方式来对 GO 的费米能级进行调节，改变其内部电子的带间跃迁和带内跃迁，从而使得 GO 由介质属性过渡到了金属属性[20]。GO 的电导率可以由式（7-1）来表示：

$$\sigma_g = \sigma_{\mathrm{intra}} + \sigma_{\mathrm{inter}} \tag{7-1}$$

式中

$$\sigma_{\mathrm{intra}} = \frac{je^2}{\pi \hbar^2 (\omega - j \tau_1^{-1})} \int_0^\infty \varepsilon \left[\frac{\partial f_d(\varepsilon)}{\partial \varepsilon} - \frac{\partial f_d(-\varepsilon)}{\partial \varepsilon} \right] \mathrm{d}\varepsilon \tag{7-2}$$

$$\sigma_{\mathrm{inter}} = \frac{-je^2 (\omega - j \tau_2^{-1})}{\pi \hbar^2} \int_0^\infty \frac{f_d(-\varepsilon) - f_d(\varepsilon)}{(\omega - j \tau_2^{-1})^2 - 4 \left(\dfrac{\varepsilon}{\hbar} \right)^2} \mathrm{d}\varepsilon \tag{7-3}$$

$$f_d(\varepsilon) = \left\{ \exp \left[\frac{(\varepsilon - \mu_c)}{k_B T} \right] + 1 \right\}^{-1} \tag{7-4}$$

式（7-2）与式（7-3）中 ω 为入射光的角频率，τ_1 与 τ_2 分别为带间跃迁和带内跃迁的弛豫时间，ε 为载流子的能量。式（7-4）为费米-狄拉克分布，其中，k_B 为玻尔兹曼常量，μ_c 为 GO 的化学式，T 为温度。因此，通过电光调制的作用，将光信号转化为电信号，由外加电压的调控导致外界环境温度的变化，进一步改变 GO 的费米能级，从而进行传感研究。

而 GO 的 SP 特性主要应用于传感特性理论。由上面可知，GO 是一种零带隙结构，故其材料特性更偏向于金属，由于其超薄的金属特性，光子激发产生的高效电子集群谐振称为石墨烯的 SP，通过 GO 包覆金属可以提高传感的灵敏度并防止金属表面的氧化。GO 与传统的金属 SP 明显区别在于：①GO 的 SP 具有优良的电可调性；②GO 的 SP 发生频率一般在太赫兹波段到中红外波段，在其他的波段也会激发 SP，但是相对较弱；③GO 的 SP 模式可以在横电波模（transverse electric mode，TE mode）和横磁波模（transverse magnetic mode，TM mode）间进行切换[21]。通常来说，横磁波模可以进行长距离的传输，也更加地具有应用价值。其电子行为可以通过量子汉密尔关系进行描述：

$$\hat{H} = v_{\mathrm{F}} \sum_i \sigma p_i + \frac{1}{2} \sum_{i \ne j} \frac{e^2}{\varepsilon |r_i - r_j|'} \tag{7-5}$$

式中，v_{F} 为费米能级；p_i 为经典电子动量；二阶张量 σ 为 GO 的泡利矩阵；ε 为平均介电常数；$|r_i - r_j|$ 为电子对的有效距离，宏观上电子对集群振荡由欧拉波动方程进一步说明，欧拉波动方程为式（7-6）：

$$\frac{\partial j(r,t)}{\partial t} = -\frac{D}{\pi e^2} \nabla \int \mathrm{d}^2 r' \frac{e^2}{\varepsilon |r - r'|} \delta n(r',t) \tag{7-6}$$

式中，$j(r,t)$ 为动态表面电流；D 为电子的德鲁德-薛定谔权重。式（7-6）的傅里叶变换为式（7-7）：

$$\left[(2\pi f)^2 - \frac{D}{\pi e^2} k^2 \mu_k \right] \delta n(k,f) = 0 \tag{7-7}$$

式中，k 为动量。式（7-7）说明 GO 的 SP 必须满足的色散条件，即 SP 频率的平方正比于其动量，SP 频率由 GO 的费米能级决定且必须高于德鲁德衰减区：

$$2\pi f > \sqrt{\frac{8E_{\mathrm{F}} \sigma k}{\hbar \varepsilon}} \tag{7-8}$$

7.2.2 MOF 温度传感原理

本节从两种 MOF 出发，包括 MNF 和 PCF，对 MOF 湿度传感的原理进行简单阐述。

MNF 通常采用氢氧焰拉锥法或火焰熔融拉锥法制得，其结构示意图如图 7-4 所示，包含尾纤、过渡区、腰锥区几个部分。

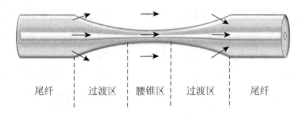

尾纤　过渡区　腰锥区　过渡区　尾纤

图 7-4　MNF 结构示意图

MNF 在包层与纤芯的分界面上，与局域平面波相关的模场沿着远离轴向的方向呈指数衰减，这种衰减称为倏逝波[22]。倏逝波示意图如图 7-5 所示。

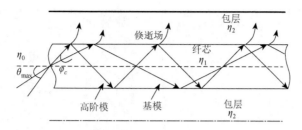

图 7-5　倏逝波示意图

在光传输中，部分光以倏逝波的形式从芯层区域转移到包层区域，从而造成光纤传输过程中能量的损失，其中，锥区部分是光波能量的主要集中部分，即多在腰区部分形成倏逝场。光纤倏逝场的表达式为

$$E = E_0 \exp\left(-\frac{\delta}{d}\right) \qquad (7\text{-}9)$$

式中，E_0 为输入电场；E 为输出电场；δ 为光波传输到纤芯和包层交界面的距离；倏逝波的透射深度 d 的定义为衰减分界面场强的 $1/e$ 时的透射深度，表示为

$$d = \frac{\lambda_0}{2\pi} \frac{1}{\sqrt{n_1^2 \sin^2 \theta_i - n^2}} \qquad (7\text{-}10)$$

式中，λ_0 为入射光波长；n_1 为芯层折射率；n 为包层折射率；θ_i 为入射光与法线的夹角。倏逝场受外界条件影响，当外界环境稳定时，由式（7-10）可知，透射深度 d 越深，倏逝场区域的能量损耗越大。对于 SMF，基模（HE_{11}）能量集中于芯层中，随着光纤直径的减小，泄漏到包层的能量逐渐增多，导致倏逝场的能量逐渐增强。因此，可以通过较小的光纤直径来限制光在光纤中的能量传输，但同时也将会减小它的物理强度，因此，需要综合考虑并结合实际来确定最终的结构。例如，基于倏逝场原理，可以设计倏逝场型的光纤温度传感器，外界环境对倏逝场的作用，通常可以在光纤倏逝场区涂覆材料形成复合光波导，从而由倏逝波的影响激发 SPR，通过对透射光谱的研究，分析外界环境温度的变化。

MNF 与 PCF 传感均依据倏逝场原理，由 SPR 效应可知，当光在 PCF 光波导中以全反射传播时，仍能够产生部分穿透界面的波，此波的振幅随着与界面的距离增大而呈现出指数衰减，因此，只存在于界面附近一薄层内，这就是 PCF 中倏逝波的形成方式，利用倏逝波与被测液体、气体、液晶等物质相互作用后，导致波导内的光强发生变化，这种变化对填充的物质种类和浓度敏感，从而引起了折射率的变化，再根据损耗谱分析法及光谱吸收原理就可以进行传感研究与分析。不同导光机制的 PCF 结构图如图 7-6 所示。

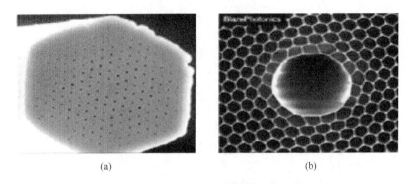

图 7-6 不同导光机制的 PCF 结构图

SPR 在光纤传感中通常指光波与 SP 间的耦合作用[23]，通过在传统光纤型 SPR 传感结构的纤芯和包层之间镀上一层金属膜以实现 SPR，而 PCF-SPR 传感结构则在纤芯域的某表层或内部某个特定的小孔壁镀上金属材料，并在空气孔中填充待测介质。

如图 7-7 所示，在纤芯或包层空气孔内壁镀上的金属膜（箭头部分）可以实现与基模的耦合，从而激发 SPR，扫描不同入射波长，求出不同传播常数，通过损耗谱分析，介质因为折射率的改变导致共振峰有一定程度的影响。因此，只需获得共振峰的变化情况就可以实现对介质折射率的检测，达到对温度的检测。

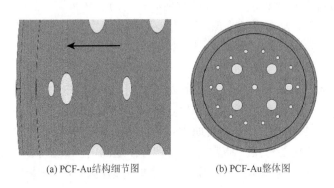

(a) PCF-Au结构细节图   (b) PCF-Au整体图

图 7-7 PCF 的 SPR 传感器

图 7-8 为镀金膜的 PCF-SPR 传感器模场分布图，得到了波导内的电场分布图。本节通过有限元仿真和损耗谱分析法对 PCF-SPR 进行后续分析。

利用全矢量有限元法（finite element method，FEM）对 MOF 进行数值分析不仅减少了模型试验的数量，而且节省了开发成本与时间。基于 Comsol Multiphsics 多物理场耦合软件，利用全矢量 FEM 进行仿真，依据上述原理，通过计算得到的光谱来实现对传感器传感特性的分析。

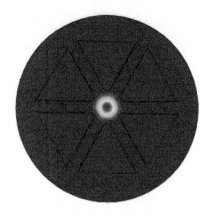

图 7-8　镀金膜的 PCF-SPR 传感器模场分布图

利用损耗谱分析法对 MOF 传感结构的性能展开分析。损耗谱分析法利用传感模型的损耗光谱对所设计传感器的传感性能进行数值分析，在完美匹配层（perfect matched layer，PML）作为边界条件的情况下，数值分析所得模场有效折射率为复数形式，可以表示为

$$n_{\text{eff}} = \text{Re}(n_{\text{eff}}) + i \times \text{imag}(n_{\text{eff}}) \qquad (7\text{-}11)$$

式中，$\text{Re}(n_{\text{eff}})$ 为有效模式折射率实部，表示物理意义中的折射率，在光波导中也表示模式的色散；$\text{imag}(n_{\text{eff}})$ 表示虚部，其数值大小主要与该波导模式的限制损耗有关，可用如下公式进行损耗的计算：

$$\frac{40 \times \pi \times \text{imag}(n_{\text{eff}}) \times 10^{6}}{\lambda \times \ln(10)} \qquad (7\text{-}12)$$

式中，λ 为入射波长，通过仿真模拟，计算得到不同入射波长下的损耗值，接着画出对应的损耗谱。根据损耗谱，不难在谱中找到最大值（即共振峰），确定相应的共振波长。由前面理论分析可知，与金属相邻待测介质的状态（如折射率）将对共振产生影响，状态的改变引起共振峰的改变。通过分析不同状态下的损耗谱变化，可以找到介质状态与损耗谱变化之间的关系。利用这种关系，可以准确地实现对介质状态的检测。

7.2.3　GO/MOF 传感单元的设计与仿真分析

我们以 GO 的温度敏感特性和 MOF 温度传感原理为依托，通过有限元的分析方法模拟分析了几种简单的 GO/MOF 传感单元。

首先考虑到 GO 的尺寸近纳米级，不适合建立横截面几何进行仿真分析，故对 GO/MOF 传感单元设计了如图 7-9 所示的 GO/MOF 结构，从中心向外依次为纤芯区、包层区及 PML 层。

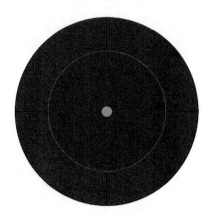

图 7-9　GO/MOF 结构图

GO/MOF 传感单元模场图如图 7-10 所示，对比图 7-10（a）和（b）发现，当包覆 GO 后，MOF 的基模模场能量均匀分布在纤芯区。因为倏逝场的存在，有部分能量泄漏到包层区，同时还可以发现包覆 GO 后 MOF 传感单元的基模模场能量值明显降低，这是 GO 对光波的吸收性导致的。

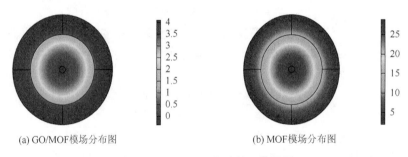

（a）GO/MOF模场分布图　　　　　　　　（b）MOF模场分布图

图 7-10　GO/MOF 传感单元模场图

加之 GO 类金属性的存在，本节进一步分析了包覆 GO/MOF 传感单元的 SPR 模式模场，GO/MOF 传感单元 SPR 模式模场分布图如图 7-11 所示。

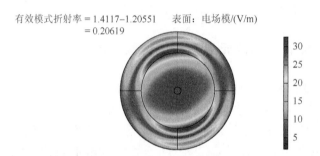

图 7-11　GO/MOF 传感单元 SPR 模式模场分布图

从图 7-11 中可以发现，能量从 GO/MOF 传感单元的纤芯转移到 GO 的表层上，为了更好地量化能量的转移，本节进行了模场数值变化的分析，结果如图 7-12 所示。

倏逝场的存在导致了两者包层区均有能量降低，对比图 7-12（a）和（b）发现，当包覆了 GO 时，在包层区与 GO 的附近域出现了较小的变化，这是由 GO 对光的吸收及 SP 的激发导致的。当未包覆 GO 时，则呈现较为平滑的降低。

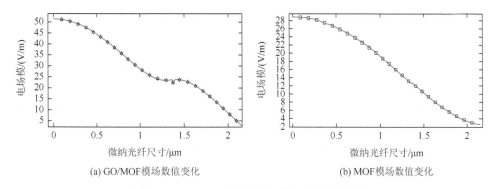

(a) GO/MOF模场数值变化　　　　　　　　(b) MOF模场数值变化

图 7-12　GO/MOF 传感单元模场数值变化图

通过改变不同芯层半径，得到不同芯层半径下基模的电场能量分布图如图 7-13 所示，结合图 7-12（b）的电场能量数值，得到的图形清晰地表明了包覆 GO 后对纤芯基模电场的强调控（增强）作用。

接下来本节模拟了不同层数的 GO 包覆 MOF 传感单元的波导内模场数值，仿真结果如图 7-14 所示。

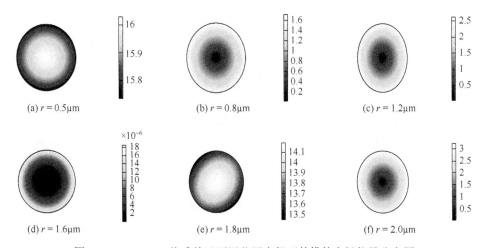

图 7-13　GO/MOF 传感单元不同芯层半径下基模的电场能量分布图

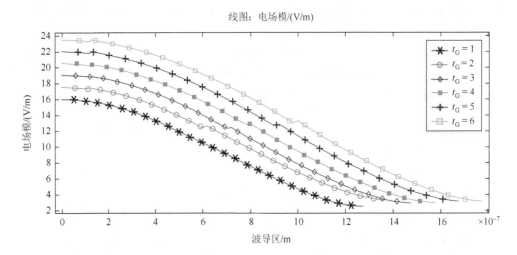

图 7-14　不同层数的 GO 包覆 MOF 传感单元的波导内模场数值

可以看出，随着 GO 层数的增加，电场能量由芯层向倏逝场区逐渐递减，其中，当 GO 层数 $t_G = 1$ 时，芯层能量最低，表明此时 GO 对光的吸收率最高，即敏感度最高。

MOF 可以做成各种样式的结构，如图 7-15 所示的 D 形 MOF 传感单元结构。其中，中心部分为纤芯区，剩余部分为包层区，由于 GO 为纳米量级，故而需要对图 7-15 的几何区域进行放大才能看到 GO 部分。

图 7-16 为经过有限元剖分后的 D 形 MOF 传感单元结构设计图有限元剖分，其中，GO 层为平铺在 D 形 MOF 抛磨区域的箭头部分。

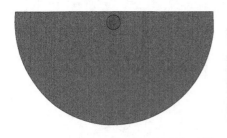
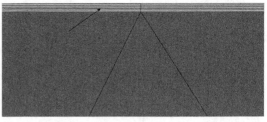

图 7-15　D 形 MOF 传感单元结构设计图　　图 7-16　D 形 MOF 传感单元结构设计图有限元剖分

图 7-17（a）为 D 形 GO/MOF 传感单元基模模场能量分布图，图 7-17（b）为 D 形 GO/微结构光纤-表面等离子体共振（microstructure optical fiber-surface plasmon resonance，MOF-SPR）传感单元模式模场能量分布图，通过对比可以发现，D 形

GO/MOF 传感单元基模模场能量表面最大值高于 SPR 模式模场能量，这是由于 GO 的类金属特性，倏逝波在其表面激发了 SPR，吸收了纤芯的能量。

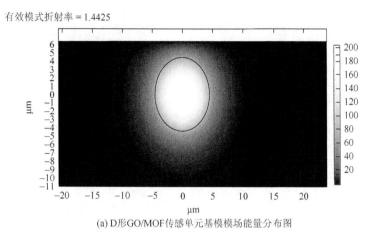

(a) D形GO/MOF传感单元基模模场能量分布图

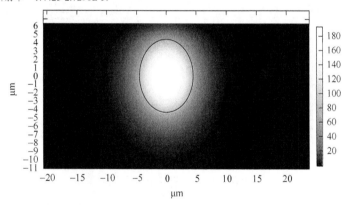

(b) D形GO/MOF-SPR传感单元模式模场能量分布图

图 7-17　D 形 GO/MOF 传感单元模场能量分布图

　　如图 7-18（a）为 D 形 GO/MF 传感单元基波导内能量数值分布图，图 7-18（b）为 D 形 GO/MOF-SPR 传感单元模式波导内能量数值分布图。通过两图的对比也可以清晰地发现，在包层与 GO 的表面，能量发生了降低，这也印证了倏逝场的存在导致两者表面发生了能量的变化。

　　在微结构光波导的理论仿真与实际应用中，为了保持计算精度并减少运算量，通常会设计不同结构的微结构光波导，在 GO 复合光波导的仿真中，对 GO 的定义也影响着模型的运算，其中，图 7-15 所示的结构需要用 GO 的折射率去定义其模型，而 GO 的折射率又包括实部和虚部两个部分，图 7-19（a）与（b）分别为 GO 的实部和虚部随波长的变化曲线图。

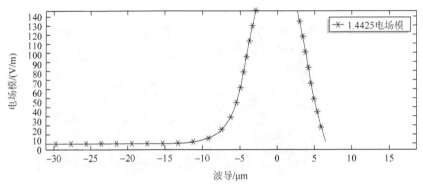

(a) D形GO/MF传感单元基波导内能量数值分布图

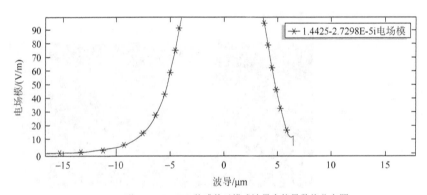

(b) D形GO/MOF-SPR传感单元模式波导内能量数值分布图

图 7-18 D 形 GO/MF 传感单元波导内能量数值分布图

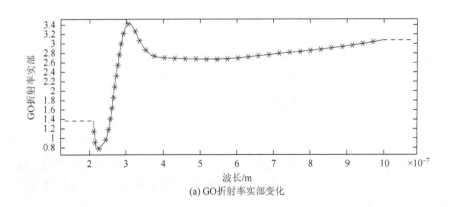

(a) GO折射率实部变化

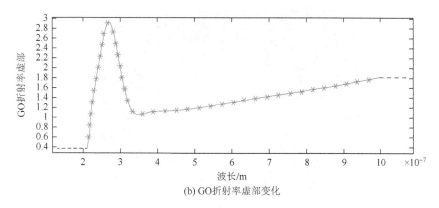

(b) GO折射率虚部变化

图 7-19　GO 折射率随波长的变化图

对于 GO 这种特殊二维材料,首先可以通过 MATLAB 编程外部函数,再由 Comsol Multiphsics 软件调用函数,最后用 GO 的电导率去定义。利用 GO 的 MATLAB 编程函数,本节设计了如图 7-20 所示的 GO/MOF-SPR 传感单元的结构图。图 7-20(a)为 GO/MOF-SPR 传感单元的结构图,其中,箭头部分依次为包层、纤芯和可以放各种待测介质的传感通道。此外还加入了金层和 GO 层,由于两者尺寸极小,均为纳米量级,因此,需要进行有限元剖分,剖分后如图 7-20(b)所示,其中,箭头网格部分为包覆在该光波导表层的金薄层,图 7-20(c)中箭头网格部分为包覆在金薄层外的 GO 层。

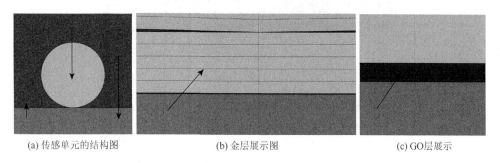

(a) 传感单元的结构图　　　　　　(b) 金层展示图　　　　　　(c) GO层展示

图 7-20　GO/MOF-SPR 传感单元的结构图

对 GO/MOF-SPR 传感单元进行仿真分析得到模场分布,如图 7-21 所示,其中图 7-21(a)为基模模场分布图,图 7-21(b)为 SPR 模式模场分布图。通过对比两者发现,当发生 SPR 时,SPR 模式模场能量的最大值明显地低于基模模场能量最大值,且能明显地发现,SPR 模式在金层与 GO 层的表面呈现出了少量的电场能量。对比图 7-11、图 7-13 和图 7-17,可以发现当 GO 与金属结合时,所激发的 SPR 要比单独包覆 GO 时更明显。不难理解,这是由于金薄层及 GO 层共同激发了 SPR,能量由纤芯发生了转移。

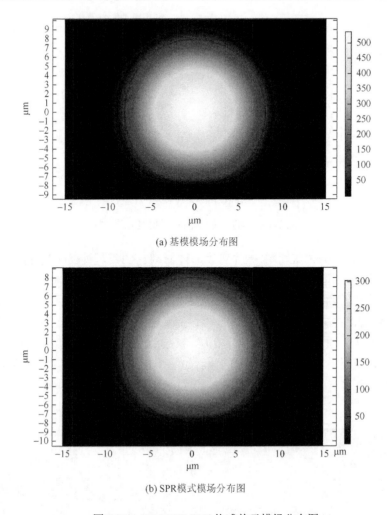

(a) 基模模场分布图

(b) SPR模式模场分布图

图 7-21　GO/MOF-SPR 传感单元模场分布图

同样地，本节模拟了不同层数的 GO 包覆 MOF-SPR 传感单元的模场数值分布，结果如图 7-22 所示。在图 7-22（a）中，线条沿着箭头方向依次分别为包覆 1 层、2 层和 3 层 GO，可以看出，随着 GO 层数的增加，最大表面模场能量值也呈现递增趋势。而图 7-22（b）为图 7-22（a）的局部放大图，即倏逝场与 SPR 所在的区间，线条沿着箭头方向依次表示 GO 层数为 1、2、3，可以发现随着 GO 层数的增加，在微结构光波导的包层与金属及 GO 界面处的能量发生突变，即先减少后增加，而且 GO 层数越高，递减幅度越低，不难理解，这是由于 GO 的类金属特性发生了改变，随着层数的增加，GO 会越发接近碳原子，从而降低敏感度。

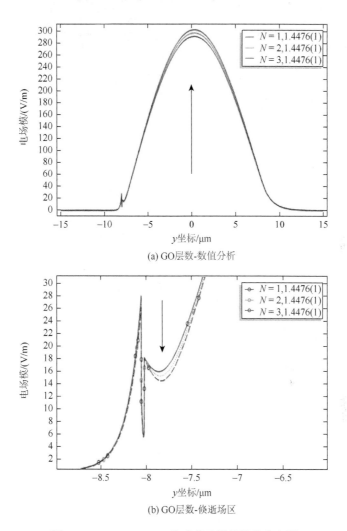

(a) GO层数-数值分析

(b) GO层数-倏逝场区

图 7-22 GO/MOF-SPR 传感单元模场数值分布图

接下来在不同波长下进行参数化，来求出对应基模与 SPR 模式的有效模式折射率，提取其虚部，计算得到其损耗，通过数值分析得到如图 7-23 所示的损耗谱图。可以发现在波长 570nm 附近出现了共振损耗峰，这样就完成了通过检测共振峰的漂移实现待测介质折射率的变化，从而进行传感研究与分析。

7.2.4 GO/MF 传感单元的制备与性能测试

利用改进的 Hummers 法制备 GO，实验流程示意图如图 7-24 所示。

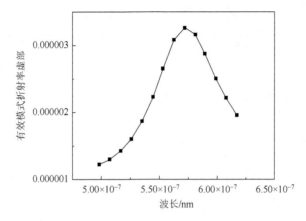

图 7-23　MOF-SPR 传感单元波长-损耗谱图

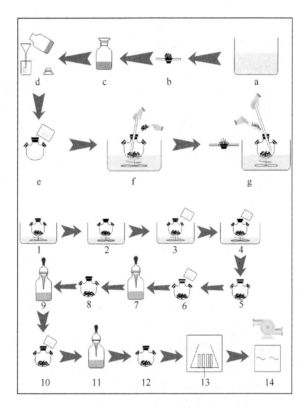

图 7-24　实验流程示意图

GO 制备实验程序图如图 7-25 所示，制备 GO 详细操作步骤如下所示。

第一步：先将低温搅拌反应浴调好，调好为冰水浴（0℃），用搅拌棒将 2g 石墨粉放入盛有 60mL 浓 H_2SO_4 的三口烧杯中，持续搅拌 30min 后，继续加入 9g

粉末高锰酸钾（KMnO₄），用玻璃搅拌棒在 0℃持续搅拌 30min，然后在 15℃下搅拌 60min，最后在 30℃下搅拌 60min。

　　第二步：搅拌完毕后，取出三口烧杯放在室温环境中，将适量蒸馏水倒入其中直至三口烧杯中无溅射现象，搅拌 30min，然后倒入适量的双氧水（H₂O₂），直至三口烧杯中混合物由黑棕色变成亮黄色。

　　第三步：将上述反应物静置沉淀，将烧杯中的废液过滤，用稀盐酸（HCl）洗涤剩下的混合物，然后在稀盐酸洗涤过后的混合物中加入一水合氨（NH₃·H₂O），用 pH 控制仪调制至中性，再用去离子水反复洗涤直至无氯离子的存在。

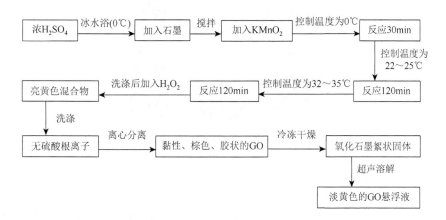

图 7-25　GO 制备实验程序图

　　第四步：将上述产物利用高速台式离心机固液分离，得到呈黏性、棕色胶状的氧化石墨，再将其放入真空冷冻干燥机中进行冷冻干燥，得到如图 7-26 所示的絮状氧化石墨粉末固体。

图 7-26　絮状氧化石墨粉末固体

第五步：取一定量干燥好的氧化石墨粉末固体，按一定浓度溶入蒸馏水中，充分地搅拌，然后在超声波清洗仪中以一定功率超声一段时间，使氧化石墨片层剥离，溶于水中，得到如图 7-27 所示的 GO 悬浮液。

图 7-27　GO 悬浮液

对于 GO 包覆 MF 传感单元的结构选择，由于光纤 MZI 和 MI 为双光束干涉仪，光源发出的光经过耦合器之后被分为两束，进入两根分别作为传感臂和参考臂的光纤中，两根光纤输出光叠加后产生干涉，光纤 MZI 和 MI 不同之处在于 MZI 为透射结构，MI 为反射结构。光纤 FPI 基于多光束干涉原理，一般是在一根光纤上制作两个反射面形成干涉，其中，光纤作为光传输介质及干涉腔。SOFI 同样是利用耦合器将光分为两束，但是分束之后光会沿着光纤绕成的环路向相反方向传输，然后通过耦合器叠加发生干涉。四种光纤干涉仪结构在光纤传感领域有着重要的应用。但是典型的光纤干涉仪结构松散、容易受到外界环境的影响，抗干扰能力弱、稳定性差。因此，结构紧凑、制作简单、成本低、稳定性好的光纤干涉仪成为光纤干涉仪传感单元中研究的热点。而光纤 MZI 相对于其他的在线干涉仪结构更为简单、容易实现，因此，GO/MOF 传感单元选择 MZI 结构。

依据 MOF 温度传感原理和有限元在 MOF 中的理论分析，以及仿真设计所得实验结论，本节设计并提出一种 GO 包覆 MOF 的 MZ 温度传感系统。实验利用光纤熔融拉锥法制得不同结构的 MZ 传感头，包覆 GO。通过搭建直通式光路，我们对温度传感单元进行传感性能测试。

MZ 干涉结构单元的制备采用的光纤熔接机是韩国黑马 D-90S 型，选用康宁公司制备的 G562D 的 SMF 和 MMF，SMF 的包层直径为 125μm，纤芯直径为 8.2μm；MMF 的包层直径为 125μm，纤芯直径为 50μm。

OSA 的中心波长为 1550nm，分辨率为 20pm。其中，MZ 干涉结构的制备步骤如下所示。

（1）将 SMF 与 MMF 去掉涂覆层并用无尘纸蘸酒精将其擦拭干净，断面切割平滑后放入熔接机内，设置熔接机的模式为自动熔接模式。

（2）将熔接好的单模光纤-多模光纤（single-mode optical fiber-multi-mode optical fiber，SMF-MMF）结构放在切割台上，在距 MMF 一端 2.5mm 处进行切割。

（3）将 SMF1-MMF1 结构中 MMF 一端放置在熔接机里，与 SMF2 熔接。

（4）将 SMF1-MMF1-SMF2 结构中 SMF2 端放置在切割平台上，在距 SMF2 端 25mm 处切割。

（5）由步骤（3）、步骤（4）得到 SMF3-MMF2，将其与 SMF1-MMF1-SMF2 熔接得到 SMF1-MMF1-SMF2-MMF2-SMF3。

利用熔接机将三段 SMF 和两段 MMF 熔接形成 MZ 干涉结构单元，传感单元结构图如图 7-28 所示。其中，图 7-28（a）为单模光纤-多模光纤-单模光纤-多模光纤-单模光纤（single-mode fiber-multi-mode optical fiber-single-mode fiber-multi-mode optical fiber-single-mode fiber，SMF-MMF-SMF-MMF-SMF，SMSMS）的传感单元结构，图 7-28（b）为 SMSMS + GO 的传感单元结构。

(a) SMSMS的传感单元结构　　　　　　　　(b) SMSMS + GO的传感单元结构

图 7-28　传感单元结构图 1

对制备好的 MZ 干涉结构单元进行火焰熔融拉锥，将中间部分的 SMF 拉锥成 MNF 得到单模光纤-多模光纤-拉锥-多模光纤-单模光纤（single-mode fiber-multi-mode optical fiber-tapered-multi-mode optical fiber-single-mode fiber，SMF-MMF-T-MMF-SMF，SMTMS）和 SMTMS + GO 两种传感单元结构（T 表示拉锥部分光纤），传感单元结构图如图 7-29 所示。

(a) SMTMS传感单元结构　　　　　　　　(b) SMTMS + GO的传感单元结构

图 7-29　传感单元结构图 2

由于芯径的不匹配，两段 MMF 与中间部位的 SMF 和多模光纤-拉锥（multi-mode optical fiber-tapered，MMF-T 即 MTF）形成 MZ 干涉。中间部位的 SMF 与 MMF

利用熔接机熔接后,干涉谱会受到两段 MMF 长度的影响,耦合系数会随着两段 MMF 的长度而变化;在包层模和核心模之间引起了额外的相位差。基于此,选取两段 MMF 的适当长度以提高耦合系数和低附加相位差。通过反复尝试和实验,确定了两段 MMF 的长度为 2mm。

依据上述设计,搭建实验光路,对其进行温度检测传感实验。在搭建实验光路过程中,将所使用的实验仪器固定在抗振光学平台上,以此来减少外界振动对实验结果的影响,并按照图 7-30 对实验光路系统进行连接。图 7-30 为温度传感实验装置图,用图 7-30 实验装置对制作好的传感单元进行温度传感实验。

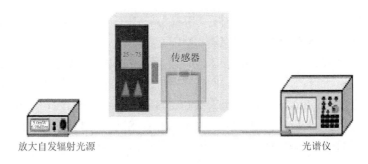

图 7-30　温度传感实验装置图

将传感头放置于恒温干燥箱内,传感头两侧分别与 ASE 光源和 OSA 连接,然后将恒温干燥箱内的温度从 25℃升至 75℃,每 10℃测量一组实验数据,得到的结果如图 7-31 所示。

分别将 4 种不同的 MZ 传感头放置在恒温干燥箱进行温度传感实验。在实验过程中,当恒温干燥箱的温度达到预定值时,保持温度不变,同时关闭恒温干燥箱使传感结构不受外界振动的影响,并记录下 OSA 的数据。

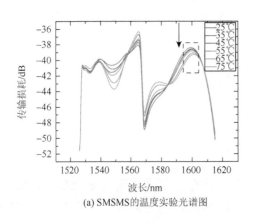

(a) SMSMS的温度实验光谱图

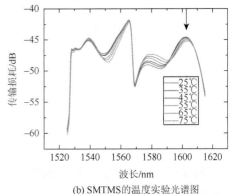

(b) SMTMS的温度实验光谱图

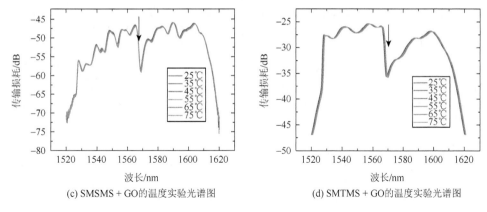

(c) SMSMS + GO的温度实验光谱图　(d) SMTMS + GO的温度实验光谱图

图 7-31　温度传感实验光谱图（彩图扫封底二维码）

当光信号通过 MZ 光纤结构传感头时，一部分光信号进入包层和 GO 的区域，MNF 具有增强倏逝场的特性，光纤内部和环境之间的相互作用增强，外部环境的变化会导致输出光受到很大的影响。当外界环境的温度发生变化时，会产生热光效应导致光纤有效 RI 的变化。在恒温干燥箱的温度从 25℃升到 75℃过程中，谐振谱发生了漂移，四种不同 MZ 结构的光纤在温度逐渐升高过程中的变化如图 7-31 所示，图中箭头方向表示温度逐渐升高，可以看出，在温度（25～75℃）上升过程中，随着温度升高，谐振峰峰值不断地降低并且向长波长方向漂移，谐振谱发生了红移现象。

图 7-32 为温度实验光谱图和不同温度的峰值线性拟合图，图中箭头方向表示温度逐渐升高。在图 7-32（a）中可以看出，随着温度的升高，SMSMS 传感结构中光谱峰值随温度升高不断降低，并且发生了红移现象。本节选取了 1600nm 左右的峰值作为中心波长，中心波长随着温度升高逐渐变大，对每个温度所对应的峰值进行线性拟合 [图 7-32（b）]，得到的温度灵敏度为 13.6pm/℃。同样地，图 7-32（c）

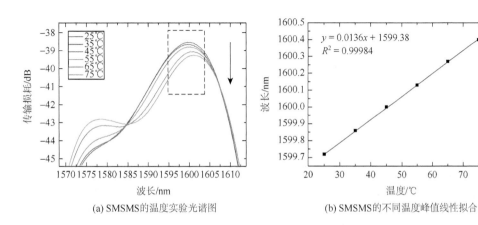

(a) SMSMS的温度实验光谱图　(b) SMSMS的不同温度峰值线性拟合

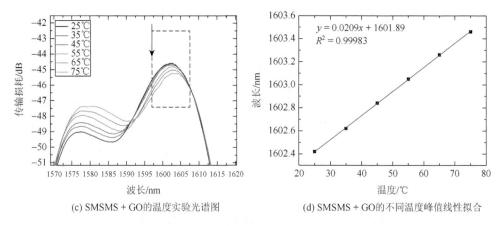

(c) SMSMS + GO的温度实验光谱图　　　　　(d) SMSMS + GO的不同温度峰值线性拟合

图 7-32　温度实验光谱图和不同温度的峰值线性拟合图（彩图扫封底二维码）

中对传感头包覆了 GO，可以看出包覆完 GO 的 SMSMS 传感结构光谱红移程度更大，对其做线性拟合曲线［图 7-32（d）］，得到的温度灵敏度为 20.9pm/℃。

图 7-33 为 SMTMS 与 SMTMS + GO 的温度实验光谱图和不同温度的峰值线性拟合图。图中箭头方向表示温度逐渐升高，对 SMSMS 传感单元结构进行氢氧焰拉锥，将两段 MMF 间的 20mm 长单模光纤拉锥成 MNF，制得 SMTMS 传感单元结构，然后对其进行温度传感实验，得到如图 7-33（a）所示的光谱数据。可以看出，SMTMS 传感单元结构在 1600nm 波长附近的峰值发生的漂移量与 SMSMS 传感单元结构的漂移量相比变大了，同时能量损耗降低更少了。在相同的波长范围内，对谐振谱不同温度下各个峰值进行线性拟合得到图 7-33（b），可以得到 SMTMS 的温度灵敏度为 15.6pm/℃；利用自然沉积法对 SMTMS 结构进行 GO 涂覆，得到 SMTMS + GO 传感单元结构，然后对其进行温度传感实验得到如图 7-33（c）所示的光谱数据。在 1600nm 波长附近，将在不同温度下的各个峰值进行线性拟合得

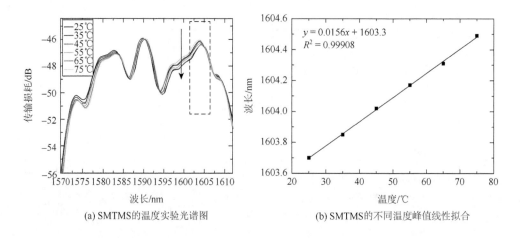

(a) SMTMS的温度实验光谱图　　　　　　(b) SMTMS的不同温度峰值线性拟合

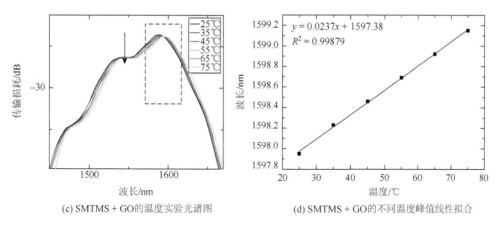

(c) SMTMS + GO的温度实验光谱图　　　　　(d) SMTMS + GO的不同温度峰值线性拟合

图 7-33　SMTMS 与 SMTMS + GO 的温度实验光谱图和不同温度的峰值线性拟合图（彩图扫封底二维码）

到图 7-33（d），可以得到 SMTMS + GO 的温度灵敏度为 23.7pm/℃，线性相关系数为 0.99879。

　　对包覆 GO 的 SMSMS 传感单元与未包覆 GO 的 SMSMS 传感单元进行比较可以发现，包覆 GO 的单元温度灵敏度提高了很多，从 13.6pm/℃ 提升到了 20.9pm/℃。因此，将 GO 包覆在光纤传感结构上，可以有效地提高传感单元的温度灵敏度，从而进行更加精确测量。

　　为了更清晰地研究传感单元的灵敏度变化，我们将上述不同单元结构的 4 次温度传感实验的线性拟合数据放在一起进行对比，如图 7-34 与图 7-35 所示。在温度为 25～75℃内，四种结构的传感单元的灵敏度不断地提高，通过图 7-34（a）中 SMSMS 与图 7-34（c）中 SMTMS 的拟合曲线对比可知，拉锥过后的温度灵敏度提升了大概 2pm/℃；而由图 7-34（a）中 SMSMS 与图 7-34（b）中 SMSMS + GO 的温度拟合曲线对比可知，包覆完石墨烯的传感头温度灵敏度提升了 7.3pm/℃；SMTMS + GO 传感头的温度灵敏度比 SMSMS 传感头的温度灵敏度提高了 10.1pm/℃。

　　本节设计并提出了一种 GO 包覆 MZ 的温度传感器。利用光纤熔融拉锥法对中间部分 20mm 的 SMF 进行熔融拉锥并包覆 GO，透射谱的漂移变化反映温度的变化。经过实验对比，SMTMS + GO 传感单元比 SMTMS、SMSMS + GO、SMSMS 这三种传感单元的灵敏度高出了很多，当温度由 25℃ 上升到 75℃ 时，SMTMS + GO 温度传感器的灵敏度最高为 23.7pm/℃，线性相关系数大于 0.99983。该温度传感器具有灵敏度特性高、制备成本低廉、结构简单等特点，可为 MZ 温度传感的工程应用提供参考和借鉴。

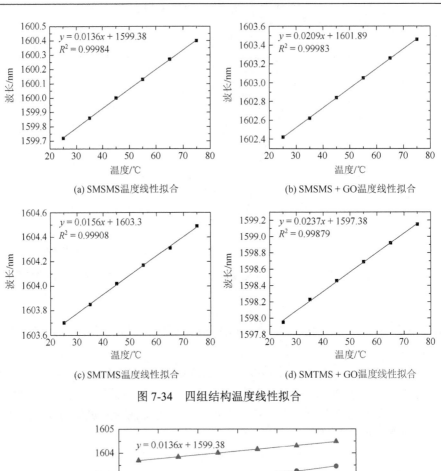

(a) SMSMS温度线性拟合

(b) SMSMS + GO温度线性拟合

(c) SMTMS温度线性拟合

(d) SMTMS + GO温度线性拟合

图 7-34　四组结构温度线性拟合

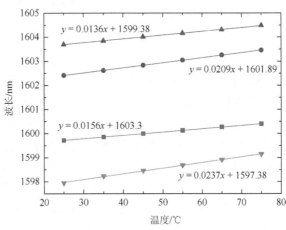

图 7-35　四组线性拟合对比图

7.3　GO 包覆的光纤湿度传感器研究

通过将 GO 与其他材料进行复合可以得到具有优良湿敏特性的材料，进一步地可以将材料与光纤结合来进行传感,目前,光纤湿度传感已经引起了人们的广泛关注,而决定传感器湿敏性能的关键因素之一是涂层膜片的特性,该膜片用于引起干涉光谱的波长偏移或强度的功率变化,这是由传感光纤上与相对湿度相关的 RI 和膜厚变化引起的。研究者的工作表明,具有高表面积与体积比的多孔材料更有希望用于高灵敏度的相对湿度检测。然而,它们对湿度变化的响应时间为242ms~4s,这在响应速度更快和恢复时间更短的应用中受到很大的限制。Nair 等[24]最近的渗透实验表征了 GO 膜对水分子的选择性超渗透性。目前,GO 已被用于开发基于倏逝场的光纤湿度传感器,接下来将会进一步阐述 GO 的湿度敏感特性及光纤湿度传感器的制备和性能测试。

7.3.1　GO 的湿度敏感特性

从结构上来看,GO 与石墨烯均是由类似单层碳片所构成的,两者虽然有相似的结构,但在物理性能和化学性能上却存在明显不同,GO 的碳原子平面含有大量的含氧官能团,像羟基、羧基和环氧基等,这些含氧官能团正是使得 GO 拥有了许多区别于石墨烯的物理性质和化学性质的直接原因。GO 通常保存在溶液中,这是由于 GO 优异的亲水性,可以均匀地分散在一些和水一样的溶剂中,而又因为在氧化 GO 的过程中,部分地破坏了本来的 sp^2 型碳链接结构,形成了 sp^3 型链接结构,这使得 GO 无法像石墨烯一样具有良好的导电性,反而呈现出绝缘性。GO 表现出的这种绝缘特性使其在与其他电子器件结合时,可以直接覆盖在电子器件表面不用担心造成器件短路。除此之外,GO 还具有特殊的光学性能,如在近紫外和近红外的波长范围内,可以产生光致发光现象。GO 具有良好的电子迁移率和独特的表面性质,这使其在电化学领域的应用也十分具有优势。目前,GO 的应用研究主要涉及传感器(气体、湿度和生物)、场效应晶体管、能量采集和储能、分子分离、化学催化等领域。其中,GO 作为湿敏材料在湿度传感器中的应用极其广泛。在一般状态下,GO 膜中同时存在三种类型的水分,根据它们在 GO 膜内部运动时受到的阻碍程度,将其分别称为自由水、束缚水和结合水。在三种水分中,只有自由水可以在 GO 内不受限地运动,正是通过 GO 膜中自由水的改变来反映环境湿度的变化。当环境湿度增大时,环境中的水分子不仅会通过氢键与 GO 膜上的含氧官能团相结合,同时也会扩散到薄膜内部。目前研究表明,水分子在 GO 膜内的扩散传输主要是通过 GO 片上的缺陷、片与片之间的缝隙还有 GO 片疏水区域的纳米通道来完成的。其中,疏水区域的纳米通道是最有利于水分子扩散的,在毛细力的作用下,水分子可以在疏水区石墨烯片层之间实现无摩擦的快速扩散。GO 片上被氧化区域的含氧官能团,也为水分子在 GO 膜内的扩散提供了一定程度的辅助。

因此 GO 膜独特的结构（基面疏水和边缘亲水的双亲性结构）使其不仅拥有优越的吸水性能，同时还能保证很快的水分吸附和脱附速度。从 GO 的整体结构来看，水分在 GO 上的附着扩散，除了会增加 GO 膜的质量，还会引起 GO 膜电学性能和机械性能的变化，这也是各种基于 GO 膜的湿度传感器在湿度检测过程中所利用的原理[25]。

7.3.2　MOF 湿度传感原理

我们从三种 MOF 出发，包括 MNF、MZ 和 PCF，对 MOF 湿度传感的原理进行简单的阐述。其中，MNF 与 PCF 部分的原理与 7.2.2 节中一致，所以接下来着重介绍 MZ。

当光在光纤传感器 MZ 中传输时，因干涉产生的光波导强度为

$$I = I_1 + I_2 + 2\sqrt{I_1 I_2} \mathrm{Cos}\left[\frac{2\pi\left(n_{\mathrm{ne}}^{\mathrm{eff}} - n_{\mathrm{nd}}^{\mathrm{eff}}\right)L}{\lambda}\right] \tag{7-13}$$

式中，光纤 MZ 传感器的纤芯模与包层模的光强分别用 I_1 和 I_2 表示；入射波长用 λ 表示；光纤的长度用 L 表示；传感单元内的纤芯模和包层模下的有效 RI 分别用 $n_{\mathrm{ne}}^{\mathrm{eff}}$、$n_{\mathrm{nd}}^{\mathrm{eff}}$ 表示。光波导在光纤内传输一段后，因纤芯模和包层模下的干涉导致的相位差用 $\Delta\lambda$ 表示，其满足条件[26]：

$$\Delta\lambda = \frac{2\pi\left(n_{\mathrm{ne}}^{\mathrm{eff}} - n_{\mathrm{nd}}^{\mathrm{eff}}\right)}{\lambda}L = \frac{2\pi\Delta n_{\mathrm{eff}}}{\lambda}L \tag{7-14}$$

式中，Δn_{eff} 表示传感单元内的纤芯模和包层模下的有效 RI 差值。当光波长的相位差满足 $\Delta\lambda = (2k+1)L$，当 k 为整数时，干涉强度最小，此时穿过光纤内的透射光谱干涉峰值的特征波长为

$$\lambda_{\Delta d} = \frac{2}{2k+1}\Delta n_{\mathrm{eff}}L \tag{7-15}$$

当环境因素（湿度、温度、气体等）发生改变时，传感器中光纤结构部分的有效 RI 会因此变化，干涉耦合强度改变，导致透射光谱的干涉峰值所对应的特征波长发生漂移，由此可以通过 OSA 测量干涉峰值的漂移量来确定环境因素的变化量。

7.3.3　GO/MNF 光纤传感单元的设计与仿真分析

基于 GO 的湿度敏感特性和 MNF 的理论分析，我们对 MNF 结构展开了有限元仿真分析，如图 7-36 所示，将 MNF 截面进行简单模型的构建，中间小孔为纤芯，大圆区域为包层，外层区域为 PML 层，取锥度比为 3.5，如图 7-36（a）所示。

对其进行剖分，具体剖分结果：其顶点单元数为 16，边界单元数为 472，最小单元质量为 0.5459，总单元数为 6144，如图 7-36（b）所示。

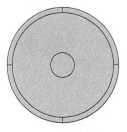

(a) MNF截面示意图　　　　　　　　(b) MNF截面剖分图

图 7-36　MNF 截面仿真分析示意图

对上述模型进行波长参数化扫描，扫描几组锥度比不同的 MNF 截面并得到了以下模场分布图，如图 7-37 所示，其中，图 7-37（a）、（c）、（e）分别为锥度比为 0.4、0.5、0.6 时的二维模场分布图，图 7-37（b）、（d）、（f）分别为锥度比为 0.4、0.5、0.6 时的三维模场分布图。由图 7-37 可见，MNF 内的能量主要集中在纤芯内，图中的箭头为电场的极化方向，最终通过求解器求得 MNF 的有效模式 RI，从而可以通过不同波长下有效模式 RI 的变化来分析模场损耗、色散等物理量的变化，进而达到对不同物理量的检测研究。当锥度比不断上升时，二维模场分布图中电场的极化方向也发生了改变，三维模场分布图中纤芯中心能量逐渐增强。

(a) 锥度比为0.4时二维模场分布图　　　　　(b) 锥度比为0.4时三维模场分布图

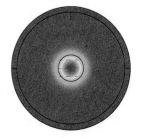

(c) 锥度比为0.5时二维模场分布图　　　　　(d) 锥度比为0.5时三维模场分布图

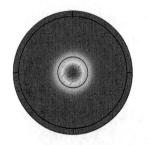

(e) 锥度比为0.6时二维模场分布图　　　　　　(f) 锥度比为0.6时三维模场分布图

图 7-37　不同锥度比下的模场分布图

不同锥度比时能量密度时间均值与弧长变化的关系图如图 7-38 所示，图中包含了锥度比从 0.45 升到 0.8 时所有的关系。图中沿着箭头方向锥度比逐渐增大，随着弧长的增长，能量密度时间均值会不断地降低直至平稳不变，这说明随着弧长的增长，能量强度会逐渐降低直至几乎不变。在相同的弧长范围内，检测不同锥度比的情况变化发现：随着锥度比的增长，能量强度不断上升，说明纤芯聚集的能量增强了。

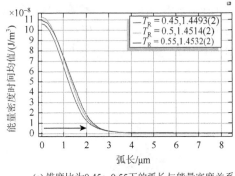
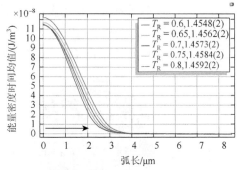

(a) 锥度比为0.45～0.55下的弧长与能量密度关系　　　(b) 锥度比为0.6～0.8下的弧长与能量密度关系

图 7-38　不同锥度比时能量密度时间均值与弧长变化的关系图（彩图扫封底二维码）

针对以上几组 MNF 模型仿真，在包层外层添加了一层 GO 来检测湿度变化对光纤的影响。我们主要模拟仿真了锥度比为 0.35、0.4、0.45 时的模场分布图，如图 7-39 所示，图 7-39（a）、（c）、（e）及图 7-39（b）、（d）、（f）分别对应着锥度比为 0.35、0.4、0.45 时二维模场分布图和三维模场分布图。包覆完 GO 后，添加了湿度因素进行仿真，随着锥度比的增加，湿敏材料 GO 在光纤腰锥区域内电场强度发生了明显变化，说明湿敏材料的添加，影响到了倏逝场的作用，从而改变了电场强度。

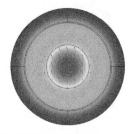 

(a) 湿度环境锥度比为0.35时的二维模场分布图　　(b) 湿度环境锥度比为0.35时的三维模场分布图

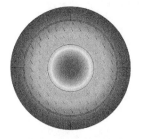 

(c) 湿度环境锥度比为0.4时的二维模场分布图　　(d) 湿度环境锥度比为0.4时的三维模场分布图

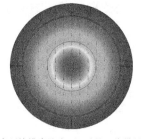 

(e) 湿度环境锥度比为0.45时的二维模场分布图　　(f) 湿度环境锥度比为0.45时的三维模场分布图

图 7-39　不同锥度比在湿度环境下的模场分布图

　　同样从三维模场分布图中可以看出，能量越来越集中在纤芯部分，我们针对此做出了三组不同湿度下能量密度随弧长变化的关系图，如图 7-40 所示，沿箭头方向锥度比和湿度均增大，我们对 0.35、0.4、0.45 这三个锥度比下进行了不同湿度的检测，当锥度比不变、湿度不断上升时，可以看出随着湿度的上升，能量强度不断下降，说明包覆完 GO 后，随着 GO 吸附水分子的增加，倏逝场强度降低，针对此可以有效地检测环境中湿度的变化。同时锥度比越高，代表的腰锥直径越小，能量强度越强，因此，选取合适的腰锥直径能够有效地提高传感器的性能。

　　本节分别对以下四种结构进行了湿度传感实验的模拟仿真，纤芯直径为 8μm，包层直径为 125μm，包覆的 GO 厚度为 3μm，得到如图 7-41 所示的模场分布图。图 7-41（a）是 SMS 的结构，可以看出，在湿度环境下，包层内的能量比较弱，能量主要集中在纤芯部分；图 7-41（b）是在 SMS 上包覆 GO 结构的模

线图: 能量密度时间均值/(J/m³)

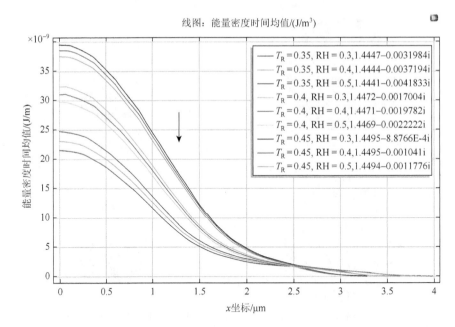

图 7-40　不同锥度比时能量密度时间均值与弧长变化的关系图（彩图扫封底二维码）

场分布图，可以看出，在湿度环境中经过 GO 的包覆，纤芯能量更加集中在纤芯部分，说明 GO 吸附水分子 RI 发生了改变，增强了倏逝场强度；图 7-41（c）是 SMSMS + GO 的模场分布图，能量主要还是集中在纤芯部分，但是 SMF 与 MMF 的多次熔接，损耗较大，导致输出光较小，输出功率降低；针对图 7-41（c）中间部分的 SMF 进行熔融拉锥并包覆 GO 得到了 SMTMS + GO 的结构，可以看出能量同样集中在纤芯内部，但是由于倏逝场强度的增强，所以通过的光输出功率较图 7-41（c）要强。

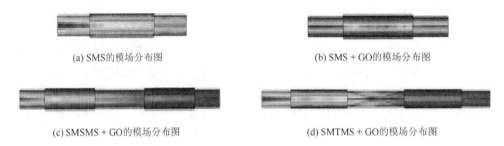

(a) SMS的模场分布图　　　　　　　　　　(b) SMS + GO的模场分布图

(c) SMSMS + GO的模场分布图　　　　　　　(d) SMTMS + GO的模场分布图

图 7-41　不同光纤结构下的模场分布图

根据以上模场分布图绘制了 SMS 和 SMS + GO 的反射率、透射率及吸收率的曲线图，如图 7-42（a）与（b）所示。通过对比两图可以得知，随着波长的增长，

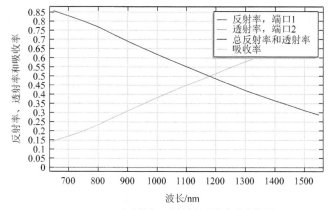

(a) SMS反射率、透射率及吸收率的曲线图

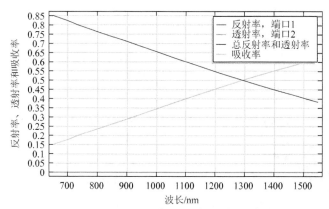

(b) SMS+GO反射率、透射率及吸收率的曲线图

线图：电场模/(V/m)

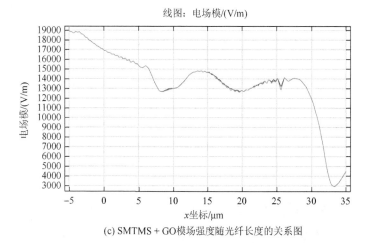

(c) SMTMS+GO模场强度随光纤长度的关系图

图 7-42　不同结构下反射率、透射率及吸收率的曲线图与模场强度随光纤长度变化的关系图
（彩图扫封底二维码）

经过 GO 的包覆，吸收率降低，透射率增高，最终输出功率增强，说明湿敏材料 GO 有助于 OFS 对环境湿度的检测。SMTMS + GO 的模场强度随光纤长度的关系图如图 7-42（c）所示，由图中可知，随着光在光纤内的传输，模场强度不断降低，在经过 MNF 倏逝场区域，会因为倏逝场作用，模场强度增强，随后继续降低，最终通过检测输出功率的变化测得湿度的变化。

　　以上的模拟仿真分析表明：当 GO 包覆在 OFS 上，湿度会改变 GO 的 RI 从而影响 OFS 内倏逝场区域，进而改变输出光强，最终可以通过光强的变化测得环境中湿度的变化。这为之后的湿度传感实验提供了理论基础。

7.3.4　GO/MNF 光纤传感单元的制备与性能测试

　　GO 采用改进的 Hummers 法来制备，具体实验流程同 7.2.3 节一致，而 MNF 光结构在基于仿真结果分析后，选择了 MZ 结构。

　　在 MZ 干涉结构单元制备中使用的 IFS-15M 型号的光纤熔接机如图 7-43 所示。

图 7-43　IFS-15M 型号的光纤熔接机

选用的 SMF 和 MMF 型号为美国康宁公司 G652D，SMF 与 MMF 的包层直径都是 125μm，纤芯直径分别是 9μm、62.5μm。

　　光纤 MZ 结构的具体制备步骤如下所示。

　　（1）首先用米勒钳将 SMF 与 MMF 去掉涂覆层，然后用酒精沾湿无尘纸将其擦拭干净，用切割平台将 SMF 与 MMF 一段切平，分别放置在熔接机两边，设置熔接机为自动熔接模式。

　　（2）将熔接好的多模光纤-单模光纤（multi-mode optical fiber-single-mode fiber，MMF-SMF，MS）结构放在切割平台上，切割保留 SMF 的长度为 10mm。

　　（3）将 MS 中 SMF 一端放在熔接机的一侧，另一侧再放入另外一根 MMF 与之熔接，得到多模光纤-单模光纤-多模光纤（multi-mode optical fiber-single-mode fiber-multi-mode optical fiber，MMF-SMF-MMF，MSM）结构。

　　制备完 MSM 结构单元后需要对中间部分的 SMF 进行火焰熔融拉锥，进而制备出 MNF，本次实验采用氢氧焰熔融拉锥机对其进行拉锥，氢氧焰熔融拉锥系统如图 7-44 所示。

　　具体流程的步骤如下：

　　（1）打开光纤熔融拉锥机系统，根据工艺流程调整软件参数至微纳拉锥，单击"应用流程"按钮，进入"运行"界面，复位系统。

　　（2）打开机器面板上的氢气和氧气开关按钮，等待 3～5s 流量变稳定，然后用点火器点燃火头。

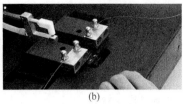

(a)　　　　　　　　　　　　　　　(b)

图 7-44　氢氧焰熔融拉锥系统

（3）将熔接机熔接完的 MSM 光纤放置在拉锥机两个位移平台上的槽内，用两个磁铁压块固定，将中间 SMF 固定于两位移平台中间，盖上防风罩，避免外界环境干扰到火头。

（4）单击"拉锥"按钮，开始拉锥，火头移动至 SMF 处，在位移平台两边移动进行。

（5）通过观察连接的 OSA 中透射光谱的变化，在光谱干涉效果最好处停止操作，记录下 MNF 此时所对应的参数。

（6）单击"停止"按钮，在封装窗口中设定温度为(115±5)℃，并且设定时间（默认为150s）。时间到达 150s 后，加热器停止加热，温度会下降。如果默认设置不符合工艺要求，手动修改参数。用镊子夹取一支已清洗过的石英基板（1.38mm×0.6mm×28mm），将其放置于机器的第一道封装平台上，位置要居中，管口要正向上。单击"开始"按钮，开始升温，单击"上升"按钮，封装台将上升到一定的位置。等实测温度达到设定温度时，用胶水固定两端光纤，待胶水的颜色由透明变为棕褐色，单击"停止"按钮，停止加热，取出石英圆管，将圆管套入光纤，直至基板居于圆管中部。

（7）关闭加热封装窗口，在拉锥监控界面中单击"还原"按钮，使夹具还原，准备下一产品的拉制。单击"下降"按钮，下降封装台。如果与光纤槽位置没有对准，那么"向上微调"和"向下微调"按钮可以用来调整到最佳位置。

用 SEM 检验经过氢氧焰拉锥后得到的 MNF 腰锥部分的直径，如图 7-45 所示，腰锥直径约为 9.3μm。

经过以上处理过程后，还需要将 GO 包覆在 MZ 光纤上。采用浸涂法将 GO 涂覆在 MZ 光纤上（涂覆在中间部分的 SMF 和 MNF 上），具体操作过程如下所示。

图 7-45　MNF 腰锥直径的 SEM 图像

（1）将传感单元浸泡在丙酮溶液中 30min，取出用去离子水/乙醇溶液清洗。

（2）然后浸泡在 1mol/L 的氢氧化钠（NaOH）溶液中 2h 进行碱化，取出用去离子水/乙醇溶液清洗。

（3）常温干燥后在 5%的 3-氨丙基三乙氧基硅烷溶液中浸泡 4h，取出放在 95℃干燥箱中干燥 10min。

（4）最后将传感单元固定在槽中，浸泡 GO 溶液至溶液完全蒸发。

为了验证 GO 是否包覆在 MZ 光纤上，对其进行了 SEM 表征，如图 7-46 所示，分别在 1000 倍和 20000 倍下对 MZ 传感单元进行拍摄，从图 7-46（a）中可以看到，

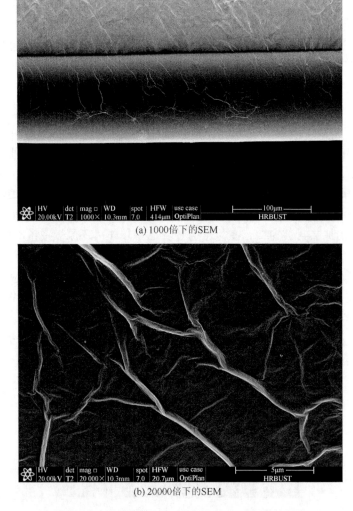

(a) 1000倍下的SEM

(b) 20000倍下的SEM

图 7-46 GO 包覆在 MZ 光纤上的电子显微镜图像

GO 薄膜完全包覆在光纤表面并呈现片层结构。对包覆在光纤表面上的 GO 进行 20000 倍放大拍摄得到图 7-46（b），可以看出，GO 片层有着明显的褶皱，GO 片层的厚度大约在几微米。最后确认 GO 确实包覆在光纤上，以便后续实验使用。

最终得到了 MZ 干涉结构单元，传感单元结构图如图 7-47 所示。其中，图 7-47（a）为 MSM 的传感结构，图 7-47（b）为 MSM＋GO 的传感结构，图 7-47（c）为多模光纤-拉锥-多模光纤（multi-mode optical fiber-tapered-multi-mode optical fiber，MMF-T-MMF，MTM）的传感结构，图 7-47（d）为 MSM＋GO 的传感结构。

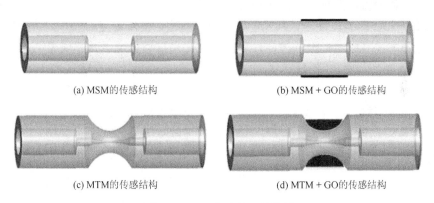

(a) MSM的传感结构　　　　　　　　　　　　(b) MSM＋GO的传感结构

(c) MTM的传感结构　　　　　　　　　　　　(d) MTM＋GO的传感结构

图 7-47　MZ 传感单元结构图

我们根据上述所设计的光纤 MZ 传感单元，搭建了直通式光路，对其进行了光纤湿度传感实验。实验系统由光源、光纤 MZ 传感单元、温湿度控制箱、OSA 组成。光源是 BBS，中心波长在 1550nm，主要检测波长为 1520～1570nm；OSA 的分辨率为 20pm，检测波长为 650～1750nm。在搭建光路的过程中，所有使用的实验仪器都被固定在抗振光学平台上，防止外界环境带来的振动影响，光纤湿度传感装置流程图如图 7-48 所示，用其进行光纤

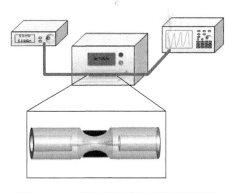

图 7-48　光纤湿度传感实验装置流程图

湿度传感实验，首先将包覆完 GO 的 MZ 传感头放置在恒温恒湿箱内稳定，传感头左侧接光源，右侧接 OSA，然后控制恒温恒湿箱内的温度不变，湿度从 49%RH 上升到 70%RH，步长为 3%RH，共记录了 8 组数据。

本实验分别对 4 种不同的光纤 MZ 传感单元进行了湿度传感实验。在每一轮的湿度传感实验中，当恒温恒湿箱的湿度每次提升 3%RH 后，保持该湿度在一定

时间内不变，等光谱稳定下来，用 OSA 记录下对应的光谱数据，共记录 8 组数据，不同光纤 MZ 结构湿度传感光谱图分别如图 7-49 所示。

当光源发射出的光信号经过 MZ 传感单元的 MNF 位置时，会有部分光透射到 GO 与空气中，另外部分光沿包层继续向前传输，MNF 腰锥部分包覆的 GO 会随着湿度的增加不断吸收水分子进而改变自身的 RI，倏逝场原理会导致光纤内部与外部环境之间相互作用的改变，从而导致干涉效果变化。在图 7-49 中，沿箭头方向湿度逐渐升高，在恒温恒湿箱内的湿度从 49% 上升到 70% 的过程中，干涉谱产生了漂移现象，四种不同的光纤 MZ 结构单元在湿度不断上升的过程中所对应的光谱变化如图 7-49 所示，从光谱图中可以看出，随着湿度的上升，谐振峰峰值不断地升高并且向着短波长方向移动，因此，谐振谱表现了蓝移现象。

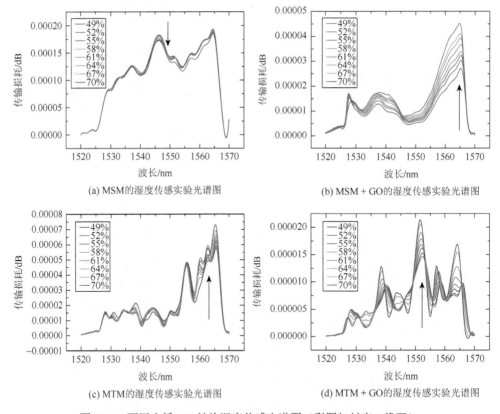

(a) MSM的湿度传感实验光谱图　　　　　　(b) MSM + GO的湿度传感实验光谱图

(c) MTM的湿度传感实验光谱图　　　　　　(d) MTM + GO的湿度传感实验光谱图

图 7-49　不同光纤 MZ 结构湿度传感光谱图（彩图扫封底二维码）

图 7-50 为 MSM 与 MSM + GO 的湿度实验光谱图和不同湿度的谐振峰峰值线性拟合图，可以从图 7-50（a）中看出，随着湿度沿箭头方向不断地增加，MSM 传感单元中谐振峰峰值不断地上升，同时发生了微小的蓝移现象。选取 1565nm 附近

对应的谐振峰峰值作为观测波长，观测波长会随着湿度的变化而变化，对此进行了 MSM 不同湿度的峰值线性拟合图，如图 7-50（b）所示，得到的湿度灵敏度为 2pm/%RH，线性相关系数为 0.9981，说明 SMF 对湿度的灵敏度较低。同样地，对包覆了 GO 的 MSM 传感单元进行的湿度传感实验光谱图及不同湿度中谐振峰峰值线性拟合图如图 7-50（c）与（d）所示，从图中可知在 MSM+GO 的传感单元中蓝移现象更强烈，得到的湿度灵敏度为 29.2pm/%RH，线性相关系数为 0.9888。

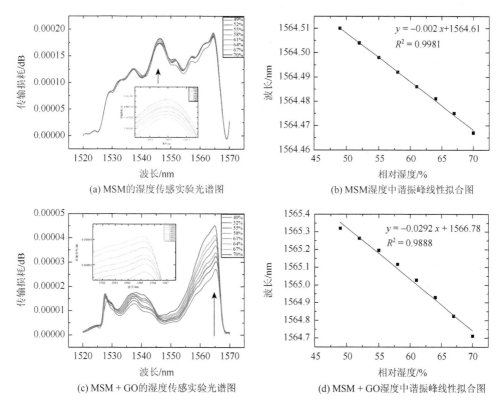

(a) MSM的湿度传感实验光谱图

(b) MSM湿度中谐振峰线性拟合图

(c) MSM+GO的湿度传感实验光谱图

(d) MSM+GO湿度中谐振峰线性拟合图

图 7-50　MSM 与 MSM+GO 的湿度实验光谱图和不同湿度的谐振峰峰值线性拟合图（彩图扫封底二维码）

图 7-51 为 MTM 与 MTM+GO 的湿度实验光谱图和不同湿度谐振峰峰值线性拟合图。MTM 传感单元结构是利用氢氧焰熔融拉锥法对 MSM 中间的 SMF 进行氢氧焰拉锥制备得到的，然后对其进行了湿度传感实验，得到了如图 7-51（a）所示的湿度光谱。在图 7-51 中沿着箭头方向湿度逐渐升高，进而可以看出，MTM 传感单元在中心波长 1565nm 左右的谐振峰发生了漂移现象，与 MSM 传感单元的结果相对比，蓝移的波长量更大了，并且谐振峰峰值上升得更大了。对 MTM 传感单元进行线性拟合得到图 7-51（b），得到了 MTM 传感单元结构的湿度灵敏

度为18.96pm/%RH,线性相关系数为0.9979。同样对通过浸涂法得到的MTM＋GO传感单元进行湿度传感实验，得到如图7-51（c）所示的光谱图，此结果与MTM相比较，得出中心波长为1552nm左右的谐振峰发生的蓝移更强，谐振峰峰值上升得更大，对其进行线性拟合得到图7-51（d），计算得出MTM＋GO的湿度灵敏度为44.1pm/%RH，线性相关系数为0.9962。

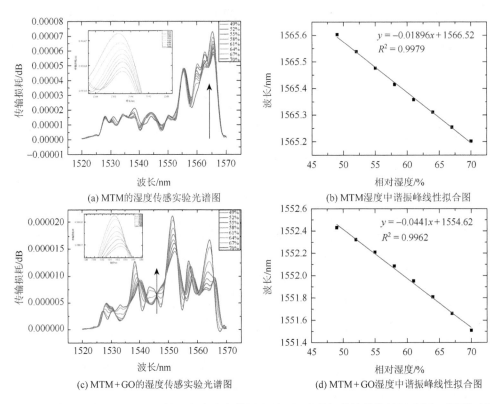

(a) MTM的湿度传感实验光谱图

(b) MTM湿度中谐振峰线性拟合图

(c) MTM＋GO的湿度传感实验光谱图

(d) MTM＋GO湿度中谐振峰线性拟合图

图7-51　MTM与MTM＋GO的湿度实验光谱图和不同湿度谐振峰峰值线性拟合图（彩图扫封底二维码）

　　通过对比MTM与MTM＋GO两种传感器的光谱图可知，包覆完GO的湿度传感器湿度灵敏度提升很大，湿度灵敏度从18.96pm/%RH提升到了44.1pm/%RH。由此可知，GO可以有效地提高MZ传感器的湿度灵敏度，使测量精度更加精确。

　　为了更清晰地对比光纤MZ湿度传感器的灵敏度，将上述4种MZ单元结构湿度传感实验得出的湿度线性拟合图放在一起进行对比，如图7-52所示。在湿度为49%～70%内，随着传感结构的变化，灵敏度不断地提升。通过对比图7-52（a）中MSM与图7-52（c）中MTM的湿度线性拟合可知，通过氢氧焰拉锥得到的MZ传感单元结构的湿度灵敏度比未拉锥的传感单元结构的湿度灵敏度更高，提升了

16.9pm/%RH。对比图 7-52（a）中 MSM 与图 7-52（b）中的湿度灵敏度 MSM + GO 的湿度线性拟合可知,包覆完 GO 的 MZ 传感单元结构的湿度灵敏度比未包覆 GO 的传感单元结构的湿度灵敏度提升了 27.2pm/%。对比图 7-52（b）中 MSM + GO 与图 7-52（d）中 MTM + GO 的湿度线性拟合可知，MTM + GO 传感单元的湿度灵敏度比 MSM + GO 的湿度灵敏度提升了 14.9pm/%RH。

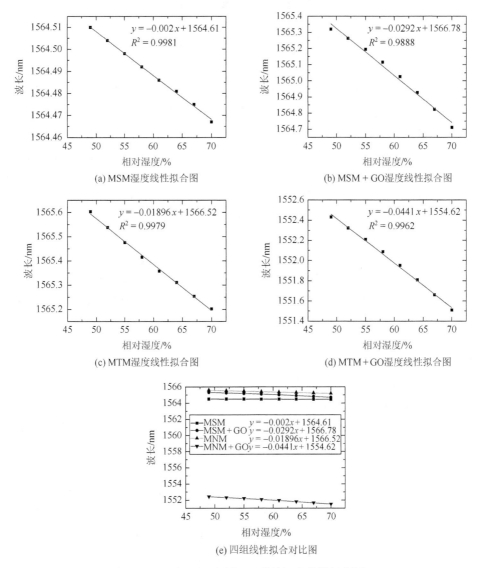

图 7-52　四组不同光纤 MZ 结构湿度线性拟合图

本节设计并提出了一种 GO 包覆 MZ 的湿度传感器，通过光纤熔接机与光纤熔融拉锥机制备得到了 MTM 传感单元结构，并利用浸涂法将 GO 包覆在 MZ 传感头上，以此提升湿度灵敏度。通过数据对比，MTM＋GO 传感单元比 MSM＋GO、MTM、MSM 传感单元结构的湿度灵敏度更高，在湿度从 49% 上升到 70% 的过程中，MTM＋GO 的湿度传感器的湿度灵敏度最高为 44.1pm/%RH，线性相关系数为 0.9962。MTM＋GO 湿度传感器具有灵敏度高、制备简单、结构稳定等特点，可为 MZ 湿度传感的应用研究提供借鉴与参考价值。

7.4 高灵敏度 PCF-SPR 光纤温湿度传感器设计

PCF-SPR 传感器的工作理论仍然是基于倏逝场。当光波在光波导中进行传播时，部分电磁波穿入包层的区域当中。在 PCF-SPR 传感器中，倏逝场由纤芯区域透射进入包层区域，中间由于结构设计的不同，以及空气孔排布方式及层数的不同，会对倏逝波的透射深度产生影响。其中，透过包层的倏逝波进入金属的表面，从而激发金属 SPR，进而在金属的表面激励出很多的自由电子。当倏逝场与金属表面的自由电子发生相位匹配时，表面的电子会产生共振，从而激发出等离子共振波。这种激发的等离子共振波会在金属与电介质的表面进行传播，满足产生窄带损耗峰的共振条件。该现象在金属与金属周围的介质附近表现得更加明显。当纤芯基模有效模式 RI 的实部与 SP 模式相近或相等时，会发生共振。此时，基模的能量会大量转移到金属层的边界。当待测样品的 RI 发生变化时，或者外界环境等因素变化导致待测介质的 RI 发生变化时，SP 模式的有效 RI 的实部都会发生变化，导致共振损耗峰发生变化，并且该损耗峰对应的波长会发生漂移。因此，通过观察 RI 的改变导致的共振损耗峰的变化就可以进一步地检测未知物质，如温度、湿度、液体、气体等物理量的变化。通过检测共振损耗波长的变化就可以分析 PCF-SPR 传感器的传感性能。

为了实现对温度的测量，本节选择性地填充温敏材料甲苯来实现对温度的测量，而湿度的测量，选择琼脂糖凝胶作为湿度的传感介质。为了进一步地提高传感器的灵敏度及保护金属介质在 PCF-SPR 传感器的工作中不被氧化，提高使用寿命，在金属层的外围涂覆 GO。由于 GO 是一种二维超材料，从而能与金属共同激发 SP，进而在纤芯导模与 SP 模式之间产生更加强烈的相位匹配，改善并提高传感性能。

不同结构实现的功能不同，但都需要将基板材料熔融石英的因素考虑在内。对于材料的分析大都源于 Sellmeier 方程，如式（7-16）所示。

$$n^2(\lambda, T) = 1.31552 + 0.69754 \times 10^{-5} T + \frac{(0.788404 + 0.235835 \times 10^{-4})\lambda^2}{\lambda^2 - (0.0110199 + 0.584758 \times 10^{-6} T)}$$

$$+ \frac{0.91316 + 0.548368 \times 10^{-6} T}{\lambda^2 - 100} \tag{7-16}$$

金属材料选用金薄膜，与其他金属材料相比，金的物理性质和化学性质更加稳定。对于金材料，它的相对介电常数与入射光频率有关，用下述的 Drude 模型进行表示：

$$\varepsilon(\omega) = \varepsilon_1 + \mathrm{i}\varepsilon_2 = \varepsilon_\infty - \frac{\omega_p^2}{\omega(\omega + \mathrm{i}\omega_c)} \qquad (7\text{-}17)$$

式中，ω_c 为电子的散射（或碰撞）频率；ω_p 为金属材料等离子振荡的频率；ε_∞ 为高频状态达到极限情形下金属的介电常数。对于所采用的金属材料，选取 $\varepsilon_\infty = 9.75$，$\omega_p = 1.3659 \times 1016$，$\omega_c = 1.45 \times 1014$，该 Drude 模型与实验结果符合。

温度的测量则是引入了一种温敏液体材料——甲苯，通过外部注入的方式来将其注入该 PCF-SPR 传感器，而甲苯的 RI 与熔融石英基板一样，可以通过 Sellmeier 方程求得，如式（7-18）所示。

$$n(\lambda) = 1.474775 + {6990.31}\big/{\lambda^2} + {2.1776 \times 10^8}\big/{\lambda^4} - \alpha_M(T - 20.15) \qquad (7\text{-}18)$$

光波导内的有效模场面积用式（7-19）表示：

$$A_{\mathrm{eff}} = \frac{\left| \iint |E(x,y)|^2 \, \mathrm{d}x\mathrm{d}y \right|^2}{\iint |E(x,y)|^4 \, \mathrm{d}x\mathrm{d}y} \qquad (7\text{-}19)$$

利用 Comsol Multiphsics 软件对 PCF-SPR 的温湿度传感结构进行仿真研究与数值分析，在 PML 的外部边界条件下进行偏微分方程的求解，从而进行传感分析。

7.4.1 PCF-SPR 光纤温度传感器结构设计与性能分析

利用全矢量有限元软件仿真本节设计的一种双孔芯结构 PCF，其结构示意图如图 7-53 所示，由内到外包含 5 层空气孔，分别为几何中心部分的小空气孔，围绕着小空气孔的是两层更小尺寸的气孔，在这些气孔之外围绕着尺寸较大的气孔。将中心的空气孔作为 SPR 的传感通道，在它的内侧壁镀上金薄膜，在该金薄膜的外侧包覆 GO，并在孔内注入温敏液体甲苯，各结构的尺寸如下所示。将中心作为传感通道的小空气孔的直径设为 d_c，取值为 1.8μm。第一层空气孔直径为 d_1，取值为 0.6μm。将第二层空气孔的直径设为 d_2，取值为 1.4μm。将空气孔与空气孔之间的间距设为 t_{period}，其值为 2.0μm。该光子晶体的基板是石英，因此其背景板为石英基板，将其半径设为 50μm；将金薄膜的厚度设为 t_{Au}，取值为 30nm；GO 的厚度很薄，单层的 GO 厚度 t_G 仅为 0.34nm。最外层为 PML，用于限制光的传播，保证光在该 PCF 中进行研究分析。

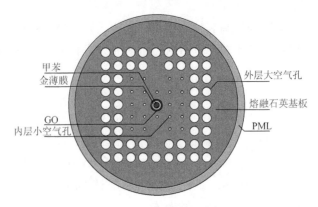

图 7-53　PCF 结构示意图

　　对基模模场的分布进行仿真分析，得到的结果如图 7-54 所示。由图 7-54 可以看出，光波导基模模场的能量集中分布在几何的纤芯中，且分布有 x 和 y 两个偏振方向，它们相互正交，呈对称分布。图 7-54（a）为电场 x 方向的模场分布图，图中箭头表示此时基模模式的电场为纵向 y 方向偏振；同样，图 7-54（b）为电场 y 方向的模场分布图，由图中箭头同样可以清楚地看到此时的电场方向为 x 方向分布，且能量均集中地分布在两个对称的孔芯当中。图 7-54（c）和（d）分别为纤芯基模模场分布的立体三维分布图及当纤芯基模的能量开始转移到金属层时的能量三维分布图，即发生了 SPR 现象时的立体模式分布图。

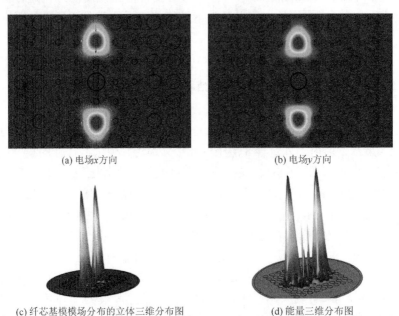

(a) 电场 x 方向　　　　　　　　　　　　　　(b) 电场 y 方向

(c) 纤芯基模模场分布的立体三维分布图　　　　　(d) 能量三维分布图

图 7-54　模场分布图

图 7-55 为双孔芯 PCF-SPR 传感器的基模、SPR 模式的有效模式 RI、基模损耗谱与入射波长的关系图。图 7-55 中四个位置所对应的四幅图分别表示波长由短波长向长波长逐渐增大的过程中，该传感器的模场变化。其中，图 7-55（a）和（b）分别为入射波长为 1150nm 和 1350nm 时基模模场分布，且分别对应了 x 和 y 的两个电场的极化方向。可以看出，此时金属与 GO 层处没有能量分布，说明此时没有达到共振条件。图 7-55（c）为对应入射波长为 1178nm 时传感器模型内的模场能量分布图，它表示此时随着波长的变化，该传感器的双孔芯处基模的能量开始逐渐向金属边界与 GO 层转移。由图 7-54（d）所示 SPR 模场的三维分布图可以看出，原本集中在双孔芯处的能量由于倏逝场的作用，以倏逝波的形式开始在金属表面激发 SPR，因此，能够明显地看到电场能量的分布发生了转移。由图 7-55（d）可知，该传感器当中的能量已经由原来的双孔芯部位完全地转移到中心金属与 GO 层的边界，表明此时的 SPR 作用最强。图 7-55 中有三条线，其中，曲线表示该传感器的双孔芯基模的损耗，黑色的点线表示金薄膜与 GO 层处激发的 SPR 模式有效模式 RI 的实部，黑色的点画线表示双孔芯处有效模式 RI 的实部随入射波长的变化。这两条黑色虚线相交，此交点对应的波长为 1220nm。与此同时可以看到 SPR 模式峰值所对应的波长也是 1220nm。这是因为激发的等离子共振波会在金属与电介质的表面进行传播，满足产生损耗峰的共振条件。由图 7-55 也可以清晰地看出，当该 PCF-SPR 传感器的双孔纤芯的基模有效模式 RI 的实部与 SP 模式相近或相等时，发生了共振，如图 7-55 所示，并在有效模式 RI 相等的附近产生了相位匹配，激发了共振损耗峰。对应的入射波长 1220nm 为共振波长。

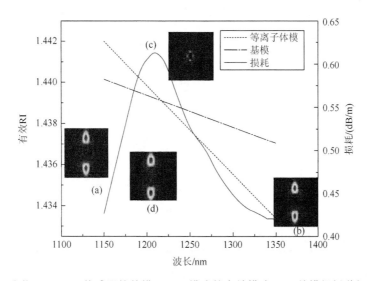

图 7-55　双孔芯 PCF-SPR 传感器的基模、SPR 模式的有效模式 RI、基模损耗谱与入射波长的关系图

接下来对传感器的性能进行分析，外部 PML 层的设置使电场的能量完全限制在该 PCF 光波导当中。最终通过损耗谱的变化对传感器进行研究，因此对该 PCF-SPR 传感器的研究重点放在对波导内损耗的分析。而空气孔的尺寸设计与波导内光传输及影响光纤的损耗息息相关，对模型的传感性能的探究有着较大的影响。因此对该模型中的三种空气孔进行研究，即对内两层小空气孔、外两层大空气孔，以及填充甲苯的中心传感通道的小孔。

在研究内层小空气孔尺寸对该 PCF 模型传感性能的影响时，要采用控制变量法，即其他模型的参量都要保持不变。

对该 MOF 模型而言，它的几何模型尺寸如下：中心传感通道空气孔直径 $d_c = 2\mu m$，内两层小空气孔直径 $d_1 = 0.6\mu m$；外两层大空气孔直径 $d_2 = 1.4\mu m$，空气孔间距 $t_{Period} = 1.8\mu m$，GO 厚度 $t_G = 0.34nm$，金薄膜的厚度 $t_{Au} = 30nm$。

图 7-56 为不同内层小空气孔直径 d_1 情况下的 PCF-SPR 传感器的损耗谱图。横轴为设置的该光波导入射光波的波长，纵轴为限制损耗，单位是 dB/cm。由图 7-56 可以看出，随着内层小空气孔直径 d_1 的增加，共振损耗峰的峰值逐渐降低，且幅度变化很大。当 $d_1 = 0.6\mu m$ 时，损耗峰值 dB_{max} 为 11057dB/cm；当 d_1 的尺寸增大到 $1.35\mu m$ 时，损耗峰值 dB_{min} 降低为 1010dB/cm，$\Delta dB = 953dB/cm$。另外，还可以得出随着内层小空气孔直径 d_1 的增大，共振波长也逐渐增大，即发生红移。通过图 7-56 可以看出，当 $d_1 = 0.6\mu m$ 时，共振波长 $\lambda_1 = 938nm$；当 d_1 增大到 $1.35\mu m$ 时，共振波长 $\lambda_2 = 952nm$，可以得到 $\Delta \lambda = 14nm$，发现共振波长仅仅变化了 14nm。随着内层小空气孔直径 d_1 的增大，损耗峰值逐渐降低，且损耗峰的特性也越来越不明显。不难理解，由于内层空气孔直径越小，该微结构 PCF

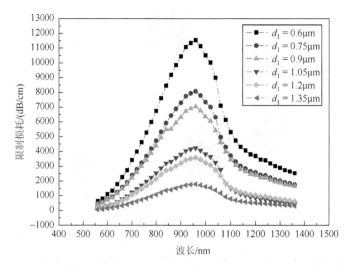

图 7-56　不同内层小空气孔直径 d_1 情况下的 PCF-SPR 传感器的损耗谱图

光波导包层对光的限制作用也就越小,进而导致更多的光由双孔芯处向金属与 GO 层所在的方向泄漏,使得共振强度增加。反映在损耗谱上的结果就是损耗峰值的特征越来越明显。但是由图 7-56 可以看出,内两层小空气孔的直径对该微结构光波导的 SPR 影响较小。

图 7-57 横轴表示温度的变化,单位为℃,纵轴表示不同内两层空气孔直径 d_1 所在损耗峰处对应的共振波长。当温度不变时,共振波长随着内两层空气孔直径 d_1 的增大而减小,变化量很小。随着温度的升高,不同直径 d_1 对共振波长的影响逐渐增大。由图 7-57 所示各尺寸得出的温度灵敏度及考虑到微结构光子晶体光波导在实际制作过程当中的实际性与可行性,内层小空气孔在制作过程中不应当制作过大,但是也不能制作得过小。因此,结合图 7-56,图 7-57 可以得出控制内层小空气孔的直径 d_1 为 0.9μm 较为合适。

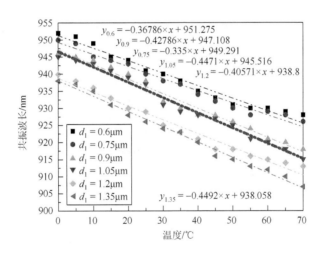

图 7-57 共振波长随内两层空气孔直径变化的温度传感图

当研究外两层大空气孔直径对该微结构 PCF 光波导传感性能的影响时,同样采用控制变量法,即保证 $d_c = 2$μm,外两层大空气孔直径 $d_2 = 1.4$μm,空气孔间距 $t_{Period} = 1.8$μm,GO 厚度 $t_G = 0.34$nm,金薄膜的厚度 $t_{Au} = 30$nm。同时,根据前面的分析研究,选取内两层的小空气孔直径 $d_1 = 0.9$μm。

图 7-58 为不同外层大空气孔直径 d_2 对应的 PCF-SPR 传感器的损耗谱图。其中,横轴表示射入该光波导的入射波长,单位为 nm;纵轴表示该传感器的限制损耗,单位为 dB/cm。通过图 7-58 可以看出,随着外两层大空气孔直径 d_2 的逐渐增大,反映在金属与 GO 表面的共振损耗峰逐渐由短波长向长波长发生红移,对应的损耗峰值也逐渐增大,峰也越来越陡,即共振现象越发明显。不难理解,由于该传感器内部的外两层大空气孔起到了约束光波损耗和控制倏逝波与金属及 GO

作用强度的作用，因此，当内两层小空气直径固定时，外部的大空气孔对倏逝波的限制力度要明显地强于光波导内的内两层小空气孔，从而使得损耗值逐渐增大。与此同时，由图 7-58 的损耗谱线可以看出，共振波长的漂移相对于图 7-56 所示的光波导漂移量变化明显。其中，当 $d_2 = 1.4\mu m$ 时，共振波长 $\lambda_1 = 94nm$；当 $d_2 = 2.4\mu m$ 时，共振波长 $\lambda_2 = 1540nm$，共振波长的变化量 $\Delta\lambda = 600nm$。同样可得，当 $d_1 = 1.4\mu m$ 时，$dB_{min} = 5020dB/cm$；当 $d_1 = 2.4\mu m$ 时，$dB_{max} = 25960dB/cm$，其差值 $\Delta dB = 15940dB/cm$。可见，外两层大空气孔直径对该传感器的影响较大，且由计算可知，d_2 的改变对 SPR 和限制损耗都有较大的影响，因此在制作过程中，对外部的大空气孔的排布与制作应当给予重视。由图 7-58 可以看出，随着 d_2 的增加，共振损耗峰的陡峭程度也在增加，SPR 增强。

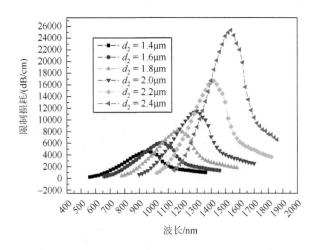

图 7-58　不同外层大空气孔直径 d_2 对应的 PCF-SPR 传感器的损耗谱图

图 7-59 为共振波长随外两层空气孔直径变化的温度传感图，横轴表示温度的变化，单位为℃，纵轴表示不同外两层空气孔直径 d_2 所在损耗峰处对应的共振波长。可以发现，当温度相同时，不同的外两层空气孔随着直径 d_2 的增加，其共振波长也呈现红移的现象，变化幅度约为 100nm。随着温度的增加，各尺寸的外两层空气孔直径 d_2 对应的共振波长也呈现出红移的趋势，变化幅度较小，且各尺寸的变化趋势趋于平缓，无较大幅度的变化。与图 7-58 相比，外两层大空气孔的直径对该传感影响要大于内两层小空气孔对其的传感影响。综合考虑到制作过程中工艺的难度和光子晶体微结构光波导实际生产应用的可行性，选择外两层大空气孔直径 d_2 为 2.2μm 较为合适。

研究中心传感通道小孔尺寸对该微结构 PCF 光波导传感性能的影响时，同样需要控制变量，即选取 $d_c = 2\mu m$，保证空气孔间距 $t_{Period} = 1.8\mu m$，GO 层数为

$t_G = 1$，金薄膜的厚度为 $t_{Au} = 30nm$。同时，根据前面的分析研究，选取内两层小空气孔直径 $d_1 = 0.9\mu m$、外两层大空气孔直径 $d_2 = 2.2\mu m$ 的尺寸进行后续研究与分析。

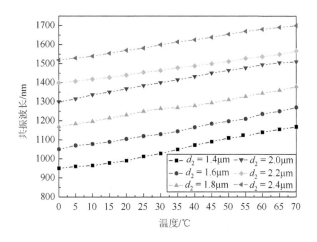

图 7-59　共振波长随外两层空气孔直径变化的温度传感图

　　图 7-60 为不同中心传感通道小孔直径 d_c 对应的 PCF-SPR 传感器的损耗谱图。其中，横轴表示入射到该微结构光子晶体光波导中的波长，纵轴表示该光波导中的限制损耗。由图 7-60 可以看出，在中心小孔直径由 1.6μm 增大到 2.1μm 的过程当中，共振波长逐渐由短波长向长波长发生红移，损耗峰的宽度逐渐变得陡峭。当 $d_c = 1.6\mu m$ 时，共振波长 $\lambda_1 = 920nm$；当 $d_c = 2.1\mu m$ 时，共振波长 $\lambda_2 = 1350nm$，$\Delta\lambda = 430nm$。同样，由图 7-60 可以得出，当 $d_c = 1.6\mu m$ 时，其共振损耗对应的损耗值 $dB_{min} = 10976dB/cm$；当 $d_c = 2.1\mu m$ 时，其共振损耗峰对应的损耗值为 99871dB/cm，其差值 $\Delta dB = 88895dB/cm$。可以发现，通过改变中心传感通道小孔的直径会对该微结构 PCF-SPR 传感系统的损耗与共振峰均产生较大的影响。这是因为在该 PCF 微结构光波导的中心添加的小孔有助于该波导基模能量集中在双孔芯部分。在考虑到实际制作与工艺生产条件等因素下，随着该小孔直径的增加，其对波导内基模光场能量的约束性更强，因此，随着波长的变化，当基模与金属及 GO 表面的有效模式 RI 相等，即发生相位匹配时，在倏逝场的作用下，由基模转移到金属层表面的能量增多，因此，不难理解如图 7-60 所示的传感器损耗谱的共振损耗峰会随着中心小孔直径 d_c 的增加而变得越发陡峭。

　　图 7-61 为共振波长随中心传感通道小孔直径变化的温度传感图，横轴表示温度的变化，单位为℃；纵轴表示不同传感通道小孔直径 d_c 所在损耗峰处对应的共振波长。当温度相同时，随着不同传感通道小孔直径 d_c 的增大，共振波长发生红

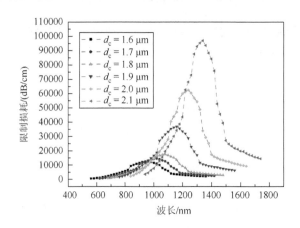

图 7-60　不同中心传感通道小孔直径 d_c 对应的 PCF-SPR 传感器的损耗谱图

移，偏移量约为 150nm。当温度逐渐增大时，随着 d_c 的增加，共振波长也呈现出红移的趋势，变化量也约为 150nm。由图 7-61 可知，通过改变传感通道小孔直径得到的共振波长变化的线性相关度更高，这不难理解，因为传感通道部分的直径 d_c 直接决定了倏逝波与金属及 GO 的作用，在其他因素不变时，理论上 d_c 与温度灵敏度呈现线性相关性。综上所述，在综合考虑该微结构 PCF-SPR 的制作工艺后，应当选取中心小孔直径 d_c 为 2.1μm 并进行生产制造与传感研究。

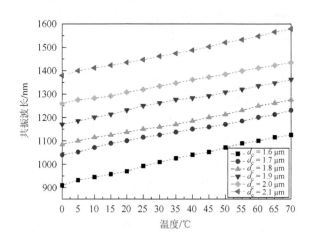

图 7-61　共振波长随中心传感通道小孔直径变化的温度传感图

空气孔的尺寸设计与波导内光传输高度相关，对模型传感性能的探究有着较大影响。同样，空气孔之间排列的间距也决定了该微结构 PCF 光波导的结构。控制其他模型系统物理参量不变，参数设置如下：保证 $d_c = 2.2$μm，空气孔间距 $t_{Period} = 1.8$μm，GO 层数 $t_G = 1$，金薄膜的厚度 $t_{Au} = 30$nm，内两层小空气孔直径

$d_1 = 0.9\mu m$，外两层大空气孔直径 $d_2 = 2.2\mu m$。采用这些参数进行后续研究与分析，将对该模型中的空气孔之间的孔间距（周期）进行参数分析与数值模拟。

图 7-62 为不同空气孔间距 t_{Period} 对应的 PCF-SPR 传感器的损耗谱图。图 7-62 中的横轴表示设置的入射进该微结构光波导中的波长，单位为 nm；纵轴表示该光波导的限制损耗，单位为 dB/cm。由图 7-62 可以看出，通过改变该微结构光波导中空气孔的间距，当 t_{Period} 由 $1.8\mu m$ 逐渐增大到 $2.3\mu m$ 时，其共振损耗峰由短波长逐渐向长波长发生红移，且共振峰逐渐变陡峭，说明共振作用也越来越明显。当 $t_{Period} = 1.8\mu m$ 时，共振波长 $\lambda_1 = 935nm$；当 $t_{Period} = 2.3\mu m$ 时，共振波长 $\lambda_2 = 1526nm$，$\Delta\lambda = 591nm$。同样，由图 7-62 可以得出，当 $t_{Period} = 1.8\mu m$ 时，共振波长所对应的损耗值 $dB_{min} = 7724dB/cm$；当 $t_{Period} = 2.3\mu m$ 时，该处共振波长所对应的损耗值 $dB_{max} = 19672dB/cm$，可以得到 $\Delta dB = 11948dB/cm$。通过上述数据发现，改变该微结构 PCF 光波导中的孔间距 t_{Period} 对该波导发生 SPR 时的共振波长和损耗也有着较大的影响。不难理解，因为空气孔的排列周期决定着该光波导内倏逝场的分布状况，进而影响倏逝波与金及 GO 表面的 SPR。当孔周期 t_{Period} 增大时，不管是内两层小空气孔还是外两层大空气孔的孔间距均会变大，导致光波导内部对光的约束能力减弱，进而就会使得更多的能量以倏逝波的形式转移到金属与 GO 表面，导致 SPR 显著地增强，反映在损耗谱上就是损耗峰逐渐变陡。

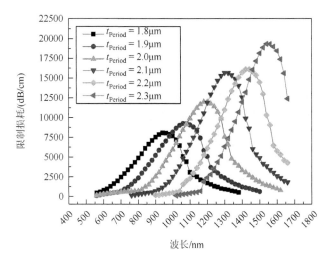

图 7-62　不同空气孔间距 t_{Period} 对应的 PCF-SPR 传感器的损耗谱图

图 7-63 为共振波长随空气孔间距 t_{Period} 尺寸变化的温度传感图，横轴表示温度的变化，单位为℃；纵轴表示不同传感通道小孔尺寸 t_{Period} 所在损耗峰处对应的共振波长。当温度相同时，随着不同空气孔间距 t_{Period} 的增大，共振波长发生红移，

偏移量约为 100nm。当温度逐渐增大时，随着 t_{Period} 的增加，共振波长也呈现出红移走向，变化量约为 110nm。通过共振波长变化的幅度发现不同传感通道小孔的直径变化的影响与不同空气孔直径的变化对共振波长的影响相近。这是因为空气孔排列周期发生变化的同时，也同样影响着内外两层空气孔的排布，但是通过图 7-63 发现线性度相较之前的参数较低，不难理解因为周期的变化影响着该 PCF-SPR 内包层对光的吸收作用，也影响着倏逝波与金属及 GO 层表面的 SPR 作用，因此，反映在传感中会出现较为不稳定的几个点。综上分析，考虑到该微结构光波导在实际制作与工艺研磨等工艺的难度与实际效益，应当选取合适的孔排列周期（$t_{Period} = 2.1\mu m$）进行生产制造与传感研究分析。

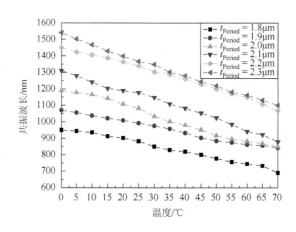

图 7-63　共振波长随空气孔间距 t_{Period} 尺寸变化的温度传感图

接下来将对传感通道对于该 PCF-SPR 传感系统的影响进行探究与分析。同样要求控制变量，保证 $d_c = 2.1\mu m$，选取空气孔间距 $t_{Period} = 1.8\mu m$，GO 层数 $t_G = 1$，金薄膜的厚度 $t_{Au} = 30nm$，内两层小空气孔直径 $d_1 = 0.9\mu m$，外两层大空气孔直径 $d_2 = 2.2\mu m$。

图 7-64 为不同金属层的厚度 t_{Au} 对应的 PCF-SPR 传感器的损耗谱图。图 7-64 中横轴表示设置的入射进该微结构光波导中的波长，单位为 nm；纵轴表示该光波导的限制损耗，单位为 dB/cm。由图 7-64 可以看出，改变所镀金属层厚度 t_{Au}，使其厚度从 30nm 计算到 60nm（以 5nm 为步长）。随着金薄膜厚度的增加，该 PCF-SPR 的共振波长仍然由短波长向长波长增加，其中，$\lambda_{min} = 867nm$，$\lambda_{max} = 1610nm$，$\Delta\lambda = 743nm$。其损耗峰所对应的损耗值也随着金属的厚度增加逐渐降低，其中，$dB_{max} = 9675dB/cm$，$dB_{min} = 3507dB/cm$，$\Delta dB = 6168dB/cm$。由图 7-64 可以看出，随着金属厚度的增加，共振损耗峰逐渐由陡峭变得平缓，说明金属与 GO 表面的 SPR 现象逐渐减弱，不难理解，因为金薄膜的厚度变厚之后，由倏逝场所激发作

用的倏逝波便越难以越过金属的表层，从而很难与传感通道内的金属激发 SPR，导致了 SPR 现象减弱，由损耗 ΔdB 可知，损耗也降低了很多。因此，金薄膜的厚度对共振波长和损耗的影响也很大。

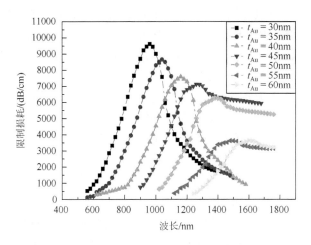

图 7-64　不同金属层的厚度 t_{Au} 对应的 PCF-SPR 传感器的损耗谱图

图 7-65 为共振波长随金薄膜厚度 t_{Au} 变化的温度传感图，横轴表示温度的变化，单位为℃；纵轴表示不同金薄膜厚度 t_{Au} 所在损耗峰处对应的共振波长。当温度相同时，共振波长由短波长向长波长发生红移。当温度逐渐增大时，随着金薄膜厚度 t_{Au} 的增加，不同厚度下对应损耗峰的共振波长由长波长向短波长发生蓝移。这是由于随着金属厚度的增加，倏逝波越发地难以透过金属的表层激发 SPR。由图 7-65 可以看出，线性拟合后的曲线趋势相对其他参数的影响较大，

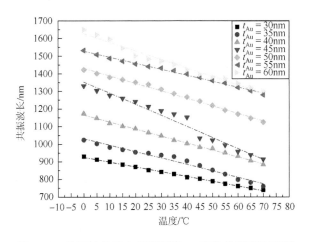

图 7-65　共振波长随金薄膜厚度 t_{Au} 变化的温度传感图

这是由金属表面的 SPR 对传感的影响较大而引起的。综上论述，由损耗谱研究和数据分析，考虑到实际的工艺生产与传感特性，选取金薄膜的厚度 $t_{Au}=30\sim 35nm$ 进行制作和传感研究。

图 7-66 为不同石墨烯层数 t_G 对应的 PCF-SPR 传感器的损耗谱图。图 7-66 中横轴表示入射进该微结构光波导中的波长，单位为 nm；纵轴表示该光波导的限制损耗，单位为 dB/cm。由于单层 GO 的层数为 0.34nm，在此仍然通过参数化，扫描了 1～10 层 GO 的变化对该微结构 PCF 传感性能的影响。通过图 7-66 所示的损耗谱图可以清楚地看出，随着 GO 层数 t_G 的增多，共振波长在 1～6 层时与 7～10 层时呈现不一样的趋势，但是总体趋势相同。当 GO 层数为 1～6 层时，共振波长随着 GO 层数的增加由短波长向长波长发生红移，其中，$\lambda_{max}^{1\sim 6}=1050nm$，$\lambda_{min}^{1\sim 6}=870nm$，$\Delta\lambda^{1\sim 6}=180nm$；$\lambda_{max}^{7\sim 10}=1050nm$，$\lambda_{min}^{7\sim 10}=925nm$，$\Delta\lambda^{7\sim 10}=125nm$。对比共振波长变化发现其变化量细微，另外，它所集中的范围都在中红外波段。不难理解，GO 在中红外波段较为敏感，因此，对该微结构 PCF-SPR 传感系统来说，其共振损耗峰对应的波段多集中于此。通过图 7-66 可以看出，共振损耗峰对应的损耗 $dB_{min}^{1\sim 6}=21046dB/cm$，$dB_{max}^{1\sim 6}=24937dB/cm$，$\Delta dB^{1\sim 6}=3891dB/cm$；$dB_{min}^{7\sim 10}=6247dB/cm$，$dB_{max}^{7\sim 10}=7513dB/cm$，$\Delta dB^{7\sim 10}=1266dB/cm$。当 GO 层数为 1～6 层时，共振损耗峰对应的损耗值随 GO 层数的增加而逐渐增加；当 GO 层数为 7～10 层时，共振损耗峰所对应的损耗值随 GO 层数 t_G 的增加而降低。另外，与前面不同参数损耗谱中的损耗值相比，图 7-66 中的损耗峰值最高。不难理解，涂覆 GO 使得该 PCF-SPR 传感系统对光的吸收增加，再加上与金薄膜的共同作用，在 SPR 的作用下，会增加对倏逝波的吸收，从而增强 SPR 效应，故而导致了整个传感系统损耗的增加。而随着 GO 层数的增多，PCF-SPR 传感系统的仿真模拟与数值分析研究表明，当层数大于 6 层时，GO 对光的吸收性质开始减弱。同

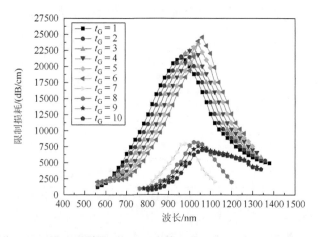

图 7-66　不同石墨烯层数 t_G 对应的 PCF-SPR 传感器的损耗谱图

样不难理解,因为随着 GO 层数的增加,其性质越发地接近碳原子,所以导致损耗峰值随着 GO 层数的增加而降低,如图 7-66 所示,当达到 10 层或接近 10 层时,损耗的峰值逐渐趋近平缓,共振逐渐减弱。

　　如图 7-67、图 7-68 为共振波长随不同 GO 层数 t_G 变化的温度传感图,横轴表示温度的变化,单位为℃;纵轴表示不同 GO 层数 t_G 所在损耗峰处对应的共振波长。当温度相同时,共振波长由短波长向长波长发生红移;当温度逐渐增大时,随着 GO 层数的增加,共振波长随 t_G 的增大也发生红移,共振波长值变化范围很小,只有 40nm。值得注意的是,当 GO 层数 $t_G = 7$ 时,其共振波长减小,接近 4 层时的曲线,这是因为随着 GO 层数的增加,GO 本身的性质也会阶梯性地发生变化,慢慢接近碳原子,因此会导致共振峰的降低。同样地,如图 7-68 所示,观察到当 GO 层数 $t_G = 8 \sim 10$ 层时,共振波长随温度的变化与前几层也有了差异,其中当 $t_G = 8$ 时,曲线与 $t_G = 7$ 时的曲线接近,为了突出当 GO 层数 $t_G = 9$ 和 $t_G = 10$ 层时的现象,将其放在图 7-68 中。通过线性拟合与数值仿真计算发现,9 层和 10 层的 GO 厚度随温度的变化趋于一条直线,观察其损耗峰对应的共振波长,变化幅度甚微。这是由于尽管其在 $t_G = 9$ 和 $t_G = 10$ 下性质接近了碳原子,因 GO 与金薄膜共同激发 SPR 的现象仍然存在,只是相对来说没有那么地明显。综上数据分析与研究,考虑到该 PCF-SPR 传感系统的实际工艺制作与传感特性分析研究,应当控制金薄膜的厚度 $t_{Au} = 30 \sim 35nm$、GO 层数 $t_G = 1 \sim 5$ 较为恰当。

　　图 7-69 为不同金属层厚度随有效模场面积的温度传感图,在微结构 PCF- SPR 结构中,不需要像普通光波导那样研究各小孔直径及孔间距对有效模场面积的影响,重点研究的是 SPR 温度传感,故在此只需要研究 SPR 的激源金薄膜的厚度 t_{Au} 对有效模场面积的影响。由图 7-69 可知,横轴为温度,单位为℃;纵轴左轴为有

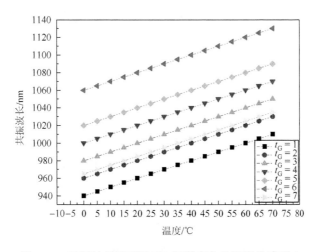

图 7-67　共振波长随不同 GO 层数变化的温度传感图 1

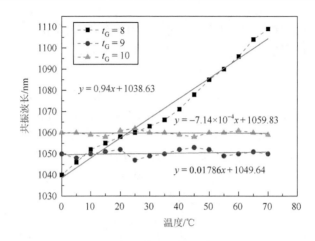

图 7-68　共振波长随不同 GO 层数变化的温度传感图 2

效模场面积，单位为 μm^2，纵轴右轴为基模的有效模式 RI 的实部。可以发现有效模式 RI 相当于模式色散，随着温度的增加而降低。且随着温度的增加及金薄膜厚度 t_{Au} 的增大，该 PCF 波导内的有效模场面积也逐渐增大。当温度增加到 45℃以上时，有效模场面积的增大特别明显。不难理解，主要是因为温敏液体甲苯的折射率由于温度的升高而降低，慢慢地会接近该 PCF 基板熔融石英的 RI，进而降低了包层和双孔芯的 RI 的差值，因此，降低了对光的束缚。当温度降低时，温敏材料甲苯的 RI 也会逐渐增大，相反就会导致对光的约束作用的增加。即在温度较低的区域的能量大都限制在双孔芯中。综上分析，应当尽量地控制温度在 65℃以内及选用金的厚度在 30～35nm 阶段进行传感分析研究。

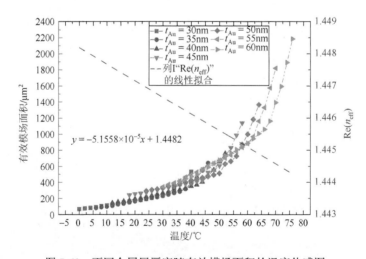

图 7-69　不同金属层厚度随有效模场面积的温度传感图

图7-70(a)为复合了GO的PCF传感单元温度拟合,由线性拟合可得$\lambda = -12.695x + 1113.458$,线性相关系数为0.098944,图7-70(b)为未包覆GO的该PCF传感单元温度拟合,对比发现当温度由0℃变化到70℃时,复合GO后该微结构PCF-SPR温度传感系统的平均灵敏度为–12.695nm/℃,未复合 GO 的平均灵敏度为–4.3978nm/℃,线性相关系数也略低于包覆GO后的传感单元。

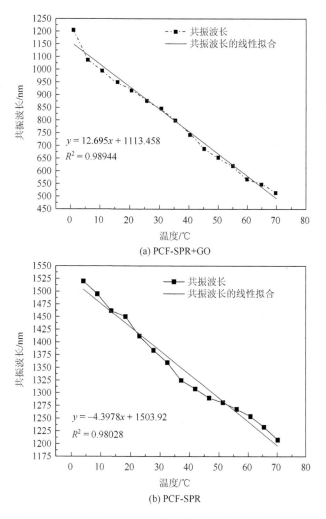

(a) PCF-SPR+GO

(b) PCF-SPR

图 7-70　微结构 PCF-SPR 传感单元的温度灵敏度曲线

温度传感器的分辨率可以用式（7-20）表示:

$$R = \Delta T \frac{\Delta \lambda_{\min}}{\Delta \lambda_{\text{peak}}} \tag{7-20}$$

　　假定通过光谱分析，$\Delta\lambda_{\min} = 0.1\text{nm}$ 的范围内的变化值均能够被捕捉。式（7-20）中 $\Delta\lambda_{\text{peak}}$ 表示共振波长的变化量。通过数值计算得到该 PCF-SPR 的分辨率为 0.00725℃。

　　本节提出并设计一种基于微结构 PCF-SPR 的双孔芯温度传感的新系统，通过非对称的结构设计及在金属表面涂覆 GO 层，既保护了金属表面不易被氧化的特性，也大大提高了传感器的灵敏度及双折射。通过全矢量有限元软件 Comsol Multiphsics 分析了该 PCF 光波导系统内不同空气孔的直径、排列间距、中心传感通道小孔的直径、金及 GO 层数、系统的损耗谱及共振波长随温度的变化。通过填充温敏液体甲苯，改变金属表面 GO 层数，该传感系统对温度有了高灵敏度。通过研究分析，确定了选用纤芯传感通道小孔直径 $d_{\text{c}} = 2.1\mu\text{m}$、内两层小空气孔直径 $d_1 = 0.9\mu\text{m}$、外两层大空气孔直径 $d_2 = 2.2\mu\text{m}$、空气孔间距 $t_{\text{Period}} = 2.1\mu\text{m}$、金薄膜厚度 $t_{\text{Au}} = 35\text{nm}$、GO 层数 $t_{\text{G}} = 3$ 层的参数来调节温度敏感区间，进而进行温度传感研究，并得到系统的双折射值 0.0052，双折射值高达 10^{-3} 量级，温度灵敏度高达 12.695nm/℃，高于未包覆 GO 的传感单元。

7.4.2　PCF-SPR 光纤湿度传感器结构设计与性能分析

　　本节通过有限元仿真设计一种基于 SPR 的 Ag-GO 包覆 PCF 湿度传感器，在 PCF 中添加规则排列的两排气孔，通过 Ag 与 GO 的复合包覆，以琼脂糖凝胶构成传感介质，进行湿度传感研究，并在实验范围内找出最佳的湿度传感参数。

　　利用全矢量有限元软件 Comsol Multiphsics 设计了一种基于 SPR 的高灵敏度 PCF 湿度传感器，在 PCF 中围绕大小不等的两排空气孔，在外两层分别包覆 Ag-GO 以构成 SPR 传感通道。同时，在其外层包覆琼脂糖凝胶材料以构成湿度传感介质层，最外层用 PML 来限制光的损耗，其结构示意图如图 7-71 所示。其中，空气孔直径分别用 d_{c}、d_2 表示，$d_{\text{c}} = 0.3\mu\text{m}$，$d_2 = 0.4\mu\text{m}$，第一层大空气孔直径为 0.9μm，第一层小空气孔直径为 0.6μm，第二层大空气孔直径为 0.4μm，第二

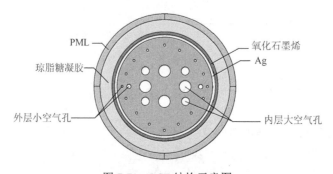

图 7-71　PCF 结构示意图

层小空气孔直径为 0.2μm。空气孔与空气孔之间的间距设为 t_{Period}，$t_{Period} = 2.0μm$。石英基板的直径设为 20μm。金属银层的厚度用 t_{Ag} 表示，$t_{Ag} = 30nm$。GO 层数用 t_{G} 表示，$t_{G} = N(0.34nm)$。可以通过使用堆积-拉丝的方法制备不同结构和类型的 PCF，这种成熟的 PCF 制备技术为制备用于 OFS 的 PCF 提供了保障[27]。

图 7-72（a）为 PCF 传感器 SPR 模场分布图，图 7-72（b）为 PCF 传感器基模模场分布图。可以看出，当发生共振时，能量由纤芯基模处转移到金属层，即发生了 SPR，在金属与琼脂糖凝胶层处，倏逝波衰减明显。

(a) PCF传感器SPR模场分布图　　　(b) PCF传感器基模模场分布图

图 7-72　PCF 传感器的模场分布图

图 7-73 是 PCF-SPR 传感器中的基模、等离子体模有效 RI 和基模损耗谱与入射波长的关系。图 7-73 中（a）～（c）对应的分别是随着波长不断增长模场随之变化的分布图。曲线代表着该传感器下的基模损耗谱；圆点直线代表着传感器的基模有效模式 RI 随入射波长变化的关系，如图 7-73（a）所示；方块直线代表着该传感器金属 Ag 层与 GO 层处激发出 SPR 模式的有效模式 RI 随着入射波长变化的关系，如图 7-73（c）所示。红、蓝线相交处为相位匹配点，此处相位匹配点对应的波长为 1480nm。同样，根据黑色曲线可以看出波长在 1480nm 时 SPR 模式的

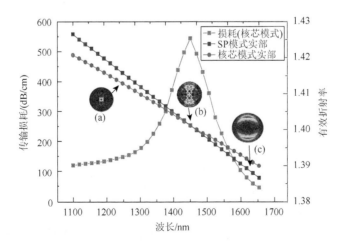

图 7-73　基模、等离子体模有效 RI 和基模损耗谱与入射波长的关系（彩图扫封底二维码）

峰值最大，如图 7-73（b）所示。因此，在当该 PCF-SPR 的基模有效模式 RI 的实部与 SPP 模式相近或相等时，即满足相位匹配条件，基模能量主要转移到了金属 Ag 层与 GO 层的边界，使得共振作用达到了最大，共振波长为 1480nm。

　　由于 PML 层的存在，电场的能量被完全限制在了 PCF 光波导内，因此该 PCF-SPR 主要研究波导内的损耗变化。PCF 内空气孔的直径大小与波导内光的传输与损耗息息相关，本节对该模型中空气孔直径的大小进行研究。如图 7-74 所示，随着空气孔直径 d_c、d_2 的增大（$d_{cmin} = 0.25\mu m$，$d_{cmax} = 0.35\mu m$，$\Delta d_c = 0.025\mu m$；$d_{2min} = 0.35\mu m$，$d_{2max} = 0.45\mu m$，$\Delta d_2 = 0.025\mu m$），共振损耗峰的峰值也随之增长（$dB_{d_{cmin}} = 361.56dB/cm$，$dB_{d_{cmax}} = 692.42dB/cm$），共振波长逐渐增大，从中可以得到损耗峰值的变化量 $\Delta dB_{d_c} = 330.86dB/cm$。结果表明，通过改变空气孔的直径会对该微结构 PCF-SPR 传感系统的损耗与共振峰均产生较大的影响。随着空气孔直径的增大，该微结构的 PCF 光波导包层对光的限制越小，导致向金属 Ag 层和 GO 层透射出去的光变大，使得共振强度增大。针对不同的孔直径做出了直径与共振峰值的线性拟合，结果表明随着孔直径的增大，灵敏度也随之增强。考虑到灵敏度和实际因素的影响，空气孔的直径不能太大，选取了空气孔直径 $d_c = 0.3\mu m$、$d_2 = 0.4\mu m$ 来进行研究。

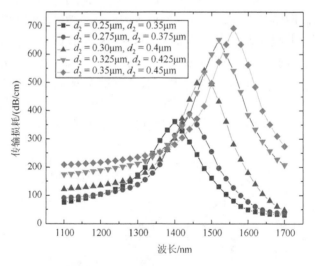

图 7-74　不同孔直径所对应的 PCF-SPR 的损耗谱

　　确定完 PCF 内最佳的空气孔直径后，本节研究了该模型中 Ag 层厚度对传感性能的影响。当 PCF 内空气孔直径 $d_c = 0.3\mu m$、$d_2 = 0.4\mu m$ 时，本节研究了银层厚度与入射波长的关系，如图 7-75 所示。随着银层厚度的不断增加（$t_{Ag_{min}} = 30nm$，$t_{Ag_{max}} = 50nm$，$\Delta t_{Ag} = 5nm$），共振波长也随之不断增加，共振损耗峰不断地降低（$dB_{t_{Ag_{min}}} = 143.54dB/cm$，$dB_{t_{Ag_{max}}} = 543.71dB/cm$），共振损耗峰的变化量

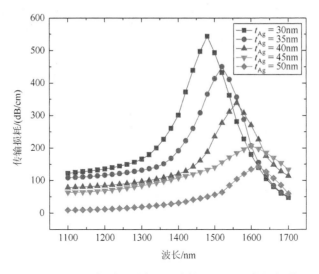

图 7-75　不同金属层厚度所对应的 PCF-SPR 的损耗谱

$\Delta dB_{t_{Ag}}$ = 400.17dB/cm。这是因为随着 Ag 层厚度的增加导致倏逝波难以透过金属表层，从而难与传感通道内的金属激发 SPR 模式，最终导致金属层表面的共振作用减弱，由损耗 ΔdB 可知，损耗降低了很多。基于以上针对不同金属 Ag 层的厚度作出了 Ag 层厚度与共振峰值的线性拟合，结果表明，随着金属 Ag 层厚度的增大，灵敏度不断地降低。考虑到实际因素的影响和传感特性，选取 Ag 层厚度 t_{Ag} = 30~35nm。

　　当确定 PCF 内最佳的空气孔直径及银层厚度后，我们研究了该模型中 GO 层厚度对传感性能的影响，检验不同厚度下的 GO 层光波导内的损耗变化。图 7-76 中横坐标为入射波长，单位是 nm；纵坐标为光波导内损耗强度，单位是 dB/cm。在确定空气孔直径 d_c = 0.3μm、d_2 = 0.4μm，Ag 层厚度 t_{Ag} = 30nm 时，本节研究了 GO 层数的大小与入射波长的关系。单层 GO 的厚度为 0.34nm，主要扫描了 0~6 层 GO 的变化对该 PCF-SPR 传感性能的影响。由图 7-76 可知，当 GO 的层数 t_G = 1~3 时，随着 GO 层数的增大，共振波长增加，共振损耗峰也不断地升高（$\Delta dB_{t_{G_{min}}}$ = 543.71dB/cm，$\Delta dB_{t_{G_{max}}}$ = 822.04dB/cm），可以测得 $\Delta dB_{t_G}^{1~3}$ = 278.33 dB/cm；当 GO 层数 t_G = 4~6 时，随着 GO 层数的增加，共振波长增加，但是共振损耗峰不断地降低（$\Delta dB_{t_{G_{min}}}$ = 323.96dB/cm，$\Delta dB_{t_{G_{max}}}$ = 477.53dB/cm），测得 $\Delta dB_{t_G}^{4~6}$ = 153.57dB/cm。结果表明，当 GO 层数为 1~3 层时，共振损耗峰值随 GO 层数的增加而增加；当 GO 层数为 4~6 层时，共振损耗峰值随 GO 层数的增加而降低。这是因为当 GO 层数大于 3 层时，GO 对光的吸收性质开始减弱，其性质越发接近碳原子；当 GO 层数超过 6 层后，损耗峰值趋近平缓，共振逐渐减弱。因此选取 GO 层数 t_G = 1~3 层。

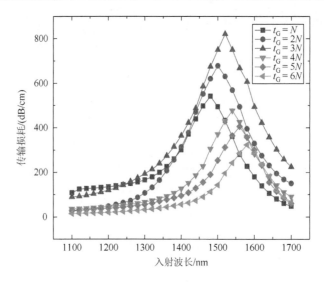

图 7-76 不同 GO 层数 t_G 所对应的 PCF-SPR 的损耗谱

经上述研究，最终选取空气孔直径 $d_c = 0.3\mu m$、$d_2 = 0.4\mu m$，银层厚度为 $t_{Ag} = 30nm$、GO 层数 $t_G = 0 \sim 3$ 层，分析此参数下不同湿度与入射波长的关系。

图 7-77 坐标轴的横坐标为入射波长，单位是 nm；纵坐标为光波导内损耗强度，单位是 dB/cm。当 GO 层数 $t_G = N$ 时，本节研究湿度的变化与入射波长的关系。测量的湿度为 10%～70%，以 10%为步长，以此来进行湿度传感实验。结果

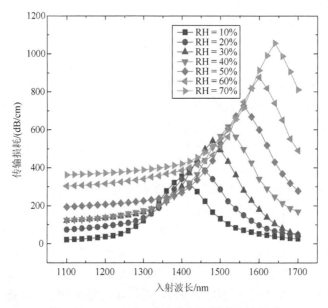

图 7-77 $t_G = N$ 时湿度变化与入射波长的关系

表明，随着湿度的增长，共振波长向长波长方向漂移从而发生红移现象，$\lambda_{t_G=N_{\min}}=$ 1400nm，$\lambda_{t_G=N_{\max}}=1640$nm，漂移量 $\Delta\lambda=240$nm，共振损耗峰不断增长，$\mathrm{dB}_{t_G=N_{\min}}=354.74$dB/cm，$\mathrm{dB}_{t_G=N_{\max}}=1055.89$dB/cm，共振损耗峰值变化量 $\Delta\mathrm{dB}_{t_G=N}=$ 701.15dB/cm，并且对湿度与共振损耗峰值的关系做了线性拟合，拟合结果表明，拟合系数为 0.9726，平均湿度灵敏度达到了 0.1136dB/%RH。这是 GO 薄膜吸收水分子后，其化学势发生了改变，从而导致了 RI 的变化，降低了包层与 GO 层的 RI 差值，使得向银层和 GO 层透射出去的能量变大，最终共振损耗峰不断地增强。

鉴于 GO 层数的不同可能会引起湿度灵敏度的变化，本节分别对该 PCF 模型进行了未包覆 GO（$t_G=0$）的湿度传感实验、包覆两层 GO（$t_G=2N$）的湿度传感实验、包覆三层 GO（$t_G=3N$）的湿度传感实验，所得的损耗谱与入射波长的关系分别如图 7-78～图 7-80 所示。其中，未包覆 GO 时，从图 7-78 中可以看出，随着湿度的增加，共振波长向长波长方向不断地增长（$\lambda_{t_G=0_{\max}}=1320$nm，$\lambda_{t_G=0_{\min}}=$ 1200nm），共振损耗峰也不断地增大（$\mathrm{dB}_{t_G=0_{\max}}=653.53$dB/cm，$\mathrm{dB}_{t_G=0_{\min}}=$ 208.27dB/cm），波长漂移量 $\Delta\lambda=120$nm，共振损耗峰变化量 $\Delta\mathrm{dB}_{t_G=0}=445.26$dB/cm，并对湿度与共振损耗峰值的关系做了线性拟合，拟合结果表明，平均湿度灵敏度达到了 0.0732dB/%RH，与包覆一层 GO 的湿度传感实验进行对比，未包覆 GO 的共振波长与共振损耗峰都大大降低了。由此可知，GO 可以显著地提高该 PCF 传感器的湿度灵敏度；包覆两层 GO 时，从图 7-79 中可以看出随着湿度的增加，共振波长向长波长方向不断地增长（$\lambda_{t_G=2N_{\max}}=1620$nm，$\lambda_{t_G=2N_{\min}}=1420$nm），共振损耗峰也不断地增大（$\mathrm{dB}_{t_G=2N_{\max}}=1278.2$dB/cm，$\mathrm{dB}_{t_G=2N_{\min}}=392.33$dB/cm），其中，波长漂

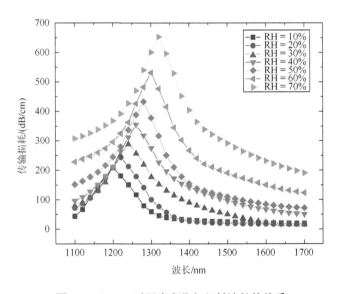

图 7-78　$t_G=0$ 时湿度变化与入射波长的关系

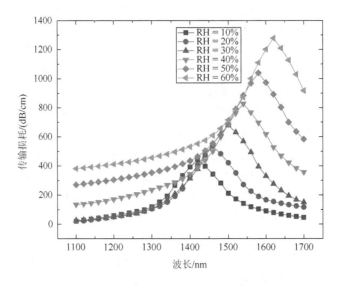

图 7-79　$t_G = 2N$ 时湿度变化与入射波长的关系

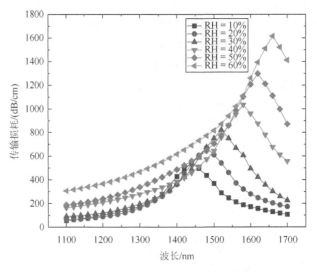

图 7-80　$t_G = 3N$ 时湿度变化与入射波长的关系

移量为 $\Delta\lambda = 200\text{nm}$，共振损耗峰变化量 $\Delta\text{dB}_{t_G=2N} = 834.96\text{dB/cm}$。并对湿度 RH 与共振损耗峰值的关系做了线性拟合，拟合结果表明，平均湿度灵敏度达到了 $0.1666\text{dB/\%RH}$。包覆三层 GO 时，从图 7-80 中可以看出，随着湿度的增加，共振波长向长波长方向不断地增长（$\lambda_{t_G=3N_{\max}} = 1660\text{nm}$，$\lambda_{t_G=3N_{\min}} = 1440\text{nm}$），共振损耗峰也不断地增大（$\text{dB}_{t_G=3N_{\max}} = 1617.15\text{dB/cm}$，$\text{dB}_{t_G=3N_{\min}} = 544.37\text{dB/cm}$），其中，波长漂移量为 $\Delta\lambda = 220\text{nm}$，共振损耗峰变化量为 $\Delta\text{dB}_{t_G=3N} = 1072.78\text{dB/cm}$。并对湿度与共振损

耗峰值的关系作了线性拟合,拟合结果表明,平均湿度灵敏度达到了 0.2131dB/%RH。

　　针对湿度变化与共振损耗峰值的关系,在 10%～60%的湿度范围内分别对包覆不同层数 GO 的四个 PCF 湿度传感器做出线性拟合曲线图,如图 7-81 所示。由图 7-81 可知,随着 GO 层数的增加,传感器的湿度灵敏度逐渐增加,它们的湿度灵敏度分别为 0.0732dB/%RH、0.1136dB/%RH、0.1666dB/%RH、0.2131dB/%RH。结果表明,在一定的层数范围内时,随着 GO 层数的增加,该湿度传感器的灵敏度会不断地增加,并作出了 GO 层数与灵敏度的关系,如图 7-82 所示,不同 GO 层数与灵敏度的关系为 $y = 511.35x + 598.4$。

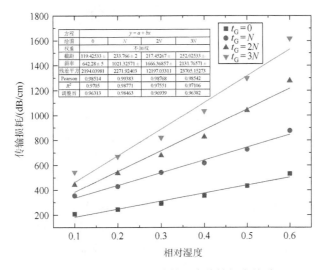

图 7-81　不同 GO 层数的湿度线性拟合关系

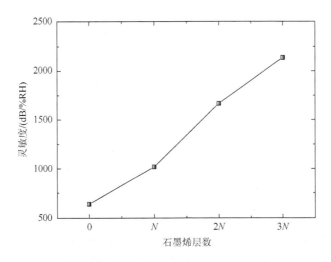

图 7-82　不同 GO 层数与灵敏度的关系

　　本节提出一种基于 SPR 的 PCF 湿度传感器。相较于在 PCF 孔内填充一般湿敏材料，在 PCF 包层外包覆 Ag-GO 薄膜会使得湿度测量更加精确。通过对仿真数据结果的分析，得到该传感器包覆 3 层 GO 时在 10%～60% 的相对湿度范围内实现了 0.2131dB/%RH 的湿度灵敏度，对相对湿度进行精确测量，其灵敏度要远高于未包覆 GO 的传感器。当超过 3 层 GO 时，灵敏度降低，未考虑。本节提出的基于 SPR 效应的 PCF 湿度传感器大大提高了湿度传感性能，为智能检测和安全监测领域研究提供了参考与借鉴。

7.5　本　章　小　结

　　本章主要分四大部分来介绍 GO 包覆 MOF 及化学传感技术，其中，包含 GO 的材料概述、GO 包覆的光纤温度传感器的研究、GO 包覆的光纤湿度传感器的研究和高灵敏度 PCF 温湿度传感器的设计。

　　7.1 节介绍 GO 时，首先从石墨烯的材料性质出发，引出对 GO 材料性质的合理探讨，随后进行了与 GO 相关的温度和湿度传感的研究进展调查，最后简单地介绍了 GO 的制备工艺。

　　7.2 节详细地介绍了 GO 包覆光纤的温度传感器的研究，首先从 GO 的结构出发，合理地分析了 GO 的温度敏感特性，结合 MOF 的温度传感和 PCF-SPR 的传感原理，进行了 GO 包覆的 MOF 传感单元的设计与仿真分析，在对结果进行分析后，进行了 GO 包覆的 MOF 传感单元的制备和性能测试，取得了良好的结果。

　　7.3 节对 GO 包覆的光纤湿度传感器的研究进行了介绍，从结构上分析了 GO 的湿敏特性，结合 MOF 湿度的传感原理，对 GO 包覆的 MOF 传感单元进行了设计与仿真分析，随后进行了 GO 包覆的 MOF 传感单元的制备和性能测试，取得了良好的结果。

　　7.4 节对高灵敏度的 PCF 结合 SPR 进行了设计，从原理部分出发，对所设计的温度传感器和湿度传感器进行了参数的优化及性能分析，取得了良好的结果。

参 考 文 献

[1]　王联. 石墨烯修饰的 D 型多模光纤折射率传感器特性的研究[D]. 秦皇岛：燕山大学，2018.

[2]　WANG M Q，LI D，WANG R D，et al. PDMS-assisted graphene microfiber ring resonator for temperature sensor[J]. Optical and quantum electronics，2018，50（3）：132.

[3]　肖功利，杨秀华，杨宏艳，等. 可调谐交叉领结形石墨烯阵列结构等离子体折射率传感器[J]. 光学学报，2019，39（7）：431-439.

[4]　YANG S，ZENG C P，XIAO C，et al. Multi-frequency filtering characteristics of graphene-nanoribbon arrays based on finite difference time domain method[J]. Laser and optoelectronics progress，2019，56（6）：061301.

[5]　CHEN D，ZHANG H，LIU Y，et al. Graphene and its derivatives for the development of solar cells，photoelectrochemical，and photocatalytic applications[J]. Energy and environmental science，2013，6（5）：1362-1387.

[6]　SHEN J H，ZHU Y H，JIANG H，et al. 2D nanosheets-based novel architectures：Synthesis，assembly and applications[J]. Nano today，2016，11（4）：483-520.

[7]　ONG W J，TAN L L，NG Y H，et al. Graphitic carbon nitride（g-C_3N_4）-based photocatalysts for artificial photosynthesis and environmental remediation：Are we a step closer to achieving sustainability?[J]. Chemical reviews，2016，116（12）：7159-7329.

[8]　GONZALEZ O D，POCHAT-BOHATIER C，CAMBEDOUZOU J，et al. Inverse pickering emulsion stabilized by exfoliated hexagonal-boron nitride (h-BN) [J]. Langmuir，2017，33（46）：13394-13400.

[9]　XU C，CUI A J，XU Y L，et al. Graphene oxide–TiO_2 composite filtration membranes and their potential application for water purification[J]. Carbon，2013，62：465-471.

[10]　RIMEIKA R，BARKAUSKAS J，ČIPLYS D. Surface acoustic wave response to ambient humidity in graphite oxide structures[J]. Applied physics letters，2011，99（5）：051915.

[11]　ZHANG D Z，TONG J，XIA B K，et al. Ultrahigh performance humidity sensor based on layer-by-layer self-assembly of graphene oxide/polyelectrolyte nanocomposite film[J]. Sensors and actuators B：Chemical，2014，203：263-270.

[12]　WEE B H，KHOH W H，SARKER A K，et al. A high-performance moisture sensor based on ultralarge graphene oxide[J]. Nanoscale，2015，7（42）：17805-17811.

[13]　WANG Y Q，SHEN C Y，LOU W M，et al. Fiber optic humidity sensor based on the graphene oxide/PVA composite film[J]. Optics communications，2016，372：229-234.

[14]　LI C，Yu X Y，Zhou W，et al. Ultrafast miniature fiber-tip Fabry-Perot humidity sensor with thin graphene oxide diaphragm[J]. Optics letters，2018，43（19）：4719-4722.

[15]　CHU R，GUAN C Y，BO Y T，et al. All-optical graphene-oxide humidity sensor based on a side-polished symmetrical twin-core fiber Michelson interferometer[J]. Sensors and actuators B：Chemical，2019，284：623-627.

[16]　YU X L，CHEN X D，DING X，et al. High-sensitivity and low-hysteresis humidity sensor based on hydrothermally reduced graphene oxide/nanodiamond[J]. Sensors and actuators B：Chemical，2019，283：761-768.

[17]　张平，刘彬，刘正达，等. 基于氧化石墨烯涂层的侧抛光纤马赫-曾德尔干涉仪温湿度传感器[J]. 光学学报，2021，41（3）：39-48.

[18]　BARTOLOMEO A D. Graphene Schottky diodes：An experimental review of the rectifying graphene/semiconductor heterojunction[J]. Physics reports，2016，606：1-58.

[19]　林欣达，林穗，姜文超，等. 有限元求解器 Calculix 预处理并行优化方法[J]. 广东工业大学学报，2015，32（4）：138-144，154.

[20]　白仲明，赵彦珍，马西奎. 子域精细积分方法在求解 Maxwell 方程组中的应用分析[J]. 电工技术学报，2010，25（4）：1-9.

[21]　LU R S，WU A，ZHANG T D，et al. Review on automated optical（visual）inspection and its applications in defect detection[J]. Acta optica sinica，2018，38（8）：0815002.

[22]　BAO X Y，CHEN L. Recent progress in distributed fiber optic sensors[J]. Sensors，2012，12（7）：8601-8639.

[23]　王晓萍，洪夏云，詹舒越，等. 表面等离子体共振传感技术和生物分析仪[J]. 化学进展，2014，26（7）：1143-1159.

[24]　NAIR R R，WU H A，JAYARAM P N，et al. Unimpeded permeation of water through Helium-leak-tight

graphene-based membranes[J]. Science，2012，335（6067）：442-444.

[25] 乐先浩. 基于 MEMS 薄膜压电谐振器与氧化石墨烯的湿度传感器[D]. 杭州：浙江大学，2019.

[26] GENG Y F，LI X J，TAN X L，et al. High-sensitivity Mach-Zehnder interferometric temperature fiber sensor based on a waist-enlarged fusion bitaper[J]. IEEE sensors journal，2011，11（11）：2891-2894.

[27] 胡雄伟. 新型光子晶体光纤的制备技术与传感特性研究[D]. 武汉：华中科技大学，2018.

第8章　光纤金属薄膜的液体折射率传感技术与系统

　　光纤金属薄膜的液体 RI 作为物质固有的一种基本光学参数,在诸多领域均被视作十分重要的物理参量[1, 2],这是因为物质的 RI 与其结构、成分、浓度、密度、形态等参数都有着密不可分的联系。因此,通过测量物质的 RI 即可实现对物质许多的物理化学性质参数直接或者间接的测量[3]。现如今随着科学的进步和时代的发展,人们对于生态环保、医药卫生、食品安全等方面的关注度与日俱增,如何实现对水质、空气质量、有毒有害气体等的检测与监管成为研究的热点。由于液体和气体的一些物理化学性质可以使用 RI 进行相应表征,故而对于两者 RI 的精准测量具有很大的实际价值。

　　由于光纤 RI 传感器的制备材料是具有优良理化性质和机械性能的光纤,所以相比于传统的液体或者气体 RI 传感器来说,OFS 质量轻、体积小、灵活性高,在很多恶劣复杂环境或是狭小的空间中仍可以正常工作,并且还能够实现远距离的实时监控[4, 5]。正是由于光纤 RI 传感器具备以上诸多的优点,能够在一定程度上弥补传统的液体或气体 RI 传感器的诸多不足,所以受到了世界各地研究者的广泛关注,尤其是随着微加工技术、材料技术和光通信技术的迅速发展,光纤 RI 传感技术的发展速度得到了极大的提高[6]。

　　光在金属与其他介质分界面处发生全内反射时会产生倏逝波,倏逝波能够激发金属表面的自由电子振荡,产生 SPW[7]。当 SPW 与倏逝波的频率和波数相等时,就会产生共振,表现为入射光能量在分界面处被强烈吸收,反射光的能量急剧下降,于是在反射或透射光谱上出现吸收峰。当金属薄膜表面邻近的液体 RI 发生变化时,吸收峰的位置也会随之产生移动,由此可以实现对液体 RI 的实时传感,将该技术与光纤结合可以实现传感系统的小型化,以便于实际应用。

8.1　金属薄膜材料概述

8.1.1　金属薄膜材料的研究进展

　　薄膜是膜厚从微米到纳米量级甚至薄到几个原子层的膜,其分为气体薄膜、液体薄膜和固体薄膜[8]。当膜材料的粒径达到微米甚至纳米量级时,会产生新的声、光、电、磁、热性能。由于这些性能,薄膜材料比体积材料具有更多独特的特性，包括机械特性、光学特性等。薄膜材料作为材料科学领域的重要组成部分，涵盖了化学、物理、电子学等学科，并广泛地应用于通信、国防、电子工业等领域。其中，金属薄膜材料因其优异的电磁性能、光学性能、气敏性能、机械性能和超导性能而成为微电子器件的基础材料。

金属纳米粒子具有局域表面等离子体共振（localized surface plasmon resonance，LSPR）效应，这使得金、银、铜等贵金属纳米粒子在紫外可见光波段有着较强的光谱吸收[9]。LSPR 效应为金属表面电子自然振荡频率和光子的频率匹配[10]。简单来说，LSPR 效应是由入射光波电磁场导致金属纳米粒子表面电荷分布不断变化产生共振的一个过程。在部分波长范围内，金属纳米粒子可以吸收红外光波和可见光波。例如，金、银和铜等纳米粒子便具有较强的 LSPR 效应，分别在 530nm、400nm 和 580nm 对于可见光有较强的吸收，目前激发 LSPR 的金属膜材料通常选取 Au 膜和 Ag 膜[11, 12]。金属的 LSPR 效应激发产生了其他许多材料难以获得的光学特性，在各行各业的许多方面如医学、能源等有着广阔的应用前景和研究意义。

微观角度来说，当入射光打在金属纳米粒子的表面时，会使得粒子表面的自由电子随之不断地改变，导致电子云偏离电子核[13]。又由于偏离的电子与原子核之间存在库仑力的作用，电子云又发生反复，会向着原子核的方向运动，因此会在原子核周围集体振荡产生 SP[14]。当纳米粒子的直径远小于入射光的波长，同时频率恰巧与自由电子振动频率一样时，便会共振使表面电子的振荡增强，这便是 LSPR 效应[15-17]。

光学金属薄膜是通过薄膜对光的作用而形成的一种功能薄膜。光学薄膜的研究起源于 20 世纪 30 年代，基于电磁场理论和麦克斯韦方程组，主要涉及光在传播过程中通过层状介质的反射和传输特性[18, 19]。当在纤芯表面添加光学薄膜时，光会被反射并通过纤芯与光学薄膜之间的接口传输，影响 OFS 的传感性能。通过选择合适的光学金属薄膜材料和厚度，可以获得较好的传感性能，实现液体 RI 的实时传感。

光子微纳器件已广泛地应用于光通信、光学传感、光学计算、光学显示等领域。然而，基于介质波导的光学集成难以突破光学衍射极限的极限[20]。在光场的激发下，金属表面上的电子与光子耦合产生 SP[21]。SP 可以将光场的能量集中在金属表面，其波长小于自由空间光的波长。SP 被认为是纳米级光电集成和全光集成的潜在信息载体[22-26]。

由光场激发的自由金属电子产生的 SPW 不仅可以在金属表面传播[27-30]。在 LSPR 模式下，光场能量集中在金属结构尖端或金属粒子表面，从而增强了金属纳米结构附近的光场强度，放大了近场光信号。LSPR 使人们能够在亚波长尺度上操纵光子，实现近场增强，因此被广泛地应用于纳米天线、纳米光源等光学器件的开发[31, 32]。

金属纳米粒子会表现出一些特殊的光学特性，也正是这些特性使得其被广泛地研究和开发[33]。当光波长度大于粒子尺寸时，LSPR 可表示为自由电子与电磁波在粒子中的共振和相干运动。粒子的大小开始变成等离子体，在共振发生的特定频率上，电磁波被强烈的光散射和吸收而丧失了能力。共振频率或共振波长和 LSPR 强度取决于金属的性质、环境、形状、大小、分布和纳米粒子的浓度。此外，金属纳米粒子可以提供热电子，并将其转移到半导体，从而产生光子吸收和光子散射。因此，光在等离子体的费米能级激发电子，并将它们提升到局部表面等离子体能级。从这里，热电子被转移到半导体的导带，从而在半导体中增加了少数载流子[34]。金属纳米粒子在 530nm 处有较强的 LSPR 吸收峰。

20 世纪 70 年代初，Kohler 对纳米多层增强的理论和实验研究，以及 Berkowitz 等[35]对超晶格的实验研究揭示了纳米多层结构引起的许多特殊性质，成为纳米科学技术的开端。然后，该研究逐渐扩展到纳米颗粒、介孔、纳米纤维、纳米管、纳米薄膜、纳米晶体材料、纳米相材料、电流、磁变等多种低维群元与纳米复合结构，并在 80 年代中期，全世界范围内对纳米材料进行了研究，推动了纳米科技的发展。纳米技术被称为 21 世纪科学技术的前沿，是所有高科技和传统产业进一步发展的关键。甚至有人认为，纳米技术的发展将引发一场新的工业革命。纳米尺度的范围通常定义为 1～100nm。由于表面效应、体积效应、经典尺寸效应和量子尺寸效应，低维组分和纳米结构具有不同于传统固体的新性质[36, 37]。曾经是良导体的金属，当缩小到纳米尺度时，会降低它们对半导体甚至绝缘体的导电性。当典型共价键非极性绝缘子的尺寸减小到几纳米或十几纳米时，即进入纳米态时，其电阻率将大大降低，绝缘子特性将丧失。常规固体的本构性质在一定条件下是稳定的，但在纳米状态下则与尺寸有关。纳米粒子不仅具有许多独特的性质，而且由其形成的二维薄膜和三维固体也表现出与常规块体材料和薄膜不同的性质[38, 39]。

金属薄膜作为一种功能材料，广泛地应用于电子、信息、传感器、光学等领域。为提升金属薄膜的性能，研究人员展开了复合膜的研究。复合膜的组成、组分比例、工艺条件等参数的变化对复合膜的性能有显著的影响，因此，薄膜的性能可以通过人工控制。人们采用多种物理和化学方法制备了一系列金属/绝缘体、金属/半导体、金属/聚合物纳米复合薄膜，当小颗粒尺寸进入纳米级时，其微观结构和性能都不同于原子、分子，这也不同于大颗粒材料宏观体系所表现出的固有性质[40]。纳米固体本身及其组成主要有以下三种效应：表面（界面）效应、体积效应、量子尺寸效应，并由此衍生出传统固体不具备的许多特殊性质。

纳米金属薄膜由大量的纳米金属颗粒组成，其微观结构和性能不同于单一的纳米金属颗粒和纳米金属颗粒的性能叠加[41, 42]。对于金属/绝缘颗粒膜，当金属体积分数远小于绝缘子时，金属构件以微小颗粒的形式嵌入金属膜中，其导电性为绝缘性。当两者的比例相等，即金属的体积分数为 50%～60%时，就会发生绝缘体向金属的导电过渡，这在物理学中称为渗流现象。在这种情况下，金属组件和绝缘子组件在颗粒膜中相互形成网状微结构。随着金属颗粒数量的不断增加，薄膜变成了导体。研究人员采用溶胶-凝胶法和氯化银还原法在美国陆军实验室制备了 Ag 和 SiO_2 纳米复合材料，Ag 纳米粒子均匀地分布在 SiO_2 基体中。这种纳米复合材料具有较高的介电常数，在 1kHz 时可达 $5000C^2/(N \cdot M^2)$，远高于常规 SiO_2 的介电常数，并且在 $-100℃$ 时介电常数更高。

随着器件的微型化，金属薄膜与金属、半导体、绝缘体、有机高分子等材料组合成金属/半导体、金属/绝缘体、金属/金属、半导体/金属等形式，广泛地应用到微电子、传感器、印刷电路板、集成电路、光学、隐身结构中。由金属薄膜组成的具有超晶格特性的纳米多层叠加膜，如 Cu/Ni、Cu/Pd、Cu/Al、Ni/M 等表现出超模量、超硬度、巨磁阻效应，以及其他光、机、电、耐磨等方面的独特性能。

纳米金属薄膜在实践中的应用基于大量的基础性研究。近一个世纪以来，业内对纳米金属薄膜的探索主要集中在电学、磁学及光学特性上。纳米金属薄膜的电导率具有尺寸效应，即表面和界面的存在破坏了晶体三维对称性，使薄膜电导率不再保持块体金属的电导率。Birks 等[43]与 Ferrando 等[44]利用镜面反射系数来描述表面对电子的散射，提出了描述薄膜电导率尺寸效应的 F-S 模型，但此模型缺乏晶界对电子散射作用的考虑。Raether[45]在 F-S 模型基础上考虑晶界散射对薄膜电导率的影响并引入一维梳状势垒模型，提出了著名的 M-S 模型。Pan[46]分析了表面粗糙度对薄膜电导率的影响。Lau 等[47]通过探讨薄膜中电子自由程变化来分析电导率尺寸效应。Wang 等[48]引入依赖角度的镜面参数，进一步深化了 F-S 模型。Ma 等[49]研究了外界条件对薄膜电导率的影响。文献[50]～[54]对温度、薄膜生长过程中结构变化对电导率的影响进行了研究。为了解释薄膜的导电特征，文献[55]针对金属薄膜的导电机理进行了大量工作，提出了热电子发射模型、热激活隧道模型价、杂质电导模型等理论，但这些模型只适用于一些特定膜中，不具有普适性[56, 57]。

纳米金属薄膜的光学性质研究是另一个热点。一方面是膜的基本参数与膜的厚度和外场之间的关系；另一方面是金属薄膜对电磁波场的响应（电磁响应），包括电磁波的透射、反射和吸收[58-62]。文献[63]和[64]研究了纳米粒子引起的电磁波吸收峰的红移和蓝移。Hover 等研究了特征尺寸对电子与外部电磁场电磁相互作用的影响[65]。Pearce 等[66]研究了价态对金属薄膜光学性质的影响及吸收峰位置的变化。Ristau 和 Ehlers[67]认为，能级分裂是导致远红外金属粒子吸收系数随频率增加的主要原因。由于隐身技术的迅速发展，雷达波吸收研究已成为微波波段薄膜研究的热点[68, 69]。研究人员对薄膜介电特性的研究主要集中在成膜条件对光学常数和介电常数的影响[70-73]。

一般来说，物质的光学性质只能由介电函数来决定，而介电函数与物质的微观电磁相互作用有关。对于大块金属，介电函数是波矢量和频率的函数。介电函数可以用自由电子的德鲁德模型和束缚电子的洛伦兹振子进行描述[74, 75]。金属膜的结构大致可分为连续结构和不连续结构。Russell[76]认为连续结构薄膜介电函数的尺寸效应是由电子在薄膜表面的散射引起的。对于不连续薄膜，可以将其看作由金属粒子组成的二维色散系统，电磁波及其电磁波的相互作用模型一般用等效介电函数来描述，即有效介质理论。理论模型主要包括麦克斯韦-加内特模型和布鲁格曼模型[77]。

8.1.2　金属薄膜材料的制备工艺

薄膜材料是指厚度在纳米和毫米量级之间的薄金属、无机层或有机层，它是一种由原子、离子和分子沉积在物体表面形成的二维材料。薄膜有着悠久的发展历史[78-83]。

随着薄膜技术的发展，金属薄膜的制备技术也逐渐成熟。常见的三种薄膜制备方式主要有物理气相沉积法、化学气相沉积法和化学溶液镀膜法[84-86]。

物理气相沉积（physical vapor deposition，PVD）法是在真空条件下，通过物理方法，将目标材料变成气态分子、原子或等离子体，并沉积到基底表面的一种镀膜技术，过程中不涉及物质的化学反应。物理气相沉积通常具有薄膜纯度高、附着性能好、薄膜厚度可控、无环境污染等优点。常见的物理气相沉积技术有蒸发镀膜、溅射镀膜、离子镀膜、等离子体镀膜和分子束外延等[87-92]。磁控溅射制备薄膜的一般过程是原子在基片上积聚成晶核，然后随着晶核数量的增加，形成小岛和大岛，最后连在一起形成薄膜。磁控溅射制备的薄膜具有厚度均匀、附着力强的特点。物理气相沉积法在制备金属膜、合金膜、半导体膜、聚合物膜等领域有十分广泛的应用。

化学气相沉积（chemical vapor deposition，CVD）法是通过化学反应在基底表面生成非挥发性固态沉积物的一种镀膜方法。化学气相沉积法的优点主要有以下几点：①可以制备多样化的薄膜；②条件温和，可以在低温常压下进行；③化学反应成膜速度更快；④相较于物理气相沉积法，辐射损伤更低。常见的化学气相沉积法有低压 CVD、常压 CVD、热丝 CVD、金属有机物 CVD、光 CVD 和等离子体 CVD 等[93-99]。化学气相沉积法已经广泛地用于研制新晶体，提纯物质，沉积单晶、多晶或玻璃态无机薄膜材料。

化学溶液镀膜法是在溶液中利用（电）化学反应将目标产物沉积到薄膜表面的一种镀膜方法。化学溶液镀膜法通常具有操作简单、设备简单、成本低等特点。常见的化学溶液镀膜法有化学镀法、电镀法、溶胶-凝胶法、水热法、金属有机物分解法、喷雾水解法、液相外延法等[100-105]。

沉积原子在基底表面的扩散和凝聚行为决定了薄膜的微观形貌，而基底的性质对沉积原子的扩散和凝聚行为又起着至关重要的作用，因此，不同基底对薄膜形貌的影响一直以来都受到广泛的关注。近几十年来，固相基底表面生长薄膜的研究获得了很大的进展和广泛的应用，得益于固相基底有利于控制薄膜的微观形貌、容易调控薄膜的物理参数等特点，但固体基底和在其表面生长的薄膜存在晶格失配、强相互黏附作用等不足，使得薄膜经常存在内应力，从而对薄膜的微观结构、介电常数、超临界温度等物理参数产生明显的影响。

基于这些问题，20 世纪 90 年代，人们开始探索在液体基板上制备薄膜的可能性，并在微观结构、成膜机理、颗粒运输特性、电磁性能等诸多方面取得了显著进展。与固体衬底相比，液体衬底对薄膜的附着力很小，具有各向同性的特点。液体衬底不存在晶格失配，因此，可以认为它是一个准自由支承衬底。1996 年，Ye 等[106]首次采用磁控溅射技术在液体基底（硅油）表面制备了连续的粗银膜，开创了液体涂层的新领域。1998 年，Ye 等[107]揭示了硅油表面 Ag 原子的聚集行为，并提出了两阶段生长模型，指出沉积原子经历了沉积过程中扩散碰撞形成原子岛和静态沉积过程中原子岛团聚形成两个生长过程，系统地解释了 Ag 膜纳米结构的形成机理。

应用于光纤传感技术的金属薄膜材料基于 SPR 传感技术，该技术是一种发生在金属和电介质界面的物理光学现象[108, 109]。当光波在界面处发生全反射现象时，光疏介质产生倏逝波，倏逝波引发金属表面的自由电子相干振荡，产生 SPW[110]。

用于光纤传感的金属薄膜材料需要涂覆在光纤表面，为了提高传感器的灵敏度，改善倏逝场与金属层表面自由电子的相互作用，以增强传感器的性能，需要选用适用于光纤结构的金属薄膜。仿真实验证明，相比铝膜和铜膜，金膜和银膜可以达到更高的灵敏度，因此，目前 SPR 金属膜材料通常选取金膜和银膜。

传统的金属薄膜工艺难以生产出均匀、平整的贵金属薄膜，导致光学损耗和几何形态不理想，极大地限制了光纤传感技术的发展和应用。近年来，为了解决这一问题，不同的研究团队提出了各种超平坦金属薄膜的制备方法，并将其应用于不同的表面等离子体系统中。

为了提高材料 SPW 的质量因数，降低材料的光学损耗具有十分重要的意义。贵金属的电阻率低（如铜、银、金都是良导体）。因此，贵金属是制备表面等离子体膜的常用材料。对于大多数普通金属来说，它们在长波波段表现出明显的负色散，而贵金属则没有类似的现象，即贵金属在长波波段的损耗明显地低于普通金属[111]。

虽然已经开发出许多比贵金属电阻损耗更低的新材料，但实验表明，贵金属在传播距离和场增强方面仍比大多数新材料表现出更好的性能，在模式损耗方面也比大多数新材料表现出更好的性能[112]。

　　虽然贵金属的电导率低于普通金属，但薄膜的电阻率受到表面形貌的强烈影响。一般认为，表面形貌对薄膜电阻率的影响包括两部分：粗糙度效应和电阻隧穿效应。根据经验公式，当薄膜的表面波底与薄膜厚度之比和电子的平均自由程较小时，认为薄膜是连续的，粗糙度的影响占主导地位；否则，电阻隧穿效应占主导地位[113]。

　　银是一种极低电阻率的金属。理论上，银膜对表面等离子体的传导效率应该较高。但实际上，传统薄膜沉积方法制备的银膜表面粗糙度较大，导致银膜的电阻率较高。类似的情况也出现在其他贵金属薄膜中，这一直是制约贵金属表面等离子体激元研究和开发的问题之一，迫切需要解决[114]。

　　如上所述，贵金属薄膜表面的粗糙度极大地限制了 SPW 在贵金属薄膜表面的利用。经过多年的技术发展，研究人员总结出多种解决超扁平贵金属薄膜制备问题的方法。下面是一个简单的介绍。

　　蒸发镀膜是最传统、应用最广泛、成本最低的金属薄膜制备方法之一。提高真空度和控制沉积速率是提升蒸发镀膜质量的关键。蒸发镀膜的基本原理是将金属提高到一定温度，对其进行气化或升华（加热方法有热蒸发、热电子束蒸发等方式），使金属原子沉积在基材表面，达到镀膜的目的。由于材料在真空条件下的蒸发速率比普通条件下显著地增加，相变温度急剧下降，同时，真空中残余气体的平均自由路径更长，显著地降低了蒸发和颗粒碰撞的概率，能有效地减少颗粒的蒸发散射现象，所以现在热蒸发几乎是在真空条件下沉积的，因此，它也称为真空蒸发镀膜，而真空度已成为衡量热蒸发镀膜装置性能的重要指标。

　　普遍来说，在真空蒸发镀膜设备中，真空镀膜室的起始真空度必须高于 10^{-2}Pa；想要保证金属薄膜的质量，至少要求真空度在 $10^{-4}\sim10^{-2}$Pa 的量级；而对于超平整贵金属薄膜，一般要求真空度至少为 $10^{-6}\sim10^{-4}$Pa 的量级。除了真空度，沉积速率调控也是提升薄膜质量的关键因素。热蒸发镀膜不可忽视的一个问题就是，无论真空度如何，容器内总含有残留的空气，如氧气和水蒸气等具有强烈氧化性的组分。在高温条件下即使是性质相对稳定的贵金属，也会与这些氧化性组分发生反应，从而使镀出的薄膜中含有金属氧化物成分，污染整个薄膜[115]。通过提高沉积速率，可以大幅度地缩短活泼金属与残留空气的作用时间，提高薄膜质量；同时，提高沉积速率恰好可以在容器内正在反应而衬底盖板尚未开启时的时间内（即开始沉积前），利用已经蒸发出的金属原子反应（或吸收）掉一部分残留气体，而这段时间内形成的金属氧化物颗粒不会附着在衬底上，某种意义上也可以提高薄膜的质量。即使是对于活泼性较低的贵金属而言，其成晶过程也会受到残留气体浓度的影响，通过提高沉积速率，生成的薄膜的平整度也可以得到提高[116]。

　　但是，沉积速率也并不是越快越好。盲目提高沉积速率会导致镀膜材料大量浪费，而贵金属价格不菲，也提高了控制薄膜厚度的难度。同时，当沉积速率过快时，衬底吸附的金属原子在衬底上还未充分扩散成形就会被新的金属原子轰击，这实际上反而限制晶粒尺寸的增大[117]。目前认为，对于铝等活泼性较强的金属而言，沉积速率应当选取在 100Å/s 以上。而对于金等活泼性特别弱的金属，沉积速率取到 1Å/s 左右，可以将薄膜粗糙度控制在纳米量级，极大地节约实验成本。对于活性中等的金属，如银或受残余气体因素影响较大的金属，应根据实验要求合理地选择沉积速率。值得注意的是，对于任何金属，沉积速率都需要调整以适应当前的实验条件（如蒸发装置可达到的真空）和实验目的。

另外，需要注意的是，同系温度（定义为衬底温度与金属熔化温度的比值）也会影响金属原子在衬底表面的成膜过程[118]。通过提高同系温度（或者说衬底温度），可以为金属原子在衬底表面的扩散提供更多能量，从而增加晶粒尺寸，但加热衬底也可能会诱发贵金属薄膜的除湿现象[119]，反而会导致金属薄膜的平整度降低，这在硅的氧化物衬底上表现得尤为明显（这与金属-衬底界面的黏连程度较弱有关），如银膜，会在 400K 以下就表现出除湿现象，在薄膜表面形成针孔形的缺陷点。目前一般认为，使用蒸镀法进行铝、金、银等的超平整镀膜，衬底温度选取室温即可满足要求，但实际操作中也可以适当地进行调整。

为了进一步地提高金属薄膜的平整度，在热蒸发涂层中引入种子层是一种有效的方法。如前面所述，蒸发涂层最基本的原理是将金属蒸发并沉积在基材表面形成薄膜。目前，在蒸发涂层中更常用的基材是非金属氧化物，如玻璃和非金属氧化物。然而，由于非金属氧化物与金属界面之间的附着力较弱，薄膜的蒸发镀膜结构变得松散，很容易形成凹坑，目前大多数情况下都将考虑离子束辅助沉积。利用离子束在基片表面沉积，增加源材与光学表面的附着力，提高成膜质量。种层法实际上是从另一个角度考虑的，即由于缺陷来自金属与基材之间的附着力较弱，所以可以用附着力较强的基材代替附着力较弱的基材来解决薄膜结构疏松的问题。利用金属与金属或者一些金属氧化物之间的黏附性较强的特性，在金属薄膜沉积前，在基底表面利用电镀等手段先镀一层金属黏附性较好的材料，可以极大地改善镀膜质量，这一层预先镀在基底上的材料称为种子层。

种子层材料的选择对金属薄膜性能的影响尚未确定。一般来说，要根据电镀情况来选择金属材料，并仔细表征金属薄膜的特性，以确定其是否满足实验或应用的要求。以银膜为例，威廉姆斯的实验组在 2009 年的研究中报告[120]，通过在硅及其氧化物的基底表面镀上 0.5～15nm 的锗层，可以使电子束蒸发沉积银膜的表面粗糙度降低到 0.6nm 以内，且不需要后续处理。他们认为，这项技术可以显著地降低制备超平坦银膜的成本，并在光学领域有广泛的应用。然而，后续的实验表明，锗种子层虽然对提高银膜的表面平整度起到了显著的作用，但会显著地降低银膜的 SPR 灵敏度，不利于获得高性能的表面等离子体膜。相比之下，镍种子层可以将银膜的表面光滑度降低到 0～1.3nm（而锗种子层的银膜可以达到 0.7nm），但镍种子层可以显著地提高银膜的 SPR 灵敏度。镍种子层实际上更适合于相关的实验应用[121]。随后，我们发现氧化物、金属、自组装单分子层和聚合物都是银沉积的种子层，它们都表现出不同的性能。本质上，种子层无论属于哪种材料，都相当于在金属涂层与基材之间引入了杂质，其在各个方面的性能（如活性、光学性质、表面结构等）在表征之前是不可预测的（至少没有中试实验）。因此，种子层法制作的金属膜在使用前必须仔细表征，以确定是否满足实验要求，不能仅通过金属膜表面的平整度来判断样品的性能。

除种子层外，其他研究表明在金属中掺杂其他物质也有可能提高金属薄膜的表面平整度和光学性能。例如，2015 年 Zhao 等[122]制备了铝掺杂的银膜，这种薄膜有超高的光透过率。将铝掺杂的银膜制作为电极可以实现较高的器件光电转化效率。2018 年，Huang 等[123]发现将铜掺杂入银也可以制备超光滑的合金薄膜，且其具有良好的透光性和导电性。虽然金属膜中掺杂物质在某些应用方面表现出了很好的性质，但是目前仍然没有统一合理的机制解释掺杂金属膜优异性质的成因，也没有对通过掺杂制作超平整金属膜各项参数的全面研究。当然，直接掺杂相比于使用种子层制备的超平整薄膜，其各项性能更难预测，所以器件应用前的表征显得更加重要。

模板剥离源于超平面薄膜表面微纳米结构加工的需求。随着实验技术的发展，人们希望通过在金属薄膜表面加工精心设计的微纳结构来操纵 SP（如定向输运或点聚焦）。然而，SP 对金属表面的不均匀性非常敏感，因为它们在金属膜与介质的界面上传播。薄膜表面的蚀刻图案不可避免地会增加薄膜表面的均匀性。在薄膜本身均匀性较高的情况下，涂层缺陷会被图案放大，导致薄膜质量显著地下降。研究人员最初青睐于纳米压印和纳米成型等技术，这些技术虽然在金属薄膜上创建图案非常简单，但不适用于表面等离子体膜。这是因为大多数纳米压印和纳米成型技术都是在聚合物模具中填充金属，从而在金属表面形成图案。

由于金属与聚合物之间的黏接作用，如果用物理手段将金属与模具分离，势必会导致大量的金属原子附着在模具表面，大大降低金属表面的平整度。如果模具受到化学手段的侵蚀而释放出金属薄膜，必然会导致模具只能成为一次性用品，这不仅大大增加了成本，而且还会导致模具在实验中因个体差异而产生随机性。虽然纳米压印和纳米成型技术因黏连效应无法应用，但它为模板剥离提供了一种新的思路。模板剥离法的原理是利用与金属附着力较弱的材料制备平整的刻蚀花纹模板，以保证金属薄膜的表面平整度，并在其上添加表面结构。很早就有研究人员注意到，金属薄膜在云母、玻璃、硅等固体表面具有良好的润湿性[115]。特别是云母，由于其层状结构，不仅容易获得平整光滑的表面，而且成本低廉，非常适合大规模生产。

采用电子束蒸发技术在新切割的云母表面镀上一层金属膜，并将金属膜的另一侧粘接在涂有黏合剂的基板上。当云母和基板分离时，在云母-金属边界上形成一层具有云母表面的金属薄膜，该金属薄膜与模具相同。模板剥离虽然大大简化了生成超平面金属薄膜的过程，但模板云母（或玻璃）的制备过程较为复杂，影响了超平面薄膜的结构可行性[124]。随着光刻技术的发展，硅片表面刻蚀技术已经非常成熟，使硅成为模板剥离的首选材料。与云母或玻璃相比，硅表面处理技术更为成熟和廉价，工艺简单且具有成熟的工业体系，更容易保证良好的成品率。然而，由于硅表面处理专用设备的使用，扁平薄膜结构的普及在一定程度上受到了限制。虽然有研究小组采用化学方法（如氢氧化钾溶液）来处理硅表面，而不采用工业工艺，但化学处理方法中化学侵蚀过程难以控制，可形成的表面形状也相对简单，这也限制了其应用范围[125]。

模板剥离不可避免的一个问题是用模板剥离法制作的超平膜在与云母、玻璃或硅基板接触时，一侧非常平，但另一侧会粘在涂有黏合剂的基板上。在一些实验中（如需要研究多层结构，或需要利用薄膜结构的透射光参数），这可能会出现问题。为了避免这样的问题，可以考虑在另一边使用电镀金属，避免使用黏合剂和基材，或者使用溶液浸泡，通过表面能差剥离云母。但每种方法都有其适用范围，具体操作应根据需要选择。另外，应该注意的是，模板剥离法制作的超平膜另一边的粗糙度会很高。因此，在使用模板剥离法时，薄膜的厚度不宜过薄。目前认为，厚度应控制在 100nm 以上，以隔离粗糙表面对光滑表面光学性能的影响。虽然可以避免这种影响，但这也意味着具有良好光学性能的薄膜必须具有较大的厚度，这在一定程度上限制了模板剥离法制作的超平膜在透射光学元件中的应用[126]。

采用不同工艺制备的金属薄膜无论在表面形貌上还是光学性质上都会有很大差异。制备金属薄膜时应该结合实际需要，选择合适的制备方式。

8.2　SPR 技术

8.2.1　SPR 激发原理

基于金属的 SPR 技术是 20 世纪 90 年代发展起来的一种新技术，它发生在金属与电介质界面，是一种物理光学现象，对分界面处介质 RI 的变化非常敏感，因而可用于物质 RI 测量[127]。1902 年，Wood[128]在光学实验中首次发现 SPR 现象，但他不能解释其产生原理。直到 1941 年，Fano[129]成功解释了 SPR 现象。Zhang 等[130]研究发现，当高能电子通过金属薄片时，能量的吸收与金属薄膜和介质的界面有关。Akowuah 等[131]提出了 SPW 的概念，他认为 SPW 是金属表面沿着金属和介质界面传播的电磁波。Tan 等[132]将 SPR 应用到化学传感领域。由于 SPR 传感器具有灵敏度高、无背景干扰等特点，逐渐成为传感器领域的研究热点。基于 SPR 的传感器需要光波与表面等离子体的耦合，因此，要用到耦合器件。常用的耦合器件有以下三种类型：棱镜型（Otto 型和 Kretschmann 型）、光纤型、光栅型[133]。

1993 年，Jorgenson 等率先以光纤替代传统棱镜，制作出 OFS，具有小型化、远程测量和可多路传输等优势[134]。基于 SPR 的 OFS 由纤芯、金属膜和环境介质的 3 层结构组成。基于 SPR 的 OFS 需要满足条件：待测液 RI 只有在包层的平均 RI 和纤芯 RI 范围内，相应的光纤模式才能被激发[135]。

8.2.2　光纤 SPR 传感原理

基于 SPR 的传感器是一种金属包层介质光波导，即在介质波导上沉积一层金属膜结构的波导，在光频范围内，金属的相对介电常数是复数，其实部为负，实部的绝对值一般比虚部大得多。在金属层内电磁场仅在很薄的一层内以倏逝场的形式存在，而在光频电场的作用下，可在金属层激起等离子体振荡，这就是 SPW。与普通光纤相比，PCF 更加适用于传感领域。

光波与 SPW 均属于电磁波，要对其进行研究需从麦克斯韦方程组出发。设导电媒质是各向同性且非磁性，并设其相对介电常数为 ε，则可得[136-140]

$$\begin{cases} \nabla \times H = \sigma E + \varepsilon\varepsilon_0 \dfrac{\partial E}{\partial t} \\ \nabla \times E = -\mu_0 \dfrac{\partial H}{\partial t} \\ \nabla \cdot E = \dfrac{\rho}{\varepsilon\varepsilon_0} \\ \nabla \cdot H = 0 \end{cases} \tag{8-1}$$

式中，H 为磁场强度；E 为电场强度；ε_0 为真空中电容率；σ 为电导率；ρ 为电荷密度；μ_0 为真空磁导率。

对式（8-1）中第一个方程两边同时取散度，代入第二个方程得

$$\frac{\partial \rho}{\partial t} + \frac{\sigma}{\varepsilon\varepsilon_0} \rho = 0 \tag{8-2}$$

对式（8-2）积分后，得

$$\rho = \rho_0 \mathrm{e}^{-t/\tau} \tag{8-3}$$

由式（8-3）可知，电荷密度 ρ 随时间呈指数衰减，其中

$$\tau = \frac{\varepsilon\varepsilon_0}{\sigma} \qquad (8\text{-}4)$$

式中，τ 称为弛豫时间。由于金属电导率 σ 很大，故 τ 值很小，比光波周期要小得多，所以可以假定金属中的电荷密度实际上总为零。将式（8-1）的第二个方程的两边取旋度，再把式（8-1）的第一个方程代入，并利用式（8-1）的第三个方程得到电场强度满足的波动方程：

$$\nabla^2 E = \mu_0 \sigma \frac{\partial E}{\partial t} + \varepsilon\varepsilon_0\mu_0 \frac{\partial^2 E}{\partial t^2} \qquad (8\text{-}5)$$

对于角频率为 ω 的时谐波，$E = E \cdot \mathrm{e}^{-\omega t}$，则可将式（8-5）写为亥姆霍兹方程形式：

$$\nabla^2 E + \omega^2\varepsilon_0\mu_0\left(\varepsilon + \frac{\mathrm{i}\sigma}{\varepsilon_0\omega}\right)E = 0 \qquad (8\text{-}6)$$

按照麦克斯韦方程组，SPW 可以出现在电介质和金属的分界处，图 8-1 为表面等离子波的示意图。

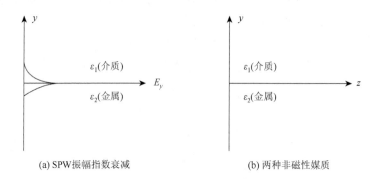

(a) SPW 振幅指数衰减　　　　　　　　(b) 两种非磁性媒质

图 8-1　表面等离子波的示意图[140]

如图 8-1（a）所示，SPW 振幅随离开界面的距离按指数衰减，这种表面波只能是 TM 波，下面分析其存在条件。如图 8-1（b）所示，设两种非磁性媒质的相对介电常数分别为 ε_1 和 ε_2，分界面取 xz 平面，并设单色平面电磁波沿 z 轴正方向传播，这里 ε_1 和 ε_2 的值取决于角频率 ω。由式（8-6），亥姆霍兹方程可以写为

$$\nabla E + \varepsilon\frac{\omega^2}{c^2}E = 0 \qquad (8\text{-}7)$$

设沿 z 轴正向传播的 SPW 的振幅随离开界面两侧的距离各按指数衰减，可设式（8-7）的解为

$$
\begin{cases}
E_1 = E_1^0 \exp(-\alpha_1 y) \exp[\mathrm{i}(\beta z - \omega t)], & y > 0 \\
E_2 = E_2^0 \exp(\alpha_2 y) \exp[\mathrm{i}(\beta z - \omega t)], & y < 0
\end{cases}
\tag{8-8}
$$

式中，α_1、α_2 及 β 待定，磁场表达式则可以由电场表达式求出。

设媒质 1 为理想介质，媒质 2 为理想导体，理想导体内部不存在电场，其所带电荷只分布在导体表面。再根据麦克斯韦方程组可知理想导体内部 $D_2 = 0$，$B_2 = 0$，$H_2 = 0$。因此，理想导体表面上的边界条件为

$$
\begin{cases}
e_n \times H_1 = J_s \\
e_n \times E_1 = 0 \\
e_n \cdot B_1 = 0 \\
e_n \times D_1 = \rho_s
\end{cases}
\tag{8-9}
$$

下面讨论在什么条件下尝试解能完全满足麦克斯韦方程组与界面处的边界条件。

将式（8-8）代入式（8-7），可得

$$
\begin{cases}
\alpha_1^2 - \beta^2 + \varepsilon_1 \dfrac{\omega^2}{c^2} = 0 \\
\alpha_2^2 - \beta^2 + \varepsilon_2 \dfrac{\omega^2}{c^2} = 0
\end{cases}
\tag{8-10}
$$

将式（8-8）代入方程 $\nabla \cdot E = 0$，可得

$$
\begin{cases}
E_{1y}^0 = \dfrac{\mathrm{i}\beta}{\alpha_1} E_{1z}^0 \\
E_{2y}^0 = \dfrac{\mathrm{i}\beta}{\alpha_2} E_{2z}^0
\end{cases}
\tag{8-11}
$$

由 $y = 0$ 处场强切向分量连续、电位移 **D** 法向分量连续的边界条件可得

$$
\begin{cases}
E_{1x}^0 = E_{2x}^0 \\
\varepsilon_1 E_{1y}^0 = \varepsilon_2 E_{2y}^0 \\
E_{1z}^0 = E_{2z}^0
\end{cases}
\tag{8-12}
$$

磁场强度的表达式可设为

$$
\begin{cases}
H_1 = H_1^0 \exp(-\alpha_1 y) \exp[i(\beta z - \omega t)], & y > 0 \\
H_2 = H_2^0 \exp(-\alpha_2 y) \exp[i(\beta z - \omega t)], & y < 0
\end{cases}
\tag{8-13}
$$

代入 H 应满足的亥姆霍兹方程，所得结果与式（8-10）完全一致，再将式（8-13）代入方程 $\nabla \cdot H = 0$ 可得

$$\begin{cases} H_{1y}^0 = \dfrac{\mathrm{i}\beta}{\alpha_1} H_{1z}^0 \\[3mm] H_{2y}^0 = -\dfrac{\mathrm{i}\beta}{\alpha_2} H_{2z}^0 \end{cases} \tag{8-14}$$

由式（8-1）的第二个方程可求得磁场分量与电场分量之间的关系式，对时谐电场，有

$$H = \frac{\mathrm{i}}{\omega\mu_0} \nabla \times E \tag{8-15}$$

由式（8-15），利用式（8-8）、式（8-11）及式（8-12），可得

$$\begin{cases} H_{1x}^0 = -\mathrm{i}\dfrac{\varepsilon_1\omega}{\mu\alpha_1 c^2} E_{1z}^0 \\[3mm] H_{1y}^0 = -\mathrm{i}\dfrac{\beta}{\omega\mu_0} E_{1x}^0 \\[3mm] H_{1z}^0 = \mathrm{i}\dfrac{\alpha_1}{\omega\mu_0} E_{1z}^0 \end{cases} \tag{8-16}$$

$$\begin{cases} H_{2x}^0 = -\mathrm{i}\dfrac{\varepsilon_2\omega}{\mu\alpha_2 c^2} E_{2z}^0 \\[3mm] H_{2y}^0 = -\mathrm{i}\dfrac{\beta}{\omega\mu_0} E_{2x}^0 \\[3mm] H_{2z}^0 = \mathrm{i}\dfrac{\alpha_2}{\omega\mu_0} E_{2z}^0 \end{cases} \tag{8-17}$$

在 $y = 0$ 处，磁场强度的切向分量与法向分量均应连续，由此得到

$$\begin{cases} H_{1x}^0 = H_{2x}^0 \\[2mm] H_{1y}^0 = H_{2y}^0 \\[2mm] H_{1z}^0 = H_{2z}^0 \end{cases} \tag{8-18}$$

于是由式（8-16）～式（8-18），并利用式（8-12），可得

$$\frac{\varepsilon_1}{\alpha_1} = -\frac{\varepsilon_2}{\alpha_2} \tag{8-19}$$

$$(\alpha_1 + \alpha_2) E_{1x}^0 = 0 \tag{8-20}$$

由于 α_1 与 α_2 都是正实数，故由式（8-20）可知 $E_{1x}^0 = 0$，因而由式（8-12）可

知 $E_{2x}^0 = 0$，即横磁波。由式（8-19）可知，ε_1 和 ε_2 的符号应相反，并且均为实数，只有这样才能完全满足麦克斯韦方程组及边界条件。

通过上述理论推导，可以得到表面等离子波一定是 TM 波，且只能存在于分界面两侧的相对介电常数符号相反的情况。

当满足上述条件的光从光密介质入射到光疏介质，且入射角大于全内反射角时，会在界面处发生全内反射，此时会产生倏逝波，设倏逝波矢量为 K_{ev}，可用式（8-21）表示：

$$K_{ev} = \frac{k}{c}\sqrt{x_\theta}\sin\theta \qquad (8-21)$$

式中，k 为入射光的角频率；θ 为入射光的入射角度；c 为光速；x_θ 为待测物的介电常数。当 K_{ev} 与 K_{ep} 相等时，倏逝波会与 SPW 发生共振吸收，使回到光密介质的倏逝波能量急剧减少，这就是 SPR 现象。此时的入射角 θ_{sp} 即共振角。由式（8-21）与式（8-22）相等可得共振角的关系式，又由于角频率可以用波长代替，介电常数可以用 RI 表示，所以可以得到以下关系式：

$$\sin\theta_{sp} = f(k, x_\theta, x_1, x_2) = f(\lambda, n) \qquad (8-22)$$

式中，λ 为入射光波长；n 为待测物的 RI。

由式（8-22）可以看出，共振波长只与入射光的波长和待测物的 RI 有关。

8.3 基于 SPR 效应的光纤液体折射率传感器研究

8.3.1 金属薄膜材料/SPR 光纤液体折射率传感器的制备与性能测试

1. SPR-PCF 介绍

抛磨 MMF 后形成漏光区域还需将该区域修饰金属膜，当一部分光从泄漏窗口泄漏在金属膜层交界处，形成倏逝波场，在一定条件下倏逝波场耦合进金属膜中产生表面等离子波，产生 SPR 效应进而实现传感[141]。不同金属材料对 SPR 传感器性能有着重要的影响。常用金属镀膜金属为金和银，二者都具有较高的光反射率。基于银的 SPR 传感器表面等离子波的衰减作用较弱，形成的 SPR 共振峰更窄，传感器的精度较高。但其化学性质不如金稳定，银在空气中更容易氧化。镀膜完成后，如果不加以保护，光纤镀膜面长时间暴露在空气中，表面容易形成一层氧化物，并且银的表面附着能力较弱，实验过程中材料易脱落，从而影响传感器加工与灵敏度测量的稳定性。而金材料化学性质更稳定，在储存及复杂外界环境应用方面更具有优势，同时金也具有较高的光反射率，从而确保了制备的 SPR 传感器的灵敏度精度和稳定性[142]。

PCF 独特的结构和独特的传输特性使其对科学研究意义重大并且还有很高的商用价值。目前，国内外许多研究机构和公司已经开展了 PCF 制备技术的研究。例如，英国的 Southampton 大学、巴斯大学及丹麦的 NKT Photonics 公司和丹麦工学院等[143]。国内在 PCF 的研究制备方面相对较晚，当前有清华大学、凌云光技术股份有限公司、燕山大学、中国科学院上海光学精密机械研究所、武汉烽火通信科技股份有限公司、武汉长飞光纤光缆股份有限公司、华中科技大学等单位进行了这方面的研究工作[144]。

PCF 相比传统光纤其包层结构更为复杂，所以制备 PCF 非常困难，所需要的技术工艺要求也非常高，目前制备的核心技术仅被国际为数不多的几家研究单位所掌握，如丹麦的 NKT Photonics 公司、英国的巴斯大学等[145]。因此导致 PCF 的价格非常昂贵，尤其是高非线性光纤，每米高达几千美元。PCF 非线性光学系数越大，有效模场面积（或芯径）就越小，越易塌陷，制备结构完整性好的高非线性 PCF 就越困难。而国内的几家研究单位对 PCF 制备工艺还没有完全掌握，制备的光纤精度不够高，损耗较大。由于 PCF 由同一材料制成，而且结构复杂多样，所以其制备与常规光纤的拉制方式有所不同，对于 PCF 内部需要保证包层空气孔的微观结构，其主要面临的问题是精细结构的实现和保证良好的周期一致性。PCF 的制备，首先要完成光纤预制件的制作；然后在光纤拉丝塔上完成 PCF 的拉制[146-150]。

2. 预制件制备工艺

预制件制作方法有毛细管堆积法、溶胶挤压法、酸腐融合法、浇铸法、超声打孔法等方法。由于 MOF 要求精度较高，而且纯石英基底材料的熔点较高，最常用的方法是毛细管堆积法。下面主要对常用的毛细管堆积法和溶胶挤压法分别进行介绍[151]。

1）毛细管堆积法

毛细管堆积法首先将纯石英玻璃原材料熔融制作成石英棒，将石英棒进行研磨和钻孔获得所需石英管；然后将石英管和石英棒在光纤拉丝塔内拉伸出具有精确外径的毛细玻璃管和石英棒。石英管一般是中心为圆孔的六边形或者中空的圆柱管，管壁的厚度依照设计光纤结构的孔间距要求来确定。接着将截断后的毛细玻璃管堆积成六边形周期性交替排列好，按所设计光纤的结构来剔除几根毛细管或者用实芯细棒替换，形成缺陷结构。之后放入预先准备好的石英套管中，石英套管一定要清洁且大小合适，小心地将预制件放入避免毛细石英管的断裂，保持结构周期排列不松散，对于石英管内壁所遗留的空隙，用纯石英棒填补，然后对两端进行熔接固定，就完成了 PCF 预制件的制作，如图 8-2 所示。如果要拉制全内反射型 PCF 或者金属填充型 PCF，可以用直径相同的石英棒或者金属棒代替纤芯的毛细玻璃管。如果将纤芯周围一圈 7 根或者纤芯周围两圈 19 根毛细玻璃管剔除，那么形成了空芯带隙型 PCF。

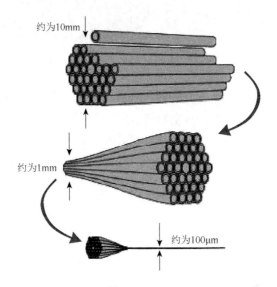

约为10mm

约为1mm

约为100μm

图 8-2　毛细管堆积法制备预制件[141]

石英基底 PCF 的预制件通常采用毛细管堆积法制备，该方法操作容易，结构调整灵活，工艺简单，不需要复杂的设备。早期的各种特殊结构的微结构 PCF 都是毛细管堆积法制备的，但该方法仅适用于三角结构晶格的简单对称结构 PCF，制备复杂结构（如大空芯、正方形阵列等）比较困难，不适合用毛细管堆积法。在采用毛细管堆积法制备预制件的过程中会带入杂质、水蒸气等，增加其损耗和其他影响，在实际拉制过程中，高温下的拉制工艺应保持良好的光纤毛细管组合，避免拉制过程中塌陷，也是毛细管堆积法需要重点考虑的问题。

2）溶胶挤压法

制备塑料或非石英玻璃等熔点比较低的 PCF 材料，它的预制件通常使用溶胶挤压法制备。溶胶挤压法适合用于低熔点材料预制件的制作，具体是先将光纤材料分割为碎片或粉末状，便于加热熔融，然后根据 PCF 结构参数，合理地设计制备出模具，要确保模具内壁的光滑，PCF 材质原料在特定温度下加热熔融，倒入模具当中，在高温高压条件下，施加一个持续平缓的力，将熔融状态下的 PCF 基底材料挤压出来，完成预制件的制备。溶胶挤压法制备的软玻璃 PCF 如图 8-3 所示，再将获得的预制件放入合适的套管中，就能够在光纤拉丝塔上拉制了。

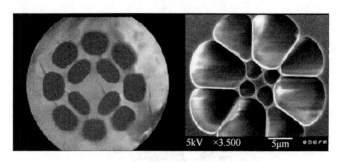

图 8-3　溶胶挤压法制备的软玻璃 PCF[141]

溶胶挤压法可以独立地改变光纤孔的结构尺寸、孔间距和形状，并且具有结构稳定、周期性好、阵列中没有空隙等优点，是制作可重复、大批量、可控制的 PCF 预制件有效而经济的方法。但是，溶胶挤压法仅适用于低熔点低材质的塑料或软玻璃。石英具有相对较高的熔点，当达不到所需要的温度时，PCF 脆、易断裂，所以一般纯石英基地材质的 PCF 不采用溶胶挤压法制备预制件。

3. PCF 拉制方法

PCF 的制备拉制过程可以根据具体情况进行一次或多次拉制，直到制出满意的 PCF。如图 8-4 所示，由于 PCF 预制件端面结构复杂，特别是通过毛细管堆积法制作的预制件，相对结构不稳定，为了确保拉制出的 PCF 具备良好的结构特性及长度一致性，如果只靠调节拉丝速度、送棒速度、恒温炉加热温度三个工艺参数很难控制光纤结构。国内外各研究单位在拉丝过程中结合设备条件和实际拉制过程优化了拉丝制备工艺。同时也要选择合适壁厚的石英管套管，保持 PCF 预制件的内部结构稳定。对于拉制出的有较好结构与可重复性的 PCF，可对其进行涂

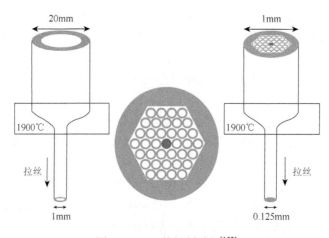

图 8-4　PCF 的拉制过程[152]

胶固化收丝。目前国内武汉长飞光纤光缆股份有限公司、武汉烽火通信科技股份有限公司、北京交通大学对 PCF 拉制技术都有一定的研究进展。武汉长飞光纤光缆股份有限公司从 2002 年就已经开始对 PCF 制备工艺进行研究，已经自行设计制造了一套精密控制系统。利用该系统已成功地制备了高非线性光纤和保偏 PCF 等多种 PCF，并对光纤进行了传输特性的测试[152]。

4. PCF 制备过程

本书 PCF 的具体制备主要分两步，首先，采用毛细管堆积法完成光纤预制件的制作；其次，根据 PCF 结构对其进行受力分析，建立温度场模型，确定合理的拉制参数，完成 PCF 的拉制。对于不同结构确定所采用的光纤拉制参数是拉制出具备优异特性 PCF 的关键[153]。

1）石英预制件二维分布的实现

预制件制备选用的是毛细管堆积法。具体过程如下：先选取高纯石英管（根据设计尺寸选取），在 1900～1950℃ 的温度下，用拉丝塔将选好的粗石英管拉制成管径为毫米量级的毛细管。选用均匀性好的，要求其公差低于 2% 的高纯石英毛细管。在制作预制件的一系列过程中，要使用无尘纸巾，戴橡胶手套，并在无尘环境下操作，最大限度地避免杂质的带入。确保毛细管表面的清洁，制备要特别注意除尘防潮处理，用无水乙醇和蒸馏水进行清洗，再放入烘箱中烘干备用。毛细管筛选并清洗烘干后，将毛细石英管按设计好的三角晶格结构规则排列，用石英棒替换纤芯一根石英管，就完成了高非线性 PCF 预制件的制作，如图 8-5 所示，最后挑选适当壁厚的石英套管，将 PCF 预制件一端与套管熔融固定，保证在拉制过程中拼装单元不会松动[154]。

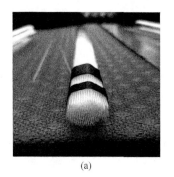

(a)　　　　　　　　　　　　　　(b)

图 8-5　预制件制作示意图[154]

2）PCF 内空气孔之间石英壁受力分析及形变控制

对于大空气填充率的 PCF 而言，空气孔之间石英壁很薄。先理论研究 PCF

预制件内每个小单元的受力情况（充/抽气气体压力、重力、拉力、表面张力），以获得预制件内包层和纤芯空气孔的最佳充气压强或密封方式。在光纤拉制时，将理论分析值作为气压调节的初值，再根据实时测量的光纤截面的结构分析，调整气压的大小，最终获得气压的最佳值。根据实验分析充/抽气压强与空气孔形变规律，建立数学模型，构成自动控制系统，这样使预制件内部各部分气压保持平衡，保证在拉制过程中空气孔不塌陷、不变形。对纤芯空气孔、包层毛细管及外套管采取不同的充/抽气、密封方式，在拉制过程可以得到不同的空气孔形状。对包层空气孔进行充气密封，使包层空气孔膨胀，提高空气填充率，保证空气孔不塌陷。对间隙孔（外套管）进行抽气密封，使间隙孔收缩或消除间隙孔。对纤芯空气孔充/抽气，使纤芯空气孔扩大或缩小，保证拉制的 PCF 与理论设计的结构一致[155]。

3）PCF 温度场分布理论及拉制参数控制技术

本节通过分析高温炉中的 PCF 预制件温度场分布情况来确定不同结构参数 PCF 需要采用的拉制参数，通过热传导理论来分析拉丝塔加热炉中 PCF 预制件的温度分布情况。光纤在拉制进程中，随着光纤的持续传送，加热炉内的 PCF 温度是动态变化的，故本书通过分离变量法模拟加热炉内的温度分布情况，分析 PCF 最终拉制所选择的温度、拉丝速度、下棒速度相互间的动态关系。选择 PCF 上端纤芯作为原点，建立三维直角坐标系[156]，如图 8-6 所示。

设 $T(r, z, u)$ 为温度场分布函数，r 为横向端面半径，T 为开尔文热力学温度，z 为 PCF 竖向拉制位置，L 为 PCF 在拉丝塔加热炉高温区的长度，u 为下棒速度。因为预制件上端固定，默认 PCF 竖直向下，且拉制过程中无偏转角度，设 t 为 PCF 预制件在高温炉内停留的时间，可以给出非稳态傅里叶热传导方程，通过分离变量法求解，得到了 PCF 预制件的温度场状态[157]：

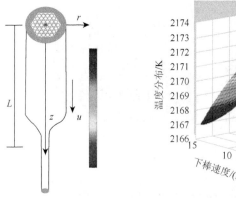

图 8-6　PCF 的拉制参量控制[155]

$$T(r,z,u) = (T_1 - T_0) \sum_{m=1}^{\infty} \sum_{n=1}^{\infty} \frac{4J_0(\beta_m)(\eta_n \cos\eta_n z + H\sin\eta_n z)\left[(\eta_n^2 + H^2)L + 2H\right]}{f^2(z)J_1^2\left[\beta_m f(z)\right]}$$

$$\cdot \exp\left[-at(\beta_m^2 + \eta_n^2)\right] \int_0^{f(s)} \int_0^L rJ_0(\beta_m r)(\eta_n \cos\eta_n z + H\sin\eta_n z)\mathrm{d}r\mathrm{d}z + T_0$$

$$(8\text{-}23)$$

PCF 预制件变形前，$t = \dfrac{z}{u}$；PCF 预制件熔融变形后，$\mathrm{d}t = \dfrac{\mathrm{d}z}{u(z)}$。根据该理论模型，可以计算得到 PCF 拉制过程中温度 T 与下棒速度 u、横向端面半径 r 和 z 的关系。由此获得拉制不同结构和材料 PCF 所需的最佳拉制参数。

根据不同光纤材料及结构参数，确定温度控制及拉制参数；选取合适的自动控制算法、闭环反馈，控制预制件温度场分布，调节拉丝速度，获得与设计结构一致的、性能优良的 PCF。PCF 的拉制流程图如图 8-7 所示。

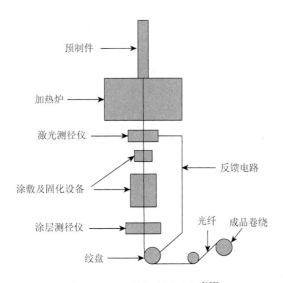

图 8-7　PCF 的拉制流程图[157]

高非线性 PCF 的制备相对于普通 PCF 更加困难，其更大的空气占比、更小的纤芯面积等加大了制备难度。另外一个对高非线性 PCF 的限制因素是光纤的熔接技术不成熟。PCF 非线性光学系数越大，有效模场面积（或芯径）就越小，与传统 SMF 的耦合、熔接就越困难。制备效果极大地影响了高非线性 PCF 的实验研究及大范围应用[158]。图 8-8 为几种 PCF 的横截面。

5. PCF 的仿真

根据 PCF 的结构，下面对其数值模拟结果进行分析。本节提出一种基于 SPR

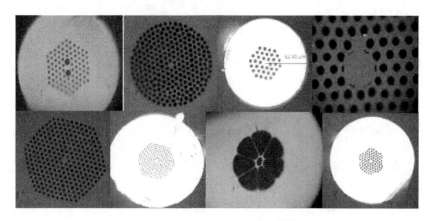

图 8-8　几种 PCF 的横截面[158]

的用于 RI 检测的抛光 PCF 传感器,并进行有限元分析。这种设计极大地增加了 PCF 的双折射,确保了薄膜的均匀性,从而提高了传感器的性能。结构的外层为八角形的 1/2,内层为四边形,可有效地提高极化方向的耦合强度。该传感器主要在可见光和红外波长下工作,探测范围为 1.33~1.38。通过分析外部 RI 变化、孔隙结构参数和银模厚度,其最大灵敏度为 14800nm/RIU,最大振幅灵敏度为 766.7008RIU^{-1}、分辨率高达 6.7568×10^{-6}RIU,该传感器适用于生物医学、环境监测、化学和其他领域。

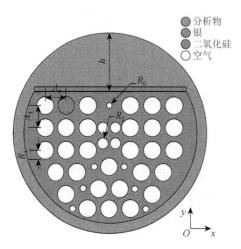

图 8-9　PCF-SPR 传感器的横截面图[160]
（彩图扫封底二维码）

近几十年来,SPR 传感器已广泛地应用于环境监测、医疗诊断、生化分析和食品安全。SPR 是发生在介质与金属界面上的一种光学现象。基于 SPR 的传感器具有实时控制、高灵敏度等优点,我们实验室所研究的成果正好实现了这一点[159]。

图 8-9 为 PCF-SPR 传感器的横截面图。R_0、R_1、R_2 的气孔半径分别为 0.3μm、0.5μm 和 0.8μm,外空气孔以半八角形排列,中间布置 R_0 和 R_2 的气孔,半径较小,以加大垂直方向倏逝场的泄漏。厚度为 30nm 的银膜通过射频溅射或化学气相沉积进行涂覆,并抛光至 4μm 的深度,本节提出的 PCF 可以采用侧弧形凹槽玻璃基底法成型,抛光精度为 0.01μm。

模型采用 Comsol Multiphsics 软件进行模拟,网格划分采用自由三角形和边界层。求解的自由度为 203831，边界散射条件设置为 PML，二氧化硅的介电常数由塞尔梅涅方程计算得出，银的介电常数由以下公式定义：

$$\varepsilon_{Ag} = 1 - \frac{\lambda^2 \lambda_c}{\lambda_p^2 (\lambda_c + i\lambda)} \qquad (8-24)$$

式中，$\lambda_c = 17.61400\mu m$ 和 $\lambda_p = 0.14541\mu m$，限制损失占传播损失的比例可以通过以下公式计算：

$$\mathrm{Loss}\left(\frac{dB}{cm}\right) \approx 8.86 \times \frac{2\pi}{\lambda} \times \mathrm{Im}(n_{eff}) \times 10^4 \qquad (8-25)$$

式中，n_{eff} 是 RI 的虚部，可以通过 Comsol Multiphsics 软件获得。

通过波长和振幅询问方法计算传感器灵敏度。波长灵敏度为

$$S_\omega = \frac{\Delta\lambda_{peak}}{\Delta n_a} \qquad (8-26)$$

式中，$\Delta\lambda_{peak}$ 为峰值波长位移；Δn_a 为分析物 RI 的变化。

振幅灵敏度为

$$S_A(\mathrm{RIU}^{-1}) = -\frac{1}{\alpha(\lambda, n_a)} \frac{\delta\alpha(\lambda, n_a)}{\delta n_a} \qquad (8-27)$$

式中，$\alpha(\lambda, n_a)$ 是分析物 RI 的限制损失；$\delta\alpha(\lambda, n_a)$ 是两个相邻分析物产生的限制损失之差。

传感器分辨率方程为

$$R(\mathrm{RIU}) = \Delta n_a \times \frac{\Delta\lambda_{min}}{\Delta\lambda_{peak}} \qquad (8-28)$$

式中，$\Delta\lambda_{min}$ 为分光计分辨率，可以设置为 0.1nm。

检测精度取决于半峰全宽（full width at half maximum，FWHM）。用于分析传感器性能的检测精度可以表示为

$$DA = \frac{1}{d} \qquad (8-29)$$

优点系数（figure of merit，FOM）也是测量传感器性能的一个重要参数，它定义为

$$\mathrm{FOM} = \frac{S_\omega}{d} \qquad (8-30)$$

本节采用 FEM 对该传感器的性能进行了数值分析。

6. 仿真结果与分析

1）双折射现象

当光纤结构不对称时，会导致双折射，图 8-10 显示了分析物 RI 在 1.36 处的

芯导模、SP 模和限制损耗谱的色散关系。当核心引导模式的有效 RI 的实部与特定波长的等离子体模式匹配时，就会发生共振。图 8-10（c）与（d）是 450nm 处 x 和 y 极化的匹配点处的核心引导模式、SP 模式和核心引导模式的电场分布。红色箭头是电场的方向。很明显，双折射现象使 y 偏振的主模损耗远远大于 x 偏振，因此我们只研究 y 偏振的主模。

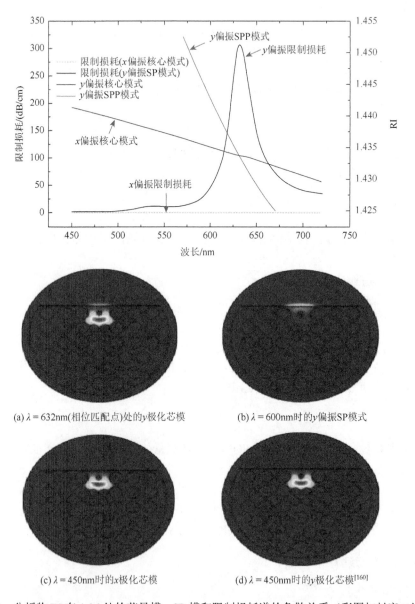

(a) $\lambda = 632\text{nm}$(相位匹配点)处的 y 极化芯模

(b) $\lambda = 600\text{nm}$ 时的 y 偏振SP模式

(c) $\lambda = 450\text{nm}$ 时的 x 极化芯模

(d) $\lambda = 450\text{nm}$ 时的 y 极化芯模[160]

图 8-10　分析物 RI 在 1.36 处的芯导模、SP 模和限制损耗谱的色散关系（彩图扫封底二维码）

2) 传感器性能分析

本节提出的 PCF-SPR 传感器具有优异的性能，如图 8-11 所示。如图 8-11 (a) 所示，当分析物 RI 在 1.33~1.39 轻微变化时，谐振波长发生偏移，限制损耗也随之变化。这是因为随着分析物 RI 的增加，SP 模式的有效 RI 增加，而纤芯模的有效 RI 保持不变，因此，纤芯和 SP 模式之间的指数对比度减小，从而增强了倏逝场，导致更强的耦合。当分析物 RI 增加时，SP 模式的有效 RI 增加，而核心模式保持不变，因此，出现红移现象。图 8-11 (b) 是分析物 RI 为 1.33~1.38 的振幅灵敏度谱图。图 8-11 (c) 为谐振波长的非线性拟合曲线，表示连续响应。图 8-11 (d) 为分析物 RI 为 1.33~1.38 的波长灵敏度和 FOM 图，显示了良好的传感性能。表 8.1 为 PCF-SPR 传感器的性能参数。

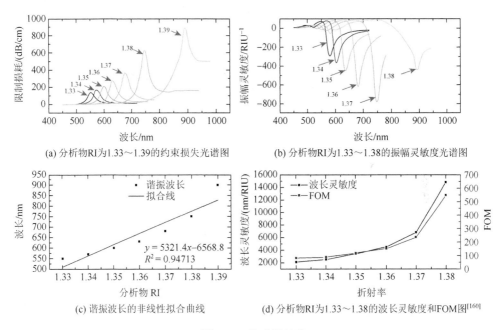

(a) 分析物RI为1.33~1.39的约束损失光谱图　　　(b) 分析物RI为1.33~1.38的振幅灵敏度光谱图

(c) 谐振波长的非线性拟合曲线　　　(d) 分析物RI为1.33~1.38的波长灵敏度和FOM图[160]

图 8-11　传感器性能

表 8.1　PCF-SPR 传感器的性能参数[160]

RI/(n_a, RIU)	共振波长 λ_{peak}/nm	波长灵敏度 S_w /(nm/RIU)	波长分辨率/RIU	限制损耗 /(dB/cm)	振幅灵敏度 S_a/(RIU^{-1})
1.33	552	2100	4.7619×10^{-5}	167.4578	291.3431
1.34	573	2500	4×10^{-5}	201.6039	351.9496
1.35	598	3400	2.9411×10^{-5}	256.3438	431.5426
1.36	632	4500	2.2222×10^{-5}	313.1179	621.0963

RI/(n_a, RIU)	共振波长 λ_{peak}/nm	波长灵敏度 S_w /(nm/RIU)	波长分辨率/RIU	限制损耗 /(dB/cm)	振幅灵敏度 S_a/(RIU^{-1})
1.37	677	6800	1.4707×10^{-5}	427.7713	766.7008
1.38	745	14800	6.7568×10^{-6}	712.8364	442.4963
1.39	893	N/A	N/A	988.8448	N/A

表 8.2 显示了本节提出传感器（PCF-SPR 传感器）与近五年提出的 PCF-SPR 传感器之间的性能比较。与过去五年提出的一些 PCF-SPR 传感器相比，本节提出传感器具有更高的波长灵敏度和振幅灵敏度。本节提出传感器可以在可见光到红外波段工作。在较宽的 RI 检测范围内，对 FOM 进行了分析，使性能更加全面。本节提出传感器具有优越的综合性能参数，适用于生物医学、环境监测和化学领域。

表 8.2　本节提出传感器（PCF-SPR 传感器）和近五年提出的 PCF-SPR 传感器之间的性能比较[160]

PCF-SPR 传感器	RI	工作波长范围/nm	振幅灵敏度 /RIU^{-1}	波长灵敏度 /(nm/RIU)	波长分辨率/RIU
文献[34]	1.33～1.37	540～800	N/A	4200	N/A
文献[35]	1.36～1.38	450～780	72.47	2520	1.38×10^{-4}
文献[36]	1.31～1.37	1300～2000	N/A	11750	8.5×10^{-6}
文献[37]	1.33～1.37	450～750	300	4200	N/A
文献[38]	1.30～1.42	567～1029	830	14600	N/A
文献[39]	1.32～1.35	1400～2600	N/A	566.6	2.98×10^{-5}
文献[40]	1.33～1.36	450～750	633.4001	10600	9.43×10^{-6}
文献[41]	1.35～1.39	550～850	N/A	12500	N/A
本节提出传感器	1.33～1.39	450～1100	766.7008	14800	6.7568×10^{-6}

3）结构参数的影响分析

本节采用有限元方法对其结构参数进行了分析。通过在合理范围内改变传感器尺寸，并考虑约束损耗和灵敏度，最终选择最佳结构。金属的类型和厚度是确定 SPR 传感器的重要参数。首先，我们分析了银膜厚度对传感性能的影响，如图 8-12 所示，与金膜相比，镀银膜传感器具有更高的灵敏度和性价比。图 8-12(a)～(c) 显示了具有不同银膜厚度值芯模的限制损耗和共振波长，随着银膜厚度值的增加，共振波长呈现红移，而偏振核模的限制损耗显著地降低。图 8-12 (d) ～ (f) 显示不同银膜厚度值的振幅灵敏度，当银层厚度为 40nm 时，振幅灵敏度的最大值为 -766.70RIU^{-1}；在银膜厚度为 50nm 与 60nm 处的振幅灵敏度分别是

−360.37RIU^{-1} 和−225.48RIU^{-1}。这是因为较厚的金属膜降低了来自核心的能量转移的强度，考虑到限制损耗和振幅灵敏度，我们选择银膜厚度为 40nm。

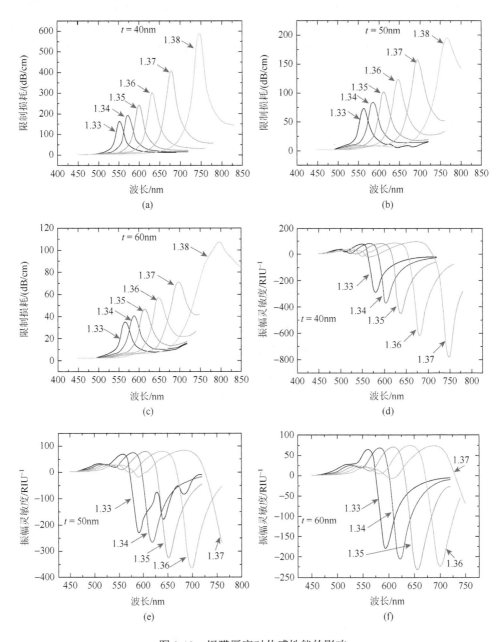

图 8-12　银膜厚度对传感性能的影响

（a）～（c）为不同银膜厚度的限制损失光谱，（d）～（f）为不同银膜厚度的振幅灵敏度光谱[160]

气孔间距的大小也会影响传感器的性能，如图 8-13（a）和（b）所示，分别分析了 x 方向和 y 方向的总间距对传感性能的影响。当分析物 RI = 1.36、气孔间距大小为 1.95～2μm 时，限制损耗逐渐增加，而共振波长不移动。这表明该模型结构良好，实际制造具有高度容错性。当间距大于 2μm 时，不考虑距离大于 2μm 是因为此时距离太接近光纤边缘。通过比较限制损耗，选择 x 和 y 之间的间距为 2μm。

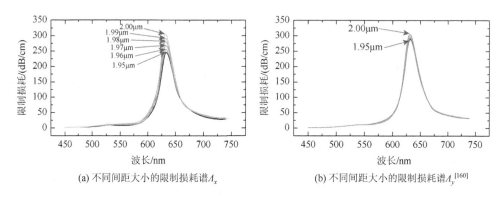

(a) 不同间距大小的限制损耗谱 Λ_x　　　　　　(b) 不同间距大小的限制损耗谱 Λ_y[160]

图 8-13　气孔空距的大小对传感器性能的影响

抛光深度是 D 形 PCF 中不可忽略的参数，由于侧壁粗糙度仅影响弱边缘场和规则性，因此，本节讨论了抛光深度对传感性能的影响，如图 8-14（a）～（c）所示。当抛光深度 h 为 3.8～4.1μm 时，共振波长蓝移，芯模限制损耗增加，这一现象主要是由于芯模和 SPP 模之间的距离随着 h 的增大而减小，使其更加容易耦合，从而增加了偏振芯模和 SPP 模式之间的耦合强度。同时，随着 h 的增加，灵敏度略有下降，综合考虑所有因素，h 的大小最终设置为 4.0μm。

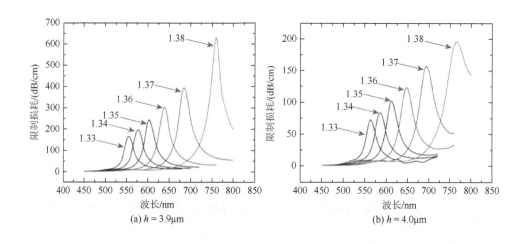

(a) $h = 3.9$μm　　　　　　　　　　(b) $h = 4.0$μm

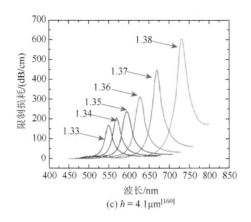

(c) $h = 4.1\mu m$[160]

图 8-14　不同抛光深度 h 的约束损耗谱

最后，研究了不同气孔直径大小对传感器性能的影响，如图 8-15 所示。分别描述了不同孔径 R_1 和 R_2 的 y 偏振芯模的约束损耗谱和共振波长，如图 8-15（a）和（b）所示，当 R_1 半径增大时，共振波长略有红移，这是因为随着 R_1 的增加，芯模和 SPP 模之间的耦合通道变小，从而削弱耦合强度。然而，随着 R_1 半径的增加，灵敏度在分析物 RI 为 1.33~1.38 内略有增加。因此，选择 R_1 为 0.8μm。

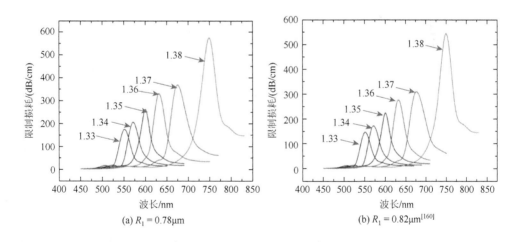

(a) $R_1 = 0.78\mu m$　　　　　　　(b) $R_1 = 0.82\mu m$[160]

图 8-15　R_1 变化时的限制损耗谱

图 8-16（a）和（b）显示了具有不同 R_2 的约束损耗谱。与 R_1 相反，随着 R_2 的增加，共振波长红移，损耗值增加；然而，分析物 RI 在 1.33~1.38 内，灵敏度和非线性之间的关系略有下降。这是因为，随着 R_2 的增加，芯模与 SP 模耦合通道之间的距离缩短，耦合强度增强。综合考虑，R_2 被选为 0.5μm。

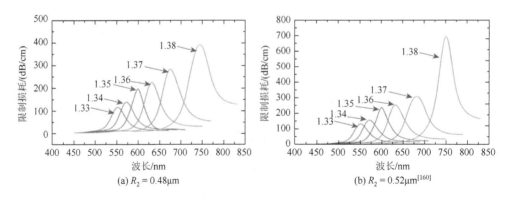

图 8-16 R_2 变化时的限制损耗谱

图 8-17（a）和（b）显示了不同 R_3 的约束损耗谱，与 R_1 一样，随着 R_3 的增加，芯模和 SP 模之间的耦合通道变小，从而削弱了耦合强度，共振波长红移，灵敏度增加。综合考虑，R_3 选择为 $0.3\mu m$。

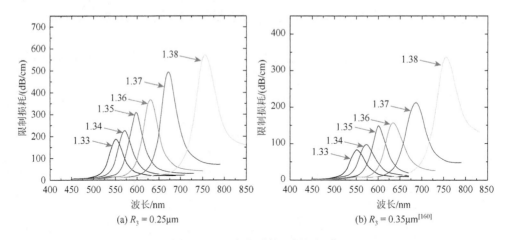

图 8-17 R_3 变化时的限制损耗谱

总之，本节提出了一种涂敷纳米银膜的抛光 PCF-SPR 传感器。本节用 FEM 分析了该传感器的色散关系和模态损耗，该传感器能够在可见光和红外波长下进行 RI 传感，在最终结构参数下，该传感器的最大波长灵敏度为 14800nm/RIU，最大振幅灵敏度为 766.7008RIU^{-1}，最大的分辨率为 6.7568×10^{-6}RIU，最大 FOM 为 548.1481。因此，该传感器具有优越的性能参数，适用于生物医学、环境监测和化学领域[160]。

8.3.2　高灵敏度 SPR 光纤液体折射率传感器的设计与性能分析

1. PCF 的发展和分类

PCF 又称 MOF，是基于光子晶体技术发展起来的新一代传输光纤。不同于传统光纤简单的纤芯和包层同轴结构，PCF 的包层 RI 在端面上呈波长量级周期性变化。其灵活的结构设计使其具有独特、可控的光学特性，巨大的应用前景激发着世界范围内大量研究团队的研究热情。

1987 年，Yablonovitch 和 John 几乎同时预言了光子带隙（photonic bandgap，PBG）效应，这是一个从半导体能带结构扩展到光子学的概念飞跃[161]。在半导体中，电子受到晶格势能周期性调制就会形成电子能带结构，在能带之间存在电子不能传播的禁带。与之类似，光子晶体中介电常数在波长量级周期性变化，会使其中传播的光波具有能带结构，能带之间也存在不能传播的禁带，即 PBG。受 PBG 这一概念的启发，1911 年 Russell 提出了基于二维面外 PBG 的空芯光纤想法。这种光纤克服了传统光纤的材料衰减、色散和非线性效应等方面的局限性。

但当时的实验条件并不成熟，在 Russell 和他的同事的不断努力下，1996 年通过 1mm 左右毛细管六角形堆叠方法成功地制作了第一根 PCF[162]。尽管最初对 PCF 做出预言是带隙型 PCF，但首根 PCF 的导光机理类似全内反射效应。这种类似全内反射效应的导光机理后来被命名为改进全内反射（modified total internal reflection，MTIR）。Russell 空气芯导光光纤的想法在 1999 年变成现实，首根空芯带隙光纤（hollow-core photonic bandgap fiber，HC-PBGF）传输光谱为几个分立的窄带传输窗口，在窄带传输窗口中 99%的光被限制在空气芯中传输。两种光纤成功制作标志着 PCF 早期大类分类方法的形成，即按导光机理将 PCF 分为改进全内反射光子晶体光纤（modified total internal reflection photonic fiber，MTIR-PCF）和带隙型光子晶体光纤（photonic bandgap fiber，PBGF）。

传统光纤的设计只能简单地调节光纤纤芯与包层的 RI 分布和几何尺寸，设计自由度小。而 PCF 除了纤芯的尺寸和 RI 可以改变，还可以调节包层中填充物的 RI、直径 d 和调制周期 Λ，灵活的参数选择能更精确地控制光纤的传输模式、损耗、色散、双折射、非线性等特性。PCF 一般采用堆叠拉丝的方法制作，选用不同堆叠棒，可以获得不同的光学特性的光纤。通过纤芯或者包层引入不对称，能很容易地获得双折射可调 PCF。纤芯采用掺稀土离子替代棒，可以获得用于光纤激光器和光纤放大器的增益光纤。多根石英棒替代不同位置的毛细管可以获得多芯 PCF。通过二次拉丝技术，能获得具有微结构的 PCF[163]。

HC-PBGF 可以实现无介质导光，即光在纤芯中可以接近真空光速传播，同时具有低非线性、低材料衰减、低材料色散的特性。优良的特性引起人们对空芯 PCF 极大的关注，2002 年，巴斯大学报道了另一种空芯 PCF，该光纤具有笼目 (Kagome) 晶格的石英网包层结构，因而被称为 Kagome 光纤[164]。Kagome 光纤传输窗口比先前报道的三角晶格 HC-PBGF 的光纤传输窗口更宽，损耗也更低。Kagome 光纤的出现刺激着研究机构对宽带空芯 PCF（hollow-core photonic crystal fiber，HC-PCF）的研究。鉴于 HC-PBGF 和宽带 HC-PCF 都在空芯中传光，本节将 HC-PBGF 和宽带 HC-PCF 统称为 HC-PCF。

PBG 不仅能出现在 HC-PBGF 中，固体芯 PCF 同样能实现 PBG 效应。2002 年，Bise 等将高 RI 液体填充到 MTIR-PCF 空气孔中，发现光纤变为 PBGF，并且通过调节温度可以改变带隙位置。受这一成果的启发，2004 年巴斯大学制备了全固光子带隙光纤[165]。这种光纤具有固体芯带隙导光的特点，也称为固态芯光子带隙光纤（solid core photonic bandgap fiber，SC-PBGF）。本书对这类光纤也采用 SC-PBGF 这一称呼。

除了单一的导光机理的 PCF，研究人员发现，可以将不同导光机理并入同一根 PCF 中，MTIR 和 PBG 两种导光机理并存的 PCF 称为杂化光子晶体光纤（hybrid photonic-crystal fiber，HPCF）。2006 年巴斯大学提出 HPCF 这一概念，同时制作了 HPCF。值得注意的是，HPCF 这一概念指的是外部材料（气体、液体、固体）填充 PCF 空气孔后构成的新光纤，即一种更加广义的 HPCF。在本书中所有提到 HPCF 时，MTIR 和 PBG 两种导光机理并存[166]。

除了这些二维的 PCF，还存在一维和三维 PCF，即同轴高低 RI 交替层构成包层的布拉格光纤和最近 Beravat 等提出的一种三维扭转导光无芯 PCF[167]。布拉格光纤研究随着二维 PCF 制作工艺的成熟趋于平淡，无芯 PCF 出现时间短研究成果目前不多。本节的研究基于二维石英 PCF。PCF 结构不同，导光机理和应用领域就存在差别。下面介绍 MTIR-PCF 和 HC-PCF 的导光机理和研究现状。

1) MTIR-PCF

典型的 MTIR-PCF 由纯二氧化硅纤芯和空气-玻璃光子晶体包层组成。其导光机理与传统光纤相似，也是基于全内反射机制的。但 MTIR-PCF 包层区域 RI 由空气和石英的加权平均决定，用有效 RI 表示。显然 MTIR-PCF 包层有效 RI 比纤芯 RI 低，满足全内反射的基本条件，通过调节占空比就可以调节包层有效 RI。尽管 MTIR-PCF 没有 PBGF 那样独特的带隙效应，但 MTIR-PCF 对包层的周期性和结构参数要求不严格，因而其制作难度相对 PBGF 低，其灵活的结构设计吸引了大量的研究者。

传统光纤纤芯和包层 RI 差通过掺杂浓度进行调控，变化范围小。MTIR-PCF 包层 RI 通过调节空气孔大小和空气孔间距来控制，空气孔直径和空气孔间距的比值在 10%～90%变化，这意味着包层有效 RI 的变化范围非常之大。通过改变光纤纤芯的大小和包层空气孔参数（大小和占空比），能有效地调节光纤的模式、非线性和波导色散等特性。

2）HC-PCF

HC-PBGF 和宽带 HC-PCF 都为空芯导光光纤，大损伤阈值使 HC-PCF 适合用于高功率传输和高功率脉冲压缩。空气孔结构为气体和液体填充提供了微流通道，可以用于气体非线性光学研究、液体探测、化学和生物传感器。但两者的结构不同，导致了导光机理存在区别。下面具体介绍两种光纤的导光机理和研究现状。

（1）HC-PBGF。HC-PBGF 包层是由石英和空气周期排列的，空气孔在包层中呈三角晶格分布，纤芯为空气缺陷。HC-PBGF 包层有效 RI 比纤芯 RI 高，导光机理完全不同于全内反射，而是利用缺陷，使只有特定频率的光可以在缺陷区域中传输，即 PBG 效应。光在 HC-PBGF 纤芯传输需要满足两个条件：①光频落入 PBG 范围；②有效 RI 小于纤芯 RI，即有效 RI 小于空气的 RI。

HC-PBGF 导光机理可以通过布拉格衍射进行理解，如图 8-18 所示。HC-PBGF 空气纤芯的包层空气孔 RI 取 n_2，石英基质的 RI 取 n_1，光可以在所有层中传输，满足布拉格定律的多重散射光会发生干涉效应从而返回纤芯，形成带隙。

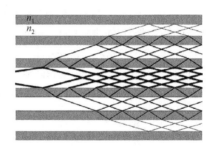

图 8-18　HC-PBGF 导光机理[167]

由于光是在空气芯中传输的，HC-PBGF 具有极低材料吸收和散射、低非线性效应、低弯曲损耗等优点。光能主要集中在空气纤芯中，几乎没有菲涅耳反射，HC-PBGF 可以用于制备高效率光耦合器。损耗小、非线性系数低，使其可以用于超长距离的光纤通信、孤子传输和飞秒激光器等领域。通过将纤芯由 7 根替代棒换成 19 根替代棒来减少基模和石英-空气界面表面模的重叠，HC-PBGF 的最小损耗已经降到了 1.2dB/km。先前的理论计算表明：通过合理的光纤设计，HC-PCF 的损耗能降到 0.1dB/km，即 HC-PBGF 能实现比最好的传统光纤更低的损耗。2016 年，南安普敦大学进行了 11km 的 HC-PBGF 宽带低延迟数据传输实验，在 1.55μm 波长附近损耗约 5dB/km，3dB 传输带宽超过 200nm，整个 C 波段的传输速率为 10Gbit/s。先前的 HC-PBGF 拉制数值模型表明损耗更低。长度更长的 HC-PBGF 可以实现。

（2）宽带 HC-PCF。从首次报道 Kagome 光纤后，不断有新的宽带 HC-PCF 被提出[168]。一些发现对制造低损耗宽带 HC-PCF 的进展起导向作用。首先，确切的几何形状包层不是 HC-PCF 宽带导光的关键因素，方形或蜂窝状包层结构也能够进行宽带导光。其次，不同于 HC-PBGF，宽带 HC-PCF 的损耗与包层层数无关，原则上即使纤芯周围一层包层也能实现宽带导光。最后，纤芯周围的第一层包层对光纤的性能起决定性作用。

宽带 HC-PCF 还没有一种普遍接受的宽带导光机理，主要有两种观点，即抑制耦合和反谐振导光。2007 年，Couny 等首先指出，宽带 HC-PCF 导光原因是纤芯和包层模之间横向场高度不匹配抑制二者之间的耦合，即抑制耦合理论[169]。该理论认为，由于包层模快速的相位调制，纤芯模和包层模之间的相互作用很微弱。反谐振反射光波导（antiresonant reflecting optical waveguide，ARROW）模型是目前宽带 HC-PCF 最广泛接受的导光机理。ARROW 模型是 1986 年解释光是如何被限制在多层高低 RI 构成包层的平面硅波导时提出的[170]。ARROW 同样也是布拉格光纤（包括空芯布拉格光纤和固体芯布拉格光纤）和 SC-PBGF 的导光机理。ARROW 模型认为，高折率层可以看作 F-P 谐振器，在共振状态下 F-P 腔是透明的，允许光从包层逃逸出去；在非共振状态下 F-P 腔的反射率非常高，从而将光强烈地限制在纤芯中，对宽带 HC-PCF 而言，石英包层毛细管的共振波长与高损耗带对应。

2011 年，汪滢莹等首次实验证明了内摆线型 Kagome 光纤具有低损耗宽带大模场的性质，负曲率的纤芯结构可以对光更好束缚这一特点引发了后面大量对负曲率空芯带隙光纤（negative-curvature HC-PCF，NC HC-PCF）的研究[171]。如今，NC HC-PCF 吸引了科学界的极大关注，作为 Kagome HC-PCF 的替代品，其制造复杂性显著地降低，并且通常能改善光纤性能。

宽带 HC-PCF 没有独特的包层设计。其包层可以由蜂窝状或 Kagome 格子组成，也可以是 NC HC-PCF 包层结构，即包层通常由较少层数甚至单层的环形管或更复杂嵌套管等几何形状构成。所有的宽带 HC-PCF 都可以在大间距区实现一定程度的宽带导光，大间距区指光学波长小于光纤的包层尺度特征参数（间距或 NC HC-PCF 中环形管的直径）的光谱区。宽带 HC-PCF 在近红外的损耗已降到 7.7dB/m，但更惊异的是，石英玻璃宽带 HC-PCF 可以在二氧化硅高材料损耗区域内低衰减导光，如中红外区和真空紫外区[172]。

各种增加高阶模抑制的 NC HC-PCF 和单包层 HC-PCF 相继被提出。高阶模抑制是通过优化光纤结构实现的，让纤芯高阶模和包层模相位匹配，从而使纤芯基模的损耗较高阶模小。2016 年，巴斯大学制备的光纤在 1068nm 基模处的损耗为 0.022dB/m，而紧邻高阶模损耗是基模损耗的 100 倍，且该光纤在可见光到近红外光谱范围内保持这种大的模间损耗差及较低的基模损耗，能在宽谱范围单模低损耗运转。2017 年，马普发现在单层 HC-PCF 拉制过程中旋转可以改进光纤的单模性能。近年北京工业大学还研究了单层 HC-PCF 弯曲损耗的优化[173]。随着宽带 HC-PCF 损耗和模式问题的解决，HC-PCF 的应用研究进一步深入。最新的研究表明，HC-PCF 可以用于量子光学、单周期脉冲压缩、染料微型激光器等方面。

2. 设计与性能分析

不同的等离子体材料对基于 PCF 的 SPR 温度传感器的传感性能有很大的影响，正如 Liang 等[174]之前所展示的成果，根据现有研究，二氧化钛是一种优良的辅助等离子体材料。本书在有限元模拟的基础上，提出一种高灵敏度的 D 形 PCF-SPR 温度传感器，对基于 Au-TiO$_2$ 和 Ag-TiO$_2$ 等离子体材料的 PCF-SPR 温度传感器进行了数值分析。通过调整金属层厚度和孔径对传感器进行了优化，结果，PCF-SPR 温度传感器在涂覆 Au-TiO$_2$ 时具有更高的灵敏度，在涂覆 Ag-TiO$_2$ 时具有更好的线性关系。温度传感器主要工作在红外波段，最大灵敏度为 4.5nm/℃，检测温度为−15~35℃。该传感器具有小型化、高集成度、高灵敏度等优点，可以应用于生物医学、化学检测和农业等领域。同时，在仿真层面验证了方形空气孔的可行性，对 PCF 的发展具有重要意义。

利用基于有限元的 Comsol Multiphysics 软件，本节对提出的 D 形结构进行了建模和仿真。PCF-SPR 传感器的二维横截面图如图 8-19 所示。它由 17 个圆形气孔和一个方形气孔组成，以二氧化硅为背景材料，按六边形网格排列。在纤芯左右两侧各设置 6 个直径为 R_1 的圆形气孔，有利于纤芯导模与等离子体模型之间的共振耦合。在底部设置五个半径为 R_2 的圆形气孔，以减小纤芯的模场面积，在纤芯中心设置一个高度为 L 的方形气孔，以获得更好的光学约束和更高的双折射。PCF 可以通过叠层拉伸方法制造，方形空气孔可以通过飞秒激光微机械加工，金属涂层可以用于化学气相沉积，温度敏感材料是甲苯。

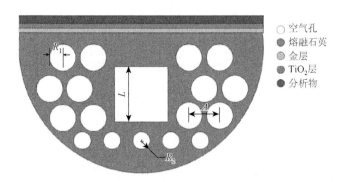

图 8-19　PCF-SPR 传感器的二维横截面图[175]

优化后的结构参数为 $R_1 = 0.9\mu m$，$R_2 = 0.55\mu m$，$L = 3.5\mu m$。两个空气孔之间的中心距 $A = 2\mu m$；Au/Ag 的厚度为 20nm，等离子 TiO$_2$ 的厚度为 20nm，顶层为分析层。分析层填充温度敏感材料甲苯。因为甲苯的 RI 会随温度变化，空气孔充满 RI 为 1 的空气。

　　首先，以 Au-TiO₂ 层传感器为例，分析其传感特性和设计参数对传感器性能的影响，图 8-20 显示了甲苯温度为 25℃时芯模和 SPP 模之间的色散关系，红线表示 2000～2500nm 内 y 偏振（从图 8-20 中可以清楚地看到，指示电场方向的红色箭头是垂直的，因此是 y 偏振）芯模的限制损耗，蓝线表示 y 极化芯模（1.330～1.375）有效 RI 的实部，黑线表示 SPP 模有效 RI 的实部。在图 8-19 中，有效折射率 $Re(n_{eff})$ 是由 Comsol Multiphysics 软件获得的芯模和 SPP 模的 RI 的实部。当芯模的有效 RI 的实部 RI 与 SPP 模的有效 RI 的实部相等时，两种模式将耦合以实现两种模式之间的最大能量传输，损耗值将最高，从而产生损耗峰值，在一定程度上，SPP 模的 RI 迅速下降，y 偏振芯模的 RI 上升，SPP 模在 2150nm 处与芯模的 RI 相交。耦合强度可以用约束损耗来描述，峰值损耗出现在该交叉点的波长处。在该交叉点处，实现了完美的相位匹配，并且当甲苯的温度为 25℃时，核心模式的约束损失达到最大。

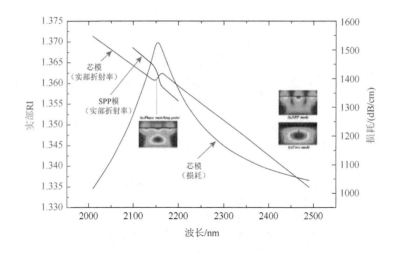

图 8-20　芯模（蓝线）和 SPP 模（黑线）的色散关系（彩图扫封底二维码）
损耗作为芯模（红线）波长的函数

　　如图 8-21 所示，在模拟中，我们将甲苯的温度从 35℃更改为−15℃，限制损耗和波长之间的关系。由图 8-21（a）可知，涂有 Au-TiO₂ 传感器的共振波长随着温度的升高出现蓝移，而损耗先增大后减小。由图 8-21（b）可知，涂有 Ag-TiO₂ 传感器的共振波长随温度升高出现蓝移，损耗值几乎不变。芯模的 RI 随着甲苯温度的降低而增加，而 SPP 模的 RI 几乎没有变化，导致谐振点进入长波。

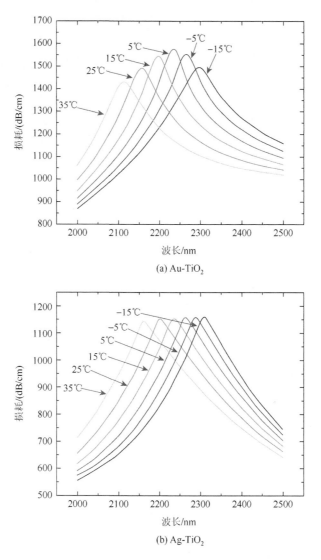

(a) Au-TiO$_2$

(b) Ag-TiO$_2$

图 8-21　甲苯在空气中的损耗图（温度为–15～35℃）[175]

　　此外，我们在图 8-22（a）中绘制了拟合曲线。两组材料均表现出良好的线性关系。Ag-TiO$_2$ 涂层传感器的 R^2 为 0.99105，这比 0.98815 的 Au-TiO$_2$ 涂层传感器好。图 8-22（b）显示了传感器的温度灵敏度（–15～25℃）。可以看出，灵敏度随着温度的升高而增加，最高为 4.5nm/℃，温度为 5℃。灵敏度定律表明，它随温度升高而升高。可以看出，涂有 Au-TiO$_2$ 的传感器灵敏度优于涂有 Ag-TiO$_2$ 的传感器灵敏度。

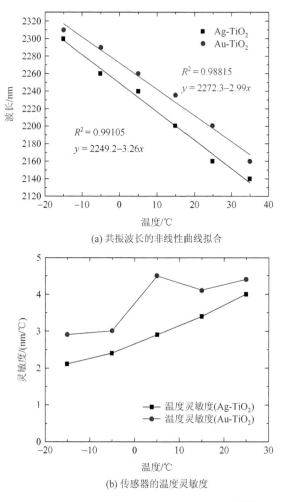

(a) 共振波长的非线性曲线拟合

(b) 传感器的温度灵敏度

图 8-22 等离子体材料 Au-TiO$_2$ 及 Ag-TiO$_2$[175]

由图 8-23（a）可知，当 PCF 涂有 Au-TiO$_2$ 时，共振波长蓝移，损耗随温度升高而降低。然而，随着 R_1 的增加，共振波长也出现蓝移，在 25℃时，损耗峰值先增大后减小，一直增加到-5℃。由 8-23（b）可知，当 PCF 涂有 Ag-TiO$_2$ 时，共振波长蓝移，损耗随温度升高而增加，但随着 R_1 的增加，共振波长蓝移，损耗先增大后减小。这是因为 R_1 尺寸的增加导致耦合通道边缘狭窄，适当的增加可以将更多的能量集中在耦合通道上，提高耦合强度。然而，当 R_1 的尺寸进一步增大时，耦合通道将过于狭窄，因此，所有能量无法通过耦合通道，从而导致损耗降低和耦合强度减弱。

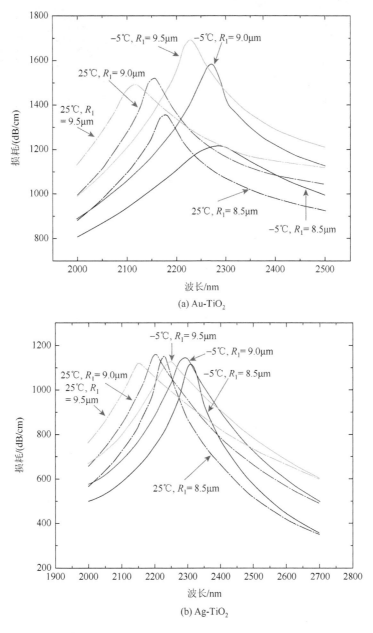

图 8-23　损耗随空气孔 R_1 的半径的变化情况[175]

从图 8-24 可以看出，对于 R_2，谐振波长随着温度的升高而蓝移，但 R_2 半径的变化不会影响传感性能。这是因为 R_2 的位置远离耦合通道，并且尺寸改变时对耦合强度没有影响。所以 R_1 是 0.9μm，R_2 为 0.55μm。

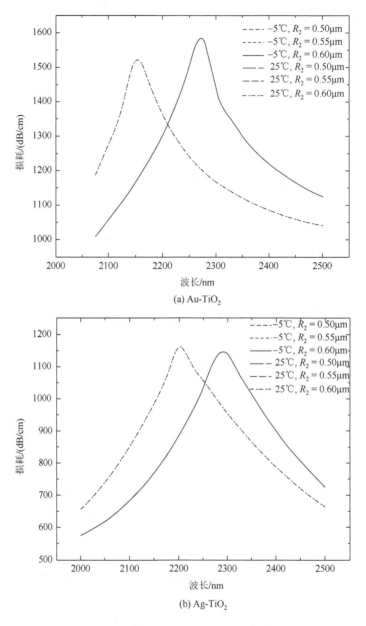

(a) Au-TiO$_2$

(b) Ag-TiO$_2$

图 8-24　损耗随空气孔 R_2 的半径的变化情况[175]

接下来,我们讨论方形空气孔对传感器性能的影响。图 8-25(a)与(b)显示了方形空气孔尺寸对限制损耗和谐振波长的影响。随着 L 从 3.4μm 增加到 3.5μm,温度为 25℃和−5℃时,温度降低时也会发生红移。与 R_1 一样,方孔 L 直接调整核心区域。当温度变化时,玻璃的 RI 发生变化,因此,SPP 模式的 RI 发生变化，从而发生红移。随着 L 的增大，芯模位置升高，更容易与 SPP 模耦合，损耗增大，耦合强度增大，然而，当 Au-TiO$_2$ 处于−5℃，且金属层的 RI 一定、甲苯为−5℃、L = 3.5μm 时，可以看出，损耗最大，波长灵敏度不降低，所以，最终选择 L 为 3.5μm。

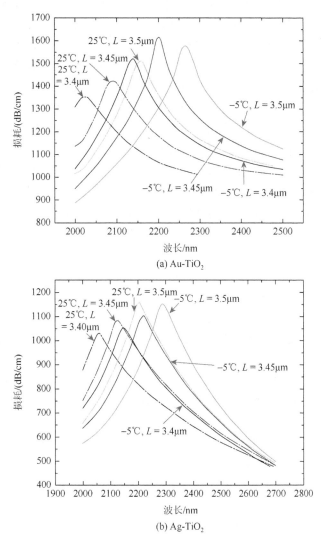

图 8-25　损耗随空气孔高度 L 的变化情况[175]

本节提出了一种基于 SPR 的 D 形 PCF 温度传感器。我们对基于 Au-TiO$_2$ 和 Ag-TiO$_2$ 等离子体材料的 PCF-SPR 温度传感器进行了数值分析。这将有助于研究人员选择正确的等离子材料组合，基于表面涂覆 Au-TiO$_2$ 的传感器的最大灵敏度为

4.5nm/℃，R^2 为 0.98815，基于表面涂覆 Ag-TiO$_2$ 传感器的最大灵敏度为 4.0nm/℃，R^2 为 0.99105，灵敏度稍低。在模拟中，我们发现金属交换位置不影响传感性能。TiO$_2$ 层可以用作黏合剂和抗氧化层。本节通过比较两组金属层，验证了对方形气孔进行 PCF 模拟的可能性。这对今后 PCF 的研究具有重要的意义[175]。

迄今为止，业内已经提出了许多成熟的光纤检测技术来检测 RI 如光纤光栅和光纤干涉仪。然而，这些技术的缺点是灵敏度低、共振峰宽、检测范围有限。基于 SPR 的光纤液体折射率传感器以其无须标记处理、抗电磁干扰、高效率、高灵敏度等优点受到研究人员的青睐，易于集成，广泛地应用于石油化工、医疗诊断、生化检测和光学太阳能电池。当一束 P 偏振光被传输到金属-电介质界面时，它以一定深度穿透金属层，导致金属表面上的自由电子集体振荡，并产生 SPW。当入射光在特定波长范围内与 SPW 满足波矢匹配条件时，即波导模式和 SPP 模式有效 RI 的实部在特定波长下相等，它们在界面处能量结合。这表现为入射光的一些能量被 SPW 吸收，导致反射光在共振波长处的能量显著地损失，产生共振损失峰值。外部环境 RI 的微小变化会影响 SPR 共振条件，从而改变共振波长，将这种变化用于 RI 传感。

SPR 的耦合模型包括棱镜耦合和光栅耦合。棱镜耦合 SPR 传感器具有系统大、性能差、无法远程监测、不耐高温等缺点。光栅耦合 SPR 传感器分辨率低、制造工艺复杂。PCF 具有结构紧凑、制造简单、场可控、遥感能力强、单模传输、灵敏度高等优点，可以有效地克服上述缺陷。到目前为止，本节已经提出了基于 SPR 技术的不同类型的 PCF 结构。

本节提出了一种基于双面抛磨光子晶体光纤（double-polished photonic crystal fiber，DP-PCF）的超宽探测范围 RI 传感器，并进行了数值模拟分析。为了获得更宽的检测范围和更高的灵敏度，我们讨论了具有两个镀金空气孔和两个充金空气孔 PCF 的特性。样品溶液与抛光表面上的金属直接接触，便于储存和交换。仿真结果表明，该传感器在近红外波段的检测范围为 1.25～1.43，可以用于食品质量控制、水质检测和医疗保健等各种生化样品的检测。

将 SPR 引入 PCF 的一般方法是用金属丝填充孔或在孔壁上镀金属膜，但在金属气孔通道中不容易实现样品溶液的选择性填充和交换。因此，我们选择在抛光表面涂覆金属，并讨论镀金微孔和金属填充微孔对传感器性能的影响。在图 8-26（b）中，双边抛光 PCF 的顶部和底部两个微孔被镀金膜。在图 8-26（c）中，双边抛磨 PCF 的上下两个微孔填充有金属。

DP-PCF 传感器的制作过程非常简单，可以使用标准堆叠方法实现不同尺寸的圆形气孔，抛光技术包括化学蚀刻和机械研磨。使用 HF 的化学腐蚀方法难以控制腐蚀区域的形状和大小且具有高度危险性；机械研磨法如砂轮抛光法和 V 形槽抛光法较为成熟。外圆砂轮固定在一个精密的三维平移台上，通过计算机控制可沿 x、y 和 z 方向移动。选择不同粗糙度和不同粒度的砂纸进行快速抛光。

为了仅在抛光表面上实现镀金，可以使用砂轮抛光方法。利用聚焦在腔内的高功率激光束可以加工出弧形粗糙表面。因此，可以使用现有技术制造所提议的传感器。

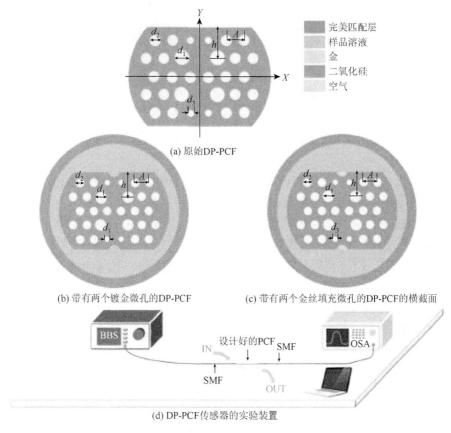

(a) 原始DP-PCF

(b) 带有两个镀金微孔的DP-PCF   (c) 带有两个金丝填充微孔的DP-PCF的横截面

(d) DP-PCF传感器的实验装置

图 8-26 PCF 的二维截面图及实验过程原理图（彩图扫封底二维码）

DP-PCF 传感器的实验装置如图 8-26（d）所示。BBS 将光发射到 SMF 中。SMF 的两个部分分别通过焊接技术与 DP-PCF 耦合。透射光谱可以用 OSA 测量。分析物进出量可以通过注射泵维持。分析物的变化引起共振波长的蓝移或红移，输出光谱可由计算机分析。

由于光纤中的双芯结构，有利于对 x 极化的芯模、奇模（odd mode，OM）和偶模（even mode，EM）的激发。当满足核心引导模式和表面等离子体基元模式的相位匹配条件时，振荡的表面电子吸收入射光的最大能量，从而产生损耗峰。图 8-27（a）～（d）显示了在非共振波长为 1300nm 和共振波长为 1430nm（RI 为 1.36）时偶模和奇模的电场分布。

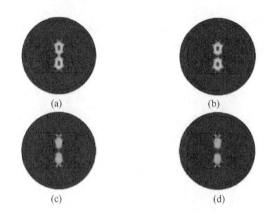

图 8-27　具有两个镀金微孔的 DP-PCF 的 EM 和 OM 的电场分布

　　然后，以图 8-27（b）的结构为例，研究金层厚度 $t = 40\text{nm}$ 的 PCF-PSR 传感器中的 SPR 原理。具有两个镀金微孔的 DP-PCF 传感器的纤芯导模（core guided mode，CGM）和表面等离子体模式（surface plasmon mode，SPM）之间的色散关系，以及分析物 RI 为 1.41 的损耗谱随波长的变化如图 8-28 所示。图 8-28（a）和（d）显示了 CGM 与 SPM 在非共振波长下的能量分布；图 8-28（b）与（c）显示了 SPM 和 CGM 在相位匹配点的能量分布。可以观察到，CGM 和 SPM 有效

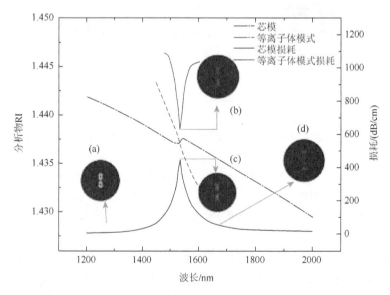

图 8-28　具有两个镀金微孔的 DP-PCF 传感器的 CGM 和 SPM 之间的色散关系，以及分析物
RI 为 1.41 的损耗谱随波长的变化（彩图扫封底二维码）

（a）是 1250nm 的 CGM；（b）、（c）是 1535nm 共振波长下的 CGM 和 SPM；（d）是 1630nm 处的 SPM

RI 的实部有一个交点，对应于 1535nm 的共振波长。核心模式的损耗值达到最大，而 SPW 模式的损耗值达到最小。这表明 CGM 和 SPM 之间存在强耦合，能量从光纤的双芯转移到金纳米线，从而导致急剧的损耗峰值。

在仿真过程中，我们采用具有 PML 边界条件的 FEM 研究了 PCF 的传输模式。为了最大限度地提高模拟精度，将解决方案的自由度设为 174329。

我们研究了带有镀金和填金孔的 DP-PCF 的 EM 和 OM 传感性能。图 8-29（a）与（b）显示了不同分析物 RI 下 EM 和 OM 的损耗透射光谱，范围为 1.25～1.44，间隔为 0.01，此时 DP-PCF 有两个涂层金微孔，涂层厚度为 40nm。通过增加分析物的 RI，共振峰向更长的波长移动。当分析物 RI 为 1.25 时，EM 与 OM 的共振峰出现在 1255nm 处，相应的损耗峰分别为 54.089dB/cm 和 58.826dB/cm。我们注意到，随着分析物 RI 的增加，共振波长增加。这是因为较大的分析物 RI 增加了 SPM 的 $Re(n_{eff})$，而 CGM 保持不变，导致相位匹配点移动到更长的波长。当分析物 RI 为 1.44 时，EM 与 OM 的共振峰出现在 1790nm 和 1820nm 处，相应的损耗峰分别为 256.82dB/cm 和 290.75dB/cm。

限制损耗随分析物 RI 的增加而增加。当 EM 的分析物 RI 为 1.25 和 1.42 时，最低传播损耗为 54.09dB/cm，最高传播损耗为 457.97dB/cm。随着分析物的 RI 从 1.42 进一步增加到 1.44，损耗峰值减小，从 CGM 到 SPM 的能量转移减弱。另外，对于 OM，在分析物 RI 为 1.25 和 1.41 的情况下，最低传输损耗为 58.83dB/cm，最高传输损耗为 493.69dB/cm。随着分析物的 RI 从 1.41 增加到 1.44，损耗峰值急剧下降。

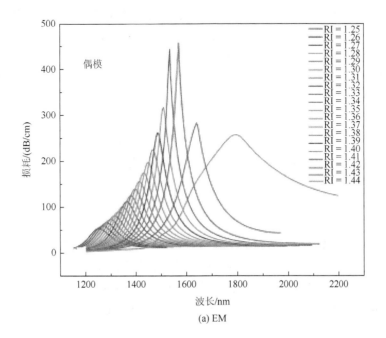

(a) EM

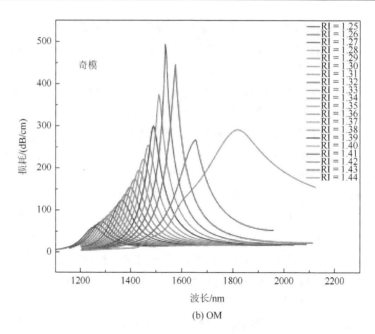

图 8-29　双镀金微孔的 DP-PCF 在 EM 和 OM 的损耗透射光谱（分析物 RI 为 1.25～1.44）
（彩图扫封底二维码）

　　图 8-30 显示了当 DP-PCF 有两个金填充微孔时，不同 RI 分析物的 EM 和 OM 的损耗转移光谱范围为 1.25～1.44，间隔为 0.01。由图 8-30（a）和（b）可知，EM 与 OM 的共振波长和损耗峰随着分析物的 RI 增加而增加。当分析物 RI 为 1.25 时，EM 和 OM 的共振峰出现在 1020nm 处，相应的损耗峰分别为 26.055dB/cm 和 28.02dB/cm；当分析物 RI 为 1.44 时，EM 与 OM 的共振峰出现在 1418nm 和 1430nm 处，相应的损耗峰分别为 173.66dB/cm 和 150.94dB/cm；当分析物 RI 在 1.43～1.44 变化时，在 EM 与 OM 下 71nm 和 80nm 的最大位移如图 8-30 所示。实现了 7100nm/RIU 和 8000nm/RIU 的最大光谱灵敏度，传感器的最佳分辨率分别为 1.408×10^{-5}RIU 和 1.25×10^{-5}RIU。根据共振波长，我们绘制了两条拟合线，这两条拟合线与分析物的 RI 有关。共振波长的非线性拟合曲线显示出良好的连续响应。

　　熔敷金属膜厚度是 SPR 的一个重要因素，决定了传感器的最终传感性能。图 8-31 显示了所设计的 DP-PCF 传感器的损耗谱，该传感器带有镀金微孔，金膜厚度为 30nm 和 35nm。从图 8-31（a）与（b）可以看出，随着 RI 从 1.25 增加到 1.44，共振波长从较短波长移动到较长波长。对于厚度为 30nm 和 35nm 的金膜，当 RI 在 1.43～1.44 变化时，最大位移分别为 130nm 和 120nm。根据灵敏度计算方程，实现了 13000nm/RIU 和 12000nm/RIU 的最大光谱灵敏度，传感器的最佳分

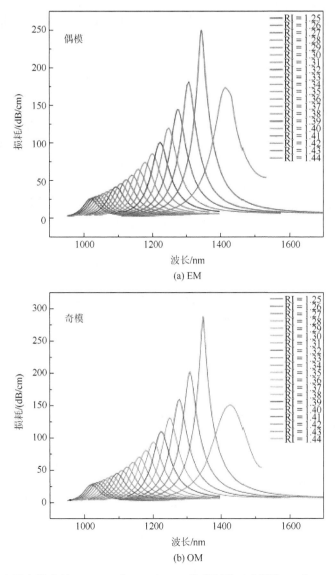

图 8-30　两个金填充微孔的 DP-PCF 在 EM 和 OM 的损耗谱（分析物 RI 为 1.25～1.44）（彩图
　　　　扫封底二维码）

辨率分别为 7.69×10^{-6}RIU 和 8.33×10^{-6}RIU。40nm 的最大灵敏度比 35nm 的模拟
结果高 29.17%。

　　基于有限元方法，利用 Comsol Multiphysics 软件设计并研究了一种新型的双
抛光双芯 RI 传感器。等离子体材料和传感层位于抛光 PCF 表面，便于制造和检
测分析物。结果表明，具有两个镀金微孔的 DP-PCF 比具有两个充金微孔的
DP-PCF 具有更高的灵敏度。本节所提出的光子晶体光纤在抛光表面的微孔上涂

覆金层或填充纳米金，因此，该传感器成本较低，可以用于生物、医疗、化学、环境和偏振相关领域。

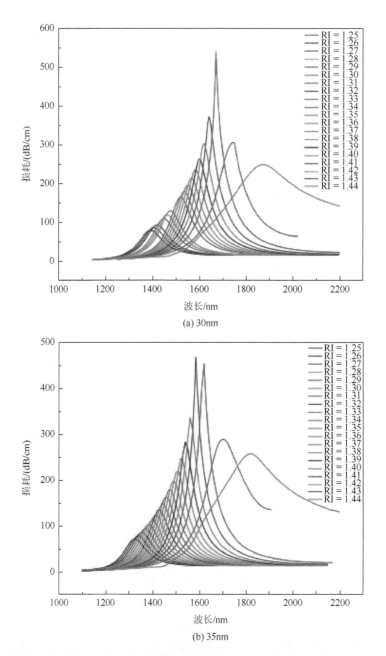

(a) 30nm

(b) 35nm

图 8-31　两个镀金微孔的 DP-PCF 的限制损失光谱（金层厚度的变化范围为 30nm 和 35nm，分析物 RI 为 1.25～1.44）（彩图扫封底二维码）

在 1.25～1.44 的探测范围内，EM 与 OM 的最大光谱灵敏度分别为 15000nm/RIU 和 15500nm/RIU，对应的最佳分辨率分别为 6.67×10^{-6}RIU 和 6.45×10^{-6}RIU。由于这些突出的特性，双抛光 DP-PCF 传感器可能是实时检测的合适选择，如检测生物分子、环境、食品和化学物质。

8.4　本 章 小 结

随着研究的深入，基于光纤的液体 RI 传感系统已经得到了进一步发展。本章首先对光纤金属薄膜的液体 RI 传感器的传感原理进行了介绍，然后对金属薄膜材料的研究历程和制备工艺作了简要的概述，接着又对表面等离子体激发原理进行了理论分析，最后对我们所提出的几种 RI 传感器进行了性能的分析和总结。

参 考 文 献

[1]　SINGH S. Refractive index measurement and its applications[J]. Physica scripta，2002，65（2）：167-180.

[2]　RAHMAN M A, GALAND Q, SOLIMAN M, et al. Measurement of refractive indices of binary mixtures using digital interferometry and multi-wavelength Abbemat refractometer[J]. Optics and lasers in engineering，2013，51（5）：503-513.

[3]　俞世钢. 液体折射率测定方法分析[J]. 光学仪器，2007，29（4）：1-6.

[4]　GRATTAN K T V, SUN T. Fiber optic sensor technology：An overview[J]. Sensors and actuators A：Physical，2000，82（1-3）：40-61.

[5]　廖延彪，苑立波，田芊. 中国光纤传感 40 年[J]. 光学学报，2018，38（3）：10-28.

[6]　李雯. 基于多层膜的高灵敏度光纤折射率传感器的设计[D]. 天津：天津理工大学，2020.

[7]　ARIK S Ö, ASKAROV D, KAHN J M. Effect of mode coupling on signal processing complexity in mode-division multiplexing[J]. Journal of lightwave technology，2013，31（3）：423-431.

[8]　田民波，李正操. 薄膜技术与薄膜材料[M]. 北京：清华大学出版社，2011.

[9]　HAO E C, LI S Y, BAILEY R C, et al. Optical properties of metal nanoshells[J]. The journal of physical chemistry B，2004，108（4）：1224-1229.

[10]　YOUNG M A, DIERINGER J A, VAN DUYNE R P. Plasmonic materials for surface-enhanced and tip-enhanced Raman spectroscopy[M]. Amsterdam：Elsevier，2007：1-39.

[11]　聂兴国，王琛. 金属纳米粒子 LSPR 效应综述[J]. 茂名：广东石油化工学院，2017，44（16）：111-115.

[12]　COBLEY C M, CHEN J Y, CHO E C, et al. Gold nanostructures：A class of multifunctional materials for biomedical applications[J]. Chemical society reviews，2011，40（1）：44-56.

[13]　肖桂娜，蔡继业. 基于局域表面等离子体共振效应的光学生物传感器[J]. 化学进展，2010，22（1）：194-200.

[14]　李朝，俞宪同，秦翠芳，等. 金属纳米二聚体结构的局域表面等离子体激元共振特性研究[J]. 光电子·激光，2015，26（7）：1423-1428.

[15]　JAIN P K, HUANG W Y, EL-SAYED M A. On the universal scaling behavior of the distance decay of plasmon coupling in metal nanoparticle pairs：A plasmon ruler equation[J]. Nano letters，2007，7（7）：2080-2088.

[16]　LUTHER J M, JAIN P K, EWERS T, et al. Localized surface plasmon resonances arising from free carriers in

doped quantum dots[J]. Nature materials，2011，10（5）：361-366.

[17] 金可臻. 基于金属薄膜材料的激光超声地震物理模型成像技术研究[D]. 西安：西北大学，2021.

[18] 唐晋发，顾培夫，刘旭，等. 现代光学薄膜技术[M]. 杭州：浙江大学出版社，2006.

[19] MAIER S A. Surface plasmon polaritons at metal/insulator interfaces[M]. New York：Springer，2007：21-37.

[20] RITCHIE R H. Plasma losses by fast electrons in thin films[J]. Physical review，1957，106（5）：874-881.

[21] GRAMOTNEV D K，BOZHEVOLNYI S I. Plasmonics beyond the diffraction limit[J]. Nature photonics，2010，4：83-91.

[22] SCHULLER J A，BARNARD E S，CAI W S，et al. Plasmonics for extreme light concentration and manipulation[J]. Nature materials，2010，9（3）：193-204.

[23] MINOVICH A，KLEIN A E，JANUNTS N，et al. Generation and near-field imaging of airy surface plasmons[J]. Physical review letters，2011，107（11）：116802.

[24] LI L，LI T，WANG S M，et al. Plasmonic airy beam generated by in-plane diffraction[J]. Physical review letters，2011，107（12）：126804.

[25] WANG B，BIAN C A，TENG J H，et al. Subwavelength lithography by waveguide mode interference[J]. Applied physics letters，2011，99（15）：151106.

[26] MAYER K M，HAFNER J H. Localized surface plasmon resonance sensors[J]. Chemical reviews，2011，111（6）：3828-3857.

[27] ZAYATS A V，SMOLYANINOV I I. Near-field photonics：Surface plasmon polaritons and localized surface plasmons[J]. Journal of optics A：Pure and applied optics，2003，5（4）：S16-S50.

[28] LAW S，PODOLSKIY V，WASSERMAN D. Towards nano-scale photonics with micro-scale photons：The opportunities and challenges of mid-infrared plasmonics[J]. Nanophotonics，2013，2（2）：103-130.

[29] AMENDOLA V，PILOT R，FRASCONI M，et al. Surface plasmon resonance in gold nanoparticles: A review[J]. Journal of physics：Condensed matter，2017，29（20）：203002.

[30] EDEL J B，KORNYSHEV A A，URBAKH M. Self-assembly of nanoparticle arrays for use as mirrors，sensors，and antennas[J]. ACS nano，2013，7（11）：9526-9532.

[31] LIU X F，ZHANG Q，YIP J N，et al. Wavelength tunable single nanowire lasers based on surface plasmon polariton enhanced Burstein-Moss effect[J]. Nano letters，2013，13（11）：5336-5343.

[32] ZHANG S，LI G C，CHEN Y Q，et al. Pronounced Fano resonance in single gold split nanodisks with 15nm split gaps for intensive second harmonic generation[J]. ACS nano，2016，10（12）：11105-11114.

[33] QIAO L F，WANG D，ZUO L J，et al. Localized surface plasmon resonance enhanced organic solar cell with gold nanospheres[J]. Applied energy，2011，88（3）：848-852.

[34] LIU X，WANG W，RONG Q Z，et al. Highly sensitive photoacoustic imaging: A new strategy for ultrahigh spatial resolution seismic physical model imaging[J]. IEEE photonics journal，2020，12（3）：6901011.

[35] BERKOWITZ M，MORGAN J D，MCCAMMON J A，et al. Diffusion-controlled reactions: A variational formula for the optimum reaction coordinate[J]. The journal of chemical physics，1983，79（11）：5563-5565.

[36] 顾少轩，雷丽文，祝振奇，等. 材料的化学合成、制备与表征[M]. 武汉：武汉理工大学出版社，2016.

[37] 裘祖楠，蔡明星. 活化凹凸棒石对阳离子染料的脱色作用及其应用研究[J]. 中国环境科学，1997，17（4）：373-376.

[38] 杨宇，何林，陈春燕. 坡缕石表面改性的初步探讨[J]. 矿产综合利用，2008（5）：13-16.

[39] RÖHLSBERGER R. Nuclear condensed matter physics with synchrotron radiation[M]. Berlin：Springer-Verlag，2005.

[40] 张广彪. 金属纳米粒子的非线性光学效应及其在生物传感中的应用[D]. 秦皇岛：燕山大学，2014.

[41] LIU Q, LI S G, WANG X. Sensing characteristics of a MF-filled photonic crystal fiber Sagnac interferometer for magnetic field detecting[J]. Sensors and actuators B: Chemical, 2017, 242: 949-955.

[42] SHI W H, YOU C J. Study on high sensitivity magnetic field and temperature sensor of photonic crystal fiber based on directional coupling[J]. Acta optica sinica, 2016, 36 (7): 0706004.

[43] BIRKS T A, KNIGHT J C, RUSSELL P S. Endlessly single-mode photonic crystal fiber[J]. Optics letters, 1997, 22 (13): 961-963.

[44] FERRANDO A, SILVESTRE E, MIRET J J, et al. Full-vector analysis of a realistic photonic crystal fiber[J]. Optics letters, 1999, 24 (5): 276-278.

[45] RAETHER H. Surface plasmons on smooth and rough surfaces and on gratings[M]. Berlin: Springer, 1988: 111.

[46] PAN M. Using multiple layers and surface roughness control for improving the sensitivity of SRP sensors [D]. Birmingham: University of Birmingham, 2010.

[47] LAU K H A, TAN L S, TAMADA K, et al. Highly sensitive detection of processes occurring inside nanoporous anodic alumina templates: A waveguide optical study[J]. The journal of physical chemistry B, 2004, 108 (30): 10812-10818.

[48] WANG K, WAN Y H, ZHENG Z, et al. A novel refractive index detection method in voltage scanning surface plasmon resonance system[J]. Sensors and actuators B: Chemical, 2012, 169 (13): 393-396.

[49] MA X, XU X L, ZHENG Z, et al. Dynamically modulated intensity interrogation scheme using waveguide coupled surface plasmon resonance sensors[J]. Sensors and actuators A: Physical, 2010, 157 (1): 9-14.

[50] 王志国, 尹亮, 林承友, 等. 双金属层表面等离子体共振传感器灵敏度优化[J]. 激光技术, 2017, 41 (3): 328-331.

[51] MORTENSEN N A, NIELSEN M D, FOLKENBERG J R, et al. Improved large-mode-area endlessly single-mode photonic crystal fibers[J]. Optics letters, 2003, 28 (6): 393-395.

[52] MAHARANA P K, BHARADWAJ S, JHA R. Electric field enhancement in surface plasmon resonance bimetallic configuration based on chalcogenide prism[J]. Journal of applied physics, 2013, 114 (1): 014304.

[53] JORGENSON R C, YEE S S. Control of the dynamic range and sensitivity of a surface plasmon resonance based fiber optic sensor[J]. Sensors and actuators A: Physical, 1994, 43 (1-3): 44-48.

[54] RIFAT A A, AHMED R, YETISEN A K, et al. Photonic crystal fiber based plasmonic sensors[J]. Sensors and actuators B: Chemical, 2017, 243: 311-325.

[55] MALITSON I H. Interspecimen comparison of the refractive index of fused silica[J]. Journal of the optical society of America, 1965, 55 (10): 1205.

[56] ORDAL M A, LONG L L, BELL R J, et al. Optical properties of the metals Al, Co, Cu, Au, Fe, Pb, Ni, Pd, Pt, Ag, Ti, and W in the infrared and far infrared[J]. Applied optics, 1983, 22 (7): 1099-1119.

[57] JOHN S. Strong localization of photons in certain disordered dielectric superlattices[J]. Physical review letters, 1987, 58 (23): 2486-2489.

[58] RHODES C, FRANZEN S, MARIA J P, et al. Surface plasmon resonance in conducting metal oxides[J]. Journal of applied physics, 2006, 100 (5): 054905.

[59] BREWER S H, FRANZEN S. Calculation of the electronic and optical properties of indium tin oxide by density functional theory[J]. Chemical physics, 2004, 300 (1-3): 285-293.

[60] SHALABNEY A, ABDULHALIM I. Electromagnetic fields distribution in multilayer thin film structures and the origin of sensitivity enhancement in surface plasmon resonance sensors[J]. Sensors and actuators A: Physical, 2010, 159 (1): 24-32.

[61] SHALABNEY A, ABDULHALIM I. Figure-of-merit enhancement of surface plasmon resonance sensors in the spectral interrogation[J]. Optics letters, 2012, 37 (7): 1175-1177.

[62] WAN Q, LI Q H, CHEN Y J, et al. Fabrication and ethanol sensing characteristics of ZnO nanowire gas sensors[J]. Applied physics letters, 2004, 84 (18): 3654-3656.

[63] ROUT C S, KRISHNA S H, VIVEKCHAND S R C, et al. Hydrogen and ethanol sensors based on ZnO nanorods, nanowires and nanotubes[J]. Chemical physics letters, 2006, 418 (4-6): 586-590.

[64] TABASSUM R, MISHRA S K, GUPTA B D. Surface plasmon resonance-based fiber optic hydrogen sulphide gas sensor utilizing Cu-ZnO thin films[J]. Physical chemistry chemical physics, 2013, 15 (28): 11868-11874.

[65] ZHAO Y, DENG Z Q, LI J. Photonic crystal fiber based surface plasmon resonance chemical sensors[J]. Sensors and actuators B: Chemical, 2014, 202: 557-567.

[66] PEARCE S J, CHARLTON M D B, HILTUNEN J, et al. Structural characteristics and optical properties of plasma assisted reactive magnetron sputtered dielectric thin films for planar waveguiding applications[J]. Surface and coatings technology, 2012, 206 (23): 4930-4939.

[67] RISTAU D, EHLERS H. Thin film optical coatings[J]. Topics in applied physics, 2012, 129 (10): 401-424.

[68] GAO D, GUAN C Y, WEN Y W, et al. Multi-hole fiber based surface plasmon resonance sensor operated at near-infrared wavelengths[J]. Optics communications, 2014, 313: 94-98.

[69] RHODES C, CERRUTI M, EFREMENKO A, et al. Dependence of plasmon polaritons on the thickness of indium tin oxide thin films[J]. Journal of applied physics, 2008, 103 (9): 093108.

[70] SACHET E, LOSEGO M D, GUSKE J, et al. Mid-infrared surface plasmon resonance in zinc oxide semiconductor thin films[J]. Applied physics letters, 2013, 102 (5): 051111.

[71] HSU L, YEH C S, KUO C C, et al. Optical and transport properties of undoped and Al-, Ga and In-doped ZnO thin films[J]. Journal of optoelectronics and advanced materials, 2005, 7 (6): 3039.

[72] HOMOLA J, LU H B, NENNINGER G G, et al. A novel multichannel surface plasmon resonance biosensor[J]. Sensors and actuators B: Chemical, 2001, 76 (1-3): 403-410.

[73] BORNE A, SEGONDS P, BOULANGER B, et al. Refractive indices, phase-matching directions and third order nonlinear coefficients of rutile TiO_2 from third harmonic generation[J]. Optical materials express, 2012, 2: 1797-1802.

[74] NAVARRETE M C, DÍAZ-HERRERA N, GONZÁLEZ-CANO A, et al. Surface plasmon resonance in the visible region in sensors based on tapered optical fibers[J]. Sensors and actuators B: Chemical, 2014, 190: 881-885.

[75] KNIGHT J C. Photonic crystal fibres[J]. Nature, 2003, 424 (6950): 847-851.

[76] RUSSELL P. Photonic crystal fibers[J]. Science, 2003, 299 (5605): 358-362.

[77] 孙可为. 纳米金属薄膜的光学性质[D]. 兰州: 兰州大学, 2006: 15-19.

[78] LITA A E, SANCHEZ J E. Effects of grain growth on dynamic surface scaling during the deposition of Al polycrystalline thin films[J]. Physical review B, 2000, 61 (11): 7692-7699.

[79] LAKHTAKIA A, MESSIER R. Sculptured thin films: Nanoengineered morphology and optics[M]. Paris: SPIE Press, 2005.

[80] MEYER Z H F J, REUTER M C, TROMP R M. Growth dynamics of pentacene thin films[J]. Nature, 2001, 412 (6846): 517-520.

[81] RAMESH R, SPALDIN N A. Multiferroics: Progress and prospects in thin films[J]. Nature materials, 2007, 6 (1): 21-29.

[82] VENABLES J. Introduction to surface and thin film processes[M]. Cambridge: Cambridge University Press, 2000.

[83] VOSSEN J L. Thin film processes II [M]. Amsterdam: Gulf Professional Publishing, 1991.

[84] MAHAN J E. Physical vapor deposition of thin films[M]. New York: Wiley, 2000.

[85] REINA A, JIA X T, HO J, et al. Large area, few-layer graphene films on arbitrary substrates by chemical vapor deposition[J]. Nano letters, 2009, 9 (1): 30-35.

[86] KOBAYASHI T, ICHIKI M, TSAUR J, et al. Effect of multi-coating process on the orientation and microstructure of lead zirconate titanate (PZT) thin films derived by chemical solution deposition[J]. Thin solid films, 2005, 489 (1/2): 74-78.

[87] CHENG X H, WANG Y B, HANEIN Y, et al. Novel cell patterning using microheater: Controlled thermoresponsive plasma films[J]. Journal of biomedical materials research part A, 2004, 70 (2): 159-168.

[88] SATOU M, ANDOH Y, OGATA K, et al. Coating films of titanium nitride prepared by ion and vapor deposition method[J]. Japanese journal of applied physics, 1985, 24 (6R): 656.

[89] FOUAD O A, ISMAIL A A, ZAKI Z I, et al. Zinc oxide thin films prepared by thermal evaporation deposition and its photocatalytic activity[J]. Applied catalysis B: Environmental, 2006, 62 (1/2): 144-149.

[90] PAN C A, MA T P. High-quality transparent conductive indium oxide films prepared by thermal evaporation[J]. Applied physics letters, 1980, 37 (2): 163-165.

[91] SATO H, MINAMI T, TAKATA S, et al. Transparent conducting p-type NiO thin films prepared by magnetron sputtering[J]. Thin solid films, 1993, 236 (1/2): 27-31.

[92] CARCIA P F, MCLEAN R S, REILLY M H, et al. Transparent ZnO thin-film transistor fabricated by RF magnetron sputtering[J]. Applied physics letters, 2003, 82 (7): 1117-1119.

[93] SPEAR K E. Synthetic diamond: Emerging CVD science and technology[M]. New York: John Wiley and Sons, 1994.

[94] JENSEN K F, GRAVES D B. Modeling and analysis of low pressure CVD reactors[J]. Journal of the electrochemical society, 1983, 130 (9): 1950-1957.

[95] HU B S, AGO H, ITO Y, et al. Epitaxial growth of large-area single-layer graphene over Cu (111) /sapphire by atmospheric pressure CVD[J]. Carbon, 2012, 50 (1): 57-65.

[96] KODAS T T, HAMPDEN-SMITH M J. The chemistry of metal CVD[M]. New York: John Wiley and Sons, 2008.

[97] OR D T, KOAI K K, CHEN F F, et al. 300mm CVD chamber design for metal-organic thin film deposition: US6364949[P]. 2002-04-02.

[98] GRILL A, PATEL V. Low dielectric constant films prepared by plasma-enhanced chemical vapor deposition from tetramethylsilane[J]. Journal of applied physics, 1999, 85 (6): 3314-3318.

[99] COE S E, SUSSMANN R S. Optical, thermal and mechanical properties of CVD diamond[J]. Diamond and related materials, 2000, 9 (9/10): 1726-1729.

[100] ASAKUMA N, HIRASHIMA H, IMAI H, et al. Crystallization and reduction of sol-gel-derived zinc oxide films by irradiation with ultraviolet lamp[J]. Journal of sol-gel science and technology, 2003, 26 (1): 181-184.

[101] TAMADA H, YAMADA A, SAITOH M. LiNbO$_3$ thin-film optical waveguide grown by liquid phase epitaxy and its application to second-harmonic generation[J]. Journal of applied physics, 1991, 70 (5): 2536-2541.

[102] YEUNG K L, CHRISTIANSEN S C, VARMA A. Palladium composite membranes by electroless plating technique: Relationships between plating kinetics, film microstructure and membrane performance[J]. Journal of membrane science, 1999, 159 (1/2): 107-122.

[103] KONDALKAR V V, KHARADE R R, MALI S S, et al. Nanobrick-like WO$_3$ thin films: Hydrothermal synthesis and electrochromic application[J]. Superlattices and microstructures, 2014, 73: 290-295.

[104] CHO K H, YOU H J, YOUN Y S, et al. Fabrication of Li$_2$O-B$_2$O$_3$-P$_2$O$_5$ solid electrolyte by flame-assisted

ultrasonic spray hydrolysis for thin film battery[J]. Electrochimica acta，2006，52（4）：1571-1575.

[105] HU G D，CHENG X，WU W B，et al. Effects of Gd substitution on structure and ferroelectric properties of BiFeO₃ thin films prepared using metal organic decomposition[J]. Applied physics letters, 2007, 91（23）：232909.

[106] YE G X，ZHANG Q R，FENG C M，et al. Structural and electrical properties of a metallic rough-thin-film system deposited on liquid substrates[J]. Physical review B，1996，54（20）：14754-14575.

[107] YE G X，MICHELY T，WEIDENHOF V，et al. Nucleation，growth，and aggregation of Ag clusters on liquid surfaces[J]. Physical review letters，1998，81（3）：622-625.

[108] 孙国防. 基于液相基底生长的金、银薄膜制备表面增强拉曼散射基底的研究[D]. 杭州：浙江工业大学，2019.

[109] 付丽辉，尹文庆. 基于等离子体共振效应的光纤表面等离子体共振传感器的理论研究[J]. 仪表技术与传感器，2016（9）：13-16，93.

[110] 王民托. 基于填充纳米银线的光子晶体光纤传感器的研究[D]. 天津：天津大学，2016.

[111] ROCCA M. Low-energy EELS investigation of surface electronic excitations on metals[J]. Surface science reports，1995，22（1/2）：1-71.

[112] KHURGIN J B. Replacing noble metals with alternative materials in plasmonics and metamaterials：How good an idea？[J]. Philosophical transactions of the royal society A：Mathematical，physical and engineering sciences，2017，375（2090）：20160068.

[113] JEN S U，YU C C，LIU C H，et al. Piezoresistance and electrical resistivity of Pd，Au，and Cu films[J]. Thin solid films，2003，434（1/2）：316-322.

[114] LAZZARI R，JUPILLE J. Silver layers on oxide surfaces：Morphology and optical properties[J]. Surface science，2001，482：823-828.

[115] HEGNER M，WAGNER P，SEMENZA G. Ultralarge atomically flat template-stripped Au surfaces for scanning probe microscopy[J]. Surface science，1993，291（1/2）：39-46.

[116] MCPEAK K M，JAYANTI S V，KRESS S J P，et al. Plasmonic films can easily be better：Rules and recipes[J]. ACS photonics，2015，2（3）：326-333.

[117] SAVALONI H，PLAYER M A. Influence of deposition conditions and of substrate on the structure of UHV deposited erbium films[J]. Vacuum，1995，46（2）：167-179.

[118] GROVENOR C R M，HENTZELL H T G，SMITH D A. The development of grain structure during growth of metallic films[J]. Acta metallurgica，1984，32（5）：773-781.

[119] THOMPSON C V. Solid-state dewetting of thin films[J]. Annual review of materials research，2012，42：399-434.

[120] LOGEESWARAN V J，KOBAYASHI N P，ISLAM M S，et al. Ultrasmooth silver thin films deposited with a germanium nucleation layer[J]. Nano letters，2009，9（1）：178-182.

[121] LIU H，WANG B，LEONG E S P，et al. Enhanced surface plasmon resonance on a smooth silver film with a seed growth layer[J]. ACS nano，2010，4（6）：3139-3146.

[122] ZHAO D W，ZHANG C，KIM H，et al. High-performance Ta₂O₅/Al-doped Ag electrode for resonant light harvesting in efficient organic solar cells[J]. Advanced energy materials，2015，5（17）：1500768.

[123] HUANG J H，LIU X H，LU Y H，et al. Seed-layer-free growth of ultra-thin Ag transparent conductive films imparts flexibility to polymer solar cells[J]. Solar energy materials and solar cells，2018，184：73-81.

[124] JUNG B，FREY W. Large-scale ultraflat nanopatterned surfaces without template residues[J]. Nanotechnology，2008，19（14）：145303.

[125] NAGPAL P，LINDQUIST N C，OH S H，et al. Ultrasmooth patterned metals for plasmonics and metamaterials[J]. Science，2009，325（5940）：594-597.

[126] 徐运坤，罗子荣，张磊，等. 超平整，低损耗表面等离激元贵金属薄膜的制备、表征与应用[J]. 中国科学：物理学、力学、天文学，2019，49（12）：64-77.

[127] SILLARD P，BIGOT-ASTRUC M，MOLIN D. Few-mode fibers for mode-division-multiplexed systems[J]. Journal of lightwave technology，2014，32（16）：2824-2829.

[128] WOOD R W. On a remarkable case of uneven distribution of light in a diffraction grating spectrum[J]. Philosophical magazine，1902，4（21）：396-402.

[129] FANO U. Highly sensitive D-shaped photonic crystal fiber-based plasmonic biosensor in visible to near-IR[J]. IEEE sensors journal，2017，17（9）：2776-2783.

[130] ZHANG N M Y，HU D J J，SHUM P P，et al. Design and analysis of surface plasmon resonance sensor based on high-birefringent microstructured optical fiber[J]. Optics letters，2015，12（5）：874-881.

[131] AKOWUAH E K，GORMAN T，ADEMGILH，et al. Numerical analysis of a photonic crystal fiber for biosensing applications[J]. IEEE Journal of quantum electronics，2016，18（6）：065005.

[132] TAN Z X，LIX J，CHEN Y Z，et al. Improving the sensitivity of fiber surface plasmon resonance sensor by filling liquid in a hollow core photonic crystal fiber[J]. Plasmonics，2014，9（1）：167-173.

[133] 卢志斌. 双层复合膜光子晶体光纤折射率传感器的研究[D]. 南京：南京邮电大学，2019.

[134] BENDER W J H，DESSY R E，MILLER M S，et al. Feasibility of a chemical microsensor based on surface plasmon resonance on fiber optics modified by multilayer vapor deposition[J]. Analytical chemistry，1994，66（7）：963-970.

[135] 刘美佟. 基于表面等离子体共振的光子晶体光纤传感器研究[D]. 长春：吉林大学，2019.

[136] 张慧仙. 基于表面等离子体共振原理的光学传感器设计与仿真研究[D]. 桂林：桂林电子科技大学，2021.

[137] 李悦婷. 基于空芯微结构光纤的表面等离子体共振折射率传感器[D]. 天津：天津理工大学，2021.

[138] 胡江西. 基于 SPR 的新型光纤曲率传感器研究[D]. 重庆：重庆三峡学院，2021.

[139] 张凌. 基于光子晶体光纤的生物双参量传感[D]. 南京：南京邮电大学，2020.

[140] 蔡云. 基于光纤表面等离子体共振传感器的设计与研究[D]. 南京：南京邮电大学，2020.

[141] CHAUHAN M，SINGH V K. Review on recent experimental SPR/LSPR based fiber optic analyte sensors[J]. Optical fiber technology，2021，64：102580.

[142] DUAN Y F，ZHANG Y，WANG F，et al. 4-mercaptopyridine modified fiber optic plasmonic sensor for sub-nm mercury（Ⅱ）detection[J]. Photonic sensors，2022，12（1）：23-30.

[143] SHAH K，SHARMA N K. Theoretical study on fiber optic SPR sensor using indium nitride[J]. Indian journal of physics，2022，96（1）：275-279.

[144] 陈红亮. 基于复合膜涂覆光纤的模态干涉型重金属离子传感器的构建与性能研究[D]. 重庆：重庆理工大学，2021.

[145] KAPOOR V，SHARMA N K，SAJAL V. Effect of zinc oxide overlayer on the sensitivity of fiber optic SPR sensor with indium tin oxide layer[J]. Optik，2019，185：464-468.

[146] SIYU E，ZHANG Y N，WANG X J，et al. Capillary encapsulated reflective fiber optic SPR temperature sensor[J]. Physica scripta，2019，94（4）：045504.

[147] SULTAN M F，AL-ZUKY A A，KADHIM S A. Performance parameters evaluation of surface plasmon resonance based fiber optic sensor with different bilayer metals：Theoretical study[J]. Al-mustansiriyah journal of science，2018，29（1）：195-203.

[148] 王文佳. 光纤表面等离子体共振传感器的生物免疫学应用研究[D]. 深圳：深圳大学，2018.

[149] SRIVASTAVA S K，VERMA R，GUPTA B D. Surface plasmon resonance based fiber optic sensor for the detection

of low water content in ethanol[J]. Sensors and actuators B：Chemical，2011，153（1）：194-198.

[150] ESMAEILZADEH H，ARZI E，LÉGARÉ F，et al. A super continuum characterized high-precision SPR fiber optic sensor for refractometry[J]. Sensors and actuators A：Physical，2015，229：8-14.

[151] 冯李航. 光纤新型结构 SPR 传感器开发及检测应用研究[D]. 南京：南京航空航天大学，2012.

[152] KIM J A，KULKARNI A，KANG J M，et al. Evaluation of multi-layered graphene surface plasmon resonance-based transmission type fiber optic sensor[J]. Journal of nanoscience and nanotechnology，2012，12（7）：5381-5385.

[153] YUAN Y Q，WANG L N，HUANG J. Theoretical investigation for two cascaded SPR fiber optic sensors[J]. Sensors and actuators B：Chemical，2012，161（1）：269-273.

[154] SCHUSTER T，NEUMANN N，SCHÄFFER C G. Concept for a fiber-optic sensor utilizing surface-plasmon waves[J]. Procedia chemistry，2009，1（1）：309-312.

[155] 马廷宝. 纳米光探针制备及其在基于 SPR 光纤传感系统中的应用研究[D]. 福州：福建师范大学，2009.

[156] KAUL S，CHINNAYELKA S，MICHAEL M J. Self-assembly of polymer/nanoparticle films for fabrication of fiber optic sensors based on SPR[J]. Proceedings of society of photo-optical instrumentation engineers conference on optical fibers and sensors for medical applications，San Diego，2004.

[157] MISHRA S K，TRIPATHI D C，MISHRA A K. Metallic grating-assisted fiber optic SPR sensor with extreme sensitivity in IR region[J]. Plasmonics，2022，17（2）：575-579.

[158] VERMA R，GUPTA B D. SPR based three channels fiber optic sensor for aqueous environment[C]. Photonic instrumentation engineering[J]. International society for optics and photonics，2014，8992：899209.

[159] LIANG H，SHEN T，FENG Y，et al. A surface plasmon resonance temperature sensing unit based on a graphene oxide composite photonic crystal fiber[J]. IEEE photonics journal，2020，12（3）：7201811.

[160] ZHANG Z，SHEN T，WU H，et al. Polished photonic crystal fiber refractive index sensor based on surface plasmon resonance[J]. JOSA B，2021，38（12）：F61-F68.

[161] 王齐. 光子带隙与银纳米微粒局域场效应协同增强稀土离子下转换发光的研究[D]. 昆明：昆明理工大学，2016.

[162] YI D，HUO Z W，ZHANG L，et al. Comparative analyses of different interrogation techniques of an interferometric fiber optic SPR sensor[J]. International society for optics and photonics，2020，31：115540.

[163] 黄蔚梁. 基于光子晶体光纤的光纤电压传感器误差抑制[D]. 吉林：东北电力大学，2019.

[164] 况心怡. 空芯光子带隙光纤的传输仿真及其与单模光纤的电弧熔接[D]. 上海：华东理工大学，2020.

[165] FERDOUS A H M I，ANOWER M S，HABIB M A. A hybrid structured PCF for fuel adulteration detection in terahertz regime[J]. Sensing and bio-sensing research，2021，33：100438.

[166] ZHAO L J，ZHAO H Y，XU Z N，et al. A design of novel photonic crystal fiber with low and flattened dispersion for supporting 84 orbital angular momentum modes[J]. Communications in theoretical physics，2021，73（8）：085501.

[167] LUO W，LI X J，MENG J W，et al. Surface plasmon resonance sensor based on side-polished D-shaped photonic crystal fiber with split cladding air holes[J]. IEEE transactions on instrumentation and measurement，2021，70：1-11.

[168] YAN X，FU R，CHENG T L，et al. A highly sensitive refractive index sensor based on a V-shaped photonic crystal fiber with a high refractive index range[J]. Sensors，2021，21（11）：3782.

[169] 陆志峰，王晓荣，蒋书波，等. 基于 HC-PCF 的增强拉曼气体检测方法[J]. 仪表技术与传感器，2015（4）：100-103.

[170] 姬应科. 基于 F-P 干涉仪与 ARROW 结构的光纤温/湿度传感技术的研究[D]. 哈尔滨：哈尔滨工程大学，2018.

[171] DE M，SINGH V K. Wide range refractive index sensor using a birefringent optical fiber[J]. Optical and quantum electronics，2021，53（4）：198.

[172] SENTHIL R，ANAND U，KRISHNAN P. Hollow-core high-sensitive photonic crystal fiber for liquid-/gas-sensing applications[J]. Applied physics A，2021，127（4）：282.

[173] BAWANI E L，MPHAHLELE R S S. Investigating the role of teacher training of reception teachers in implementing the pre-primary curriculum in Francistown，Botswana[J]. South African journal of childhood education，2021，11（1）：1-14.

[174] LIANG H，SHEN T，FENG Y，et al. A D-shaped photonic crystal fiber refractive index sensor coated with graphene and zinc oxide[J]. Sensors，2020，21（1）：71.

[175] ZHANG Z W，SHEN T，WU H B，et al. A temperature sensor based on D-shape photonic crystal fiber coated with Au-TiO$_2$ and Ag-TiO$_2$[J]. Optical and quantum electronics，2021，53（12）：678.

后　记

采用新原理、新材料、新工艺、新结构的光纤传感作为现代信息技术的三大支柱之一，具有高稳定性、高可靠性、高精度、智能化等优点。本书凝结了作者团队近些年在光纤传感技术方面所取得的成果，为此，对收获的成果做出总结和展望。

本书通过 8 章来循序渐进地解开 OFCS 的面纱。第 1 章绪论介绍了目前 OFS 的发展历程、发展背景及所存在的问题。通过详细的介绍使读者更加清晰地认识光纤传感技术，并且可以快速地吸收一些基本的知识，使得光纤传感领域以外的读者也可以读懂本书、学习本书。第 2 章主要分三大部分来介绍 MOF 及化学传感技术，其中包含 MNF 的研究及其在化学传感当中的应用；PCF 的研究及其在化学传感当中的应用；光纤光栅的研究及其在化学传感当中的应用。第 2 章进一步地介绍了光纤传感领域常用的光纤种类与结构，使得读者可以通过复刻实验来进一步加深对光纤传感的理解。第 3 章介绍了在特殊环境中进行光纤传感所需要的光纤种类、连接结构及所依据的原理，是第 2 章的补充与拓展。第 4 章加深了光纤传感结构的研究，例如，通过 GMM 与 FBG 相结合的传感技术，采用对称的磁路结构，成功地设计了差动式 GMM-FBG 电流传感器，实现了交流电流的检测，并且校正了 GMM 的磁滞非线性，提高了测量精度，又设计了 FPI 结构电流传感器并对分辨率进行了提高。第 5 章介绍了低维半导体结构的发展。从半导体材料与微观材料性质出发，深入地介绍了量子点材料与光纤器件集成及应用技术。第 6 章与第 7 章介绍了以光纤与敏感材料相结合的方式进行传感器的制作，目前这个方向具有极大的前景，本书详细地介绍了原理，并结合团队之前的实验进行了举例介绍。第 8 章介绍了目前还未成熟的 SPR 光纤传感器。毫无意外，这是目前最有潜力的传感器，但是技术还未成熟，期待未来的我们可以攻克难题！

光纤传感的未来是一条康庄大道，期待我们一同修筑。